Tussy Marx

Eva Weissweiler

Tussy Marx

Das Drama der Vatertochter
Eine Biographie

Kiepenheuer & Witsch

1. Auflage 2002

Umschlaggestaltung: Rudolf Linn, Köln
Umschlagfotos: © Collection International Institut of Social History, Amsterdam und dpa
Gesetzt aus der ITC Galliard
Satz: Greiner & Reichel, Köln
Druck und Bindearbeiten: Pustet, Regensburg
ISBN 3-462-03139-2

Für Klaus

Inhalt

1 Kindbett und Cholera 1854–1856

Im Juni 1854 leidet Jenny Marx, geborene Baronesse von Westphalen, unter heftigem Unwohlsein. Sie ist schlecht gelaunt, streitet mit Marx, den vielen Besuchern, den Kindern, läßt keinen Arzt an sich heran und weigert sich sogar, die Artikel ihres Mannes säuberlich abzuschreiben, bevor er sie nach Amerika, an die »New York Daily Tribune« schickt.

»Das Schlimmste ist, daß sie den Doktor nicht konsultieren will, sondern sich selbst mit Medizinen administriert«, schreibt Marx an seinen Freund Friedrich Engels, »unter dem Vorwand, daß ... Arzneien sie vor zwei Jahren in einem ähnlichen Unwohlsein noch kränker gemacht hätten ... Ich bin dadurch außerstande, dienstags zu korrespondieren, da ... meine Frau in ihrem jetzigen Zustand nicht mit Schreiben geplagt werden kann.«[1]

Die Erklärung für Jennys »Zustand« ist denkbar einfach. Sie ist vierzig Jahre alt und zum sechsten Mal schwanger, während draußen, in den Straßen von Soho, die Cholera wütet. In elfjähriger Ehe hat sie fünf Kinder geboren: Jenny (1844), Laura (1846), Edgar (1847), Guido (1849) und Franziska (1851). Guido und Franziska sind im Säuglingsalter gestorben. Beide in der Fremde, im englischen Exil. Die drei überlebenden Kinder haben gerade die Masern überstanden. Ihr Vater leidet an einer großen Eiterbeule zwischen Nase und Mund und muß für längere Zeit auf seine geliebten Zigarren verzichten, was den starken Raucher mürrisch und reizbar macht.

Seit 1850, dem ersten Jahr nach ihrer Ankunft in London, wohnt die Familie auf der Dean Street 28, Soho. Es ist ein typisches Emigrantenviertel ohne jeden Glamour und Chic, die Nachtseite des strahlenden, viktorianischen London mit seinen Parks, Schlössern und Repräsentationsbauten, seinen breiten Alleen, gewaltigen Hafenanlagen und großen Konzerthallen, die Besucher wie Felix Mendelssohn in helles Entzücken versetzten. Deutsche, Franzo-

sen, Italiener und Juden, durch Revolutionen, Armut oder Antisemitismus aus ihrer Heimat vertrieben, leben hier auf engstem Raum nebeneinander, in schmalen, fast schwarz geräucherten Ziegelkaten, mit dem Ausblick auf winzige Hinterhöfe und enge, kotige Gassen, auf denen Bettler verirrten Touristen auflauern, Kramhändler Schuhe, Geigen und Töpfe feilbieten und kleine Mädchen hungrige Säuglinge in den Schlaf wiegen.
Soho und das angrenzende Arbeiterviertel St. Giles gehören zu den ärmsten und schmutzigsten Bezirken Londons. Hier arbeiten Schwangere und Kinder bis zu sechzehn Stunden täglich in den Fabriken. Viele Männer sind arbeitslos, Trunksucht und Prostitution an der Tagesordnung. Die Kinder-, Mütter- und Säuglingssterblichkeit ist immens. Ärzte verirren sich selten in diese Gegend. Es gibt Straßen, in denen sich die Bewohner von zwanzig Häusern einen Abort teilen. Infektionskrankheiten wie Scharlach und Keuchhusten grassieren, Seuchen wie Tuberkulose, Pocken, Typhus und Cholera. Noch dreißig Jahre später, nach der Einführung vieler Gesetze und Bestimmungen zur Verbesserung der Volksgesundheit, wird die englische Sozialreformerin Octavia Hill in ihrem Buch »Homes of the London Poor« schreiben:
»Wer je des Abends … durch die … engen Gassen jener Quartiere gewandert ist, wird mit Schauder an die vom Geruch von verdorbenem Fett … verpestete Luft denken … In dieser Luft bringen zahllose Kinder lange Jahre ihres Lebens zu. Die Häuser bieten keinen Schutz gegen die Witterung und sind in ihrem schmutzigen, überfüllten Zustande Seuchenherde, wie sie schlimmer kaum gedacht werden können.«[2]
London hat 1851 zweieinhalb Millionen Einwohner. Tendenz: steigend. Die industrielle Revolution fährt fort, Menschen in die Stadt zu locken, die ihnen trotz expandierenden Überseehandels, vieler Textilmanufakturen und großer Eisenbahn- und Dockgesellschaften weder Arbeit noch Wohnraum bieten kann. Auch die Familie Marx ist von Hotel zu Hotel, von Logierhaus zu Logierhaus geirrt, ehe sie auf der Dean Street Nr. 28 notdürftig untergekommen ist. Dort hat sie es noch vergleichsweise gut angetroffen. Denn ihr Vermieter ist keiner von den Ausbeutern, die für ein Elendsquartier Wucherpreise verlangen, sondern der irische Gelehrte Morgan Kavanagh, Sympathisant sozialistischer Ideen und Autor mehrerer Bücher über den Ursprung von Mythos und Sprache.

Doch die Integrität dieses Mannes nützt den Marxens nicht viel. Denn sie leben mit fünf Personen in zwei Zimmern. Eine sechste, das Dienstmädchen Helene Demuth, das der Familie von Trier bis nach London gefolgt ist, wohnt, arbeitet und schläft in der Küche. Mit Humor und Verzweiflung versucht sie, das häusliche Chaos zu dirigieren, das ein preußischer Polizeispitzel so beschreibt:
»Marx wohnt in so ziemlich dem übelsten und billigsten Viertel Londons, haust dort in zwei Zimmern. In keiner der Stuben ein sauberes oder anständiges Möbelstück, alles ist zerbrochen, zerschlissen, zerfetzt, fingerdicker Staub klebt drauf ... Manuskripte, Bücher und Zeitungen liegen kunterbunt neben Spielzeug und Fetzen aus dem Nähkorb seiner Frau, Tassen mit zerkerbten Rändern, schmutzige Löffel, Messer, Gabeln, Lampen, ein Tintenfaß, Bierseidel, Pfeifen, Asche – alles in wüstem Durcheinander auf demselben Tisch.«[3]
Jenny, die Aristokratin, ist eine gebildete, polyglotte, politisch engagierte Frau. Aber eine Hausfrau, eine Organisatorin des täglichen Lebens, ist sie nicht. In ihrem Elternhaus in Trier ist sie von praktischen Arbeiten immer ferngehalten worden. Dafür hatte man Personal, junge Mädchen aus der Eifel oder den Moselbergen wie Helene. Jenny war für Höheres, für die Ehe mit einem Mann ihres Standes, bestimmt, nicht dafür, sich die Finger mit Spülwasser zu verderben, eine Einstellung, die sie später auch ihren Töchtern predigt.
Marx klagt oft über ihre Reizbarkeit, ihre Hysterie, den Mangel an innerer Gelassenheit, mit dem sie den chaotischen Verhältnissen begegnet, die ihn selbst weniger zu berühren scheinen, da für ihn die politische Arbeit an erster Stelle steht. »Sehr oft bleibt er ganze Nächte auf, dann legt er sich wieder mittags, ganz angekleidet, aufs Kanapee und schläft bis abends, unbekümmert um die ganze Welt, die bei ihm frei aus- und eingeht«, schreibt der preußische Spitzel.[4] Marx raucht und trinkt viel, egal, ob er es sich leisten kann oder nicht. Ein anderer Spitzel beschreibt sein Leben als »Pendelschwingen zwischen Champagner und Pfandhaus«.[5] Wenn ihm die Klagen seiner Frau und das häusliche Durcheinander zuviel werden, geht er in den Reading-Room des British Museum, um sich in Ruhe seinen ökonomischen Studien zu widmen, oder entspannt sich im Empfangsraum des deutschen Arbeiterbildungsvereins in der Great Windmill Street, wo auf massiven Mahagonitischen

üppig aufgetischt wird: »echt englisches Beefsteak mit Zubehör« und »schäumender Stout« aus »glänzenden Zinnhumpen«. – »Es war recht komfortabel«, faßt Wilhelm Liebknecht später zusammen.[6]

Marx hat zu dieser Zeit kein geregeltes Einkommen. Denn er ist nicht, wie viele andere Emigranten, Uhrmacher, Schneider oder Schriftsetzer, die sich beinahe überall auf der Welt ihr Brot verdienen können. Er ist nicht einmal Lehrer und lehnt es auch ab, Privatstunden zu geben wie die meisten seiner studierten Mitstreiter. Sein Brotberuf ist in diesen Jahren der Journalismus. Er schreibt hauptsächlich für die »New York Daily Tribune«, ein großes, weltweit gelesenes amerikanisches Journal, und die »Neue Oder-Zeitung« in Breslau. Seine Artikel, an denen Freund Engels tatkräftig mitwirkt, bringen ihm eine Menge Geld ein, ungefähr zweihundert Pfund im Jahr. Zweiundzwanzig Pfund kostet die Miete für die Absteige. Eigentlich müßte mit dem verbleibenden Rest auszukommen sein, zumal Helene eine gute Wirtschafterin ist und aus fast nichts moselländische Delikatessen zubereitet. Doch da Jenny und er nicht mit Geld umgehen können und ständig mehr ausgeben, als sie verdienen, steht der Gerichtsvollzieher dauernd vor der Tür, fordern Bäcker, Metzger, Schneider und Ärzte ihre Rechnungen ein, oft mit dramatischen Auftritten vor den Kindern. Über die Realität dieses täglichen Lebens schreibt Jenny im Mai 1850, wenige Monate nach der Geburt des kleinen Guido, an einen Freund:

»Da die Ammen hier unerschwinglich sind, entschloß ich mich, trotz beständiger schrecklicher Schmerzen in Brust und Rücken, mein Kind selbst zu nähren. Der arme kleine Engel trank mir aber so viel Sorgen und stillen Kummer ab, daß er beständig kränkelte, Tag und Nacht in heftigen Schmerzen lag. Seit er auf der Welt ist, hat er noch keine Nacht geschlafen, höchstens zwei bis drei Stunden. In der letzten Zeit kamen nun noch heftige Krämpfe hinzu, so daß das Kind beständig zwischen Tod und elendem Leben schwankte. In diesen Schmerzen sog er so stark, daß meine Brust wund ward und aufbrach; oft strömte das Blut ihm in sein kleines bebendes Mündchen. So saß ich eines Tages da, als plötzlich unsere Hauswirtin ... eintrat und ... die fünf Pfund, die wir ihr noch schuldeten, forderte, und als wir sie nicht gleich hatten, traten zwei Pfänder ins Haus, legten all meine kleine Habe mit Beschlag, Betten, Wäsche, Kleider, alles, selbst die Wiege meines armen Kindes, die bessren Spielsachen der Mädchen, die in heißen Tränen dastanden ... Den Tag drauf mußten wir aus dem Hause, es war kalt und regnerisch und trüb, mein Mann sucht uns eine Wohnung, niemand will uns nehmen, wenn er von vier Kindern spricht. Endlich hilft uns ein Freund, wir bezahlen, und ich verkaufe rasch alle meine Betten, um die vom Skandal der Pfändung ängstlich gemachten Apotheker, Bäcker, Fleischer, Milchmann zu bezahlen, die plötzlich mit ihren Rechnungen auf mich losgestürmt kommen. Die verkauften Betten werden vor die Tür gebracht, auf eine Karre geladen – was geschieht? ... Der Wirt dringt mit Constablern vor, behauptet, es könnten auch von seinen Sachen dabei sein, wir wollten durchgehen in ein fremdes Land. In weniger als fünf Minuten stehen mehr als zwei- bis dreihundert Menschen gaffend vor unsrer Tür, der ganze Mob von Chelsea.«[7]

Meist folgt die Rettung in Form einer Geldsendung vom »General«, Friedrich Engels, der gemeinsam mit den Marxens ins Exil gegangen ist und in der väterlichen Textilfabrik in Manchester arbeitet. Er ist sparsam und diszipliniert, hat den Sinn fürs Praktische, der den Marxens fehlt, stellt seine eigene Karriere als Schriftsteller zurück, um die Bäcker-, Schneider- und Holzrechnungen seines Freundes bezahlen zu können, die Privatlehrer der Kinder, Jennys Garderobe und die vielen teuren Erholungsreisen in exklusive Kurorte. Fast täglich, mindestens wöchentlich, bittet Marx ihn verzweifelt um Hilfe, die er ihm jedesmal zuverlässig gewährt, obwohl er weiß, daß Jenny ihre Vorbehalte gegen ihn hat, sei es aus Eifersucht auf seine vertraute Beziehung zu ihrem Karl oder weil er keinen Doktortitel hat, einfache Speisen bevorzugt und mit einem rothaarigen irischen Fabrikmädchen, Mary Burns, in wilder Ehe zusammenlebt.

Auch in jenem Jahr 1850 hat sie das Gefühl, sich von ihm nicht helfen lassen zu dürfen, und faßt den reichlich aussichtslosen Entschluß, zu Lion Philips, einem angeheirateten Onkel von Marx, nach Holland zu fahren. Sie will ihm sagen, daß sie wieder schwanger ist, ihm von ihrer Verzweiflung, ihrem häuslichen Elend erzählen, um einen Vorschuß auf zu erwartende Erbschaften bitten. Aber Philips bleibt hart, da er fürchtet, sonst immer wieder angepumpt zu werden, und schickt die Bittstellerin mit ein paar Geschenken und guten Ratschlägen wieder nach Hause, so daß die ganze teure Reise umsonst gewesen ist. Jenny ist tief gekränkt über die Sturheit des »kleinen Mannes«, der bei allem klugen Reden über »Revolution, Communismus, Socialismus u. dergl. Dinge mehr« doch immer den Juden und die »faule Schellfischseele« durchblicken lasse. Voller Sehnsucht denkt sie an ihren Karl und »die kleinen Köpfchen«, die sie bei Helene in guter Obhut weiß. »Ich weiß, wie Du u. Lehnchen für sie sorgen werden. Ohne Lehnchen hätt' ich gar keine Ruhe hier. Sie hat es jetzt gar zu schwer – ach wie sehn ich mich in unser kleines Dasein zurück«, schließt sie ihren kummervollen Brief an Marx.[8]

In London warten neue Hiobsbotschaften auf Jenny. Guido, der kränkliche Säugling, hat Lungenentzündung, und Helene, das treusorgende Dienst- und Kindermädchen, ist schwanger, und zwar von Marx, dem das Ganze unsagbar peinlich ist und der versucht, die Vaterschaft auf Friedrich Engels zu schieben.

»In den Frühsommer des Jahres 1851 fällt noch ein Ereignis, welches ich nicht näher berühren will, das aber sehr zur Vermehrung unsrer äußren und inneren Sorgen beitrug«,[9] schreibt Jenny später in ihren Erinnerungen.

Guido ist während ihrer Abwesenheit abgestillt worden. Wahrscheinlich sein Todesurteil. Denn die Milch, die es in London zu kaufen gibt, ist im Sommer mit Bakterien verseucht und völlig ungeeignet zur Ernährung von Säuglingen. Vielleicht hat Helene vergessen, sie abzukochen. Mit über dreißig Jahren von ihrem Haus- und Dienstherrn schwanger, hat sie andere Sorgen, fürchtet die Kündigung, den gesellschaftlichen Skandal. Im November 1850 stirbt der kleine Guido. Nichts Besonderes in der damaligen Zeit, in der die Säuglingssterblichkeit in London bei knapp zwanzig Prozent liegt, obwohl es seit 1816 ein »Royal Hospital for Women and Children« gibt[10], das aber von der Familie Marx nicht konsultiert wird.

Jenny gibt nicht zu erkennen, daß sie leidet. Der Tod ihres kleinen Sohnes ist für sie weniger ein Trauerspiel als eine »bürgerliche Misère«, die Schwangerschaft Helenes kein Grund, Marx zu verlassen. Von Ehestreitigkeiten oder gar Trennung ist nicht die Rede, jedenfalls nicht in Briefen an Freunde und Zeitgenossen, was nicht viel heißt, denn beide Partner denken in diesem Punkt durch und durch bürgerlich und fürchten nichts so sehr, als zum Gespött ihrer politischen Feinde zu werden. Jenny bleibt also bei Karl. Nach außen hin ergeben, demütig und schwach, ganz wie es ihrer Sicht von der Rolle der Frau an der Seite eines großen Mannes entspricht, innerlich zutiefst verletzt, enttäuscht und verbittert.

»Zu Hause immer alles im Belagerungszustand«, schreibt Marx an Engels. »Tränenbäche ennuyieren mich ganze Nächte und machen mich wütend ... Meine Frau tut mir leid. Auf sie fällt der Hauptdruck, und au fond hat sie recht.«[11]

Tag für Tag aus nächster Nähe mit ansehen zu müssen, wie die Schwangerschaft des Dienstmädchens unerbittlich fortschreitet: Eine schlimmere Erniedrigung seiner Frau hätte Marx sich kaum ausdenken können, auch wenn es sich nur um die Folge eines Unfalls, eines banalen, nicht weiter bedeutenden Seitensprungs handelt, der die Beziehung zwischen Helene und Jenny nicht nachhaltig trüben wird.

Doch als ihr eigenes Kind, die Tochter Franziska, am 28. März 1851 geboren wird, tut sie etwas, was sie mit keinem ihrer älteren Kinder getan hat: sie gibt es aus dem Haus, will es nicht bei sich behalten. »Das arme kleine Ding ward bei einer Amme untergebracht, da es unmöglich war, das Kind in den drei engen Räumen unterzubringen«, schreibt sie in ihren Erinnerungen.[12] Nicht einmal bei seinem Namen, Franziska, nennt sie das »Ding«.

Etwa drei Monate später, am 23. Juni, bringt auch Helene Demuth ein Kind, einen Sohn zur Welt, der nach seinem angeblichen Vater Friedrich Engels »Frederick« genannt wird. Er hat große Ähnlichkeit mit Marx, etwas ausgeprägt Jüdisches, olivfarbene Haut, dunkle Augen und schwarze Haare. Marx wird durch diesen Sohn nicht nur an seine Untreue erinnert, sondern auch an seine jüdische Herkunft, die ihm aus tiefster Seele verhaßt ist. Keins seiner anderen Kinder sieht ihm auf diese fatale Weise ähnlich.

Auch Frederick muß fort. Seine Anwesenheit ist unerträglich im Hause Marx, nicht zuletzt, weil Helene für die Hausarbeit gebraucht wird und ihre Zeit nicht mit Stillen und Wickeln vertun soll. Rasch werden Pflegeeltern gefunden, die Familie Lewis im East End, ein Elendsviertel an den berüchtigten Docks, wo die Männer schon im Morgengrauen um Arbeit anstehen, die Frauen für Hungerlöhne in Schneidereien arbeiten und die Kinder tagsüber allein bleiben. Ein Wunder, daß Frederick überlebt. Vielleicht, weil er die starke Physis seines Vaters geerbt hat und weil Engels

mit regelmäßigen Geldsendungen dafür sorgt, daß er bei der Familie Lewis nicht verhungert.
Anders Franziska. Ihr geht es schlecht bei der Ziehamme, die offensichtlich alleinstehend, eine ledige Mutter, ist, denn verheiratete Ammen sind in London unbezahlbar.
Ist ihr eigenes Kind tot oder im Findelhaus? Hat sie mehrere Kinder in Pflege? Wir wissen nichts über sie, nicht einmal ihr Alter oder ihren Namen, nur, daß die meisten Londoner Ziehammen einen schlechten Ruf haben, sich prostituieren, alkoholabhängig und manchmal sogar geschlechtskrank sind. Jenny Marx teilt diese landläufige Ansicht. Ein »altes, irisches, dickes Saumensch« [13] sagt sie, ganz die Baronin, über eine dieser Frauen, die vor Jahren eins ihrer Kinder genährt hat und später als Geliebte des Marx-Sekretärs Wilhelm Pieper, eines chronischen Syphilitikers, wieder auftaucht.
Trotzdem gibt sie Franziska bedenkenlos in die Obhut einer solchen »Person«, wohl wissend, daß Zieh- und Kostkinder nur wenig Überlebenschancen haben, was von Ärzten und Sozialkritikern einhellig bestätigt wird. Reicht die Milch nicht, stopft man sie mit Brei voll. Sind sie unruhig, gibt man ihnen Branntwein oder das beliebte opiumhaltige Schlafmittel »Godfrey's Cordial«, das in London überall zu bekommen ist, beim Schuhmacher, Lebensmittelhändler und sogar bei manchen Hauswirten.
»Es ist schon genug gesagt worden über die schier ungeheuerliche Verschwendung kindlichen Lebens, die uns in Stadt und Land seit langem umgibt«, schreibt der englische Kinderarzt Maule J. Sutton. »Es ist oft genug betont worden, daß nur eine wahre nationale Anstrengung helfen könnte, dieses Stigma von uns zu nehmen, den dauernden Vorwurf unbekümmerten Desinteresses an kindlichem Leben und Leiden.«[14]
Ostern 1852, knapp ein Jahr nach ihrer Geburt, wird Franziska wieder nach Hause, auf die Dean Street 28, geholt, allerdings nur, um dort an einer schweren Bronchitis zu sterben.
»Drei Tage rang das arme Kind mit dem Tode. Es litt so viel. Sein kleiner entseelter Körper ruhte in dem kleinen hinteren Stübchen«, schreibt Jenny in ihren Erinnerungen.[15]
Marx hat kein Geld, einen Sarg für sein Kind zu kaufen. Und auch die Kosten für eine Beerdigung kann er nicht aufbringen. »Quoique de dure complexion, griff mich diesmal die Scheiße bedeutend an«, schreibt er an Engels.[16]

Bis zur nächsten Schwangerschaft Jennys vergehen drei Jahre, für Marx, dem Empfängnisverhütung ein Fremdwort ist, eine ungewöhnlich lange Zeit. Wahrscheinlich verweigert Jenny den ehelichen Verkehr, benutzt die räumliche Enge als Vorwand, nicht mit ihm schlafen zu müssen. Denn daß er sie bewußt schont, ist kaum anzunehmen, da ihm die mit der weiblichen Physis verbundene »Scheiße« herzlich gleichgültig ist, solange sie *seine* Arbeitsruhe nicht stört und *ihn* nicht angreift.
Doch vielleicht ist auch alles nur Hilflosigkeit, Angst, sentimental zu wirken, sich durch Privatsorgen und Mitleid vom Großen, Ganzen, der Sorge um die Gesellschaft, ablenken zu lassen? Eleanor, genannt Tussy, wird später immer wieder betonen, daß er ein warmherziger, liebevoller Vater war, ein Eindruck, den viele Zeitgenossen bestätigen, Wilhelm Liebknecht zum Beispiel, der in seinen Erinnerungen an Marx und Engels schreibt, man müsse »Marx mit seinen Kindern gesehen haben, um von der Gemütstiefe und Kindlichkeit dieses Helden der Wissenschaft eine volle Vorstellung zu bekommen.«[17]
»Mohr«, so der Spitzname, den ihm die Kinder gaben, »war sicherlich ein prächtiges Pferd«, ergänzt Tussy. »Mir wurde erzählt, daß meine älteren Geschwister ... Mohr an einige Sessel schirrten, sich selbst darauf setzten und ihn nun ziehen ließen. In der Tat hat er einige Kapitel des ›Achtzehnten Brumaire‹ in Dean Street, Soho, in seiner Eigenschaft als Hühpferd seiner drei kleinen Kinder geschrieben, die hinter ihm auf Stühlen saßen und auf ihn lospeitschten. Ich für meinen Teil ... zog Mohr als Reitpferd vor. Auf seiner Schulter sitzend, die Hände in seiner dichten Mähne vergraben, die damals noch schwarz war, galoppierte ich am liebsten in unserem kleinen Garten herum und über die Felder. ... Und wie er mir die Geschichte des Zimmermannssohnes erzählte, den die Reichen töteten, so einfach und erhaben! Oft und oft hörte ich ihn sagen: ›Trotz alledem, wir können dem Christentum viel verzeihen, denn es hat gelehrt, die Kinder zu lieben.‹ Marx selbst hätte sagen können: ›Laßt die Kleinen zu mir kommen‹, denn wo immer er auch ging, war er von Kindern umringt ... Ganz fremde Kinder kamen so an ihn heran und hielten ihn oft auf der Straße auf ... Nie klagte Mohr über meine Unterbrechungen, obwohl es sehr störend gewesen sein muß, sein ewig plauschendes Kind um sich zu haben, während er an einem großen Werk arbeitete; aber nie ließ er

in seinem Kinde den Gedanken aufkommen, daß es ihm im Wege sei. ... Sie werden verstehen, daß er so bitter hassen konnte, nur weil er einer so innigen Liebe fähig war.«[18]
Der besondere Liebling des Vaters ist Edgar, wegen seiner Kleinheit nur »Musch« – von französisch »mouche«, »die Fliege« – genannt. Zeitgenossen wie Liebknecht schildern ihn als begabtes, pfiffiges Kind mit unwiderstehlichem Charme und schönen Gesichtszügen. Als kleinen Frechdachs, der den Bäcker mit seinen Geldforderungen an der Tür abwimmelt und die Gelegenheit nutzt, ihm ein Brötchen zu stibitzen. Das Kind hat fast nie schlechte Laune, nimmt immer Rücksicht auf andere, besonders auf den »Mohr« und die »Möhme«, seine Mutter Jenny, die er beide über alles liebt. Wenn er spürt, daß die Eltern bedrückt sind, singt er mit lauter, schmetternder Stimme die Marseillaise, und der Hausfrieden ist schnell wiederhergestellt.

Im Juli 1854 reist Jenny, im dritten Monat mit Tussy schwanger, zu ihrer Mutter nach Trier. Für diese Reise braucht sie »allerlei neue Equipierung«[19], die, wie gewöhnlich, von Engels bezahlt werden muß, denn Jenny ist eitel und möchte sich vor ihren Trierer Bekannten nicht blamieren.
»Beatus ille, der keine Familie hat«, hat Marx kurz vor ihrer Abreise an Engels geschrieben.[20] Die Stimmung ist schlecht, die ganze Reise eine Art Flucht. Was wird sie erwarten, wenn sie wieder zurückkommt? Wird ihr Karl wieder mit Helene Demuth anfangen? Was wird aus den Kindern, die gerade die Masern hinter sich haben, während in Soho schon wieder die Cholera wütet? Die beiden Mädchen, Jenny und Laura, sind gesund und kräftig. Edgar ist empfindlich, fängt sich schnell jeden Infekt. Die Söhne scheinen in dieser Familie anfälliger zu sein als die Töchter. Wird sich das Schicksal des kleinen Guido wiederholen?
Jenny bleibt mehrere Wochen in Trier, läßt sich von ihrer Mutter und deren Dienstmädchen verwöhnen, genießt den Moselwein, das milde Klima, die frische Luft aus den Eifel- und Hunsrückbergen, die in wohltuendem Kontrast zum Londoner Smog steht, erholt sich von Marx und den häuslichen Sorgen und kommt Ende August gut gelaunt und gestärkt wieder zurück. Ein großes Glück für die ungeborene Tussy. Denn im September hat die Cholera-Epidemie ihren Höhepunkt erreicht.

»Das Vierpfundbrot kostet einen Schilling, das Wetter ist so schlecht, wie es seit einem halben Jahrhundert um diese Jahreszeit nicht gewesen, der Arbeiterklasse hat sich ein förmliches Streikdelirium bemächtigt, die asiatische Cholera wütet erneut unter uns, und wir sind dem Kriegswahn verfallen. Wir brauchen nur noch Kriegssteuern und eine Hungersnot, dann hat die Zahl der Plagen für England ihre übliche Höhe erreicht«[21], schreibt Marx in der »New York Daily Tribune«.

In London, besonders in Soho und St. Giles, findet die Seuche geradezu idealen Nährboden. Hier leben hunderttausende Menschen auf engstem Raum, schlecht ernährt und unter katastrophal unhygienischen Bedingungen. Die im 16. Jahrhundert angelegten Abwasserkanäle sind seit dreihundert Jahren nicht mehr ausgebessert worden und führen noch immer direkt in die Themse. Ist die Flut nicht stark genug, um den Unrat ins Meer zu treiben, bleibt er an den Ufern liegen und überzieht die Stadt mit fauligem Dunst. Aus der Themse, dem großen Schmutzkanal Londons, kommt auch das Trinkwasser, das aus öffentlichen Pumpen gezapft wird. Nur in den wohlhabenden Vierteln gibt es Wasserleitungen, auf die sich wenige große Gesellschaften ein Monopol teilen.

Die Krankheit überträgt sich durch Darmkeime, das »Bacterium vibrio cholerae«, das erst Jahrzehnte später von Robert Koch analysiert werden soll. Es überlebt in den Ausscheidungen, im Trinkwasser, in Milch, auf Obst und Gemüse, in der Bettwäsche, auf Kleidern und Windeln, ruft Taubheit, Erbrechen, Muskelkrämpfe und Durchfall hervor und läßt seine Opfer unter schrecklichen Qualen sterben. Die Ärzte sind hilflos, versuchen, den Patienten den Darm zu verschließen und verordnen Opium gegen die Schmerzen. Jenny ist gerade wieder in London angekommen, als das große Sterben in der Nachbarschaft anfängt, in zehn Tagen fünfhundert Menschen in einer Straße.[22]

»Dans çe moment«, schreibt Marx an Engels, »ist die gänzliche Entblößung von Geld um so ekliger … als Soho das auserlesene Quartier der Cholera, rechts und links der Mob krepiert (z. B. in der Broad Street 3 Leute durchschnittlich auf das Haus) und der Scheiße mit ›Lebensmitteln‹ am besten Widerstand geleistet wird.«[23]

Nichts davon findet in Marx' journalistische Arbeiten Eingang, die sich um diese Zeit nur mit internationalen Themen befassen, der

Revolution in Spanien, dem England-Rußland-Konflikt und dem russischen Feldzug gegen den Islam. Nichts über die ungesunden Wohnverhältnisse, das schlechte Trinkwasser, das Monopol der Kapitalisten auf Hygiene, Themen, die Marx eigentlich brennend interessieren müßten, da sie die schlagendsten Beweise für seine Theorien liefern, nichts über die Cholera in Soho. Sein Schweigen über die Seuche ist schwer zu erklären. Ist sie ihm ekelhaft? Empfindet er sie, wie viele seiner Zeitgenossen, als vulgär, als Strafe für unmoralisches, ausschweifendes Leben? Ist ihm das Elend zu nah, zu direkt, zu banal, oder sitzt ihm schlicht und einfach die Angst im Nacken?

Auch sein englischer Biograph Francis Wheen hat auf diesen seltsamen Widerspruch hingewiesen. »Bei all seinen Gaben als Beobachter und scharfäugiger Analytiker der Gesellschaft war er oft merkwürdig blind für seine unmittelbare Umgebung.«[24] Immerhin, er hat Dickens, Thackeray und die Brontë-Schwestern gelesen, lobt die »derzeitige glänzende Bruderschaft der Romanschriftsteller Englands, deren anschauliche und beredte Seiten der Welt mehr politische und soziale Wahrheiten vermitteln als alle Berufspolitiker, Publizisten und Moralisten zusammengenommen ...«[25] Doch er geht nicht wie sie in der Nachbarschaft auf Motivsuche, sondern schöpft seine Informationen aus Zeitungen und diplomatischen Berichten, die er im Reading-Room des British Museum studiert. In den Jahren 1854 und 1855 begibt er sich nur einmal von den Höhen der internationalen Politik in die Niederungen des Londoner Arbeiterlebens: mit einem scharfen, von hoher persönlicher Betroffenheit zeugenden Artikel gegen die »beer-bill«, ein von kirchlichen Kräften durchgedrücktes Gesetz, das »die Schließung aller Wirtshäuser ... während des ganzen Sonntags« fordert.[26]

»Meine Frau geht mit starken Schritten der Katastrophe entgegen«, schreibt er am 12. Januar 1855 an Friedrich Engels.[27] Das ist das einzige Mal, daß er Jennys Schwangerschaft gegenüber dem Freund schriftlich erwähnt. Kein Wort über die gerade überstandene Bedrohung durch die Seuche, über die immense Lebensgefahr für Mutter und Kind, deren medizinische Versorgung völlig unzureichend gewesen sein dürfte. Zwar kommt gelegentlich ein Arzt, »der Jude« Dr. Freund[28], in die Wohnung auf der Dean Street, aber der droht dauernd, seine Besuche einzustellen, solange seine Rechnungen unbezahlt bleiben.

Am 15. Januar 1855 kündigen sich endlich die Wehen an. Es ist ein kalter, grauer Wintermorgen. Draußen schneit es, und das Zimmer der Wöchnerin kann nur mit Mühe beheizt werden. Die Kinder Jenny, Laura und Edgar sind wahrscheinlich weggeschickt worden, damit sie in der winzigen Wohnung nicht stören. Vielleicht zu anderen Emigrantenfamilien, zu den Imandts oder den Liebknechts. Ob ein Arzt hinzugezogen wird, ist nicht bekannt. Immerhin ist die werdende Mutter schon einundvierzig. Gut zehn Prozent aller Frauen sterben unter den unhygienischen Umständen an Kindbettfieber.[29] Doch ausgebildete Geburtshelfer gibt es in London, wie überall in England, ohnehin nicht. Das Fach gilt als anstößig. Erst 1886 wird es an den Universitäten eingeführt. Bis dahin sind Entbindungen hauptsächlich Sache der Hebammen, der »midwives«, die einen niedrigen sozialen Status haben und schlecht bezahlt werden. Sie haben ihr Wissen von den Müttern und Großmüttern übernommen und sind bei keiner staatlichen Stelle registriert. Bei der Entbindung tragen sie ihre normale Straßenkleidung, Kleid, Jacke und Hut, allenfalls eine Schürze. Sie waschen sich, sofern Wasser vorhanden ist, zwar die Hände, reinigen sich aber nicht die Nägel. Ihr Hebammenkoffer enthält Glasrohr, Katheter, Nabelschnurschere, Nadel, Faden und Chloroform-Flasche. Dieses Betäubungsmittel ist nach langen Widerständen der Kirche für Gebärende zugelassen worden, seitdem Königin Victoria 1853 ihr siebtes Kind in Chloroform-Narkose zur Welt gebracht hat. Wird das Mittel falsch dosiert, kann die Mutter daran sterben.[30] Auch das Kind hat dann kaum eine Überlebenschance. Über die Behandlung der Nachgeburtsperiode weiß man noch nichts. Es gilt als gotteslästerlich, sie durch Außendruck mit der Hand zu beschleunigen. Die Geburt ist ein natürlicher Akt, in den man nicht eingreifen darf.[31] Oft muß die Nachgeburt mit der Schere entfernt werden. Für die Mutter besteht Verblutungsgefahr. Vor diesem Hintergrund ist es verständlich, daß Marx von der zu erwartenden Niederkunft nicht von einem »freudigen Ereignis«, sondern von einer »Katastrophe« spricht.

Doch alles geht gut, beinahe ein Wunder unter den gegebenen Umständen. Jenny übersteht die finale »Katastrophe« und bringt ein schwächliches, aber gesundes Kind zur Welt. Am 16. Januar 1855 meldet Marx mäßig erfreut an Engels:

»Ich konnte gestern of course nicht an die ›Tribune‹ schreiben und auch heute für einige Zeit à venir nicht, weil gestern zwischen sechs

und sieben Uhr morgens meine Frau von einem bona fide traveller – leider of the ›sex par excellence‹ – genesen ist. Wäre es ein männliches Wesen, so ginge die Sache schon eher.«[32]
Das Neugeborene wird »Jenny Julia Eleanor« genannt. Rufname: Eleanor. Späterer Spitz- und Kosename: Tussy. Leider ist es auch diesmal wieder nur ein Mädchen, eine herbe Enttäuschung für Marx. Denn Mädchen können weder Ärzte noch Rechtsanwälte noch Politiker werden. Der Zutritt zu Universitäten ist ihnen versagt, in Preußen genauso wie in England. Mädchen der unteren Klassen können wenigstens noch in Fabriken arbeiten. Für eine Tochter der Gesellschaft ist das unmöglich. Für sie gibt es, jedenfalls vorerst, nur zwei Zukunftsperspektiven: die Ehe oder die Arbeit als Gouvernante. Bis dahin muß für ihre Erziehung gesorgt werden, muß sie Französisch, Klavierspielen, Tanzen und Handarbeiten lernen. Das kostet Geld. Ebenso wie die standesgemäße Ausstaffierung. Ohne Ausbildung in den üblichen weiblichen Fertigkeiten wird sie auf dem Heiratsmarkt keine Chance haben, ein Standpunkt, den Marx immer wieder ernsthaft vertritt:
»Die Mädchen wachsen sehr heran, und auch ihre Erziehung wird teuer. Sie haben in dem ladies seminary, wohin sie gehen, private lessons von einem Italiener, einem Franzosen, und einem drawing master. Jetzt muß ich noch einen Musikkerl anschaffen.«[33]
»The sex par excellence«. – Ahnte Tussy etwas von dieser wenig schmeichelhaften Definition, als sie zweiunddreißig Jahre später ihre Kampfschrift »The Woman Question« veröffentlichte, in der sie, eine südafrikanische Schriftstellerin* zitierend, schreibt:
»Damals waren wir gleich, als wir neugeborenen Babys auf den Knien der Kinderschwester lagen. Wir werden wieder gleich sein, wenn sie uns die Augen zum letzten Schlaf zudrücken.«[34]
Während Jenny sich schnell von den Strapazen der Niederkunft erholt, will das Baby nicht richtig gedeihen. Es schreit viel, hat keinen Appetit und »stört das ganze Haus«, schreibt Marx an Engels.[35] Jenny will oder kann auch dieses Kind nicht stillen. Eine irische Amme wird engagiert, dieses Mal strengstens beaufsichtigt von den beiden älteren Mädchen, die die Zusammenhänge bereits erkannt haben und denen der Schock über den Tod der Geschwister noch im Nacken sitzt.

* Olive Schreiner und ihren Roman »Geschichte einer afrikanischen Farm«

»Sie versorgten es ganz und gar«, schreibt Jenny an einen Verwandten, »und hielten die irische Amme unter strenger ... Kontrolle, was bei ihren besonderen Unarten und Angewohnheiten sehr nötig ist. Die Kinder des grünen Erin neigen gewaltig zu Gevatter Gin und Brandy, und da muß man schrecklich aufpassen.«[36]
Die häuslichen Verhältnisse auf der Dean Street sind denkbar ungeeignet für ein Baby. Kein ruhiges Zimmer, wo es ungestört schlafen könnte, kein sauberer Platz zum Waschen und Wickeln, statt frischer Luft abgestandener Zigarrenrauch bis in die hintersten Winkel.
»Wenn man bei Marx eintritt«, berichtet ein preußischer Spitzel, »werden die Augen von dem ... Tabakqualm derart umflort, daß man im ersten Augenblick wie in einer Höhle herumtappt, bis sich der Blick mit diesen Dünsten allmählich befreundet und man wie im Nebel einige Gegenstände ausnimmt. Alles ist schmutzig, alles voll Staub; mit dem Niedersitzen ist es eine wahrhaft gefährliche Sache. Da steht nur ein Stuhl auf drei Füßen, dort spielen die Kinder und machen ihre Küche auf einem anderen Stuhl ... setzen Sie sich, so riskieren Sie ein paar Beinkleider.«[37]
Marx klagt mehrmals über den »sehr bedenklichen Zustand des Babys«, der ihn vom regelmäßigen Schreiben für seine Zeitungen abhalte. Anfang Februar fürchtet er gar »Schlimmes« für das Kind,[38] seinen Tod also, was ihn diesmal stärker als sonst zu berühren scheint, denn Tussy, das Cholerakind, nach so vielen Krankheiten, Katastrophen und Todesfällen wie durch ein Wunder glücklich zur Welt gekommen, hat vom ersten Tag an sein Herz gewonnen, obwohl sie dem »sex par excellence« angehört und wie Frederick von dunklem, jüdischen Typus ist.
Ihm selbst geht es gesundheitlich miserabel. Seine Augen sind vom Zigarrenrauch und dem vielen Lesen bei schlechtem Licht chronisch entzündet, im März stellt sich eine heftige Bronchitis ein, die wegen der anhaltenden Kälte nicht abheilt und ihn zwingt, starke Medikamente zu nehmen. Das Schlimmste aber ist der Zustand des achtjährigen Edgar, der bald nach Tussys Geburt ein »gefährliches gastrisches Fieber«, vielleicht eine Cholera-Infektion, bekommt und täglich mehr austrocknet und abmagert. Marx hat schreckliche Angst, seinen Liebling, seinen Musch, zu verlieren. Er läßt alle journalistischen Arbeiten liegen und wacht Tag und Nacht am Bett seines kranken Sohnes, der niemals klagt, nie seinen »originellen,

gutmütigen und zugleich selbständigen Charakter«[39] verliert und sich bis zuletzt bemüht, lieb und artig zu sein und seine Eltern durch seine Krankheit nicht zu belasten.

»Er sagte«, berichtet Jenny, »zu Jennychen, seiner kleinen Vertrauten: ›Wenn das Möhmchen ans Bett kommt, deck immer meine Hände zu, daß sie nicht sieht, wie mager ich bin.‹«[40]

Edgar stirbt am 6. April 1855, knapp drei Monate nach Tussys Geburt, in den Armen seines Vaters, der über Nacht weiße Haare bekommt und viele Monate lang über kaum etwas anderes spricht und schreibt als über seinen Schmerz.

»Er war die ganze Freude, der ganze Stolz, die ganze Hoffnung meines lieben Karls, an dem das Kind mit besonders inniger Zärtlichkeit hing«, schreibt Jenny an einen Verwandten, »so daß es in seiner Krankheit immer bat, sein Charley … möge immer bei ihm sein, ihn tragen und heben und seine Hände auf seinen Kopf legen. Und wirklich hatte Karl auch die Kraft, während der sechs bangen Wochen ihn nicht zu verlassen und Tag und Nacht bei ihm zu sein.«[41]

In diesen Monaten erfährt Marx viele Beweise der Freundschaft und Anteilnahme, besonders von politischen Freunden im Exil, die die Tragödie des kleinen Edgar für eine Folge des Flüchtlingslebens und der bedrückenden Londoner Armut halten.

»Ich vergesse die Szene nicht«, schreibt Wilhelm Liebknecht, der am Todestag bei den Marxens zu Besuch ist. »Die Mutter stumm weinend über das tote Kind gebeugt, Lenchen schluchzend daneben stehend, Marx in erschrecklicher Aufregung, jeden Zuspruch heftig, fast zornig zurückweisend, die beiden Mädchen leise weinend sich an die Mutter schmiegend, die in ihrem Schmerz sie krampfhaft umfaßte, als wolle sie sich an sie klammern, sie gegen den Tod verteidigen, der ihr den Knaben geraubt.

Und zwei Tage später das Begräbnis … Ich in dem Wagen mit Marx – er saß stumm da, den Kopf in die Hände gestützt. Ich streichelte ihm die Stirn: ›Mohr, du hast ja deine Frau, die Mädchen und uns – und wir haben dich alle so lieb!‹ – ›Ihr könnt mir den Jungen nicht wiedergeben!‹ stöhnte er – und stumm fuhren wir weiter zum Kirchhof in der Tottenham Court Road … Als der Sarg in das Grab gesenkt werden sollte, war Marx so aufgeregt, daß ich mich neben ihn stellte, weil ich fürchtete, er werde dem Sarg nach ins Grab springen.«[42]

Wenigstens sind die finanziellen Sorgen in diesem Frühjahr nicht ganz so übermächtig wie sonst. Jenny hat eine Erbschaft gemacht. Ihr Onkel, Heinrich von Westphalen, ist mit neunzig Jahren gestorben und hinterläßt ihr hundert Pfund, genug, um einen Umzug ins Auge zu fassen. Marx macht kein Hehl daraus, daß er über den Tod »des alten Hundes ... very happy« ist,[43] denn er wünscht sich dringend eine Ortsveränderung, um dem deprimierenden Soho und der ständigen Erinnerung an Edgars Krankheit und Tod zu entkommen. Aber auch seine Frau ist geschwächt und erholungsbedürftig, so »durchsichtig wie eine Halb-Pence-Kerze und ausgedörrt wie ein Hering«, schreibt ihre älteste Tochter Jenny,[44] die mit ihren elf Jahren angefangen hat, mütterliche Verantwortung zu übernehmen und besonders die kleine Tussy wie ihr eigenes Baby behandelt. So ist die Familie froh, wenigstens die Sommermonate des Jahres 1855, die Zeit von Juli bis September, in Camberwell, einem dörflichen Vorort von London, verbringen zu können, wo ihnen ein alter Trierer Freund seinen Cottage zur Verfügung gestellt hat, ein kleines Häuschen mit Blick auf den »feenhaft herrlichen« Kristall-Palast[45], der als Wunderwerk der modernen Architektur erst vor wenigen Jahren erbaut worden ist. In dieser neuen, gesunden Umgebung blüht Tussy auf, bekommt rote Backen, findet nachts ihren Schlaf und wird immer mehr zum Liebling der ganzen Familie. Die beiden Schwestern bestehen darauf, sie eigenhändig zu baden. Jenny geht mit ihr zum Daguerreotypisten und schickt die Bilder an die Verwandtschaft in Trier. Sie schreibt aller Welt, wie »wunderniedlich« und »bildhübsch« das neue Baby doch sei, berichtet voller Stolz über ihre ersten Laute und Krabbelversuche, so als würde sie erst jetzt, mit über vierzig, für sich entdecken, daß es auch schön sein kann, kleine Kinder zu haben und daß Kinder nicht gleichbedeutend mit »Katastrophen« sein müssen. Auch Marx ist vernarrt in die Kleine, die ihn mit ihrer strahlenden Laune so für sich einnimmt, daß er seinen Schmerz über Edgar für Stunden vergessen kann. Sie »lache und schwatze ihm manche Sorge weg«, beobachtet Jenny. Eines ihrer ersten Worte ist »Dada«, eine Mixtur aus »Papa« und »Daddy«. Keines der Marx-Kinder ist von den Eltern schon als Kleinkind so beachtet und verwöhnt worden wie Tussy.

»Das Kind wurde gerade geboren, als mein armer, lieber Edgar von uns schied, und alle Liebe zum Brüderchen ... wurde nun auf das kleine Schwesterchen übertragen«, schreibt Jenny in ihren Erinnerungen.[46]

Ein Jahr nach Edgars Tod, im April 1856, scheint Marx seine schlimmste Verzweiflung überwunden zu haben. Zwar schreibt er seltener für die »New York Daily Tribune« und die »Neue Oder-Zeitung«, dafür wirken seine Artikel gelassener, konzentrierter und interessierter, nicht mehr wie journalistische Tagesarbeit, sondern wie Grundsatzessays zur politischen und sozialen Lage in England und Preußen. Zur Jahresfeier des Londoner »People's Paper« hält er eine kurze, aber brillante Rede, in der er sich direkt an die englische Arbeiterschaft wendet und selbstkritisch auf die Revolution von 1848 zurückblickt:
»Die sogenannten Revolutionen von 1848 waren nur kümmerliche Episoden ..., kleine Brüche und Risse in der harten Kruste der europäischen Gesellschaft. Sie offenbarten jedoch einen Abgrund ... Lärmend und verworren verkündeten sie die Emanzipation des Proletariats, d. h. das Geheimnis des 19. Jahrhunderts.«
England, das Land des Freihandels, der technischen Umwälzungen und der »erstgeborenen Söhne der modernen Industrie«, befinde sich in einem Zeitalter des Verfalls.
Nach jahrelanger hemmungsloser Überproduktion seien die Märkte nun überfüllt, die Waren der Kattundrucker, Seidenfabrikanten und Baumwollspinner kaum mehr verkäuflich. Konkurse und Arbeitslosigkeit seien die Folge, hoffnungslose Verelendung der Arbeiterviertel.
»Wir sehen, daß die Maschinerie, die mit der wundervollen Kraft begabt ist, die menschliche Arbeit zu verringern und fruchtbarer zu machen, sie verkümmern läßt und bis zur Erschöpfung auszehrt. Die neuen Quellen des Reichtums verwandeln sich durch einen Zauberbann zu Quellen der Not. Die Siege der Wissenschaft scheinen erkauft durch Verlust an Charakter. In dem Maße, wie der Mensch die Natur bezwingt, scheint der Mensch durch andre Menschen ... unterjocht zu werden ... Wir für unsern Teil verkennen nicht die Gestalt des arglistigen Geistes, der sich fortwährend in all diesen Widersprüchen offenbart. Wir wissen, daß die neuen Kräfte der Gesellschaft ... nur neuer Menschen bedürfen, die ihrer Meister werden – und das sind die Arbeiter.«[47]
Auch mit Preußen geht er jetzt hart ins Gericht, seiner alten Hei-

mat, die mit Recht so stolz auf ihre »philosophische Erleuchtung« sei, aber »die hervorragendsten Wissenschaftler von den Universitäten gejagt und die Erziehung der Jugend einer Bande von Dunkelmännern« anvertraut habe. Krautjunker regierten das Land, unterdrückten sogar den reformfreundlichen König, die freie Gerichtsbarkeit, die Gleichberechtigung der Konfessionen und vor allem »die arbeitende Klasse«, die für Teilnahme an Streiks bestraft und vom politischen Leben systematisch ferngehalten werde.[48]
Während er selber fürchten muß, sofort verhaftet und vor Gericht gestellt zu werden, wenn er seinen Fuß auf preußischen Boden setzt, kann Jenny im Mai 1856 ungehindert mit ihren drei Töchtern nach Trier fahren, wahrscheinlich, weil sie die Halbschwester des preußischen Innenministers, Ferdinand von Westphalen, ist. Jenny möchte ihre achtzigjährige Mutter besuchen, ihr jüngstes Kind vorzeigen, den Kleinbürgern zwischen den Eifel- und Moselbergen beweisen, daß sie immer noch eine stolze, attraktive Frau ist.
Die beiden älteren Mädchen sind schon mehrmals in Trier gewesen. Tussy sieht die Heimat ihrer Eltern zum ersten Mal. Im Vergleich zu London ist Trier ein Nest. Knapp über zwanzigtausend Einwohner, die meisten davon streng katholisch, enge Straßen, die in einen großen Bauernmarkt münden, Pferdefuhrwerke, Kopfsteinpflaster, ein erbärmliches jüdisches Getto in der Nähe der Porta Nigra, das noch den Geist des Mittelalters zu atmen scheint. Zwar herrscht in der Stadt ein gewisser antipreußischer Geist, die traditionelle rhein-moselländische Opposition gegen die Berliner Fremdherrscher und Bürokraten. Die Intellektuellen, zu denen auch die Väter des Ehepaars Marx gehört haben, sympathisieren eher mit den Franzosen als mit den Preußen. Schließlich liegt Frankreich vor der Tür und hat in gut zwanzigjähriger Herrschaft seine Spuren hinterlassen, im Dialekt, einer heiteren Lebensart und der Vorliebe für gute Speisen und Getränke. Doch dieser Einfluß macht Trier noch längst nicht zum weltoffenen, urbanen Zentrum. Jeder kennt jeden. Die katholische Kirche hat alles fest im Griff. Die Protestanten sind beinahe genauso in der Minderheit wie die Juden. Seit dem 16. Jahrhundert wird der Heilige Rock als Reliquie angebetet. Gläubige aus aller Welt praktizieren einen atavistisch anmutenden Götzenkult. Im Umland gibt es Dörfer, die vom Verkehr abgeschnitten und bitter arm sind, die ganze Eifel,

auch »Sibirien des Rheinlandes« genannt, ist nahezu unberührt von jeder Zivilisation. Fast niemand kann hier lesen und schreiben. Krankheiten werden noch von »weisen Frauen« geheilt. Sogar an die letzten Hexenverbrennungen kann man sich noch erinnern.

Jenny hegt eine ausgesprochene Haßliebe zu diesem Ort. Als junge Frau hat sie hier oft unter Depressionen gelitten, manchmal sogar an Selbstmord gedacht. »Das kleinste, erbärmlichste Nest, voll von Klatsch und lächerlicher Lokalvergötterung«, hat sie an den jungen Marx geschrieben.[49] Und dennoch übt diese Stadt einen starken Reiz auf sie aus, der sie zwingen wird, immer wieder zurückzukehren: die Weinberge, die Mosellandschaft, die vielen römischen Ruinen, die vornehmen klassizistischen Stadthäuser aus der Zeit des Kurfürsten Franz, zu denen auch ihr Elternhaus auf der Römerstraße, heute Paulinstraße, gehört. Hier ist sie Prinzessin, Exotin gewesen, Tochter eines hohen adeligen Beamten, Ballkönigin, »das schönste Mädchen von Trier«. Auch jetzt noch, mit zweiundvierzig Jahren, hat sie für Trierer Verhältnisse etwas ausgesprochen Exotisches, wenn sie, nach der neusten weltstädtischen Mode gekleidet, mit ihren hübschen drei kleinen Mädchen durch die Stadt geht, von denen die Jüngste, Tussy, gerade anfängt, Englisch zu sprechen.

Auf ihren Mann, der mit Rückenrheumatismus in London geblieben ist, scheint die Entfernung erotisierend zu wirken. Immer wieder vertieft er sich in ihr Foto und schreibt ihr die glühendsten, intelligentesten Liebesbriefe, die einer Zweiundvierzigjährigen je geschrieben worden sind:

»Meine Liebe zu Dir, sobald Du entfernt bist, erscheint … als ein Riese, in die sich alle Energie meines Geistes und aller Charakter meines Herzens zusammendrängt. Ich fühle mich wieder als Mann, weil ich eine große Leidenschaft fühle, und die Mannigfaltigkeit, worin uns das Studium und moderne Bildung verwickeln, und der Skeptizismus, mit dem wir notwendig alle subjektiven und objektiven Eindrücke bemängeln, sind ganz dazu gemacht, uns alle klein und schwach und quengelnd und unentschieden zu machen. Aber die Liebe, … nicht zum Proletariat, sondern die Liebe zum Liebchen und namentlich zu Dir, macht den Mann wieder zum Mann.«[50]

Kein Wunder, daß Jenny in Hochstimmung ist. Ihre Festtagslaune überträgt sich auf die kleine Tussy, die für ein anderthalbjähriges

Mädchen ungewöhnlich aufgeweckt ist. So erinnert sie sich noch nach mehreren Wochen an das Baby von Ernestine Liebknecht, das sie in London ein paarmal auf dem Schoß halten durfte.
»Bei Nennung Ihres Namens sprang es auf«, schreibt Jenny an Ernestine, »klatschte jubelnd in die Händchen, rief ›Baby, Baby‹, setzte sich breit auf der Erde nieder und zeigte auf den Schoß, wo es Ihr Baby gehabt hatte.«[51]
Auch an Karl Marx, ihren »Dada«, denkt sie in Trier oft zurück.
»Selbst Tussichen hat den Papa noch nicht vergessen«, fährt Jenny fort, »spricht auffallend oft von ihm, lockt ihn mit den Händchen, sagt dann traurig ›gone‹, und wenn er nicht zur Tür hereinkommt, fängt es an zu beaten und zu pinchen.«*
Ihre Großmutter, Caroline von Westphalen, geborene Heubel, lernt Tussy nur noch als alte, totkranke Frau kennen, die im Juli 1856, zwölf Tage nach ihrem einundachtzigsten Geburtstag, sterben wird. Beide Großväter, Heinrich Marx und Ludwig von Westphalen, sind schon lange tot. Von einem Besuch bei Henriette, der Mutter von Marx, ist nicht die Rede, obwohl sie ebenfalls in Trier lebt und bei guter Gesundheit ist. Doch die Beziehung zwischen Jenny und ihr ist gespannt, und auch Marx scheint sich für diese Mutter zu schämen, eine einfache Frau, die aus einer holländisch-ungarischen Rabbiner-Familie stammt, ein Gemisch von Niederländisch und Jiddisch spricht, neun Kinder zur Welt gebracht und sich nie von ihren jüdischen Wurzeln gelöst hat. Noch 1853, achtundzwanzig Jahre nach ihrer Taufe, schreibt sie an ihren niederländischen Verwandten Lion Philips:
»Und es scheint das es Loos des Volks Israel wieder bey mir in erfülung geht das meine Kinder in alle Welt sollen verstreyt werden.«[52]
Kaum anzunehmen, daß Jenny es unter diesen Umständen für nötig hielt, mit ihren Töchtern den jüdischen Friedhof auf der Gilbertstraße zu besuchen, auf dem die Grabmäler der Vorfahren von Karl Marx standen, versehen mit langen, poetischen, hebräischen Inschriften, die bis in die sechziger Jahre des 20. Jahrhunderts noch entzifferbar waren. Über Mordechai Hallevi, Marx' Großvater väterlicherseits, hieß es zum Beispiel:

* zu schlagen und zu kneifen

»Hier hat man bestattet den gelehrten und universalen Herrn, unseren Lehrer und Meister, ein verehrter, heiligmäßiger Gelehrter war der Berühmte, ein Priester hoher Abkunft, Mordechai Hallevi, der Sohn unseres Lehrers Samuel Postelburg, das Andenken an einen Gerechten gereiche zum Segen. Fünfunddreißig Jahre war er Gerichtsvorsitzender in Trier, und auf den Pfaden der Ewigkeit und einer, der wägt mit den Waagschalen der Gerechtigkeit von seiner Jugend an, und auch seine eigenen Taten von seinem Erwachen an bis zu diesem Tage, da er vollendet wurde nach himmlischem Ratschluß ... hier in Trier.«[53]

Mit einem Erbe von zweihundert Pfund versehen, das ihr Halbbruder, der preußische Innenminister, ihr ordnungsgemäß auszahlt, reist Jenny mit ihren drei Mädchen über Paris und die Insel Jersey zurück nach London, wo sie im September 1856 wieder eintrifft, endlich imstande, eine neue Wohnung zu suchen und das finstere Loch in Soho zu verlassen. Sie beziehen einen Neubau im Grünen, ein schmales, neugotisches, vierstöckiges Reihenhaus in Kentish Town, Grafton Terrace, weit entfernt vom städtischen Zentrum, jedoch nah am beliebten Ausflugsziel Hampstead Heath, dem großen Heidegebiet am Nordrand Londons.

»Die Heide ist fast 100 ha groß«, schwärmt ein zeitgenössischer Reiseführer. »Ihre wilde Schönheit, der Wechsel von Berg und Tal bilden einen erfrischenden Gegensatz zu der abgezirkelten Eleganz der Parks ... Die Aussicht von hier ist ausgedehnt und malerisch ... Im Süden schweift der Blick über die Häusermassen Londons bis zu den grünen Hügeln von Surrey und dem schimmernden Dach des Kristallpalastes; ... bei klarem Wetter erkennt man im Osten die Themse, im Westen selbst Schloß Windsor.«

Die Miete ist niedrig, nur sechsunddreißig Pfund im Jahr, nicht einmal das Doppelte des Mietpreises für die finstere Absteige, denn die Gegend ist verkehrsmäßig noch kaum erschlossen, ein einziger großer Bauplatz ohne Straßenbeleuchtung, ohne Geschäfte und die von Marx so geschätzten Pubs. Die stadtferne Lage wird sich später als Problem erweisen. Doch zunächst überwiegt die Freude, der Dean Street entkommen zu sein, besonders bei Jenny, die kurz nach dem Einzug an einen Verwandten schreibt:

»Das Haus hat die vier Eigenschaften, die Engländer an einem Haus lieben, es ist airy, sunny, dry und auf gravely soil gebaut. Es liegt rings von frischen grünen Wiesen und Triften umgeben, auf denen Kühe, Pferde, Schafe und Hühner in gemütlicher Eintracht weiden. Vor uns breitet sich die kolossale Riesenstadt London in nebelhaften Umrissen aus, können wir nur bei klarem Licht genau die Kuppel der St. Paul's-Kirche unterscheiden. Die hinteren Stuben bieten eine wunderbar liebliche Aussicht dar. Ganz hügeliges Terrain bis hinauf zu den waldumkränzten Höhen von Hampstead und dem reizenden Highgate mit seiner hoch auf einem Hügel thronenden Kirche ... Die Kinder sind sehr glücklich in den vielen neuen Räumen, und die kleine Eleanor küßt beständig vor Entzükken die ›nice carpets‹.«[54]

2 Kapitän Tussy 1857–1869

In den ersten Wochen im neuen Haus kommt Jenny sich wie eine Schloßherrin vor. Ein eigener Garten, eine kleine Terrasse, acht helle Räume, einer davon ein »parlour«, ein Empfangsraum, kein Straßenlärm draußen, kein »Mob« rechts und links, keine Cholerakranken, keine schlechte Luft, kein proletarischer Essensgeruch aus den Küchen der Mitbewohner. Noch nie, seitdem sie aus ihrem Elternhaus fort ist, hat sie so standesgemäß gewohnt. Nur die nötigen Möbel fehlen noch. Gott sei Dank hat Imandt, ein alter Schulfreund von Marx, ihnen ein paar Tische und Stühle überlassen, als er als Lehrer ins schottische Dundee gegangen ist, »second hand furniture im rococo Styl«.[55] Voller Begeisterung fängt sie an, sich als Hausfrau zu betätigen, kauft Vasen für den Kaminsims, weiße Gardinen, ein Dutzend Rohrstühle, Körbchen mit Schlingpflanzen und eine blaugraue Decke für den wackligen Teetisch.[56] Von einer richtigen viktorianischen Einrichtung mit Statuen, Kandelabern und Nippeskram, wie sie sie auf der Londoner Weltausstellung von 1852 gesehen hat, kann natürlich noch keine Rede sein. Aber es ist ein Anfang, der erste Schritt zu einem »honetten«, bürgerlichen Ambiente, das ihrer Meinung nach einfach sein *muß*, wenn ihre Töchter später einmal standesgemäße Männer finden sollen.

Doch dann kommt der englische Herbst mit seinem Dauerregen. Der rote Lehm, auf dem das Viertel gebaut ist, verwandelt sich in Schlamm. Fast den ganzen Tag ist es dunkel. Überall Pfützen und Schutthaufen, halbfertige Häuser. Kein Kontakt zu den Nachbarn, die sich gegen die Emigranten abschirmen. Jedermanns Heim ist sein Schloß.

»La vie de bohème hatte ein Ende«, schreibt sie in ihren Erinnerungen. Fast trauert sie der guten, alten Armut wieder nach. »Statt daß man bisher frei und offen den Kampf … im Exil gekämpft hatte, galt es von neuem, den Schein der Ehrbarkeit wenigstens aufrechtzuerhalten. Wir segelten mit vollen Segeln ins Philisterium hinein.«[57]

Dazu kommt, daß sie in diesem Herbst wieder schwanger wird. Es ist jetzt das siebte Mal in ihrer Ehe. Sie ist dreiundvierzig. Schlimme Aussichten, zumal das Geld, das sie von ihrer Mutter geerbt hat, schon wieder verbraucht ist. Auch Marx freut sich nicht auf das neue Kind, selbst wenn es diesmal ein Sohn werden sollte. Als es mit Beginn des Winters bitterkalt wird und er wieder einmal den Kohlenhändler nicht bezahlen kann, wird ihm klar, daß das neue Haus eine Art Luftschloß ist. Vor lauter Freude über die niedrige Miete hat er den Faktor der Nebenkosten schlicht vergessen.

»Ich sitze vollständig auf dem Sand in einer Wohnung, worin ich mein weniges Bares gesteckt, und worin es unmöglich ist, sich von Tag zu Tag durchzupissen wie in Dean Street«, schreibt Marx an Engels, der sofort einigermaßen entsetzt zurückfragt:

»Ich dachte, jetzt sei endlich alles im schönsten Zuge, Dich in einer ordentlichen Wohnung und das business geregelt; und jetzt stellt sich heraus, daß alles infrage steht?«[58]

Nur Tussy ist rundherum glücklich in dem neuen Haus. Sie hat ein eigenes Kinderzimmer, einen Garten, in dem sie Schneemänner bauen kann, Katzen, die sich irgendwie vor der Haustür einfinden. Auch mit den Nachbarn hat sie keine Probleme, denn sie ist keine Fremde, keine Emigrantin aus Preußen, sondern eine echte, in London geborene Engländerin, deren Sprache man die deutsche Herkunft nicht anmerkt, während die Eltern ihren schweren moselländischen Akzent nie verlieren. Schnell knüpft sie Freundschaft mit den Kindern der Nachbarschaft, die sie als eigentliches Oberhaupt der Familie ansehen und nicht von den »Marxens«, sondern den »Tussies« sprechen. Wobei kein Mensch ganz genau weiß, warum »Eleanor« eigentlich »Tussy« genannt wird, vielleicht wegen ihrer Vorliebe für »Pussies«, für kleine Katzen?

Bei schönem Wetter läßt sie sich ihren Tee auf der Terrasse servieren, befiehlt den Schwestern, Kastanien für sie zu rösten, kommandiert alle herum, ohne daß man ihr böse sein kann, denn sie ist, wie Marx halb besorgt, halb belustigt an Engels berichtet, ein »merkwürdiger Witzbold«, der von sich selber behauptet, »two brains«, zwei Gehirne, zu haben,[59] vielleicht, weil sie jetzt auch ein paar Brocken Deutsch kann, die sie aus Grimms Märchen aufgeschnappt hat.

»Wir alle lesen uns stumm und dumm an den Märchen«, schreibt Jenny in ihren Erinnerungen, »aber wehe uns, wenn im Rumpelstilzchen oder im König Drosselbart oder im Schneewittchen auch nur eine Silbe ausgelassen wird. Durch diese Märchen hat das Kind neben dem Englischen, das in der Luft liegt, auch das Deutsche gelernt, das es mit besonderer Regelrichtigkeit … spricht.«[60]
Marx hat für sie eine eigene Geschichte erfunden, die Geschichte von Hans Röckle, einem Zauberer mit einem großen, wunderbar bestückten Kaufladen.
»Es war eine lange, lange Geschichte und endete nie«, erinnert sich Tussy. »In seinem Laden waren die wunderbarsten Dinge: hölzerne Männer und Frauen, Riesen und Zwerge, Könige und Königinnen, Meister und Gesellen, vierfüßige Tiere und Vögel so zahlreich wie in der Arche Noah, und Tische und Stühle, Equipagen und Schachteln groß und klein. Aber ach! – trotzdem er ein Zauberer war, stak er doch stets in Geldnöten, und so mußte er sehr gegen seinen Willen alle seine hübschen Sachen … dem Teufel verkaufen. Nach vielen, vielen Abenteuern und Irrwegen kamen aber dann diese Dinge immer wieder in Hans Röckles Laden zurück.«[61]
Im Frühjahr wird die Stimmung im Haus freundlicher. Dann ist Picknickzeit. Dann geht es sonntags weit hinaus in die Hügel von Highgate. Marx läßt seine politischen Manuskripte liegen und geht mit. Ein Wunder, daß der Picknickkorb immer gut gefüllt ist. Kalbsbraten, Brot, Käse, Shrimps, Humpen mit Bier. Fast wie beim Zauberer Hans Röckle.
»Gewöhnlich wurde ein Lied angestimmt«, erinnert sich Liebknecht, der manchmal mitgehen darf. »Politische Lieder nur selten, meist Volkslieder … Oder die Kinder sangen Niggerlieder vor und tanzten dazu … Von Politik durfte auf dem Marsch ebensowenig gesprochen werden wie von der Flüchtlingsmisere. Dagegen sprach man viel von Literatur und Kunst, und da hatte Marx Gelegenheit, sein riesiges Gedächtnis zu zeigen. Er deklamierte lange Passagen aus der Divina Commedia, die er fast auswendig konnte, und Szenen aus Shakespeare, wobei seine Frau, auch eine vorzügliche Shakespearekennerin, ihn oft ablöste.«[62]
Doch schon montags fängt der graue Alltag wieder an. Denn Karl Marx hat um diese Zeit wenig journalistische Aufträge. Die von ihm prophezeite Weltwirtschaftskrise mit ihren Pleiten, Bankencrashs und rapiden Preisstürzen macht sich bemerkbar, sogar für ein

großes, international gelesenes Blatt wie die »New York Daily Tribune«, dem die Mittel für die freien Mitarbeiter knapper werden. Außerdem sind seine Artikel zu kritisch, vor allem zu rußlandkritisch. Seine Texte über internationale Politik passieren immer seltener die Zensur. Am besten gefallen noch seine kleinen Berichte, in denen er die sozialen Zustände im englischen Königreich anprangert, die menschenunwürdige Unterbringung der Geisteskranken, den Zusammenhang von Armut und Kriminalität, den britischen Opiumhandel oder die Arbeitsbedingungen in den Fabriken, Unfälle, »die von Maschinen herrühren, wie Tod, Amputationen von Händen, Armen, Beinen oder Füßen, Glieder- und Knochenbrüche, Kopf- und Gesichtsverletzungen, Risse, Quetschungen etc. ... Sind diese Vampire, die sich mit dem Lebensblut der jungen Generation von Arbeitern ihres eigenen Landes mästen, nicht die passendsten Gefährten der britischen Opiumschmuggler ...?«[63]

Irgend etwas stimmt nicht mit Jennys Schwangerschaft. Marx macht dubiose Andeutungen über unangenehme »circumstances«,[64] denn über »Frauensachen« kann und will er sich nicht näher äußern. Hat sie vorzeitige Wehen? Blutungen? Oder gar versucht, das Kind abtreiben zu lassen, da sie Angst hatte, eine siebte Niederkunft nicht zu verkraften?

Am 6. Juli 1857 wird das Kind endlich geboren, diesmal in erträglicheren Wohnverhältnissen, vielleicht sogar einem eigenen Wochenbettzimmer. Doch das Neugeborene, dessen Geschlecht nirgendwo erwähnt wird, ist nicht lebensfähig, kommt nur auf die Welt, um einmal zu atmen und dann hinausgetragen zu werden.[65] Alles deutet darauf hin, daß es schwer behindert gewesen ist.

»Dies an und für sich kein Unglück«, schreibt Marx einen Tag später an Engels. »Jedoch teils Umstände unmittelbar damit verbunden, die furchtbaren Eindruck auf meine Phantasie gemacht; teils die Umstände, die dieses Resultat herbeiführten, so beschaffen, daß die Rückerinnerung qualvoll. Brieflich nicht tubar, auf solche Materie einzugehen.«[66]

Worauf Engels befremdet antwortet:

»Den Tod des Kindes kannst Du stoisch hinnehmen, Deine Frau schwerlich. Wie es *ihr* geht, schreibst Du nicht. Ich schließe das Beste daraus, aber laß es mich doch *positiv* wissen, rechte Ruhe hab' ich darüber sonst doch nicht. Deine mysteriösen Andeutungen lassen in dieser Beziehung zu vielen Vermutungen Raum.«[67]

Jenny, die eine gute körperliche Konstitution hat, erholt sich zwar auch von dieser Niederkunft schnell, leidet aber monatelang unter Depressionen. Sie hat niemanden, bei dem sie sich aussprechen könnte, keine Mutter, keine Freundinnen, nur ein paar Briefpartnerinnen im fernen Deutschland. Noch Jahre später wird sie sich mit Schaudern an die »große last instance« ihrer vielen Schwangerschaften erinnern. »Es ist doch immer eine halsbrecherische Affäre, und wohl dem, der der Gefahr nicht mehr ausgesetzt ist«, schreibt sie an Ernestine Liebknecht.[68]

Im Januar 1858 wird Tussy drei Jahre alt. Die Schwestern schenken ihr einen silbergrauen Anzug, garniert mit rosa Plüsch, den sie unter Anleitung von Helene genäht haben. Von ihrem »Dada« bekommt sie den »Masterman Ready« von Frederick Marryat, ein beliebtes Jugendbuch, aus dem er ihr abends vorliest, denn ständig neue Fortsetzungen zu der Hans-Röckle-Geschichte zu erfinden, wird ihm allmählich zu anstrengend. Marryat hat den »Masterman Ready«, der in Deutschland unter dem Titel »Sigismund Rüstig« auf dem Markt ist, für seine Kinder – elf an der Zahl – geschrieben, da ihm die üblichen Seemanns- und Abenteuerromane nicht gefielen. Zu wenig nautische Kenntnisse, zu viele geographische und ethnologische Fehler. Marryat als ehemaliger Kapitän kann das besser. Er hat im Mittelmeer gegen Franzosen und Türken gekämpft, eine Expedition nach Burma geleitet, ist Kommandant des Dampfschiffs »Beaver« gewesen, das Napoleon auf der Insel Sankt Helena bewacht hat. »Masterman Ready« ist die Geschichte einer australischen Familie, die auf dem Indischen Ozean in Seenot gerät. Der Kapitän kann sich retten und verläßt mit der Mannschaft das Schiff. Nur der alte Steuermann Ready bleibt mit den Passagieren auf dem Wrack und ankert es vor einer menschenleeren Koralleninsel. Während die Mutter meistens leidend ist und der Vater theoretische Vorträge über Gott und die Welt hält, übernimmt William, der zwölfjährige Sohn, die Verantwortung. Er legt Süßwasserquellen frei, baut ein Haus aus Palmenstämmen, fängt Fische, sammelt Pflanzen und Früchte, weidet das aus dem Wrack gerettete Vieh und kämpft gegen die Eingeborenen der Nachbarinsel. Masterman Ready stirbt bei einer Schießerei. William und seine Familie aber werden von der Mannschaft eines Dampfers gerettet und – zum großen Leidwesen des Jungen – in die Zivilisation zurückgeführt.

Die Figur des William bietet soviel Identifikationsstoff für Tussy, daß sie sich vornimmt, später einmal »Bubenkleider« anzuziehen und auf einem Kriegsschiff anzuheuern. Marx widerspricht ihr nicht, denn er weiß noch nichts von der Psychoanalyse, findet ihre Idee einfach zu niedlich und rät ihr »niemandem das geringste (zu) sagen, bis die Pläne ganz ausgereift seien.«[69] Von nun an steht fest, was sie eigentlich werden möchte: ein Junge, ein Kämpfer, ein Held, der die Familie rettet. Mädchen sind schwach, rechtlos, nutzlos. Auch ihre Mutter, die es ja wissen muß, sagt das dauernd.

»Klein-Tussischen«, schreibt Schwester Jenny aus einem Urlaub im Badeort Hastings, »ist ein richtiger Held. Sie trotzt jedem Wetter, ist immer vergnügt, stets in Bewegung und hat die rosigsten Wangen. Sie schüttet sich regelmäßig aus vor Lachen, wenn das Wasser spritzt. Sie hat einige sehr nette Spielkameraden, von denen sie gewöhnlich der Anführer ist.«[70]

Und Paul Lafargue, Ehemann ihrer Schwester Laura, wird sich später erinnern:

»Als ich 1865 bei Marx eingeführt wurde, war die jüngste ... ein reizendes Kind mit dem Charakter eines Knaben. Marx behauptete, seine Frau habe sich im Geschlecht geirrt, als sie dieselbe als Mädchen zur Welt gebracht.«[71]

Aus dieser Zeit stammen die ersten überlieferten Fotos von Tussy. Eins von ihnen zeigt sie mit Marx, Engels und den beiden Schwestern, die schon richtige junge Damen sind und mit ihren großen Blumenhüten und steifen Petticoats todunglücklich aussehen. Tussy, zwischen ihnen eingeklemmt, fast wie ein Fremdkörper: Dünn, zappelig, unwillig, mit staksigen langen Beinen unter mädchenhaftem Spitzenrock, auf dem Kopf, absolut unpassend, eine riesige Pudelmütze, wie sie die Fischer bei kaltem Wind auf dem Meer tragen. Sie zeigt, daß sie sich nicht verbiegen, in kein Klischee pressen läßt. Alle Versuche, sie fein zu machen, sind offenbar fehlgeschlagen. »Grüße und danke gefälligst Deine liebe Eleanor für Ihr photogramme, sie scheint die ganze Welt auszulachen!« schreibt Marx' niederländischer Verwandter Lion Philips amüsiert an den stolzen Vater.[72]

Frühjahr 1858. Marx erhält einen Brief aus Berlin. Ferdinand Lassalle, der alte Kampfgenosse aus rheinischen Revolutionszeiten, bietet ihm an, sein Buch auf den deutschen Markt zu bringen, die

»Kritik der politischen Ökonomie«, an der er so viele Jahre gearbeitet hat. Verleger Duncker, bei dem er selbst publiziert, will einen Vertrag mit ihm machen. Schon in wenigen Wochen könne das Werk erscheinen.

Doch anstatt sich zu freuen, gerät Marx in Panik, leidet an Galle und Leber, muß strenge Diät halten, ist mit jedem Satz, den er schreibt, unzufrieden. Die Arbeit verzögert sich. Er verirrt und verrennt sich. Nur wer ihn, wie Engels und Jenny, sehr gut kennt, ahnt, was dahinter stecken könnte, eine tiefsitzende Abneigung gegen den alten Genossen, der durch die Liaison mit der Gräfin Hatzfeld plötzlich zu Geld gekommen ist und in Berlin einen aristokratischen Lebensstil führt. Lassalle ist Jude, Sohn eines Seidenhändlers aus Breslau, nicht getauft, aber wie Marx voller Vorbehalte gegen sein eigenes Volk, das er »feige« und »verabscheuungswürdig« nennt[73], um es gleichzeitig wegen seiner langen Leidensgeschichte zu bewundern.[74] Er ist nicht religiös, ebensowenig jüdisch wie christlich, und sagt doch klar und deutlich zu einer seiner Geliebten: »Sophie, ich bin Jude«[75], ein Bekenntnis, wie man es von Marx nie gehört hat.

Marx hält sich selber für keinen Juden. Er ist getauft, mit einer Aristokratin verheiratet, hat alles, was er für jüdischen Schachergeist hält, von sich abgeschüttelt, kämpft vehement gegen das vermeintlich Jüdische im Kapitalismus. Das tut, auf seine Art, auch Lassalle, wenn auch mit anderen Theorien und Utopien, die aber für sich allein noch kein Grund sind, ihn zu hassen, denn er ist immer ein verläßlicher Freund gewesen, informiert ihn regelmäßig über den Stand der Arbeiterbewegung in Deutschland und teilt viele Neigungen und Interessen mit ihm, die Liebe zur Philosophie, besonders zu Hegel und den alten Griechen, die Begeisterung für Heine und die Sache der Revolution. Doch seit Ende der 1850er Jahre nennt Marx ihn in seiner Korrespondenz mit Engels, der ins gleiche Horn stößt, nur noch »den Hund«, »das Vieh«, das »Jüdchen« oder »Jüdel«, »Ephraim Gescheit«, »Itzig« oder »Baron Itzig« und – auf seine krausen Haare anspielend – sogar den »jüdischen Nigger«[76], obwohl er selbst genauso kraushaarig ist wie Lassalle und in seiner Familie deshalb nur »der Mohr« heißt.

Marxisten, Judaisten, Marx-Biographen, Historiker, Philosophen und Psychoanalytiker haben sich über Marx' Verhältnis zum Judentum die Köpfe zerbrochen. Für die einen ist er Antisemit, für die anderen leidet er unter jüdischem Selbsthaß, wieder andere glauben in seinem Gesamtwerk Spuren jüdischen Erbes zu finden, während die orthodox-marxistische Interpretation seine antisemitischen Äußerungen entweder ignoriert oder als besonders fortschrittlich umdeutet: Marx habe nur die »Finanzjuden« angegriffen, nicht das jüdische Proletariat. Tatsächlich spricht er in der Zeit seiner inneren Abwendung von Lassalle mit großem Abscheu von antisemitischen Ausschreitungen in Wien, bei denen man die »unglücklichen Israeliten« in Teertonnen geworfen habe, nachdem ihnen von »primitiven Grobianen« die Bärte abgeschnitten worden seien.[77]

Tussy, inzwischen vier Jahre alt, hört in diesen Monaten immer wieder das Wort »Jew« oder »Jude«, hört von »Jüdeln«, »Jidden« und »jüdischen Niggern« sprechen, ohne daß sie versteht, was genau gemeint ist. Eins aber weiß sie: Ein Jude, das ist etwas Schlechtes. Und da ihr geliebter Dada es sagt, muß es stimmen. Erst lange nach seinem Tod wird ihr aufgehen, daß sie selber jüdische Wurzeln hat. Sie wird nach jüdischen Vorfahren forschen, sich mit jüdischen Schriftstellerinnen anfreunden, sich zur Sprecherin der ostjüdischen Arbeiter Londons machen und, ähnlich wie Lassalle, voller Stolz ausrufen: »I'm a Jewess!«

Jüdische Vorfahren. Dazu gehört auch die Großmutter Henriette Marx, die sie nie kennenlernen wird, obwohl es leicht möglich gewesen wäre. Tussy ist immerhin schon fast neun, als sie stirbt. Marx spricht nur selten von ihr, erzählt seinen Töchtern fast nichts über diese Großmutter, während er nie müde wird, über seinen Vater zu sprechen.

»Er trug immer eine Photographie von ihm bei sich, die von einem alten Daguerreotyp abgenommen war«, schreibt Tussy in ihren Erinnerungen.[78] »Doch wollte er die Photographie Fremden nicht zeigen, weil sie, wie er sagte, dem Original so wenig ähnelte. Mir erschien das Gesicht sehr schön, Augen und Stirne glichen denen des Sohnes, aber die Partie um den Mund und das Kinn waren zarter; das Ganze trug einen ausgesprochen jüdischen, aber schön jüdischen Typus.«

Der Vater, studiert und intellektuell, stammt aus einer Juristenfamilie. Die Mutter ist Tochter eines Geldwechslers, Lotteriescheinverkäufers und Vorsängers ungarischer Herkunft. Dieser Großvater, Tussys Urgroßvater also, entspricht genau dem Klischee

des »Sabbat«- und »Schacherjuden«, das Marx in seiner frühen Streitschrift »Zur Judenfrage« bedient:
»Welches ist der weltliche Kultus der Juden? Der Schacher. Welches ist sein weltlicher Gott? Das Geld. Nun wohl! Die Emanzipation vom Schacher, und vom Geld, also vom praktischen, realen Judentum wäre die Selbstemanzipation unserer Zeit. Eine Organisation der Gesellschaft, welche die Voraussetzungen des Schachers ... aufhöbe, hätte den Juden unmöglich gemacht. Sein religiöses Bewußtsein würde wie ein fader Dunst in der wirklichen Lebensluft der Gesellschaft sich auflösen. Wir erkennen also im Judentum ein allgemeines gegenwärtiges antisoziales Element, welches durch die geschichtliche Entwicklung ... auf seine jetzige Höhe getrieben wurde, auf eine Höhe, auf welcher es sich notwendig auflösen muß. Die Judenemanzipation in ihrer letzten Bedeutung ist die Emanzipation der Menschheit vom Judentum.«[79]
Immerhin: er schickt der Mutter ein Foto von Tussy. Nicht persönlich, sondern durch Ernestine Liebknecht, die mit ihrer Tochter nach Deutschland reist. Ein erster zaghafter Wiederannäherungsversuch an die »Alte«, wie er sie grundsätzlich nennt, vielleicht mit dem Hintergedanken, vorzeitig an sein Erbe zu kommen. Jahrelang hat er sie nicht besucht, ihr nicht geschrieben. Seine Schwester Sophie hat ihm heftige Vorwürfe gemacht, daß er sich vollkommen »entfremdet« habe und die »Verwandtschaftsbande wegzuraisonniren« suche.[80] Aber es hat nichts genützt. Marx ignoriert seine Familie. Auch Sophie bekommt ihre kleinen Nichten nie zu Gesicht. Nur Carel Juta, der holländische Mann seiner Schwester Louise, ist einmal, Anfang 1859, bei den Marxens zu Besuch. Wieder zu Hause, erzählt er so begeistert von Tussy, daß Louise an ihren Bruder schreibt:
»U. das kleine Tousichen (ist daß sein Name; so sprach ihn wenigstens mein holländischer Herr Gemahl aus!) ein reizendes Kindchen, das an Geist u. Literatur u. schönen Künsten ... unsere dummen Jüngelchen bei weitem überstrahlt – was übrigens sehr natürlich ist, ein in der großen Weltstadt jebildetes Fräulein gegen unsere halben Hottentottchen!«[81]
Kurz vor Weihnachten 1858 ist die Kasse im Hause Marx wieder einmal so leer, daß Jenny keinen Baum, keine Geschenke kaufen kann, eine bittere Enttäuschung für die drei Mädchen, denn auch bei Marxens pflegt man Weihnachten zu feiern, mit Christbaum,

Champagner, festlichem Essen und allem, was dazugehört. Statt dessen sitzt sie auf ihrem zerschlissenen Second-hand-Rokoko-Stuhl bei trübem Kerzenlicht im unbeheizten »parlour« und kopiert das Manuskript der »Kritik der politischen Ökonomie«, das im Januar 1859 endlich zu Verleger Duncker nach Berlin geschickt werden soll.

»Es ist nicht das Bewußtsein der Menschen, das ihr Sein, sondern umgekehrt ihr gesellschaftliches Sein, das ihr Bewußtsein bestimmt«, heißt die epochemachende Kernaussage dieser Schrift. Aber auch:

»Ein Mann kann nicht wieder zum Kinde werden, oder er wird kindisch. Aber freut ihn die Naivität des Kindes nicht, und muß er nicht selbst wieder auf einer höheren Stufe streben, seine Wahrheit zu reproduzieren? Lebt in der Kindernatur nicht in jeder Epoche ihr eigener Charakter in seiner Naturwahrheit auf? Warum sollte die geschichtliche Kindheit der Menschheit, wo sie sich am schönsten entfaltet, als eine nie wiederkehrende Stufe nicht ewigen Reiz ausüben?«

Hier hat Tussy Pate gestanden. Mit ihrer Fröhlichkeit, ihrem naiven Geplapper, ihren witzigen Einwänden und Fragen, die Marx während der Entstehung des ganzen Manuskriptes begleitet haben. Nicht zu Unrecht wird sie später den Eindruck haben, schon von Kindheit an mit seinen Werken vertraut und verbunden gewesen zu sein.

Zu seiner großen Enttäuschung wird das Werk in Deutschland nur wenig beachtet, vielleicht, weil es statt des erwarteten dickleibigen Wälzers über das »Kapital« nur ein schmales Heft von zwölf Druckbogen ist. Marx gerät nach dem Erscheinen auf dem deutschen Markt in eine Krise, erkrankt nun ebenfalls an der gefürchteten Cholera, gegen die er sich so lange erfolgreich gewehrt hat. Hat man ihn in Deutschland, in Preußen schon vergessen? Hat das »Jüdchen« Lassalle ihm den Rang abgelaufen, als politischer Theoretiker wie als Literat? Oder ist die »Kritik der politischen Ökonomie« so wenig provokant, daß die bourgeoise Presse fast kommentarlos darüber hinweggeht?

Im Spätsommer 1860 schickt er seine Frau mit den drei Mädchen für vierzehn Tage in das Seebad Hastings. Leider regnet es fast ununterbrochen, so daß der gewünschte Erholungseffekt nicht eintritt und die entkräftete Jenny im November an schwarzen Pocken erkrankt, neben Pest und Cholera die am meisten gefürchtete Seuche der Zeit. Sie fordert allein in Europa jährlich vierhunderttausend Todesopfer und entstellt die Überlebenden für den Rest ihres Lebens. Zunächst treten Symptome einer schweren Grippe-Infektion auf: Fieber, Schüttelfrost, Kopf- und Rückenschmerzen. Erst nach zwei Wochen zeigen sich die gefürchteten Pusteln, die voller infektiöser Erreger sind und tiefe, kraterförmige Narben auf dem Gesicht zurücklassen. Die Kranken verlieren vorübergehend ihr Augenlicht, bekommen Lungen-, Rippenfell- und Nierenbeckenentzündung. Da die Medizin den Erreger noch nicht analysiert hat, gibt es keine anerkannte Therapie. Impfungen mit einem Serum aus Kuhpocken sind zwar schon Ende des 18. Jahrhunderts eingeführt worden und werden in England, Preußen und Bayern mit Erfolg angewandt, gelten aber gerade unter Intellektuellen als bedenklich. Immanuel Kant schreibt in seiner »Metaphysik der Sitten«: »Wer sich die Pocken einimpfen zu lassen beschließt, wagt sein Leben aufs Ungewisse.« Und in einer medizinischen Schrift von 1850 heißt es, nur Kinder und Narren könnten ernsthaft annehmen, »ein dem menschlichen Körper eingeimpftes Thiergift, die Jauche aus der Eiterbeule des Kuheuters«, könne von irgendeiner immunisierenden Wirkung sein.[82]

Marx ist sich zunächst über den Charakter der Krankheit nicht im klaren, hält sie für Schwäche und Nervenfieber, wie sie bei der reizbaren Jenny öfters vorkommen. Doch Ende November schreibt er voller Sorge an Engels:

»Allen* hatte mir …, bis der Charakter der Krankheit dezidiert war, ihre wahre Natur verheimlicht. Gestern ging das nicht mehr. Was meine Frau hat, sind – small pox, und zwar sehr bösartig … (Du sagst dies niemand außer Lupus**). Daher brachte Allen auch gleich die Kinder aus dem Haus. Es ist eine scheußliche Krankheit. Sollte Lenchen angesteckt werden, so schicke ich sie gleich ins Spital. Ich selbst habe Krankenwärterdienste … bis jetzt getan. Da mich das aber zu sehr anstrengt, habe ich heute … eine Wärterin gemietet. Meine Frau befand sich seit vielen Wochen in einem außerordent-

* Hausarzt der Familie Marx

** Der mit Marx und Engels befreundete Journalist Wilhelm Wolff, späterer Widmungsträger des »Kapital«.

lich nervösen Zustand, da wir viele troubles hatten, und so hatte sie mehr Empfänglichkeit, in einem Omnibus, Laden oder dgl. das Gift to catch.«[83]
Die Kinder werden bei Liebknechts untergebracht, die sich nach schweren Ehekrisen wieder versöhnt haben und aus der düsteren Mietwohnung in Soho in ein eigenes Häuschen nach Roxburgh Terrace gezogen sind, ganz in der Nähe der neuen Wohnung der Marxens. Zwar pflegen Marx und Engels Wilhelm Liebknecht in ihrer Korrespondenz gern als »Vieh«, »Rindvieh« oder »Esel«[84] zu bezeichnen, wahrscheinlich, weil er gelegentlich zu bemerken gewagt hat, ihre politischen Arbeiten seien ihm zu theoretisch,[85] aber als Pflegevater für die drei Mädchen ist er gut genug. Sechs Wochen leben Tussy, Laura und Jenny in seinem Haus. Ernestine, seine Frau, ist selber erst sechsundzwanzig und hat eine dreijährige Tochter, Alice Gertrud. Ihr einjähriger Sohn Richard, Tussys »Baby«, ist an einer Stimmbandritzenentzündung gestorben.
Tussy fällt es nicht schwer, sich bei den Liebknechts einzugewöhnen. Sie paßt sich überall an, findet überall Freunde. Ernestine und Liebknecht lieben sie. Alice ist begeistert von der neuen Spielkameradin. Aber manchmal läuft sie fort zu dem Haus, in dem ihre Eltern wohnen, setzt sich vor die Tür oder versucht, einen Blick ins Erdgeschoß zu erhaschen, wo die Mutter bei geöffnetem Fenster im Bett liegt. Wenn sie den Vater zufällig vorbeigehen sieht, hebt sie die Hand und ruft »Hello, old boy!«[86]
Es wird Weihnachten, bis Jenny geheilt ist und die Mädchen nach Hause zurückkehren dürfen. Alle drei brechen beim Anblick der Mutter in Tränen aus. Die einst schöne, elegante Frau ist von dunkelroten Narben entstellt, sieht aus, als habe »der Teufel Erbsen auf ihrem Gesicht gedroschen«, wie Fontane über die Pockennarbigen schreibt. Sie geht nicht mehr aus, möchte keinen Besuch empfangen. Wahrscheinlich verhängt sie, wie einst Maria Theresia, alle Spiegel, weil sie ihren eigenen Anblick nicht mehr ertragen kann.

Mit dem Jahr 1861 scheint sich das Schicksal der Marxens zu wenden. König Wilhelm I. von Preußen, seit dem 12. Januar auf dem Thron, hat Amnestie für alle politischen Flüchtlinge angekündigt. Liebknecht denkt schon an Rückkehr, um »vor Ort« besser für die deutsche Arbeiterbewegung wirken zu können, und auch Marx kann nun endlich seinen lange geplanten Besuch bei der Mutter in

Trier machen und um einen Vorschuß auf sein Erbe bitten. Doch zur Sicherheit reist er mit falschem Paß unter dem Namen »Bühring«. Zunächst nach Holland, wo er Lion Philips, die jüdische »Schellfischseele« besuchen will.
Philips, Besitzer einer großen Tabakfabrik mit Filialen in Holland und Deutschland, ist der Mann von Marx' Tante Sophie. Beide sind 1826 zum Christentum übergetreten und seitdem Mitglieder der Niederländischen Reformierten Kirche, ein Schritt, der für Philips keine besondere Bedeutung hat, denn sein Leben lang wird er von »jüdischen Stammesgenossen« und vom »jüdischen Volk« sprechen, als dessen Angehöriger er sich trotz dieses Übertritts fühlt.
Die Familie Philips hat eine Tochter, Nanette. Sie ist siebenundzwanzig Jahre alt, hübsch, schwarzhaarig, dunkeläugig, exotisch und droht in Zaltbommel, einem holländischen Provinznest, zu versauern. Cousin Marx macht ihr heftig den Hof, spaziert mit ihr am Ufer des Waal und schreibt ihr von seiner weiteren Reise durch Deutschland lange Briefe, während Jenny vergeblich auf Post von ihm wartet. Sie weiß nicht, wo er ist, fürchtet, er säße in einem preußischen Gefängnis. Ganz allein muß sie sich um die kranke Helene Demuth kümmern, die nun ebenfalls schwarze Pocken bekommen hat und auf beängstigende Weise phantasiert, singt, weint und tobt.
»Wir haben alle recht sorgenvolle Tage und Nächte durchgemacht, und ich habe doppelte Sorge, da ich auch nicht recht weiß, wie es Karl geht, ob er in Berlin oder wo er ist. Ich habe heute wieder keinen Brief«, schreibt Jenny an Engels.[87]
Auch Tussy, inzwischen sechs Jahre alt, hört monatelang nichts von ihrem geliebten »Dada«, bekommt keinen Brief, keine Postkarte, denn Marx will auf keinen Fall zu erkennen geben, daß er bei seiner schönen Cousine in Holland ist, anstatt sich um Erbschaft und Amnestie zu kümmern. Als er sich endlich aufrafft, nach Berlin weiterzureisen, macht er Station bei der Mutter in Trier. Die Begegnung verläuft freundlich. Vielleicht, weil Philips zwischen den beiden vermittelt hat. Dieselbe Frau, die er jahrelang nur verächtlich »die Alte« genannt hatte, habe ihn durch ihren »sehr feinen esprit« und ihre »unerschütterliche Charaktergleichheit« tief beeindruckt, schreibt er ausgerechnet an Lassalle.[88] Zum Dank für diesen Sinneswandel des geliebten Sohnes zerreißt seine Mutter einige seiner alten Schuldscheine.

Lassalle und die Gräfin Hatzfeld brennen schon darauf, ihn in Berlin fürstlich zu empfangen. Lassalle geht mit ihm in die Oper, in die Komödie, mietet eine Loge gleich neben der des Königs von Preußen, gibt große Essen, zu denen er Verleger Duncker und Varnhagens Nichte Ludmilla Assing einlädt, deren »nastily Jewish physiognomy« Marx unangenehm auffällt.[89] Die Herausgabe einer politischen Zeitschrift wird geplant. Marx, Engels und Lassalle sollen Chefredakteure werden. Die Hatzfeld will das Unternehmen finanzieren. Marx denkt schon an die Übersiedlung seiner Familie nach Berlin. Obwohl er selber ständig auf Kriegsfuß mit Polizei und Justiz steht, will Lassalle sich für dessen Wiedereinbürgerung als Preuße einsetzen und spricht persönlich beim Polizeipräsidenten vor, versehen mit einer Vollmacht von Marx, in der es heißt:
»Ich bevollmächtige hierdurch Herrn Ferdinand Lassalle in Berlin ... wegen Anerkennung der mir durch Königliche Amnestie vom 12. Januar d.J. zurückgegebenen Eigenschaft als Preuße, resp. eventueller Erteilung einer neuen Naturalisation und Domizilierung zu Berlin, meine Rechte geltend zu machen, Anträge zu stellen, Rekurse und Beschwerden an das Königliche Preußische Ministerium sowie den Deutschen Bundestag einzureichen und jedes mir zustehende Recht in dem mir selbst zustehenden Umfang wahrzunehmen.«[90]
Alles das geschieht ohne Wissen von Jenny, die erst durch die Presse erfährt, was ihr Karl im Schild führt:
»Was nun die Gerüchte der Zeitungen betrifft, so sind sie ... alle falsch«, schreibt sie in höchster Aufregung an Engels, »und Karl hat nicht im entferntesten an Niederlassen und Übersiedeln der Familie nach Berlin gedacht ... Ich begreife das nicht recht und weiß nicht, weshalb Karl so eilt, wieder ein königlich-preußischer ›Untertan‹ zu werden. Ich wäre noch lieber ein ›lose Jroschen‹ ... geblieben ... Ich selbst habe wenig Sehnsucht nach dem Vaterland, dem ›teuren‹, dem lieben treuen Deutschland, dieser mater dolorosa der Poeten, und die Mädchen gar! Der Gedanke, das Land ihres Shakespeares zu verlassen, ist ihnen schrecklich; sie sind durch und durch Engländer geworden, und hängen wie Kletten am englischen Boden.«[91]
Tussy ist hier geboren, hat Freunde und Freundinnen in Hampstead Heath, einen kleinen Garten, ihre Haustiere. Und nun sollen sie das alles mit einem Mal aufgeben, weil der Hausherr eine Zei-

tung mit dem »Juden« Lassalle plant? Da Jenny immer noch nicht weiß, wo er sich eigentlich aufhält, schreibt sie in ihrer Verzweiflung an die Rivalin Nanette:

»Unsre Mädchen sprechen viel lieber englisch als deutsch u. sind mit Leib und Seele true britons ... Sie waren sehr erschrocken, als sie aus den deutschen Zeitungen ersahen, daß ihr ehrwürdiger Papa mit seiner Familie nach Berlin übersiedeln wollte.«[92]

Doch der Plan zerschlägt sich. Für die Zeitung läßt sich kein deutscher Verleger finden, und der Antrag auf Wiedereinbürgerung wird abgelehnt. Nach einer letzten Zwischenstation bei Nanette kehrt Marx nach London zurück. Er ist vier Monate fort gewesen. Tussy kann das Glück, ihren »Dada« wiederzuhaben, kaum fassen.

»Das war ein Jubel, als der Mohr am verflossenen Montag plötzlich und unerwartet bei uns einsprang«, schreibt Jenny an Lassalle. »Bis spät in die Nacht hinein wurde geplaudert und ausgekramt und besehen und gejubelt, gelacht, geherzt und geküßt. Mir ist besonders wohl, die interimistischen Zügel der Herrschaft wieder los zu sein und mich von neuem als ›Untertan‹ zu fühlen.«[93]

Das beherrschende Thema des Jahres 1861 ist der amerikanische Bürgerkrieg, den die sechsjährige Tussy mit Spannung verfolgt. Während die »Demokraten« des Südens Sklaven als persönliches Eigentum betrachten, das wie Handelsgut hin- und hergeschoben werden kann, halten die »Republikaner« des Nordens die Sklaverei für ein Schandmal der Menschheit. 1859 sind fünfzehntausend Sklaven aus Afrika »exportiert« worden. In South-Carolina machen sie vier Siebtel, d. h. die große Mehrheit der Bevölkerung, aus, der eine kleine Elite von weißen Plantagenbesitzern gegenübersteht.[94] Harriet Beecher-Stowe hat mit ihrem 1852 erschienenen Roman »Onkel Toms Hütte« bittere Anklage gegen die Sklaverei in den Südstaaten erhoben. Auch Karl Marx liest dieses Buch und diskutiert es mit seinen drei Töchtern.

Bald nach der Wahl Lincolns kommt es zum Krieg. Die Regierungen Englands und Frankreichs sympathisieren mit dem Süden, während Preußen sich auf die Seite des Nordens schlägt. Marx engagiert sich in vielen Aufsätzen, Analysen und Artikeln. Amerika dürfe nicht zur »Pflanzstätte der Sklaverei« werden. Die Legalisierung der Sklavenhaltung entspreche zwar den wirtschaftlichen

Interessen der Südstaaten und ihrer Handelspartner, aber nicht dem europäischen Humanitätsideal.
Auch Tussy, die Sechsjährige, ist voller Leidenschaft, voller Feuer. Sie möchte die Sklaven befreien, sich einschiffen, mitkämpfen. Aber da das leider vorerst noch nicht möglich ist, scheibt sie in krakliger Schrift Briefe an Abraham Lincoln, der, so ihre »unerschütterliche Überzeugung, ... unmöglich ohne ihren Rat auskommen könne.«[95] Natürlich schickt Marx diese Briefe nicht ab. Aber er hebt sie auf. Später lachen sie zusammen darüber. »Und so«, schließt Tussy den »Bürgerkriegs-Passus« ihrer Memoiren, »war Mohr all die Jahre meiner Jugend ein idealer Freund.«[96]
Auch mit Philips, den sie noch nie in ihrem Leben gesehen hat, diskutiert sie politisch. Sie schreibt ihm am 21. Juni 1864 nach Holland:
»My dear Uncle,
It was very kind of you to send me your Carte de Visite. I am getting on very well with my chess. I nearly always win and when I do Papa is so cross.
What do you think of affairs in America? I think the Federals are safe, and though the Confederates drive them back every now and then, I am sure they will win in the end. Were you not delighted about the Alabama? Of course you know all about it; at all events a Politician like you ought to.
As for poor Poland I am afraid there is no help for it. But I have enough of Politics. I hope to see you soon in Holland and till then goodbye. Don't forget to give my love to Nettchen.* I am, dear Uncle, Your affectionate friend Eleanor Marx.«[97]
»Onkel« Lion Philips, den Tussy nur aus Erzählungen ihres »Dada« kennt, wird in dieser Zeit ihr Vertrauter und Briefpartner. Ihm zuliebe lernt sie neben Deutsch auch ein bißchen Holländisch, läßt sich vom Vater Kinderlieder wie »Dans, Nonneken, dans« und »Klompertjen en zijn wijfjen« beibringen, referiert ihm regelmäßig ihre Ansichten zur politischen Weltlage und schreibt ihm artige Weihnachtsbriefe:
»My dear uncle,
although I have never seen you I have heard so much about you that I almost fancy I know you, and as there is no chance of my

* Lion Philips' Tochter Nanette

seeing you I just write these lines to ask you how you are. Are you enjoying yourself? I am, and always do at Christmas time which I think is the jolliest in the year. I wish you a very happy new year and dare say you are as glad to get rid of the old one as I am. I hear from papa that you are a great politician so we are sure to agree. How do you think Poland is getting on? I always hold up a finger for the Poles, those brave little fellows. … But I must say goodbye now, but dare say you will hear from me again. Give my love to my cousin Nettchen …
Goodbye, dear uncle, I am your affectionate Eleanor Marx.«[98]

Auch in Tussys Solidarität mit den »armen, kleinen« Polen, die verzweifelt gegen ihre Unterdrückung durch das zaristische Rußland ankämpfen, erkennt man die Ansichten ihres Vaters wieder, der 1863 in einer Proklamation geschrieben hat:

»Die polnische Frage ist die deutsche Frage. Ohne ein unabhängiges Polen kein unabhängiges und einiges Deutschland; keine Emanzipation Deutschlands von der russischen Oberherrschaft, die mit der ersten Teilung Polens begann … Die deutsche Bourgeoisie sieht stumm, tatlos und gleichgültig dem Abschlachten des Heldenvolkes zu … Lauten Protest gegen den deutschen Verrat an Polen … schuldet die deutsche Arbeiterklasse … den Polen, dem Auslande und ihrer eignen Ehre. ›Wiederherstellung Polens‹ muß sie in Flammenzügen auf ihre Fahne schreiben …«[99]

Tussys Briefe sind in fast einwandfreier Orthographie und schönen, ordentlichen, großen Buchstaben geschrieben, kleine Meisterwerke für ein Kind, das noch nie auf der Schule gewesen ist. Nicht, weil Marx sie nicht hätte hinschicken wollen, sondern weil es keine öffentlichen Schulen für Mädchen gab. Grammar- und Public-Schools waren Jungen der höheren Gesellschaft vorbehalten. Die allgemeine Schulpflicht für *beide* Geschlechter wurde in England erst 1870 eingeführt.

Zwar gab es für Mädchen private »Ladies' Seminaries« oder »Young Ladies' Schools«, die auch Laura und Jenny ein paar Jahre lang besuchten, von »der armseligsten Schule einer alten Jungfer bis zu den großartigen Pensionen, in denen 250 Pfund Sterling jährlich bezahlt wird.«[100] Aber außer dem sogenannten »Stillsitzen« wurden in diesen Schulen nur »typisch weibliche« Fähigkeiten wie Handarbeit, gutes Benehmen und die elementarsten Kenntnisse in Literatur, Mathematik, Geschichte und Erdkunde vermittelt. Unterricht in Französisch, Deutsch und Zeichnen war gesondert zu bezahlen, das pädagogische Niveau insgesamt so unbefriedigend, daß die meisten Familien ihre Töchter lieber von Gouvernanten erziehen ließen. Marx selbst kritisiert in einem Aufsatz über »Die englische Bourgeoisie«, die jungen Engländerinnen würden zwar »oberflächlich mit einigen ›Fertigkeiten‹ ausgestattet«, von einer »wirklichen Bildung des Geistes und seiner Ausrüstung mit einem Wissensschatz« könne aber keine Rede sein.[101] Kein Wunder, daß er nach einschlägigen Erfahrungen mit Laura und Jenny keine Lust hat, auch seine dritte Tochter diesem »Erziehungssystem« auszusetzen, zumal Tussy allem, was mit Drill und Pauken zu tun hat, äußerst ablehnend gegenübersteht. Auf die Frage, welches Vergehen sie am meisten verabscheue, antwortet sie: »Playing the Eves Examiner.«[102]

Der berüchtigte »School Examiner« von Charles Eves enthielt über viertausend Übungen zur Religion, Erdkunde, Grammatik und Mathematik, mit denen die Jugend von wohlwollenden Verwandten malträtiert wurde.

Marx ist ein Gegner jeder geregelten »Erziehung«. Schon 1842 wendet er sich gegen alle »Erziehungs- und Bevormundungstheorie«, ganz gleich, ob sie nun durch »Kleinkinderbewahranstalten« an Kindern oder vom Staat an einem ganzen Volk praktiziert werde.[103] Alles, was sich *entwickle*, sei unvollkommen. Die Entwicklung des Individuums ende genau genommen erst mit dem Tode. »Also bestünde die wahre Konsequenz darin, den Menschen totzuschlagen, um ihn aus diesem Zustande der Unvollkommenheit zu erlösen.« Besonders in Preußen bestehe »die wahre Erziehung« darin, »den Menschen sein ganzes Leben durch in der Wiege eingewickelt zu halten.« – »Sobald der Mensch gehen« lerne, lerne er auch fallen, und nur durch Fallen lerne er gehen. »Das Unvollkommene«, lautet sein Fazit, »bedarf der Erziehung. Ist die Erziehung nicht auch menschlich, daher unvollkommen? Bedarf die Erziehung nicht auch der Erziehung?«[104]

»Marx' Kinder«, schreibt die Düsseldorfer Journalistin Betty Lucas nach einem London-Besuch, »sind in jeder Beziehung frei erzogen ... Einige Äußerungen beleidigten mein christliches Herz.« Doch nach längerem Aufenthalt bei der Familie kommt sie zu dem Ergebnis, daß »das Resultat die Art« lobe. »Ihre Verehrung für ihre Eltern, ihre Bescheidenheit und Sittlichkeit nahmen mich bald

ganz gefangen. Den Schulunterricht konnten sie nach Willen besuchen oder nicht ..., und so teilten sie zwanglos ihre Zeit in Lernen und Leben in frischer Luft bei sorgsam gewählter Nahrung.«[105]
Jenny Marx wünschte sich ihre Töchter strenger erzogen, fürchtet, daß sie wegen ihrer atheistischen und revolutionären Ideen keinen Mann finden.
»Die Mädchen«, schreibt sie 1863 an Ernestine Liebknecht, »sind in Ideen und Ansichten aufgebracht, die eine vollständige Scheidewand für die Gesellschaft ... bilden, und andererseits sind sie wieder äußerlich nicht unabhängig, um auf diesen, der bestehenden Welt schroff entgegenstehenden Ansichten durchdringen zu können. Wären sie reich, so könnten sie auch ohne ›Taufe, Kirche und Religion‹ durchkommen, so aber werden sie ... noch schwere Kämpfe durchzumachen haben, und ich denke oft, daß, wenn man seinen Kindern kein Vermögen und keine vollständige Unabhängigkeit von Anderen bieten kann, man kaum recht tut, sie in so schroffer Opposition mit der Welt aufzubringen.«[106]

Trotz aller finanziellen Sorgen und Katastrophen hat Jenny Marx bald nach dem Einzug in Grafton Terrace ein zweites Dienstmädchen, Marianne Creutz, eine Stiefschwester von Helene Demuth, eingestellt, die bei der Bewirtschaftung des neuen großen Haushalts mithelfen soll. Sie stammt aus dem tiefsten Hunsrück, versteht kein Englisch, kann kaum lesen und schreiben, leidet unter dem Dauerregen, unter dem Londoner Smog, bekommt Heimweh. 1861 wird sie herzkrank. Da das Geld fehlt, sie ärztlich behandeln zu lassen, stirbt sie wenige Tage vor Weihnachten 1862.
»Ich übernahm mit Lenchen zusammen ... die Krankenwartung«, schreibt Marx an Engels.[107] Es ist das erste Mal seit Jennys Totgeburt von 1857, daß Tussy einen Tod aus nächster Nähe miterlebt.
Nur wenige Tage später, am 6. Januar 1863, stirbt Mary Burns, die Lebensgefährtin von Engels. Sie ist einundvierzig Jahre alt geworden. Fast anderthalb Jahrzehnte lang haben die beiden zusammengelebt. Unverheiratet, denn Engels ist ein strikter Gegner der Institution »Ehe« und vertritt privat wie in seinen Schriften den Standpunkt, daß Liebe auf dem Prinzip der Freiwilligkeit basieren müsse. In den ersten Jahren ihrer Beziehung hat er sie manchmal betrogen, hat flüchtige Abenteuer mit Grisetten und Weißwäscherinnen gehabt. Später ist seine Liebe zu der irischen Arbeiterin im-

mer tiefer geworden. Wahrscheinlich war sie es, die ihn für die »irische Frage« begeistert, ihn in die Slums und Kneipen von Manchester eingeführt hat, wo er Material für sein Buch über die »Arbeiterklassen in England« sammeln konnte.

»Mary ist tot«, schreibt er an Marx. »Gestern Abend legte sie sich früh zu Bett, als Lizzy* sich gegen 12 Uhr schlafen legen wollte, war sie schon gestorben. Ganz plötzlich, Herzleiden oder Schlagfluß. Ich erfuhr es erst heute morgen, am Montag abend war sie noch ganz wohl. Ich kann Dir nicht sagen, wie mir zumute ist. Das arme Mädchen hat mich mit ihrem ganzen Herzen geliebt.«[108]

»Die Nachricht vom Tode der Mary hat mich ebenso sehr überrascht als bestürzt«, antwortet Marx. »Sie war sehr gutmütig, witzig und hing fest an Dir.«[109]

Das ist alles, was er seinem besten Freund in diesem Moment zu sagen hat. Mary war eben doch nicht gesellschaftsfähig. Sie war »nur« ein Fabrikmädchen. Und so geht Marx gleich wieder zur Schilderung seiner Finanzlage über, beschreibt die häusliche Misere, bittet um Geld. Worauf Engels, diesmal ehrlich erbittert, zurückschreibt:

»Du wirst es in der Ordnung finden, daß diesmal mein eignes Pech und Deine frostige Auffassung desselben es mir positiv unmöglich machten, Dir früher zu antworten. Alle meine Freunde, einschließlich Philisterbekannte, haben mir bei dieser Gelegenheit, die mir wahrhaftig nahe genug gehen mußte, mehr Teilnahme und Freundschaft erwiesen, als ich erwarten konnte. Du fandest den Moment passend, die Überlegenheit Deiner kühlen Denkungsart geltend zu machen. Soit!«[110]

Marx sieht ein, daß er diesmal zu weit gegangen ist. Daß er den Freund mit seinem Zynismus tief verletzt hat. Doch anstatt sich zu entschuldigen, schiebt er die Schuld auf die »desperaten Umstände«, vor allem auf Jenny, die ihn mit ihrem ewigen Jammern und Klagen zum Wahnsinn treibe.[111]

Es gibt furchtbare Szenen, deren Zeugin die erst achtjährige Tussy wird. Jenny beschuldigt Marx. Marx beschuldigt Jenny. Jenny wirft Marx vor, daß er seine Familie nicht ernähren könne. Marx nennt das »exzentrische Aufregung« und »bürgerliche Lauserei«. Zum Schluß gibt er sogar der Tatsache, daß sie eine Frau ist, die Schuld:

* Marys Schwester und spätere Lebensgefährtin von Engels

Frauen seien nun einmal »komische Naturen«, »selbst die mit viel Verstand ausgerüsteten.«[112]
Hier steht mehr auf dem Spiel als die eheliche Harmonie. Es geht um die Freundschaft zu Engels. Um den ältesten politischen Kampfgenossen. Um das gemeinsame Werk. Um die nackte Existenz. Denn nicht Marx, sondern Engels ist der eigentliche Ernährer der Familie.
Jetzt droht Marx, er wolle sich für bankrott erklären lassen. Die beiden Ältesten arbeiten schicken, Lenchen auf die Straße setzen und mit Tussy und Jenny zurück in die Londoner Slums ziehen.[113]
Das wäre das Ende. Das wird Engels nicht zulassen. Schon nach kurzer Zeit schickt er wieder Geld. Die Familie kann in Hampstead Heath wohnen bleiben.

Am 30. November 1863 stirbt Tussys Großmutter, Henriette Marx, die sie nie in ihrem Leben gesehen hat. Marx reist sofort nach Trier, um sein Erbe in Empfang zu nehmen, vergißt aber, seiner Frau genug Haushaltsgeld dazulassen, so daß Tussy, Lenchen und sie buchstäblich im Dunklen sitzen, während es draußen immer kälter und stürmischer wird.
»Es war eine schreckliche Zeit – dieser einsame, trostlose Winter!« schreibt Jenny in ihren Erinnerungen.[114]
Marx ist wieder zu Nanette nach Zaltbommel gefahren, angeblich, um juristische Formalitäten zu erledigen, da Lion Philips der Testamentsvollstrecker seiner Mutter ist. Die Sache hätte sich in ein paar Tagen erledigen lassen. Doch Marx bleibt zum zweiten Mal über Weihnachten bei den Philips, wenn auch leider erkrankt an seiner alten, diesmal allerdings gar nicht so lästigen Furunkulose:
»Mein Onkel, der ein famoser, alter boy ist, legt mir selbst Pflaster und Kataplasmen auf, und meine liebenswürdige, witzige und mit gefährlichen schwarzen Augen versehne Cousine pflegt und hegt mich aufs beste«, schreibt er an Engels.[115]
Tussy sehnt sich schrecklich nach ihm.
»Das kleine Kind«, versucht Jenny ihn zu erweichen, »kann kaum die Zeit Deiner Rückkehr erwarten und behauptet täglich, heute kommt mein dada. Es genießt seine holidays thoroughly, und da es kein Bäumchen hatte, haben ihm die Schwesterchen mehr als 20 Puppen in allen möglichen costumes zurechtgemacht. Unter den grotesken Figuren findet sich ein Fechter als Guy Blas und ein kapi-

taler Chinese mit einem langen Schweif, den die Kinder von Tussychens Haaren gemacht … haben.«[116]
Erst drei Monate später, im März 1864, kommt er zurück. Um stolze siebentausend holländische Gulden reicher. Er kann nun umziehen. In ein noch größeres, noch respektableres Haus: Maitland Park, Modena Villas Nr. 1, nicht weit von Grafton Terrace entfernt, aber viel eleganter, ein freistehendes Gebäude, in der Nachbarschaft von Ärzten und Rechtsanwälten, mit säulengestütztem Portal, einem großen Garten, einem Wintergarten und einem großzügigen Arbeitszimmer mit Parkblick.
»Eine breite, elegante Treppe führt, durch einen kleinen Blumengarten hindurch, in das Haus, dessen geräumige, schöne Halle jedem auffällt … Statt das Haus wie früher aufs spärlichste einzurichten, wandten wir diesmal etwas mehr an die Einrichtung und Ausschmückung desselben, so daß wir jetzt ohne Scheu jeden bei uns aufnehmen können«, schreibt Jenny an Ernestine Liebknecht. »Ich hielt es für besser, das Geld in dieser Form anzulegen, als es so nach und nach in Kleinigkeiten zu zersplittern … Das Beste des Hauses aber ist die freie, gesunde Lage, … weder Nachbarn noch vis-à-vis, und dabei einen großen, geräumigen Garten …«[117]
Elf Jahre lang ist die Villa am Maitland Park Tussys Zuhause. Hier erlebt sie die Gründung der Ersten Sozialistischen Internationale, deren prominentester Kopf ihr Vater werden soll. Arbeiterführer aus ganz Europa treffen sich in seinem neuen Salon und diskutieren. Es geht um Vernichtung der Klassenherrschaft, Solidarität mit den Polen, den amerikanischen Nordstaaten, um Mutterschutz, Abschaffung der Kinderarbeit, bessere Gesundheitsfürsorge für den Arbeiter, doch es geht vor allem um die epochemachende Forderung:
»Proletarier aller Länder, vereinigt euch!«
Unter den Gästen von Marx ist ein junger, exotisch aussehender Mann, der kaum Englisch spricht. Er trägt einen kühn geschwungenen Schnurrbart, hat olivfarbene Haut, einen muskulösen Körper und schwarze, stark gekräuselte Haare. Alle Frauen sind fasziniert von ihm, sogar die zehnjährige Tussy, die ihn immer wieder ansehen muß: Sieht er nicht aus wie eine Figur von Kapitän Marryat oder Harriet Beecher-Stowe, wie eine Mischung aus Indianer, Afrikaner und Spanier? In seinem merkwürdigen Kauderwelsch erzählt er der Zehnjährigen von der Südsee, von fernen Inseln, von

Amerika, liest aus einem Buch mit dem Titel »Lederstrumpf« vor, das von der Freundschaft zwischen einem Weißen und einem Indianer handelt. Der Mississippi, die Adirondack-Mountains, die Winterabende in den Hütten der Eingeborenen, alles das scheint Tussy plötzlich zum Greifen nah, als sei ihr Traum, sich als Junge nach Amerika einzuschiffen, ein Stück näher gerückt.
»Hätte man ihn nicht seiner Rechte beraubt«, liest der Fremde über den Indianer Chingachgook, »wäre er ein großer Häuptling. So ist er nur ein tapferer, gerecht denkender Delaware. Freilich wird er von allen geachtet, in einigen Fragen gilt sein Wort etwas, jedoch ist er der Sohn eines unglücklichen Volkes.«
Marx muß ihn bitten, Tussy keine Flausen in den Kopf zu setzen. Er ist schließlich nicht zu seinem Vergnügen in London, sondern als Generalrat der französischen Sektion der Internationale. Er heißt Paul Lafargue, ist Mitte Zwanzig und auf Kuba geboren, hat französische, jüdische und indianische Vorfahren. Sein Vater besitzt große Weingüter bei Bordeaux. Auch Marx kommt aus einer Weingegend. Das bringt die beiden einander näher.
Ein »hübscher, intelligenter, energischer und gymnastisch entwickelter Bursche«[118], schreibt er an Engels. Der nur den Fehler hat, keinen soliden Beruf zu haben. Denn die Sorbonne, an der er Medizin studiert hat, hat ihn kurz vor dem Doktorexamen wegen seiner Mitgliedschaft in der Internationale exmatrikuliert.
Tussy und er scheinen das ideale Paar zu sein. Er ist vernarrt in die Kleine, tobt mit ihr im Garten herum, baut ihr eine Schaukel. Doch da er die Zehnjährige leider nicht heiraten kann, verlobt er sich mit ihrer Schwester Laura, die das »Ladies' Seminary« vor ein paar Jahren verlassen hat und darauf wartet, ihrem Leben einen Sinn zu geben. Sie hat eine hübsche Stimme, aber nicht die Begabung zur Sängerin, schreibt Romane, Gedichte und Kurzdramen, die sie niemandem zu zeigen wagt. Manchmal begleitet sie ihren Vater ins British Museum und hilft ihm, Zeitungen und historische Dokumente auszuwerten. Vielleicht wird sie später einmal seine Assistentin. Irgendwann, wenn ihre Mutter keine Lust mehr dazu hat. Aber davon kann noch längst keine Rede sein. Denn seitdem die Zeiten der dauernden Schwangerschaften und Geburten endlich vorbei sind, ist Jenny Marx intellektuell regelrecht aufgeblüht und verfasst eigene Artikel für die Genfer sozialistische Zeitschrift »Der Vorbote«.

»Natürlich hat Marx«, schreibt sie an deren Herausgeber, Johann Philipp Becker, »keine spezifischen Heilmittel ... parat ... und ... es war keine Kleinigkeit, den erstaunten Philister durch statistische Tatsachen und dialektische Manöver auf die schwindelnde Höhe folgender Sätze zu bringen: ›Die Gewalt ist der Geburtshelfer jeder alten Gesellschaft ... Sie ist selbst eine ökonomische Potenz ... Manch' Kapital, das heute in den Vereinigten Staaten auftritt, ist gestern in England kapitalisiertes Kinderblut ... Wenn das Geld mit natürlichen Blutflecken auf einer Backe zur Welt kommt, so das Kapital von Kopf bis Zeh' aus allen Poren blut- und schmutztriefend.‹ ... Ich muß aufrichtig gestehen, daß mich dieser einfache Pathos ... ergriffen und daß mir die Geschichte klar wie Sonnenschein.«[119]

Laura ist wunderschön. Sie hat lange, blonde, sanft gewellte Haare, einen blassen Teint, blaugrüne Augen und Gesichtszüge von seltener Perfektion. Was liegt näher, als daß sie sich so schnell wie möglich verheiratet, da das Leben ihr ja doch nichts Besseres zu bieten hat?

Doch Vater Marx ist dagegen, obwohl er Lafargue eigentlich mag. Er ahnt, daß sich alles bis ins kleinste Detail wiederholen wird: die dauernden Schwangerschaften, die drückenden Geldsorgen, die Nachstellungen durch Spitzel, Staatsanwälte und Polizei.

»Sie wissen«, schreibt er im August 1866 an Lafargue, »daß ich mein ganzes Vermögen dem revolutionären Kampf geopfert habe. Ich bedaure es nicht, im Gegenteil. Wenn ich mein Leben noch einmal beginnen müßte, ich täte dasselbe. Nur würde ich nicht heiraten. Soweit es in meiner Macht steht, will ich meine Tochter vor den Klippen bewahren, an denen das Leben ihrer Mutter zerschellt ist.«[120]

Es gibt Szenen am Maitland Park. Marx brüllt herum, Laura weint, die Mutter zieht sich entnervt in ihr Zimmer zurück, Jenny kann nicht mehr schlafen und hört auf zu essen. Irgendwann sind sie alle mit ihren Kräften am Ende. Laura und Lafargue dürfen heiraten und gehen, finanziell unterstützt von Engels, auf Hochzeitsreise nach Amerika.

Da ihre Schwester Jenny als Gouvernante bei einer schottischen Familie arbeitet, hat Tussy ihren »Dada« nun ganz für sich allein. Der klammert sich an sie. Will das Nesthäkchen, das ihm angeblich so ähnlich ist, immer bei sich behalten. »Tussy, that's me«, sagt er zu seinen Freunden. Wenn er verreist ist, schreibt sie ihm fast täglich.

»Ich hoffe, Du wirst Dein Versprechen halten und am Donnerstag kommen. Ganz herzlich auf ein Wiedersehen und glaub mir, ich bin Deine Dich liebende Ellie.«[121]

Oder:

»Ich habe nicht wie früher in den Betten nach Dir gesucht, aber ich singe dauernd: ›Wenn ich ein Vöglein wär, flög' ich zu Dir.‹«[122]

Sie wird krank vor Sehnsucht nach »Mohr«, hört, ähnlich wie Jenny, auf zu essen, wird immer dünner, verliert ihre Fröhlichkeit. Lafargue, der ehemalige Medizinstudent, macht sich Sorgen um sie.

»Ich weiß nicht, ob man Ihnen gesagt hat, wie sehr wir hier nach Ihnen verlangen, vor allem Tussy, sie braucht Sie offensichtlich, um leben zu können«,[123] schreibt er an Marx.

Auch zu Hause schreiben Vater und Tochter sich jetzt immer öfter lange Briefe, die sie einander unter die Türen schieben, neben den Teller legen. Niemand darf wissen, was drin steht. Auch Mutter Jenny nicht. Im Juli 1867 lädt Tussy ihren Vater zu einer Privatparty auf ihrem Zimmer. Marx antwortet:

»Dear Miss Liliput!

Sie müssen meine verspätete Antwort entschuldigen. Ich gehöre zu jener Art von Leuten, die die Dinge immer zweimal betrachten, ehe sie sich für das eine oder das andere entscheiden. So war ich ziemlich überrascht, eine Einladung von einem mir völlig unbekannten vorwitzigen Frauenzimmer zu erhalten. Wie dem auch sei, nachdem ich mich von Ihrer Achtbarkeit und der unvergleichlichen Art, in der Sie Ihre Abmachungen mit Ihren Lieferanten treffen, überzeugt habe, werde ich mich glücklich schätzen, diese recht seltene Gelegenheit zu ergreifen, an Ihre Esswaren und Getränke heranzukommen. Doch vernachlässigen Sie bitte letztere nicht, wie es die üble Gewohnheit von Jungfern zu sein pflegt. Da ich ein wenig von Rheumatismus geplagt bin, hoffe ich, daß Sie Ihren Empfangsraum vor jeglicher Zugluft schützen werden. Für die erforderliche Ventilation werde ich selbst sorgen. Und da ich auf dem rechten Ohr etwas schwer höre, setzen Sie bitte einen langweiligen Kerl, an denen es, wie ich zu behaupten wage, in Ihrer Gesellschaft nicht fehlen wird, an meine rechte Seite. Für die linke Seite werden Sie mir, wie ich hoffe, Ihre weibliche Zierde reservie-

ren, ich meine das bestaussehende weibliche Wesen unter Ihren Gästen. Ich habe einen gewissen Hang zum Tabakkauen, halten Sie also das Zeug bereit. Durch meine früheren Begegnungen mit Yankees habe ich mir das Spucken angewöhnt, ich erwarte also, daß Spucknäpfe nicht fehlen werden. Da ich in meinen Umgangsformen ziemlich ungezwungen bin und mir diese erhitzende und stikkige englische Atmosphäre widerwärtig ist, müssen Sie sich darauf gefaßt machen, mich in einer Art Adamskostüm zu erblicken. Ich hoffe, Ihre weiblichen Gäste werden ähnlich erscheinen.
Addio, mein liebes unbekanntes Frauenzimmer
Immer Ihr
Dr. Wunderlich
P. S.: Hoffentlich keine britischen Weine!«[124]
Kurz nach Weihnachten 1868 führt Tussy mit Freunden ein Theaterstück auf: »The Beauty and the Beast«, den alten Märchenstoff von der schönen Tierbraut.[125]
Ein Kaufmann, schuldlos verarmt, hat drei schöne Töchter. Die beiden älteren sind hochmütig und geldgierig, die jüngste und schönste aber ist sanft, lauter und rein. Viele reiche Männer bewerben sich darum, sie zu heiraten. Sie aber will lieber noch ein paar Jahre bei ihrem Vater bleiben. Eines Tages reitet der Vater in den Wald und verirrt sich. Er erreicht ein schönes, hell erleuchtetes Schloß, pflückt im Park eine rote Rose für seine Jüngste. Plötzlich stürzt ein schreckliches Ungeheuer auf ihn zu, um ihn zu töten. Er bittet um Gnade, da er doch zu seiner Tochter zurückkehren muß. Das Tier läßt ihn frei, jedoch nur unter einer Bedingung: er soll ihm eine seiner Töchter zur Frau geben. Der Vater reitet zurück und erzählt den drei Mädchen, was er erlebt hat. Sofort ist die Jüngste bereit, sich zu opfern. Sie will ihm beweisen, wie sehr sie ihn liebt. Monatelang lebt sie auf dem Schloß mit der Bestie zusammen. Die krümmt ihr kein Haar, ist sogar liebevoll und höflich. Als sie im Zauberspiegel sieht, daß ihr Vater krank ist, bittet sie das Tier, ihn besuchen zu dürfen. Der Vater ist ganz allein. Denn die beiden Älteren haben ihn inzwischen verlassen, um zu heiraten. Sie pflegt ihn hingebungsvoll und kehrt dann zurück. Da verwandelt sich die Bestie in einen schönen Prinzen, der von einer bösen Fee verzaubert worden ist und nur auf die Liebe der Schönen gewartet hat, um wieder Mensch zu werden.

Im Verlauf des Jahres 1868 – Tussy Marx ist jetzt dreizehn Jahre alt und ein schönes, stolzes, jüdisch aussehendes Mädchen – intensiviert sich ihre Beziehung zu Friedrich Engels. Bisher hat sie ihn nur »Mister Engels« oder »dear Frederick« genannt, jetzt plötzlich avanciert er zu ihrem »uncle«. In seinem Haus in der Industriestadt Manchester hat sie ein eigenes Zimmer, eigenes Spielzeug und eigene Haustiere. 1868 ist es ein Igel, der sogar in ihrem Bett schlafen darf, wenn auch mit fatalen Konsequenzen:

»Leider«, schreibt Engels am 10. April an Karl Marx, »habe ich für Tussy eine Todesanzeige zu machen. Der arme Igel hatte sich in seine Bettdecke ein rundes Loch gefressen, seinen Kopf hineingesteckt und sich darin so verarbeitet, daß er gestern morgen erdrosselt gefunden wurde. Friede seiner Asche und better luck to the next one.«[126]

Es ist Engels, der das Schulgeld für Tussys Turnschule bezahlt und Arzneimittel schickt, wenn sie krank ist. Als sie im Sommer 1868 Scharlach bekommt, damals eine lebensgefährliche, medikamentös kaum behandelbare Krankheit, schreibt er an Marx:

»Wir haben uns hier noch nie so erschrocken als heute morgen, wo Deine Nachricht kam«, schreibt Engels zurück. »Die Sache liegt mir den ganzen Tag im Kopf. Ich hoffe, es wird alles gut gehen … Was hast Du für einen Arzt, bei solchen Sachen ist nicht zu spaßen; verfüge über meine Mittel, schreib oder telegraphiere, wo Du etwas brauchst und Du sollst es sofort haben.«[127]

Ein Jahr später ist Tussy in Manchester zu Besuch. Sie hat schreckliche Zahnschmerzen, offenbar Folgen einer schweren Wurzelentzündung oder -vereiterung, die in London nie richtig behandelt worden ist. Sie scheint schlechte Zähne zu haben. In einem »Fragebogen« hat sie einmal »Zahnschmerzen« als das »größte Unglück« angegeben. Marx und seine Frau sehen das ganz gelassen; die Zähne fallen ja eines Tages sowieso aus, außerdem sind die meisten Ärzte Ausbeuter und Quacksalber. Anders Engels. Er ist beunruhigt, erträgt es nicht, Tussy so leiden zu sehen und bringt sie auch ohne Zustimmung von Marx zu einem Spezialisten. Noch am gleichen Tag schreibt er im Ton berechtigten Vorwurfs nach London:

»Sie hat die Geschichte bisher mit erstaunlichem Heroismus getragen, aber der verkürzte Schlaf und die lange Anspannung der Nerven tun doch ihre Wirkung, und sie sieht heute etwas angegriffen

aus. Sie sagte, Ihr hättet den Zahn nicht heraus haben wollen; indes schickte ich sie heute, da dies doch nicht so vorangehen kann, mit Lizzie zu einem der ersten hiesigen Zahnärzte ... Dieser sagte nach längerer Untersuchung, daß er hofft, den Zahn zu retten, wenn aber der Schmerz bis Samstag morgen nicht aufhört, müsse er doch heraus. Jedenfalls kann das Kind nicht alle sechs Monate diesen anhaltenden nervenzerstörenden Schmerz ertragen; ihre allgemeine Gesundheit leidet weit mehr davon, als der ganze Zahn wert ist.«[128]
Wieder zu Hause, erklärt Tussy rundheraus, nicht mehr in London, bei ihren Eltern, wohnen zu wollen. Sie möchte nach Manchester auswandern. Zu Frederick und Lizzy. Die Sache sorgt für einige Mißstimmung, besonders bei ihrer Mutter.
Was ist so faszinierend im Hause Engels? Die Umgebung, die Stadt Manchester, ganz bestimmt nicht. Über fünfhunderttausend Menschen leben in armseligen Katen auf engstem Raum. Viele sind arbeitslos. Andere verdienen ein paar Schilling in der Textilindustrie, die billige Kattunkleider für den Überseehandel anfertigt. Zwar gibt es einige imposante Hauptstraßen mit großen Hotels, Warenkontoren und Geschäften. Doch dahinter, für den Touristen kaum sichtbar, verbirgt sich das Arbeiterelend: schwarzgerauchte, verfallene Häuschen mit zerbrochenen Fensterscheiben, schmutzige Höfe, enge, ungepflasterte Gassen, auf denen Schweine herumlaufen, keine Kanalisation, keine Wasserversorgung, ein öffentlicher Abtritt auf ungefähr hundertzwanzig Personen. Aus den Wohnhäusern und Fabriken ergießt sich der Unrat unmittelbar in den Irk, der das Trink- und Waschwasser für die Armen liefert. Immer wieder wütet die Cholera. Die Arbeiter, hauptsächlich Iren, ernähren sich von schlechten Kartoffeln, verwelktem Gemüse, ranzigem Speck, zähem, halbverfaultem Fleisch und dünnem, mit Branntwein vermischten Tee. Nirgendwo sonst, schreibt Engels in »Die Lage der arbeitenden Klassen in England«, finde »eine so systematische Absperrung der Arbeiterklasse von den Hauptstraßen (statt), eine so zartfühlende Verhüllung alles dessen, was das Auge und die Nerven der Bourgeoisie beleidigen könnte.«[129]
Engels, der scharfe Kritiker dieser Verhältnisse, leitet seit zwanzig Jahren die Firma »Ermen und Engels«, die mit Niederlassungen in Manchester, Eccles, Weask Lane und Little Bolton über achthundert Arbeiter beschäftigt und führend in der Produktion von Näh- und Strickgarnen ist. Zwar bemüht er sich, Kinderarbeit ab-

zuschaffen, menschenwürdige Wohnungen für seine Angestellten zu bauen und sogar werkseigene Schulen zu finanzieren. Aber sein schlechtes Gewissen, zu den Ausbeutern zu gehören, bleibt bestehen, wenn er auch mit einer irischen Arbeiterin liiert ist und fast die Hälfte seiner persönlichen Einnahmen in den Haushalt seines Freundes Marx steckt.

Bis 1869 führt er ein Dreifachleben. Da ist auf der einen Seite der Kaufmann, der jeden Morgen pünktlich in seinen Kontor geht und mit pietistischer Arbeitsdisziplin die Geschäfte führt. Ein echter Sohn Wuppertals und würdiger Vertreter einer alten Industriellenfamilie, die ihn trotz seiner geschäftlichen Erfolge als schwarzes Schaf sieht.

Als Privatmann spielt er den Grandseigneur, reitet edle Pferde, nimmt an Fuchsjagden teil, raucht gute Zigarren in Emigranten-Clubs, kleidet sich teuer, trinkt alte Weine, lädt Geschäftsfreunde zu üppigen Festessen ein. Er hat mehrere Wohnsitze: eine repräsentative Stadtwohnung für die offiziellen Besucher und einen Cottage für seine Lebensgefährtin und sich. Über zwanzig Jahre lang ist er mit Mary, der irischen Arbeiterin, liiert gewesen. Nach ihrem Tod tut er sich mit Lizzy, ihrer jüngeren Schwester, zusammen, die kaum lesen und schreiben kann, aber mit Elan für die Sache der Iren kämpft und Engels und Tussy damit ansteckt.

»Gebt mir zweimalhunderttausend Irländer, und ich werfe die ganze britische Monarchie über den Haufen«, schreibt Engels. »Der Irländer ist ein sorgloses, heiteres, kartoffelessendes Naturkind. Von der Heide, auf der er unter einem schlechten Dach, bei dünnem Tee und schmaler Kost herangewachsen ist, wird er in unsere Zivilisation hineingerissen. Der Hunger treibt ihn nach England. In dem mechanischen, egoistischen, eisigkalten Getriebe der englischen Fabrikstädte erwachsen seine Leidenschaften.«[130]

Tussy mag die temperamentvolle, unkomplizierte Lizzy, die irische Lieder singt, irische Freiheitskämpfer versteckt und den großen Haushalt von Engels so gut führt, daß auch der anspruchsvollste Gast keinen Grund hat, sich zu beklagen. Hier gibt es immer genug zu essen und zu trinken, ordentliche Möbel, gut beheizte Räume und vor allem kein ständiges Jammern über Krankheiten und Finanznöte. Das Leben ist regelmäßig und hält sich bei aller Unkonventionalität an feste Rituale: gemeinsame Mahlzeiten, Teestunden im Garten, fröhliche Geburtstagsfeiern und Familienfeste, kurz, alles, wofür in der Villa am Maitland Park weder Geld noch Zeit da ist. So wird das Engelssche Haus eine Art Refugium für Tussy, in dem sie sich von den häuslichen Szenen und Entbehrungen erholen kann.

Engels nimmt sich, wenn Tussy zu Besuch ist, viel Zeit für das Mädchen und berichtet ihrem Vater voller Stolz, daß er sie Goethes »Hermann und Dorothea«, die »Edda«, »Götz von Berlichingen«, den »Egmont« und die Heldensagen des altiranischen Dichters Firdusi lesen läßt[131], alles im deutschen Original bzw. in deutscher Übersetzung. Tussy hat sich vermutlich mit dieser Lektüre etwas gequält. »Edda« und »Egmont« müssen schwer verdaulich gewesen sein nach »Captain Marryat« und »Lederstrumpf«. Auch »Hermann und Dorothea« bereitet ihr einige Mühe »von wegen des Gekohls der idyllischen Philister.«[132] Immerhin lernt sie durch diesen Lesestoff die deutsche Literatursprache so gut, daß sie später als literarische Übersetzerin arbeiten kann.

Trotz aller Regelmäßigkeit ist es keineswegs langweilig im Hause Engels. Im Juli 1869 gibt Tussy ihrer Schwester Jenny einen plastischen Bericht von einem typischen Sommertag in Manchester:

»Am Samstag war es so heiß, daß wir, das heißt Tantchen, ich und Sarah uns den ganzen Tag auf den Fußboden legten und Bier, Weißwein usw. tranken. Engels, der arme Kerl, war bei einem Picknick, wo ungefähr dreißig Leute – ›periodische Damen‹, wie Moore sagt – waren, und die unglücklichen ›Herren der Schöpfung‹ tanzen mußten … Als der Onkel am Morgen nach Hause kam, fand er Tantchen, Sarah, mich und Ellen*, die uns irische Geschichten erzählte, alle in voller Länge auf dem Boden liegen, ohne Leibchen, ohne Schuhe, nur in Unterröcken und Baumwollkleidern … Liebe Jenny, Du wunderst Dich sicher, daß ich von ›Tantchen und Onkel‹ spreche, aber Du mußt wissen, daß Frau Burns bis ungefähr vor einem Monat mehr zum Spaß darauf bestand, mich mit ›Miss Marx‹ anzureden. Als ich das schließlich nicht länger wollte, kamen wir zu der Übereinkunft, daß ich sie ›Tantchen‹ nennen sollte wie Mary Ellen und sie mich ›Tussy‹. Wir haben vereinbart, daß jeder, der mich nicht ›Tussy‹ nennt, sich auf einen Stuhl stellen und sechsmal ›Tussy‹ sagen soll … An dem Abend nannten sie mich alle ›Miss Marx‹, und ich stellte sie, Tantchen und

* Mary Ellen, Nichte von Lizzy Burns, auch »Pumps« genannt

Moore* und Jollymeier** und Sarah in einer Reihe auf und ließ sie vierundzwanzigmal ›Tussy‹ sagen. Engels habe ich mir angewöhnt, ›Onkel‹ zu nennen, weil ich hörte, daß Mary Ellen ihn so anredet.«[133] Und als Postskriptum fügt sie noch hinzu:

»Der Prinz und die Prinzessin von Wales kommen morgen durch Manchester. Wir gehen gucken. Wäre das spaßig, wenn eine Kinderschar singen würde: ›Der Prinz of Wales/der hohe Gast/stahl ein Maß Ale/und hockt im Knast.‹ Das wird hier oft gesungen …«[134]

Durch den Einfluß des lustigen, temperamentvollen »Tantchens« Lizzy wird Tussy selbst eine halbe Irin und kehrt von ihrem ersten längeren Manchester-Aufenthalt als »localised Irish being« zurück. »Formerly I clung to a man, now I cling to a nation«, soll sie zu ihrer Schwester Jenny gesagt haben.[135]

Auslöser der irischen Freiheitsbewegung war eine Hungersnot im Jahre 1845. Eine Kartoffelkrankheit – Phytophthora infestans – hatte sich auf der Insel ausgebreitet. Die Kartoffeln verfaulten, teure Ersatznahrungsmittel aus Mais wurden eingeführt, die Bevölkerung verarmte und war gezwungen, ihr Vieh zu verkaufen oder zu schlachten. Da die britische Regierung nicht eingriff, starben über zwei Millionen Iren an Unterernährung. Wer konnte, wanderte aus, nach Amerika oder in die englischen Industriezentren, wo sich eine irische Untergrundbewegung formierte. Diese Fenier, mit denen die Schwestern Burns heftig sympathisierten, forderten eine eigene, von England unabhängige irische Regierung, irische Gewerkschaften und die Wiederbelebung der gälischen Sprache, die damals nur auf dem Land gesprochen wurde. Sie waren nicht religiös, teilweise sogar antiklerikal, wurden von beiden Kirchen geächtet und gehaßt. Seit 1867 machten sie durch Demonstrationen und Aufstände auf sich aufmerksam, erst in Irland, dann in London und Manchester, wo sie Gefängnisse bombardierten und Polizeitransporte überfielen. Im November wurden drei von ihnen exekutiert. Ihre Anhänger dichteten das Lied »God save Ireland«, eine Art irischer Nationalhymne. Marx und Engels machten sich sofort zu Fürsprechern der Fenier und protestierten gegen ihre Haftbedingungen in englischen Gefängnissen:

* Der Jurist Samuel Moore, später Testamentsvollstrecker von Engels
** Der Chemiker Carl-Friedrich Schorlemmer, Freund von Engels

»Die politischen Gefangenen werden von einem Gefängnis ins andere gezerrt, als wären sie wilde Tiere. Man zwingt ihnen die Gesellschaft der übelsten Schurken auf; man zwingt sie, das Geschirr zu reinigen, das diese Elenden benutzen, Hemden und Flanellunterwäsche dieser Verbrecher zu tragen ... und sich in dem Wasser zu baden, das diese benutzt haben. Alle diese Kriminellen konnten ... mit den Besuchern sprechen. Für die eingekerkerten Fenier wurde ein Besuchskäfig eingerichtet.«[136]
Im September 1869 reist Engels mit Lizzy und Tussy nach Irland, um die Bewegung »vor Ort« zu besichtigen. Es ist Tussys erster Besuch auf der Insel. Dreißigtausend Freiheitskämpfer demonstrieren in Limerick, zweihunderttausend in Dublin. Die Straßen sind voll von Soldaten und Polizei, bewaffnet mit Kurzschwertern, Gummiknüppeln und Revolvern. Demonstranten werden brutal niedergeschlagen. Ganz Irland ist wie im Kriegszustand.
Als sie nach London zurückkehrt, trägt Tussy am liebsten Grün, die Farbe der irischen Aufständischen, kauft die Widerstandszeitung »The Irishman« und quält ihre Eltern so lange, bis sie zur Fenier-Demonstration im Hyde Park mitgehen darf, auf der hunderttausend Menschen gegen die Inhaftierung der Freiheitskämpfer protestierten.
»Dieser Park«, schreibt Schwester Jenny an den Gynäkologen Kugelmann, »war eine einzige Masse Männer, Frauen und Kinder, sogar die Bäume bis in ihre höchsten Äste bewohnt ... Im Aufzuge wurden rote, grüne und weiße Banner getragen, mit allerhand Losungen wie ›Haltet euer Pulver trocken! Ungehorsam gegenüber Tyrannen ist Pflicht gegenüber Gott!‹ Und höher noch als die Flaggen gehißt waren eine Unmenge roter Jakobinermützen, deren Träger die Marseillaise sangen.«[137]
Es ist der 24. Oktober 1869. Tussy ist vierzehn Jahre alt. Nicht lange mehr, und sie wird selbst als politisch Verdächtige inhaftiert werden.

3 Es lebe die Kommune! 1869–1873

Im Januar 1869 bringt Tussys Schwester Laura in Paris ihr erstes Kind zur Welt, einen kleinen Jungen, Charles-Etienne, wegen seines enormen Durstes bald nur noch »Schnaps« genannt. Der Großvater in London ist natürlich begeistert. Endlich ein Junge. Endlich ein Stammhalter. Auch wenn er leider nicht den Namen »Marx« trägt.

»Unser Enkel«, schreibt er nach Besichtigung der ersten Fotos an den Vater des Erzeugers, »ist ein reizender Junge. Ich habe noch nie einen so schön geformten Kinderkopf gesehen.«[138]

Auch Tussy möchte das neue Kind sofort in Augenschein nehmen. Mit eleganter Reisegarderobe und reichlich »pocket-money« ausgestattet, das Freund Engels rechtzeitig geschickt hat, fährt sie gemeinsam mit Schwester Jenny am Karfreitag, den 26. März nach Paris.

»Liebe Mama«, schreibt sie ein paar Tage später nach Hause, »ich hätte gestern oder vorgestern geschrieben, aber dieser kleine Pascha ... läßt einem einfach keine Zeit ..., selbst wenn er in seiner Wiege liegt und schläft, muß man ihn doch anschauen und bewundern. Nein wirklich, ich habe noch nie so ein schönes Kind gesehen. Er hat ein süßes Gesichtchen, wunderschöne Augen, einen hübschen Mund, auch die Nase ist nicht so schlimm, wie behauptet wird, und er hat eine riesige Stirn. Ganz so wie Papa. Er ist auch immer prächtig aufgelegt und guter Dinge, und wenn er mal zu schreien anfängt, braucht man ihm nur den Finger hinzuhalten und ihn daran lutschen zu lassen oder den kleinen Bauch zu tätscheln, und sofort ist er wieder still. Seine Zähne kommen wirklich schon durch. Man kann sie schon ganz deutlich sehen. Heute morgen habe ich ihn zwei Stunden zu mir ins Bett genommen, und er war ganz brav.«[139]

Tussy, die nie jüngere Geschwister gehabt hat und die lästigen Seiten des »baby-sittings« nicht kennt, ist verrückt nach dem Kleinen.

Am liebsten möchte sie ihn ihrer großen Schwester entführen. Sie nimmt sich vor, später viele kleine »Schnäpse« zur Welt zu bringen, und versäumt beinahe, sich in Paris umzusehen, das trotz all seiner weltstädtischen Eleganz wenig Eindruck auf sie macht.

»Jenny und ich sind auch in der Stadt herumgegangen und haben Geschäfte angeschaut.«

Das klingt reichlich unbeteiligt. Sie ist nicht eitel, interessiert sich nicht für die neuste französische Mode, trägt die schicken »outfits«, die die Mutter ihr hat nähen lassen, beinahe mit Widerwillen. Auch die Boulevards und Avenuen locken sie wenig, die Theater, Paläste, Museen und Kathedralen. Kein Wort über Notre Dame, Louvre, Jardin du Luxembourg, sie erwähnt nur den Besuch einer »Pfefferkuchenmesse«.[140]

Hier spricht ein richtiges Kind, könnte man sagen. Aber auch jemand, dem äußere Eindrücke wenig bedeuten, der beinahe unempfänglich für die Magie von Orten und Landschaften ist. Am liebsten ist sie zu Hause, in Lauras kleiner, ärmlicher Wohnung in der Rue du Cherche-Midi, mitten in einem Gewirr enger, dunkler Gassen, wo es laut und zugig ist und nicht besonders gut riecht, ähnlich wie im Soho ihrer Kindheit. Hier kann sie mit Lauras Mann Paul über dessen politische Arbeiten diskutieren. Hier trifft sie interessante Männer wie den russischen Exil-Journalisten Nikolai Sassanoff. Paul, der sein Medizinstudium wieder einmal unterbrochen hat – Marx' beständiges Mahnen, das Doktorexamen zu machen, ist erfolglos gewesen –, hat gerade das »Kommunistische Manifest« ins Französische übersetzt und trägt sich mit dem Gedanken, ein polemisches Buch über das »Recht auf Faulheit« zu schreiben.

»Ach, die Zeit der Muße, die der heidnische Dichter verkündete, ist nicht gekommen; die blinde, wahnsinnige und menschenmörderische Arbeitssucht hat die Maschine aus einem Befreiungsinstrument in ein Instrument zur Knechtung freier Menschen umgewandelt ... Wie Christus, die leidende Verkörperung der Sklaverei des Altertums, erklimmt unser Proletariat ... den rauhen Kalvarienberg der Leiden ... O Faulheit, erbarme du dich des unendlichen Elends! O Faulheit, Mutter der Künste und der edlen Tugenden, sei du der Balsam für die Schmerzen der Menschheit!«[141]

Das gefällt Tussy, der alles sture Pauken und Auswendiglernen zuwider ist, die die Schule haßt, ohne sie je richtig kennengelernt zu haben. Denn ist die Schule nicht das intellektuelle Pendant zum schottischen Bleibergwerk oder zur Sklavenfarm der amerikanischen Südstaaten? Einige Forderungen ihres revolutionären Schwagers sind vielleicht etwas übertrieben. So zum Beispiel, daß die Menschen nicht mehr zwölf, sondern nur noch drei Stunden am Tag arbeiten sollten, und in der übrigen Zeit tanzen, schlafen und sich der freien Liebe hingeben wie die Insulaner der Südsee. Paul, von ihrem Vater zärtlich »negrillo« genannt, kommt eben aus einer anderen Kultur, kommt aus Kuba. Das macht ihn besonders charmant, obwohl er neuerdings einen häßlichen Vollbart trägt, der das Fremdartige seines Gesichtes kaschiert. »Wenn Arbeit«, lautet eine seiner kubanischen Lieblingsweisheiten, »etwas Schönes und Erfreuliches wäre, hätten die Reichen sie nicht den Armen überlassen!«

In Paris gärt es. Hier, in den engen Gassen, spürt man es deutlicher als auf den Pracht-Boulevards. Die Stadt hat fast zwei Millionen Einwohner und wird täglich größer. Paul erzählt von den Rothschilds, die nichts täten außer ihren Reichtum zu verwalten. Von dem so unfähigen wie autoritären Kaiser Napoleon III., den ihr Vater einmal ein »Würstchen« genannt hat.[142] Von Arbeiteraufständen, die von der Polizei blutig niedergeschlagen werden. Von Massenverhaftungen und Verfolgung der »Internationalen«. Die Herausgeber ihres Kampfblattes, der »Marseillaise«, sitzen im Gefängnis. Die Pariser Straßenjungen richten, noch halb zum Spaß, Barrikaden auf.

Zurück in London, sieben Wochen später, das gleiche Bild. Brutale Jagd auf die irischen Freiheitskämpfer, die Fenier. Hungertyphus im East End. Die Arbeitshäuser füllen sich mit obdachlosen Familien, an denen, so erzählt man sich im Hause Marx, medizinische Experimente gemacht werden.[143] Die Internationale stärkt sich und nimmt den politischen Kampf auf. Hunderttausende gehen in London, in Paris auf die Straße.

Laura ist wieder schwanger. Tussy hält das offenbar für so selbstverständlich, daß sie in ihren Briefen nach Hause nichts darüber schreibt. Es ist die natürliche Folge der Ehe, besonders, wenn man, wie Laura, nicht stillt. Der kleine Schnaps wird von einer Amme genährt. Er bekommt Durchfall, leidet unter der schlechten Luft, den unhygienischen Verhältnissen in dem ärmlichen Wohnviertel. Marx hat begründete Angst, daß sich das Schicksal von Edgar, Franziska

und Guido wiederholt, daß auch dieses Kind an der Revolution zugrunde gehen wird.
»Ich erwarte, daß Du und Lafargue Euch in diesem Falle meiner väterlichen Autorität unterwerfen werdet«, schreibt er an Laura. »Nichts ist schwieriger zu behandeln als ein Baby. In keinem Fall ist sofortiges Handeln so nötig und jeder Aufschub so schädlich.«[144]
Knapp ein Jahr nach der Geburt von Schnaps bekommt Laura ein zweites Kind, Jeannie, eine kleine Tochter, die mit sehr viel weniger Jubel begrüßt wird.
»Was haben Sie zu dem zweiten Neujahrsgeschenk gesagt, das Laura uns gemacht hat! Ich hoffe, daß das rasche Tempo ein Ende nimmt; sonst könnte man ja bald singen … 10 little nigger-boys!« schreibt Mutter Jenny an Engels.[145]
Jeannie ist mager und schreit viel. Paul hält das für ein Zeichen von Energie. Diesmal versucht Laura zu stillen. Aber sie ist selbst viel zu geschwächt. Als Jeannie Ende Februar 1870 stirbt, ist bereits ein drittes Kind unterwegs.
Im Juli 1870 bricht der deutsch-französische Krieg aus. Jetzt bleibt nicht mehr viel Zeit zum Trauern. Jetzt heißt es für die Lafargues: möglichst schnell weg von Paris, um der Belagerung durch die heranrückenden Preußen zu entgehen. Sie fliehen mit dem kleinen Schnaps zu den Schwiegereltern nach Bordeaux, während Marx und Engels in patriotische Töne ausbrechen:
»Mein Vertrauen in die militärischen Leistungen der Deutschen wächst mit jedem Tage«, schreibt Engels an Marx. »Das erste ernstliche Gefecht hätten wir also richtig gewonnen!«[146]
Napoleon kapituliert bei Sedan und erklärt seinen Rücktritt. Die Republik unter dem Präsidenten Adolphe Thiers wird ausgerufen. Deutsche Truppen besetzen die französische Hauptstadt. Marx, Sprecher der Internationale, mißtraut auch der neuen Regierung in Frankreich und erklärt:
»Diese Republik hat nicht den Thron umgeworfen, sondern nur seinen leeren Platz eingenommen. Sie ist nicht als soziale Errungenschaft proklamiert worden, sondern als eine nationale Verteidigungsregel.«[147]
Er hält Thiers für einen »Meister der Staatsschufterei« und die neue Regierung für ein Zweckbündnis aus Orleanisten, Monarchisten und Jakobinern.

Laura macht derweil in Bordeaux eine schwere Zeit durch. Ihr Schwiegervater, der versöhnende, gute Geist der Familie, stirbt im November. Die Schwiegermutter mag Laura nicht, giftet die ganze Zeit herum, schimpft, daß sie ihr nur auf der Tasche liege, verbietet ihr, die Hilfe des Dienstmädchens in Anspruch zu nehmen, zwingt sie, eigenhändig Betten zu machen und Öfen anzuzünden, was sie in ihrem ganzen Leben noch nie getan hat. Laura ist schwanger. Kein Thema für la belle-mère. Sie zieht aus, sperrt ihrem Sohn alle Bankkonten und überläßt das junge Paar und den ständig kränkelnden Enkel Schnaps seinem Schicksal, in einem leeren, ungeheizten Haus, ohne Licht, Essen und standesgemäße Bedienung.

Über alles das schreibt Laura an Schwester Jenny, nicht an Tussy. Tussy ist noch zu jung für solche Familiengeschichten, gerade einmal sechzehn. Sie ist der Liebling des Vaters, das nimmt Laura ihr übel. Eifersucht und Rivalität stehen zwischen den beiden. Das Verhältnis bleibt kühl, trotz Tussys Schwärmerei für den kleinen Schnaps, dem sie Briefe schickt, Bilder malt und sogar Jäckchen und Handschuhe häkelt. Laura zeigt Tussy, daß sie ihr nicht vertraut und nicht daran denkt, sie an ihrem Dialog mit der Lieblingsschwester Jenny teilnehmen zu lassen.

In Bordeaux wird es unruhig. Tausende von Parisern strömen in die Stadt. Revolutionäre und Nicht-Revolutionäre. Aktivisten der Internationale und Bürger, die Angst vor den Preußen haben. Gambetta, Verteidigungsminister der Défense nationale, ruft zum Widerstand in der Provinz auf, schafft es, ein Heer von sechshunderttausend Mann aufzustellen. Doch am 5. Januar 1871 wird Paris von den Preußen bombardiert. Es ist bitterkalt. Ein großer, gutaussehender Baske geht durch die Stadt und macht sich Notizen. Er heißt Prosper Hippolyte Lissagaray. Er wird Tussys Verlobter werden.

»Der Hunger«, schreibt er, »wurde von Stunde zu Stunde größer, Pferdefleisch wurde eine Delikatesse. Man aß Hunde, Katzen, Ratten. Die Frauen standen bei 17 Grad Kälte oder im Schmutz des Tauwetters stundenlang, um eine Kinderportion zu bekommen. Als Brot gab es ein schwarzes Zeug, das die Gedärme peinigte. Die Kleinen starben, weil die Brust der Mutter versiegte.«[148]

Laura, inzwischen halb verhungert, bringt in Bordeaux ihr drittes Kind, einen Jungen, Marc-Laurent, zur Welt. Er ist so klein, daß die Geburt nicht einmal eine Stunde dauert. Kein Jubel seitens des Großvaters. Keine Gratulation von dem guten Onkel Engels. Niemand glaubt, daß dieses unterentwickelte Kriegskind überleben wird. Obwohl kein Geld und kein Essen im Haus ist, läßt Lafargue seine Frau mit den beiden Kindern allein und stellt sich heldenhaft der Pariser Kommune zur Verfügung, die am 18. März ausgerufen wird. Danach verfällt er in Schweigen. Laura schreibt im April 1871 an Jenny:

»Ich habe bis zu diesem Augenblick noch keine Nachricht von Paul. Und um die Sache noch schlimmer zu machen, ist mein armes Baby so krank gewesen, daß ich acht oder zehn Tage jeden Augenblick erwartete, es sterben zu sehen. ... Die letzte Woche lang habe ich es fast den ganzen Tag über im Zimmer auf und ab getragen und die ganze Nacht über gewiegt, so daß ich keine Zeit finden konnte, Dir auch nur ein paar Zeilen zu schreiben.

In bezug auf Paul weiß ich nicht, was ich denken soll. Er ist gewiß nicht mit der Absicht weggefahren, so lange zu bleiben. Aber vielleicht kann er, selbst wenn er es wollte, nicht zurück, oder der Anblick der Barrikaden hat ihn zum Mitkämpfen verlockt. Es würde mich nicht wundern und es würde mir nichts ausmachen, wenn ich mit ihm dort wäre, würde ich auch kämpfen. Ich wollte nach Paris fahren, aber ich kannte hier niemand, dem ich die Kinder anvertrauen konnte, und dann wurde das Baby krank, und von meiner Abreise konnte nicht mehr die Rede sein.«[149]

»Welche Elastizität, welche historische Initiative, welche Aufopferungsfähigkeit in diesen Parisern!« jubelt Marx im gleichen Moment. »Nach sechsmonatlicher Aushungerung und Verruinierung durch inneren Verrat ... erheben sie sich unter preußischen Bajonetten. Die Geschichte hat kein ähnliches Beispiel von ähnlicher Größe!«[150]

Über zweihunderttausend Menschen, Männer und Frauen, sind an jenem 18. März vors Pariser Stadthaus an der Place de Grève gezogen, »mit klingendem Spiel, die phrygische Mütze auf der Fahnenspitze, rote Bänder am Gewehr«, wie Lissagaray sich notiert. »Hundert Bataillone marschieren auf, die Sonne spiegelt sich in ihren Bajonetten ... Vor der Estrade sammeln sich die Fahnen, die meisten rot, manche dreifarbig; Lieder erschallen, ... ein Mitglied des Zentralkomitees proklamiert die Gewählten ...: ›Im Namen des Volkes, die Kommune ist proklamiert!‹ Ein einziger Schrei antwortet: ›Es lebe die Kommune!‹ Die Mützen tanzen auf den Bajonettspitzen, die Fahnen flattern, aus den Fenstern, von den

Dächern winken tausende von Tüchern ..., die Herzen schlagen hoch, in den Augen glänzen Tränen.«[151]

Kein Wunder, daß Marx keine Zeit hat, sich um Laura zu sorgen, die mit zwei kranken Babys allein in Bordeaux ist. Er muß Manifeste verfassen, die Kommune grüßen, aller Welt klarmachen, daß dies der Triumph der sozialistischen Internationale ist:

»Das Paris der Arbeiter ... wird ewig gefeiert werden als der ruhmvolle Vorbote einer neuen Gesellschaft. Seine Märtyrer sind eingeschreint in dem großen Herzen der Arbeiterklasse.«[152]

Anders Tussy und Jenny. Sie haben seit Lauras alarmierendem Brief keine Ruhe mehr, fürchten, sie und die beiden Babys nicht mehr lebend wiederzusehen. Die Kommune ist ihnen in diesem Moment herzlich gleichgültig. Allgemeine Volksbewaffnung, Abschaffung der politischen Polizei, Auflösung der Kirchen, Schulpflicht für jeden – das sind hohe und hehre Ziele, aber die Schwester ist ihnen wichtiger. Sie verschwenden keine Zeit damit, politische Sympathie-Adressen zu schreiben, sondern machen sich so schnell wie möglich auf den Weg nach Bordeaux.

Der ist bis auf weiteres allerdings versperrt, denn »diese verdammten Preußen ... haben ... die Orléans-Linie lahmgelegt.«[153] Auf den Bahnhöfen wimmelt es von preußischen Soldaten. Es ist kein Fortkommen. Erst am 29. April können sie ein Schiff in Liverpool nehmen. Zwei Tage später sind sie bei Laura in Bordeaux.

Inzwischen ist der Kommunarde Lafargue wieder zurückgekehrt. Die Kinder leben. Aber dem Jüngsten, Marc-Laurent, geht es schlecht. Laura hat nicht genug Milch. Doch woher eine Amme nehmen? Kaum wieder vereint, muß die Familie fliehen. Denn in der ersten Maiwoche wird die Kommune gestürzt. Regierungstruppen erobern Paris zurück und rächen sich mit unbeschreiblichen Massakern, denen Tausende Unbeteiligter zum Opfer fallen.

»20000 Personen, von denen drei Viertel mindestens am Kampfe nicht teilgenommen hatten, wurden erschossen«, schreibt Lissagaray. »Wilde Jagden auf Männer, Frauen, Kinder, Pariser, Provinzler, Fremde, Unbeteiligte wurden gemacht. Leute jeden Geschlechts, jeden Alters, jeder Parteizugehörigkeit, jeder sozialen Stellung wurden zusammengetrieben. ... *Ein* mehr oder weniger begründeter Verdacht, *ein* Wort, *eine* mißverstandene Geste genügten, um von den Soldaten gepackt zu werden. Vom 21. bis 30. Mai raffte man in dieser Weise 40000 Personen zusammen.

›Der Boden ist mit ihren Leichen bedeckt‹, telegraphierte Thiers an seine Präfekten, ›das schreckliche Schauspiel wird eine Lehre sein.‹ Aber man mußte dieser Lehre doch eine Grenze setzen. Nicht, weil das Mitleid erwachte, sondern weil die Pest kam. Myriaden von Schmeißfliegen flogen von den sich zersetzenden Leichen auf. Die Toten der blutigen Woche rächten sich, indem sie die Straßen ... verpesteten.«[154]
»Wenn die Schlächter in Paris ihr blutiges Werk getan haben, werden sie höchstwahrscheinlich die Führer der Internationale ... vornehmen«, schreibt Jenny an Marx. »Gestern hat sich Paul einen spanischen Paß besorgt, damit er sobald wie möglich weg kann. Da Paul ja ein höchst aktiver Organisator der Internationale ist, kann er sich hier nicht mehr in Sicherheit wiegen.«[155]
Man bewegt sich nach Süden, Richtung spanische Grenze. Jenny, Tussy, Laura und die beiden Kinder bleiben in Bagnères-de-Luchon in den französischen Pyrenäen, Lafargue fährt mit seinem spanischen Paß nach Bosost weiter, ein kleines Gebirgsnest, ungefähr fünfundzwanzig Kilometer von der französischen Grenze entfernt. Fast sieht es aus, als wäre alles noch einmal gutgegangen. Lafargue ist in Sicherheit, den Kindern geht es besser, und auch Jenny scheint sich von einer chronischen Rippenfellentzündung zu erholen, die sie in den letzten Monaten gequält hat. Sie haben ein angenehmes Privatquartier, eine nette, freundliche Wirtin, essen Bohneneintopf und fühlen sich wohl im Schatten der mächtigen Dreitausender, die sie von ihrem Helden im benachbarten Spanien trennen. Das Wetter ist schön, sie besuchen die Thermalbäder und promenieren abends über die schattige Allee, die an aristokratischen Häusern vorbei durch den Ort führt. Hier sind sie am Ende der Welt. Hierhin dringt kein Schlachtenlärm. Sie hören sogar auf, politische Nachrichten zu lesen, und fühlen sich mit ihren englischen Pässen absolut sicher.
Marx dagegen ist unruhig, und das mit Recht. Durch seine verklärenden Grußadressen an die Pariser Kommune hat er die Öffentlichkeit auf sich aufmerksam gemacht. Jahrelang ist es still um ihn gewesen. Zeitungen meldeten sogar seinen Tod. Jetzt ist er plötzlich wieder der gemeingefährliche Revolutionär von früher. Eine französische Zeitung schreibt, *er* sei es, der den Kommunen-Aufstand organisiert habe. Von seiner »Höhle in London« aus. Unterstützt von sieben Millionen Sympathisanten. Der deutsche

Botschafter in London drängt den britischen Außenminister, ihn auszuliefern. Doch der lehnt ab. Es sei ihm nichts nachzuweisen. Trotzdem versteigt sich die Londoner »Pall Mall Gazette« dazu, ihn »einen geborenen Israeliten« zu nennen, der »eine gewaltige Verschwörung mit dem Ziel des politischen Kommunismus« plane. [156]
Seine Töchter sind in akuter Gefahr. Denn sie heißen Marx. Ohne ihnen seine Befürchtungen geradeheraus mitzuteilen, bittet er sie, »die französische Seite der Pyrenäen mit der spanischen zu vertauschen«, weil, so seine Begründung, das Klima dort besser sei.
Er hätte sie deutlicher warnen sollen. Denn Jenny, Tussy und Laura denken nicht daran, Bagnères-de-Luchon zu verlassen. Sie haben genug davon, ständig auf der Flucht zu sein, und bleiben in diesem Hort des Luxus und der Zivilisation, wo es gute Ärzte und saubere Zimmer gibt und wo Marc-Laurent vielleicht eine Chance hat, zu überleben. Wer weiß, was sie drüben, in den wilden spanischen Bergen, erwarten würde.
Am 26. Juli stirbt Marc-Laurent. Er ist gerade einmal sechs Monate alt geworden. Laura läßt sich ein paar Tage Zeit, um im Kreis ihrer Schwestern zu trauern, und verlangt dann energisch, ihren Mann zu sehen. Sie hat seit Wochen keinen Kontakt mehr zu ihm. Sie muß ihm den Tod seines Sohnes mitteilen.
In Bosost angekommen, bleibt Laura mit dem kleinen Schnaps bei Lafargue. Tussy und Jenny machen sich wieder auf den Weg zurück nach Frankreich. Was weiter geschieht, beschreibt Tussy im Dezember 1871 in einem Brief an Wilhelm Liebknecht:
»Jenny und ich wurden auf der Rückreise von Bosost … an der französischen Grenze verhaftet und von 24 Polizisten über die Pyrenäen direkt … nach Luchon gebracht … Vor unserem Hause fanden wir die Polizei, die am Morgen das Haus von unten bis oben durchsucht und unsere arme Wirtin und unser Mädchen … sehr schlecht behandelt hatten … Unser Zimmer war schon voller Polizisten, Spitzel und Agenten jeder Sorte, als der Präfekt Kératry eintraf, begleitet von Delpech …, einem juge de paix, einem juge d'instruction, dem procureur de la république etc. Ich wurde mit dem Commissaire de Toulouse und einem Polizisten in ein Nebenzimmer geschickt, und Jennys Verhör begann, es war gegen zehn Uhr. Sie verhörten sie über zwei Stunden, aber vergeblich, denn sie erfuhren nichts von ihr. Dann kam ich an die Reihe. Kératry erzählte mir schändliche Lügen. Er erhielt von mir ein oder zwei Antwor-

ten, nachdem er auf Jennys Erklärung verwies und mir zu verstehen gab, sie habe das und das ausgesagt. Da ich fürchtete, ihr zu widersprechen, sagte ich: ›Ja, so ist es.‹ Das war ein schmutziger Trick, nicht wahr? Jedoch hörte er bei alledem herzlich wenig. Am nächsten Tag, als sie wiederkamen, verweigerten wir, den Eid zu leisten. Zwei Tage später kam Kératry und sagte, er würde am Abend Befehl zu unserer Freilassung geben (wir wurden von der Polizei bewacht). Statt dessen wurden wir in eine Gendarmerie geführt und dort verbrachten wir die Nacht. Am nächsten Tag wurden wir jedoch freigelassen, obwohl wir in Wirklichkeit nicht einen Schritt tun konnten, ohne beobachtet zu werden, außerdem konnten wir unseren englischen Paß nicht zurückbekommen. Schließlich erhielten wir alles und trafen endlich in London ein ... Sehr amüsant waren die Torheiten, die Kératry und die Polizei begingen – sie schauten z. B. in die Matratzen nach Bomben und dachten, daß die Lampe, in der wir die Milch für das arme kleine Baby gewärmt hatten, das gestorben ist, voller Petroleum sei! Und alles das, weil Lafargue Mohrs Schwiegersohn ist, denn Lafargue hat überhaupt nichts getan.«[157]

Marx platzt fast vor Stolz, als seine Mädchen wohlbehalten wieder zurück sind. Jetzt sind auch sie revolutionäre Märtyrerinnen, Heldinnen, jetzt muß er ihr Schicksal sofort überall publik machen.

»Meine Damen«, schreibt er an die Herausgeberinnen einer Wochenzeitschrift, »ich habe die Ehre, Ihnen zur Veröffentlichung ... einen kurzen Bericht meiner Tochter Jenny zu übersenden, über die Verfolgungen, denen sie und ihre Schwestern während ihres Aufenthaltes in Bagnères-de-Luchon ... ausgesetzt war auf Veranlassung der französischen Regierung. Diese tragikomische Episode scheint mir charakteristisch für die Thiers-Republik ... Ich habe die Ehre, meine Damen, als Ihr sehr ergebener Karl Marx zu verbleiben.«

Der »kurze Bericht« von Jenny ist im Original mehr als zehn Seiten lang und schildert den Vorfall so präzise wie umständlich. Jenny erwähnt einige Fakten, die Tussy weglässt, so zum Beispiel die Leibesvisitation durch eine »scheußliche Kreatur«, die ihre Schuhe und Strümpfe untersuchte, die Säume ihrer Kleider öffnete und mit »langen Spinnenfingern« durch ihre Haare fuhr. Sie erzählt von Gendarmen, die sie selbst beim Essen und Schlafen bewachten, von nächtlichen Kreuzverhören mit Tussy, von Drohungen, mit denen man die Sechzehnjährige unter Druck setzte: entweder Aussage als Zeugin oder Verhaftung der Lafargues einschließlich des kranken Kindes. Volle vierzehn Tage mußten sie auf die Rückgabe ihrer Pässe warten, stündlich eine neue Anklage, eine neue Verhaftung erwartend, denn Kératry hatte in die französischen Zeitungen setzen lassen, sie wollten in den Pyrenäen einen Aufstand anzetteln. Schließlich seien sie auch über die Internationale ausgefragt worden.

»›Und die Internationale, ist sie mächtig in England?‹ – ›Ja‹, antwortete ich, ›sehr mächtig, wie in allen anderen Ländern.‹ – ›Ah‹, rief Monsieur de Kératry aus, ›die Internationale ist eine Religion!‹«

Mittlerweile ist es September. Vier Monate ist Tussy nun von zu Hause fortgewesen. Sie hat sich verändert. Sie ist kein Kind mehr. Sie hat den Tod ihres kleinen Neffen miterlebt, psychische Folter und nächtliche Haft über sich ergehen lassen, ist sogar um ein Haar ihrer Deportation in die berüchtigte Strafkolonie Neu-Kaledonien entgangen, denn in Jennys Gepäck befand sich ein von der Polizei unentdeckt gebliebener Brief des ermordeten Kommunen-Führers Gustave Flourens.

Doch anders als Jenny, die von nun an eine wichtige Leidensmiene aufsetzt und aller Welt von dem Unrecht, das ihr widerfahren ist, erzählt und schreibt, macht Tussy nicht besonders viel Aufhebens von der Sache. Sie will keine Märtyrerin sein. Sie will ganz normal weiterleben. Das weitschweifige, revolutionäre Pathos ihrer Schwester ist ihr fremd.

Mit ihrer gewohnten zupackenden Fröhlichkeit kümmert sie sich um ihre Hunde, Katzen und Papageien, zwingt den leberkranken Marx, täglich eine Stunde mit ihr spazierenzugehen, macht Besuche bei Engels, der inzwischen mit Lizzy nach London gezogen ist, erledigt die weitläufige Korrespondenz ihres Vaters und andere Dienstleistungen für die Internationale. So schreibt sie an Nikolai Franzewitsch Danielson, den russischen Übersetzer des »Kapital«:

»Papa ist im Augenblick so sehr mit Arbeit überlastet, daß er Sie bittet, zu entschuldigen, daß er Ihnen nicht selbst schreibt, sondern mich damit beauftragt ... Er schreibt bis tief in die Nacht hinein und verläßt den ganzen Tag nicht das Zimmer – ich fürchte sehr, daß das seiner Gesundheit schaden wird ... Papa glaubt, Sie würden gut daran tun, die russische Ausgabe in keiner Weise zu verzögern ... Ich hoffe sehr, daß, wenn erst eine französische Ausgabe von ›Das Kapital‹ erschienen ist, eine englische bald folgen wird – die Engländer äffen alles nach, was die Franzosen tun; erst wenn etwas aus Paris kommt, hat es hier Erfolg.«[158]

In Modena Villas ist inzwischen der Teufel los. Keine ruhige Minute mehr für Tussy. Geschrei, Streit und Gelächter bis tief in die Nacht. Dauernd klingelt es an der Tür. Sämtliche Flüchtlinge der Pariser Kommune scheinen sich vorgenommen zu haben, sich nach London unter die Obhut von Marx zu begeben. Er wird die Geister, die er rief, nicht mehr los. Es wird Spanisch gesprochen, Französisch und Italienisch. Lenchen muß kochen und backen, Mutter Jenny den Tee servieren. Teure Zigarren und erlesene Weine werden gereicht. Tussy muß Botengänge erledigen und erobert all diese heldenhaften Männerherzen im Sturm.

»Als ich sagte«, erinnert sich Anselmo Lorenzo, Gründer der spanischen Sektion der Internationale, »ich wolle ein Telegramm nach Valencia schicken, um meine sichere Ankunft in London zu melden, wurde die jüngste Marx-Tochter mit mir geschickt, um mir den Weg zu zeigen. Ich war sehr überrascht über die Bereitschaft, mit der eine junge Dame einem Fremden ... half. Das war ganz anders, als ich es von Damen der spanischen Bourgeoisie gewohnt war. Diese junge Dame, fast noch ein Mädchen, so schön, fröhlich und lächelnd wie die wahre Personifikation von Jugend und Glück, konnte kein Spanisch. Sie sprach Englisch und Deutsch sehr gut, Französisch dagegen nicht besonders, die Sprache, in der ich mich verständlich machen konnte. Jedesmal, wenn einer von uns einen Fehler machte, lachten wir so herzlich, als wären wir unser ganzes Leben Freunde gewesen.«[159]

Marx macht ein säuerliches Gesicht. Das alles paßt ihm im Grunde überhaupt nicht. Er hat die Pariser Kommune unterstützt, ja verklärt. Denn sie war, wie Engels nicht ganz ohne Selbstironie schreibt, »intellektuell unbedingt das Kind der Internationale, obwohl die Internationale keinen Finger rührte, um sie zu machen.«[160] Eigentlich aber hat Marx die romanischen Ableger der Bewegung, besonders die Franzosen, nie richtig gemocht, ja, sie als Bande von »Lumpenkerlen« und »Zuhältern« bezeichnet.[161] Jeder ist mit jedem verfeindet. Alle beschimpfen sich. Der eine ist »Blanquist«, der andere »Proudhonnist«, der dritte »Anarchist« oder »Jakobiner«. Es fällt schwer, diese vielen Fraktionen auseinander-

zuhalten, die alle miteinander behaupten, Sozialisten zu sein und sich alle an den Marxschen Weinvorräten bedienen. Sie schwätzen viel, aber arbeiten wenig. Lafargues »Recht auf Faulheit« läßt grüßen. Jetzt machen sie sich auch noch an Jenny und Tussy heran. Als ob es nicht reichte, daß schon Laura mit einem Franzosen verheiratet ist. Auch seine Frau leidet sichtlich unter der ungewollten Belagerung und stöhnt in einem Brief an Wilhelm Liebknecht:
»Der Mann erkräftigt sich im Kampf mit der Außenwelt, erstarkt im Angesicht der Feinde ..., wir sitzen daheim und stopfen Strümpfe ... Sie ahnen nicht, was wir hier in London seit dem Fall der Kommune ausgestanden haben ... Tag und Nacht keine Ruhe! Und für unsere Privatverhältnisse, welch ein Ruin ...! Gerade zu einer Zeit, wo unsere Mädchen der Hülfe bedurften.«[162]
Tochter Jenny hat sich in einen gewissen Charles Longuet verliebt, einen Mann ohne soliden Beruf, der in London den Helden spielt, weil er ein paar Wochen lang das »Journal officiel«, die Zeitung der Pariser Kommune, herausgegeben hat. Alle versuchen, die Beziehung schönzureden. Denn Jenny, die inzwischen auf die Dreißig zugeht, hat Torschlußpanik. Es ärgert sie, daß Laura, die Jüngere, schon seit Jahren verheiratet ist, daß sogar Tussy, das Nesthäkchen, Verehrer »en masse« hat, den feurigen Spanier Anselmo Lorenzo, den ungarischen Journalisten Leo Frankel und den französischen Basken Lissagaray, der an einem großen Werk über die Pariser Kommune arbeitet. Anfangs hat er heftig mit ihr, Jenny, geflirtet, sie geküßt, ihr gesagt, daß er sie liebe, aber dann hat er sich schnöde der kleinen Schwester zugewandt, die mit ihren Siebzehn gerade mal halb so alt ist wie er und in dieser Romanze sichtlich aufblüht.
Longuet ist klein, schmächtig, unattraktiv, ein eitler Kerl, der sich den Filzhut schief auf den Kopf setzt und durch einen spitzen Kinnbart interessant wirken will. In London versucht er, sich mit Französischunterricht durchzuschlagen. Als das nicht klappt, geht er nach Oxford. Aber hier ist es ihm zu langweilig, zu provinziell-akademisch. »Diese kleine Welt der ... professörlichen Krämerseelen muß in der Tat schrecklich ... sein«, pflichtet Jenny ihm bei.[163]
Kein Wunder, daß er keinen einzigen Schüler findet. Jenny, die als Gouvernante arbeitet und Privatstunden in Singen, Deutsch, Englisch und Handarbeit anbietet, schickt ihm Geld. Sie hätte einen Besseren verdient, keine Frage. Denn sie ist fleißig, pflichtbewußt,

intelligent und genauso hübsch wie die anderen Marx-Töchter. Was ihr fehlt, ist deren Charme und Humor. Man spürt es aus ihren Briefen. Ihr ist wohl eines Tages das Lachen vergangen als älteste Tochter im Hause Marx: eigentlich unerwünscht, weil sie nur ein Mädchen war, viel zu früh in die Rolle der Ersatzmutter für die Jüngeren hereingewachsen. Das ist es, was sie gelernt hat: sich aufzuopfern. Für die Eltern, für die Revolution, für den Mann, später für die eigenen Kinder. Diese Rolle wird sie bis zum bitteren Ende weiterspielen. Sie wird mit achtunddreißig Jahren an Blasenkrebs sterben.

Jetzt spielt sie die glückliche Braut. Jeder versucht ihr zu glauben.

»Bei euch zu Hause herrscht jetzt großer Jubel seit der Geschichte mit Longuet«, schreibt Engels an Laura. »Im Übrigen ist ihr die Sache sehr gut bekommen, sie ist sehr glücklich und heiter und auch körperlich viel wohler, und Longuet ist ein sehr liebenswürdiger Kamerad. Auch Tussy ist sehr mit der Sache zufrieden und sieht ganz aus, als ob sie should not mind to follow soon.«[164]

Doch vorerst gibt es andere Sorgen. Eine Katastrophe, die alte Wunden wieder aufreißen wird, bahnt sich an. Lauras Sohn Schnaps, kaum drei Jahre alt, liegt im Sterben. Er ist immer zart und empfindlich gewesen. Aber intelligent, fröhlich und umwerfend originell. Eine Reinkarnation von Edgar, Marx' Lieblingssohn, dessen Tod ihn in monatelange Depressionen gestürzt hatte. Früher ist Schnaps der ganze Stolz seiner Eltern gewesen. Seitenlang haben sie in ihren Briefen über ihn geschrieben: seine ersten komischen Worte, seine Ausfahrten im Kinderwagen, sein tollpatschiges Spiel mit der kleinen Schwester Jeannie, seine Freude über ein Stückchen Garten hinter dem Haus:

»Er ist rund, fett und lebhaft wie eine Eidechse, er wälzt sich im Gras, wühlt im Dreck, leckt die Erde ab, zerdrückt die Kirschen, reibt sie mit Sand ein und ißt das Ganze dann«, hat der Vater geschwärmt.[165]

Jetzt sind die Nachrichten über Schnaps seltener geworden. Laura, der schon zwei Kinder gestorben sind, hat keine Kraft mehr, sich seinem langsamen Dahinsiechen, einer »allgemeinen Auszehrung«, zu widersetzen. Sie leben immer noch in Spanien, im Exil. Sie spricht die Sprache nicht, hat kein Geld, keine Freunde, kein eigenes Haus, keine Möglichkeit, gute Ärzte zu konsultieren. Auch

ihr Mann, der ehemalige Mediziner, ist wenig hilfreich, kümmert sich kaum um das schwerkranke Kind und geht ganz in der Politik auf, ein Verhalten, das Karl Marx heftig gegen ihn aufbringt:
»In der Tat beschäftigt die Gesundheit des armen kleinen Schnappy meine Gedanken mehr als alles andere, und ich bin sogar etwas ärgerlich über Pauls letztes Schreiben, das voll interessanter Einzelheiten in bezug auf die ›Bewegung‹ ist, aber kein Wort über diesen lieben kleinen Leidenden enthält«, schreibt er im Februar 1872 an Laura.[166]
Im Juli 1872 ist das Kind tot. Es hat neun Monate lang gelitten. Laura, die von nun an kinderlos bleibt, wird sich nie mehr von diesem Schlag erholen, Lafargue sich in seinem Vorsatz bestätigt fühlen, die Medizin, die ja doch niemandem helfen kann, endgültig fahren zu lassen. Marx dagegen erkennt so deutlich wie nie zuvor, daß die Veränderung der Gesellschaft nicht alles ist, daß dieses Kind buchstäblich der Revolution geopfert wurde.
Die hängt ihm jetzt immer mehr zum Hals heraus, denn sie läßt ihn kaum mehr zum ruhigen Arbeiten kommen. Auch die Internationale macht ihm seit langem mehr Kummer als Freude. Die einzelnen Ländersektionen streiten miteinander um die Vorherrschaft, man reibt sich in Formalitäten und Intrigen auf, Bakunin, Führer der Anarchisten, will Marx entthronen. Aus seinem Exil in der französischen Schweiz hetzt er gegen ihn:
»Die ganze jüdische Welt, die eine einzige Sekte von Ausbeutern und Blutsaugern, ein unersättlicher kollektiver Parasit ist, ... diese Welt steht gegenwärtig ... Marx einerseits und den Rothschilds andererseits zur Verfügung. Ich weiß, daß die Rothschilds als Reaktionäre, die sie sind und sein müssen, die Verdienste des Kommunisten Marx hoch schätzen und daß sich der Kommunist Marx ... aus respektvoller Bewunderung zu dem Finanzgenie Rothschild unwiderstehlich hingezogen fühlt. Sie eint die jüdische Solidarität, diese gewaltige Kraft, die die Geschichte überdauert hat ... In allen Ländern hassen die Menschen die Juden. Sie verabscheuen sie so tief, daß jede Volksrevolution ganz natürlich mit Massakern an Juden einhergeht.«[167]
Das ist zuviel. Das ist Aufruf zum Genozid. Das kann Marx, auch wenn er seine jüdische Herkunft verleugnet, nicht mehr tolerieren. Bakunin hetze zum »Rassenkrieg« auf, schreibt er in einem Rundbrief an die Mitglieder der Internationale.

Wenig später, im September 1872, wird Bakunin auf dem Kongreß der Internationale in Den Haag aus ihren Reihen ausgeschlossen und der Sitz des Generalrats von London nach New York verlegt. Es ist das Ende einer großen europäischen Idee. Fern von Europa und ohne Marx als führenden Kopf ist die Internationale handlungsunfähig. Marx tut diesen Schritt ganz bewußt. Er will wieder frei sein. »Das wird das Ende meiner Sklaverei sein«, schreibt er an einen belgischen Sozialisten. »Ich werde keine Verwaltungsfunktion mehr annehmen.«[168]

Während die Eltern mit Laura, Lafargue und dem jungen Ehepaar Longuet in Den Haag sind, bleibt Tussy mit Lenchen in London allein. Das ist ihr sehr recht so. Denn sie ist leidenschaftlich in den Basken Lissagaray verliebt. Und Marx, der eifersüchtige Vater, will ihr dieses Glück, diese Liebe verbieten.

Seine Nerven, das muß man ihm zugestehen, sind bis aufs äußerste gereizt. Da ist der Zorn auf den einstigen Gefährten Bakunin, der ihn auf so unbeschreibliche Weise beschimpft und verleumdet hat, daß man fast von einem privaten Pogrom sprechen könnte. Die Enttäuschung über das Scheitern der Internationale, die sogar Engels als »naives Zusammengehen aller Fraktionen« bezeichnet, das bei der ersten Gelegenheit in »Krakeel« enden mußte.[169] Aber vor allem die Wut über seine schier aussichtslose häusliche Situation:

Seine beiden verheirateten Töchter haben sich mit ihren Ehemännern im Haus am Maitland Park einquartiert, Jenny, weil ihr Charles als Privatlehrer nirgendwo Fuß fassen kann, Laura, weil sie nach dem Tod ihrer drei Kinder tief deprimiert ist und Trost bei ihrer Familie sucht. Alle vier essen, trinken guten Wein, gehen ins Theater, aber nur Jenny bemüht sich, etwas zum Haushaltsgeld beizusteuern. Sie gibt immer noch ihre Privatstunden, auch als sie schon schwanger ist. Lafargue hat die brillante Idee, ein Geschäft zu eröffnen, eine Art Studio für ein neues photographisch-lithographisches Verfahren. Leider scheitert das Unternehmen, obwohl Marx als Compagnon einspringt. Marx wird nun erst recht in seiner Überzeugung bestätigt, daß fast alle Franzosen Faulenzer, Gauner und Betrüger seien, und verdächtigt Lafargue, als Werkzeug von Bakunin zu handeln.

Lissagaray, Longuet und Lafargue, die drei großen L's, sind natürlich alte Bekannte. Sie haben alle drei für die Pariser Kommune gekämpft, sind alle drei vor der Regierung Thiers geflohene Staatsfeinde, die, hätte England sie an die Franzosen ausgeliefert, einträchtig in der Strafkolonie Neu-Kaledonien säßen. Im Exil streiten sie sich, genau wie die deutschen Revolutionäre von 1848. Schwer zu sagen, was sie sich eigentlich genau vorwerfen, wahrscheinlich den Zusammenbruch ihrer großen Vision. Sie »klagen sich gegenseitig an, den Karren in den Dreck gefahren zu haben, beschuldigen einander des Verrats und aller möglichen sonstigen Todsünden«, spottet Engels. »Dabei bleibt man mit der Heimat in reger Verbindung, organisiert, konspiriert, druckt Flugblätter und Zeitungen, schwört darauf, daß es in vierundzwanzig Stunden wieder losgeht ..., und wer unter den Flüchtlingen Verstand und Einsicht hat, der zieht sich von diesem unfruchtbaren Gezänk zurück ... und treibt etwas Besseres.«[170]

Lissagaray ist aristokratischer Herkunft, wenn er auch nie von seinen Titeln Gebrauch macht. Er hat ein kühnes Adlerprofil, wilde schwarze Locken und trägt einen Vollbart. Die englischen Ladies werfen ihm schmachtende Blicke zu. Lafargue, der sich selber für den Schönsten hält, kocht vor Eifersucht. Lafargue hat nur einmal im Gefängnis gesessen, Lissagaray seit Dezember 1868 immer wieder. Er hat gegen die Pressezensur in Frankreich protestiert, Polizistenmörder bei sich versteckt, war dabei, als die aufgebrachte Menge im August 1870 das Palais Bourbon stürmte, kämpfte in der Freiwilligen-Armee gegen die Preußen, war persönlicher Stellvertreter von Léon Gambetta, des Verteidigungsministers der Défense nationale, half in Paris beim Barrikaden-Bau und vertauschte mehr als einmal den Federhalter mit dem Bajonett, auch wenn er im Vorwort zu seinem Buch über die Kommune behaupten wird, weder »ihr Mitglied, noch ihr Offizier, noch ihr Funktionär« gewesen zu sein.

Schon lange vor 1871 hat er Abendkurse für Arbeiter organisiert, die »Lectures de La Rue de la Paix«, die in der Nähe der Pariser Oper stattfanden, hat zwei Zeitschriften herausgegeben, »La Revue des cours littéraire« und »L'Avenir«, beide nur von kurzer Lebensdauer, aber hohem Niveau,[171] war ein Freund von Victor Hugo, Claude Monet und dem großen polnischen Kommunen-Führer Jaroslaw Dombrowski, seit April 1871 Befehlshaber des rechten Seine-Ufers, der am 23. Mai tödlich verwundet wurde:

»Im Zimmer der Valentine Haussmann«, schreibt Lissagaray in seiner Kommunen-Chronik, »liegt Dombrowski auf dem Bett aus blauem Satin. Eine Kerze wirft ihr Zwielicht auf den tapferen Soldaten. Das Gesicht ist schneeweiß und ruhig, die Nase spitz, der Mund zart, der blonde Bart aufgerichtet. Zwei Adjutanten wachen still im Hintergrund, ein anderer skizziert eilig die letzten Gesichtszüge seines Generals.«[172]

Lissagaray sieht nicht nur gut aus, er ist auch ein genialer Kopf. Das nehmen Lafargue und Longuet, die selber literarische Ambitionen haben, ihm übel. Er ist vielleicht, genau wie sie selbst, der Typ eines Abenteurers. Aber sein Buch über die Kommune ist minutiös recherchiert, zeugt von breiter Allgemeinbildung, fundierten Geschichtskenntnissen und verbindet Scharfsinn und analytischen Geist mit einer bildhaften, niemals ins Sentimentale abgleitenden Sprache.

»Wir schreiben den 9. August 1870. In drei Tagen hat das Kaiserreich drei Schlachten verloren. Elsaß ist verloren, das Moselgebiet bloßgelegt. Seit elf Uhr hält Paris die Place de la Concorde, die Quais, die Rue de Bourgogne besetzt und umlagert das Palais Bourbon. Paris wartet auf die Kampflosung der Abgeordneten der Linken. Seit der Niederlage sind sie die einzige moralische Autorität. Bürger, Arbeiter, alle stehen hinter ihnen. Das Kaiserreich kracht. ... Die Preußen konnten am 1. März 1871 einmarschieren. Aber dieses Paris war nicht mehr das Paris des Adels und der Großbourgeoisie ... Die schwarzen Fahnen, die aus den Fenstern hingen, die leeren Straßen, die geschlossenen Läden, die stillgesetzten Fontänen, die verschleierten Standbilder, alles das sagte, daß die Stadt nicht gezähmt war. Eingekeilt zwischen der Seine, dem Louvre und einem Ring Barrikaden ... schienen die Deutschen in einen Hinterhalt gefallen zu sein.«[173]

»Die Frau, die da grüßt oder mitmarschiert, ist die kühne, echte Pariserin«, heißt es weiter. In Marx' pathetischen Sympathie-Adressen an die Kommune ist die Frau überhaupt nicht vorgekommen. »Sie hält ihren Mann nicht zurück, im Gegenteil, sie treibt ihn ins Gefecht, sie bringt ihm Wäsche und Essen nach dem Schützengraben ... Viele wollen nicht mehr zurückkehren und greifen zum Gewehr. Am 4. April schießen sie mit am Plateau von Chatillon. Die Marketenderinnen tragen das einfache Arbeitskleid. Eine von ihnen, die Bürgerin Lachaise, hat am 3. April bei Meudon den ganzen Tag auf dem Schlachtfeld zugebracht und fast ganz allein, ohne Arzt, die Verwundeten betreut ... Die Frauen fordern von der Kommune Waffen, verlangen, in den Kampf geführt zu wer-

den, und sprechen ihren Abscheu über die Feiglinge aus. Eine junge Russin, von hoher Abstammung, gebildet und reich, sie nannte sich Dimitriew*, war die Théroigne** dieser Revolution. Und dann Louise Michel!*** Diese Lehrerin aus dem 17. Bezirk, die so sanft und geduldig zu den Kindern war und von ihnen angebetet wurde, war für die Sache des Volkes zur Löwin geworden. Sie hatte ein Korps von Helferinnen gebildet, die auf dem Schlachtfeld den Verwundeten erste Hilfe brachten und in den Hospitälern die Pflege der Genossen übernahmen.«[174]
Doch Lissagaray ist nicht unkritisch, glorifiziert nicht, weist – bei aller Solidarität – auf die Fehler der Pariser Kommune hin: das unklare, unvollständige Programm, das dem Arbeiter ebensowenig zu sagen hatte wie dem Bauern in der Provinz, das selbstherrliche Pathos einiger Führer, den Mangel an Strategie und Disziplin, die chaotische Organisation der sogenannten Komitees und das Versagen im Erziehungs- und im Gesundheitswesen: Die Chance einer wirklichen Schulreform sei verpaßt worden. Man habe nur die Kruzifixe aus den Klassenzimmern entfernt. Die adeligen oder bourgeoisen Ärzte habe man mit Schimpf und Schande aus den Krankenhäusern gejagt, so daß die Verletzten auf den Straßen verbluteten.[175]
»Das Paris der Kommune hat nur noch drei Tage zu leben«, heißt es auf den letzten Seiten des Buches. »Graben wir sein Antlitz in die Tafeln der Geschichte. Folgen wir den Trauerzügen, die die Rue de la Roquette heraufgezogen kommen, und betreten wir mit ihnen den Friedhof Père-Lachaise. Alle, die für Paris sterben, werden eingescharrt in dem großen Familiengrab. Auf dem Bastilleplatz geht es lustig zu wegen der Lebkuchenmesse. Paris will wegen des Kampfes doch auf nichts verzichten. Es besucht die großen Geschäfte, es sitzt vor den Cafés. Zehn Kirchen öffnen sich, und die Revolution steigt auf die Kanzel. Einige Gasflammen flackern. Da hinten, im Schatten des Säulengangs, ist ein Christus mit einer Kommunardenschärpe geschmückt. Die Orgel spielt die Marseil-

* Elisabeth Dimitriew, Pseudonym der russischen Revolutionärin Koschelew, Führerin der Frauenbewegung der Kommune, organisierte in der Schweiz Hilfe für Kommuneflüchtlinge und wurde bei ihrer Rückkehr nach Russland nach Sibirien verbannt

** Théroigne de Méricourt, Kämpferin der Französischen Revolution, gest. 1817

*** 1830–1904, »die rote Jungfrau«, lebte bis 1880 als Deportierte in Neu-Kaledonien

laise, und die Menge stimmt ein. Im Café Peters treiben sich viele Mädchen herum und Stabsoffiziere mit eleganten Stiefeln, roten Aufschlägen und Säbeln. Eine Abteilung Nationalgarden rückt heran und hebt die ganze Gesellschaft aus. Wir folgen ihnen bis zum Stadthause. Der Prozeß ist schnell erledigt. Die Mädchen nach Saint-Lazare, dem Frauengefängnis, und die Offiziere mit Hacke und Spaten in die Gräben.«[176]

Lissagarays Buch wird in vielen Sprachen und unzähligen Auflagen erscheinen. In Frankreich ist es bis heute ein Standardwerk. Historiker jeder politischen Richtung haben sich immer wieder darauf berufen, denn es ist die einzige kritische und authentische Chronik jener Tage, die Chronik eines Augenzeugen, der zugleich Betroffener war.

Auch Karl Marx weiß das. Lissagaray sitzt oft in seinem Salon, liest große Passagen aus dem noch unfertigen Manuskript vor. Marx ist tief beeindruckt. Schon im Dezember 1871 schreibt seine Frau Jenny an Kugelmann:

»Mit einer Ausnahme sind alle bis jetzt erschienenen Bücher über die Commune reiner Plunder. Diese eine Ausnahme … ist Lissagarays Werk.«[177]

Während Marx den kongenialen Gast wenigstens mit Respekt behandelt, zeigen Laura und Paul ihm die kalte Schulter. »Sie … hatten nur eine sehr kühle Verbeugung für Lissagaray«, beklagt sich Tussy bei Schwester Jenny. »Wir fanden das seltsam, schrieben es aber einer gewissen Gezwungenheit … zu. Doch nachher, als sie gingen, wurde wieder die gleiche Zeremonie veranstaltet. Gestern abend kam Lissa zusammen mit Wroblewsky wieder, und wieder gaben Laura und Lafargue allen die Hand … und ihm nicht! Das ist doch wirklich ein seltsames Betragen. Entweder ist Lissagaray der Gentleman, als welchen ihn Pauls Brief und sein eigenes Auftreten ausweisen, und dann sollte er auch als ein solcher behandelt werden, oder aber er ist kein Gentleman, und dann sollten wir ihn nicht empfangen; also das eine oder das andere, aber dieses wirklich unhöfliche Verhalten von Laura ärgert mich sehr. Ich wundere mich nur, daß Lissagaray überhaupt herkommt. Er hat mir auch gesagt, er wolle in den nächsten Tagen … kommen und mir ein paar Auszüge aus der zweiten Auflage seines Buches vorlesen, die demnächst erscheinen wird.«[178]

Lissagaray meidet von nun an die Lafargues und stattet nur Tussy

seine Privatbesuche ab. Sie ist immer freundlich, eine dankbare Zuhörerin. Mit jeder Seite, die er ihr vorliest, lernt sie besser Französisch. Sein Buch ist so spannend wie ein Abenteuerroman von Cooper oder Marryat. Und trotzdem ist das alles wirklich passiert, erst vor kurzem, im Frühjahr 1871, als sie mit Jenny bei Laura in Bagnères-de-Luchon war. Sie hängt an seinen Lippen, ist fasziniert. Das hat sie auch alles erlebt. Die Verfolgung, die Haft, das Leiden der Frauen und Kinder. Sie sind nicht nur Mann und Frau, sondern auch Genossen. Sie verliebt sich in ihn und läßt zu, daß er ihr den ersten Kuß ihres Lebens gibt, obwohl sie weiß, daß er auch Jenny geküßt hat. Die hat inzwischen ihren Longuet. Der nimmt sie nichts weg. Lissagaray nennt Tussy »sa petite femme«, nicht »Quoquo«, »Alberich« oder »Miss Lilliput« wie alle anderen. Es ist das erste Mal, daß jemand sie wie eine Erwachsene, wie eine Intellektuelle behandelt und hinter ihrem jungenhaften Erscheinungsbild eine Frau erkennt.
Laura hört nicht auf, Szenen zu machen, redet und schimpft dauernd auf Tussy ein, überzeugt Marx, Lissagaray sei ein halber Verbrecher. Hat er nicht Jenny unglücklich gemacht? Hat er nicht im Gefängnis gesessen? Wie kommt es überhaupt, daß er nicht längst verheiratet ist, reichlich ungewöhnlich für einen Mann von vierunddreißig Jahren? Liebt er Tussy etwa nur, weil sie erst siebzehn, noch ein halbes Kind ist? Oder verspricht er sich Vorteile von der Ehe mit einer Marx-Tochter?
Marx kann das eines Tages alles nicht mehr hören, beschließt kurzerhand, mit Tussy in Kur zu fahren, nach Brighton, in das Seebad der Aristokratie, weg vom Maitland Park, weg von Lauras Gezeter, weg vom erschreckend attraktiven und genialen Lissagaray, der der brillanteste seiner Schwiegersöhne werden könnte, vielleicht sogar, eine schreckliche Vorstellung, brillanter als er selbst? Sie nehmen Seebäder zur Behandlung von Drüsenkrankheiten, aber Tussy ist nicht krank, nur verliebt. Was in Brighton geschieht, ist nicht bekannt. Es gibt weder Briefe noch Tagebuchaufzeichnungen darüber. Wahrscheinlich streiten sie sich, schreien oder schweigen sich an, gehen sich zum ersten Mal in ihrem gemeinsamen Leben auf die Nerven. Zum Schluß setzt Tussy sich durch, vermutlich durch Hungern und Ohnmachtsanfälle. Das machen sie alle. Das ist schik und gefährlich zugleich. Anorexie ist die Modekrankheit viktorianischer Mädchen. Marx fährt frustriert wieder ab, ohne sein Ziel,

ihre Trennung von Lissagary, erreicht zu haben. Tussy will sich eine Stellung suchen und beschließt, ihr Leben von nun an selbst in die Hand zu nehmen.

Brighton-on-sea. Königin der englischen Seebäder. Sommersitz König Georges des Vierten. Weiße Kreideklippen. Endlose Kieselstrände. Grand Hotels, Grünanlagen, Rabatten, der Prachtboulevard Marine Parade mit seinen strahlend weißen, viktorianischen Villen. »Ein reinliches Neapel«, hat William Thackeray es genannt, »immer munter, freundlich und bunt wie eine Harlekinsjacke.« Man sieht die französische Küste. »Hunderte von Badekarren, die den Saum des Meeres« küssen. Elegante Damen und Herren aus ganz Europa spazieren den West Pier entlang. Ein Palast im Stil eines indischen Märchenschlosses verströmt Tausend-und-eine-Nacht-Atmosphäre, alles ist doppelt so teuer und dreimal so steif wie in London, man sieht keine Armen, keine demonstrierenden Fenier, der Adel ist in diesem Paradies unter sich.

Doch in diesem Frühjahr 1873 zeigt sich das Paradies von seiner scheußlichsten Seite. Es regnet, hagelt und stürmt. Ab und zu schneit es sogar. Mehr als mannshohe Wellen peitschen gegen die Kreidefelsen und machen Spaziergänge in der frischen Luft unmöglich. Auch in London ist das Wetter zum Fürchten. Nur »hier und da ein Sonnenblitz vom grauen Himmel, dann wieder Regen und so fort«, schreibt Mutter Jenny an Tussy.[179] Sie macht sich Sorgen um ihre Jüngste. Kann vor lauter Angst und schlechtem Gewissen nicht schlafen und arbeiten. »Ich war aber wirklich zu Allem, also auch zum Schreiben unfähig und habe mich blos von einem Sopha auf den anderen begeben, emigrations from the blue bed to the brown«, heißt es im gleichen Brief. War es richtig von Marx, Tussy allein zu lassen? Bei dem schrecklichem Wetter, ohne festes Quartier und wetterfeste Kleidung, ohne Anstellung und Geld, nur weil er sich in seinem männlichen Jähzorn nicht durchsetzen konnte? Zwar hat sie vorübergehend bei einer befreundeten Familie, den Pascals, Unterschlupf gefunden, »sozialistischen Pfaffen« aus Frankreich, aber auf Dauer bleiben kann sie da nicht, denn »bei Freunden nehmen business questions die gemüthliche Form an, u. damit ist Unabhängigkeit und Freiheit dahin«,[180] meint ihre Mutter. Die Pascals bemühen sich, ihr eine Stellung zu verschaffen. Das wird nicht leicht sein, da sie ja nie eine Schule besucht hat und in allem eine reine Autodidaktin ist.

Auch in Brighton ist Tussy nicht sicher vor Laura, die nicht aufhört, sie mit Briefen zu terrorisieren. Mutter Jenny ergreift Tussys Partei. Hat sie nicht selber um ihren Karl jahrelang kämpfen müssen? Hat die Jugend nicht ein Recht auf große Gefühle? Ist Tussy, nur weil sie verliebt ist, eine Verräterin?

»Sei tapfer und muthig«, versucht sie ihr zuzureden, »laß diese furchtbaren Briefe dich nicht erdrücken. Glaube mir, trotz allem Anschein des Gegentheils, begreift Niemand Deine Lage, Deinen Kampf, Deine Erbitterung besser als ich. Laß Dein junges Herz siegen u. bedenke, daß da, wo keine Schuld ist, das Leiden auch am schwersten ist.«[181]

Doch sie sieht auch Laura in ihrer Verbitterung, ihrer Not, sieht Jenny, die, obwohl verheiratet und schwanger, immer noch den Zeiten mit Lissagaray nachtrauert, die nachts nicht schlafen kann, unter Seitenstichen leidet, sich von Gumpert, dem Hausarzt der Marxens, große Mengen Chloral verschreiben läßt, um wenigstens ein paar Stunden zur Ruhe zu kommen.

»Eine Schwester kann aufhören, Schwester zu sein u. als Schwester zu fühlen«, versucht Jenny, die Mutter, ihre schwierige Position zu erklären. »Das Kind bleibt ewig Kind, selbst schuldbeladen und im Unrecht … Vergieb mir, wenn Du Dich durch mich zuweilen verletzt fühlst u. behalte in liebendem Andenken Deine alte Möhme.«[182]

Tussy ist entschlossen, sich nicht entmutigen zu lassen, sucht sich ein Zimmer in einer Privatpension und findet mit Hilfe der Pascals eine Stellung an einem Mädchenpensionat, einer boarding-school für reiche viktorianische Fräuleins. Auch die Leiterinnen sind Fräuleins, zwei ältliche Schwestern, die beiden Miss Hall. Sie machen keinen Vertrag mit Tussy, engagieren sie auf unbestimmte Zeit und mit unklaren Verpflichtungen. Sie soll Deutsch unterrichten, ein paar Brocken Französisch, ein bißchen englische Literatur, ein bißchen Singen, ein bißchen Stillsitzen, nur für Handarbeit ist sie vollkommen ungeeignet. Ihre Schülerinnen sind nur wenig jünger als sie. Viele kommen aus Indien oder anderen Kolonien, sind Töchter hoher Offiziere des Empire. Man hat sie nach Europa geschickt. Ausgelagert und abgeschoben. Damit sie nicht unter den Wilden aufwachsen, sondern im Kreis gleichaltriger englischer Ladies. Sie tragen hochgeschlossene Kleider, schwarze Strümpfe, weiße Batistschürzen, darunter ein Korsett, einen Flanellpetticoat, einen

Baumwollpetticoat und ein enges Mieder. Die meisten sind unglücklich, haben keine Lust auf die Schule, haben Heimweh, verzweifeln in dem Käfig viktorianischen Mädchenlebens. Was hat die Zukunft ihnen zu bieten? Eine Ehe, zahllose Schwangerschaften, weiter nichts. Im Salon das Bildnis der Königin Victoria, vielfache Mutter, Hüterin des Anstands, Sinnbild häuslicher Tugend. Ihre Töchter haben kochen und backen gelernt, die Jungen jagen und schreinern. Tochter Vicky soll sich allerdings für die Schriften von Marx interessiert haben, Prinzgemahl Albert, ein deutscher Romantiker, in die Industriegebiete und Londoner Hafengegenden gefahren sein, um dort Arbeiterschulen und Musterwohnungen zu errichten. Marxismus, Sozialismus, Revolution des Proletariats: Was wäre, wenn diese Ideen auch in die Mädchenpensionate Einzug hielten? Wenn die Frau die Zwänge viktorianischer Erziehung von sich abschütteln würde wie der Arbeiter die Vorherrschaft des Kapitals?

Tussy lebt sich schnell ein, ist beliebt bei den Lehrerinnen, gewinnt Freundinnen unter den fast gleichaltrigen Mädchen, von denen einige sogar wissen, was die »Internationale« ist.

»Ich habe mich überzeugt wie sehr Du beliebt bist u. wie die Mädchen alles für Dich thun«, schreibt Mutter Jenny nach einem Besuch in Brighton. »Ich habe selten nettere Kinder gesehen.«[183]

Marx fährt fort, seinen Privatkrieg gegen Lissagaray zu führen und berichtet Engels voller Stolz über seine schlaue Taktik, seine Strategie:

»Ich habe heut an Tussy geschrieben und bin sicher, daß Herr L. pour le moment bonne mine à mauvais jeu machen muß ... In dem Brief, den das Kind von mir erhielt, hatte ich ihm gesagt, sein letzter Brief habe mich beruhigt etc.; sein Vorwurf, daß ich ungerecht gegen L., sei unbegründet. Ich verlange nichts von ihm, als daß er Beweise statt Phrasen gebe, daß er besser als sein Ruf sei und daß man irgendein Recht habe, sich auf ihn zu verlassen. Du siehst aus der Antwort, wie der homme fort agiert. Das Verdammte ist, daß ich wegen des Kindes sehr schonend und vorsichtig auftreten muß.«[184]

Es interessiert ihn nicht, ob Tussy gesund ist, sich wohl fühlt, genug zum Essen und zum Anziehen hat, Hauptsache, sie läßt diesen »homme« fallen. Ganz anders Jenny, die Mutter. Sie schickt ihr Mineralwasser, Schokolade, Fleisch in Dosen, ein anständiges »working costume«,[185] einen schwarzen Badeanzug, ein »halbes moder-

nes costume für church und promenade«,[186] ein »canarienvogelgelbes Cotton Kleid.«[187]
»Diese Toilettensachen«, schreibt sie dazu, »ennuyiren Dich sicher sehr, da ich weiß, wie wenig Werth Du darauf legst u. wie wenig eitel u. putzsüchtig Du bist.« Aber unter all den feinen viktorianischen Ladies müsse standesgemäße Garderobe eben sein.
Jenny macht sich Sorgen um Tussys Gesundheit, die seelische wie die körperliche. Immer wieder kommt sie in ihren vielen, in deutscher Sprache und Schrift geschriebenen Briefen darauf zu sprechen:
»Die innigsten besten Wünsche für Dein Wohl, Deine Gesundheit und Heiterkeit Deiner Seele.«[188] – »Sei nur vorsichtig beim Baden, da Deine Brust so angegriffen ist.«[189] – »Bitte schreibe mir was ich Dir schicken soll und wozu Du Lust und fancy hast. Bei so geringem Appetit paßt die rohe Boarding school Kost nicht.«[190] – »Das einzige, was mich beunruhigt, ist der Gedanke, daß Deine Gesundheit nicht stark genug ist, um in der Tretmühle einer boarding school mit ihrer steifen Routine und drugdary* of business Dich zu erholen ... Leider ist Dein Rückenschmerz nicht so gering zu achten um Stunden lang steif zu sitzen; allein ich begreife, wie sehr Du Dich nach Arbeit u. Unabhängigkeit sehnst, die 2 einzigen Dinge, die über die Leiden u. Sorgen der jetzigen Gesellschaft hinüberhelfen.«[191]
Nie schreibt Jenny etwas Schlechtes über Lissagaray. Im Gegenteil, sie erzählt sogar, daß sie ihn auf einer politischen Versammlung gesehen und ein Glas Limonade mit ihm getrunken habe.[192]
Im Sommer 1873 kommt er Tussy heimlich besuchen. Jenny erfährt davon. Als sie selbst kurze Zeit später in Brighton ist, erwähnt eine der beiden Miss Hall beiläufig, Tussy, die ja »engaged« sei, habe sich für diesen Besuch ein paar Tage frei genommen. Jenny stellt ihre Tochter nicht bloß, verrät sie nicht. Ja, mit dem »engagement«, der Verlobung habe es seine Richtigkeit, sagt sie zu Miss Hall. Doch die »position«, die gesellschaftliche Stellung Lissagarays, erlaube den beiden vorläufig nicht zu heiraten. »Der Mohr weiß nichts davon«, schreibt Jenny später an Tussy.[193] Es ist das erste Mal, daß sie sich mit einer ihrer Töchter gegen ihn solidarisiert.

* Mühe, Plage

Marx und die Schwestern drängen Tussy, wieder nach Hause zu kommen. Der Unterricht an der boarding-school sei zu anstrengend für sie, dazu noch die vielen Privatstunden an den freien Vormittagen, die sie geben muß, weil in Brighton alles so teuer ist. Außerdem werde sie in London gebraucht. Ihr Vater sei krank, leide an Kopfschmerzen, Schlaflosigkeit, Leberbeschwerden, müsse Chloral schlucken. Zeitungen berichten, er habe nicht mehr lange zu leben.

Während Engels die Krankheit herunterzuspielen versucht, weil er sie schlicht für Hypochondrie hält, für einen Trick, Tussy moralisch zu erpressen, nimmt Marx selber sie bitterernst und schreibt klagende Briefe an sozialistische Freunde:

»Ich war monatelang sehr krank und sogar für einige Zeit in einem durch Überarbeitung hervorgerufenen gefährlichen Zustand. Mein Kopf war so ernsthaft in Mitleidenschaft gezogen, daß man einen Schlaganfall befürchten mußte, und auch jetzt bin ich noch nicht imstande, mehr als einige Stunden täglich zu arbeiten.«[194]

Er braucht eine Assistentin, jemanden, der für ihn ins British Museum geht, seinen täglichen Schreibkram erledigt. Seine Frau, die bewährte Sekretärin, fällt diesmal aus. Sie muß sich um die schwangere Jenny kümmern, muß Babykleider und Umstandsgarderobe nähen, muß trösten, raten, das Wochenbettzimmer herrichten. Laura ist depressiv. Bleibt also nur Tussy. Die denkt allerdings nicht daran, diesem Ruf zu folgen, zumal sie gerade jetzt »great luck« an der Schule habe.[195] Außerdem sei sie nicht bereit, sich und Lissagaray für die Familie zu opfern.[196]

Nur die Mutter ahnt, daß Tussy – so sehr sie sich auch bemüht, munter und optimistisch zu klingen – schwer krank ist, daß sie kaum etwas ißt und mehrmals am Tag ohnmächtig wird. Man braucht nur einen Blick auf ihre Briefe zu werfen, um zu erkennen, was los ist: Das schöne, gestochen klare Schriftbild von früher ist verschwunden, die Buchstaben wirken zittrig, kraklig und undeutlich, es gibt keine Abstände zwischen den Wörtern, die sich zu einer einzigen schwimmenden Linie verbinden. Sie schreibt auch an Marx. Doch der zeigt sich ungerührt, selbst von so erschütternden Briefen wie diesem:

»Mein liebster Mohr, ich möchte Dich etwas fragen, aber Du mußt mir versprechen, daß Du nicht böse wirst. Ich möchte gern wissen, lieber Mohr, wann ich Lissagaray wiedersehen darf. Es ist so hart, ihn niemals sehen zu dürfen. Ich habe mich wirklich bemüht, geduldig zu sein, aber es ist so schwer, und ich fühle, daß ich es nicht mehr ertragen kann. Ich erwarte nicht, daß Du sagst, er dürfe herkommen. Ich wünsche es mir nicht einmal, aber könnte ich nicht wenigstens manchmal ein bißchen mit ihm spazierengehen? Ich darf mit Outine* ausgehen, mit Frankel, warum nicht mit ihm? Niemand würde darüber erstaunt sein, weil alle wissen, daß wir verlobt sind. Outine weiß es schon lange ..., Miss Hall und Tante Burns** wissen und akzeptieren es. Frankel weiß es auch, weil ich immer kränker geworden bin ... Als ich in Brighton so schrecklich krank war – während einer Woche bin ich zwei- oder dreimal am Tag in Ohnmacht gefallen, ist Lissagaray gekommen, um mich zu besuchen, und jedesmal war ich danach stärker und glücklicher und konnte die bleischwere Last, die auf meinen Schultern lag, besser tragen. Es ist so lange her, daß ich ihn gesehen habe, und ich fühle mich jetzt so schrecklich unglücklich, trotz aller Versuche, mich aufrecht zu halten. Ich habe mich bemüht, heiter und fröhlich zu sein. Aber ich kann es jetzt nicht mehr länger ertragen. Glaub mir, liebster Mohr, wenn ich ihn wenigstens manchmal sehen könnte, würde mir das mehr helfen als alle Verordnungen von Mrs. Anderson***[197] zusammen. Ich weiß das aus Erfahrung. Auf jeden Fall, liebster Mohr, wenn ich jetzt nicht darf, kannst Du mir dann nicht sagen, wann? Es wäre wenigstens etwas, worauf ich mich freuen könnte, und wenn die Zeit nicht so endlos und unbestimmt wäre, wäre das Warten nicht so ermüdend. Mein liebster Mohr, sei mir bitte nicht böse, weil ich das geschrieben habe, und vergib mir, daß ich egoistisch genug bin, Dir schon wieder Sorgen zu machen. Deine Tussy.«[198]

Was Marx ihr geantwortet hat, ist nicht bekannt. Seine Briefe zum Thema »Lissagaray« sind – mit wenigen Ausnahmen – nicht erhalten geblieben oder von Nachlaßverwaltern sorgsam beseitigt worden. Auch die Korrespondenz zwischen Tussy und Lissagaray – sie schrieben sich im Laufe der Jahre viele hundert Briefe auf französisch – ist spurlos verschwunden, obwohl behauptet wird, daß die englische Geheimpolizei jeden Brief abgefangen, gelesen und ko-

* Nicolas Utin (1845–1883), russischer Revolutionär, Gegner Bakunins, organisierte die Genfer Sektion der Internationale

** Lizzy Burns, die Lebensgefährtin von Engels

*** Elizabeth Garrett Anderson, Tussys Londoner Ärztin

piert hat, bevor sie ihn ordnungsgemäß an den jeweiligen Adressaten weiterleitete.[199]

Die Mutter hat Angst, Tussy könne unter der seelischen Belastung zusammenbrechen, schickt ihr Alkohol und das bewährte, von Justus von Liebig erfundene Chloral, ein hypnotisches Sedativ, in Spiritus aufgelöst, von dem Nietzsche, Ludwig II. und viele andere abhängig sind und das seinen Siegeszug durch das viktorianische England feiert:

»Ich schicke Dir Mineralwasser zu Deinem Wein ebenso eine Flasche Chloral, die Gumpert* eigens für Mohr und Jenny niedergeschrieben hat. Nimm es um etwas zu schlafen.«[200]

Als Engels davon erfährt, ist er entsetzt. Reicht es nicht schon, daß Marx und die schwangere Jenny das Teufelszeug nehmen? Muß auch noch Tussy mit ihren knapp achtzehn Jahren damit anfangen?

»Der General«, schreibt die Mutter im nächsten Brief, »ängstigt mich wegen dem Chloral. Er meint, ein Löffel sey zu viel für Dich. Ich bitte Dich keinen zu nehmen, bis Du Deinen Doctor gefragt.«[201]

Jetzt meint auch die Mutter, daß Tussy nicht allein bleiben soll. Die Gefahr, daß sie sich umbringt, ist einfach zu groß. Sie hat eine Idee: Helene Demuth soll auf sie aufpassen. Tussy hat immer Vertrauen zu Helene gehabt. Helene in ihrer warmherzigen Art wird sie wieder zur Vernunft bringen. Als Helene eine Reise nach Sankt Wendel im Hunsrück plant, schreibt die Mutter an Tussy:

»Da nun Deine Gesundheit und Deine vollständige Herstellung uns so besonders am Herzen liegt ..., so frage ich Dich ob Du Dich nicht entschließen kannst, die Reise mitzumachen. Du wirst dort am allerwenigsten genirt und könntest Dir den Rhein mal ansehn u. körperlich gestärkt an die Arbeit zurückkehren ... Ich bin überzeugt, daß die herrliche Rheinreise und das ganz ungenirte Leben in dem kleinen Sankt Wendel Dich vollständig restauriren wird ... Ich schreibe an Miss Hall um sie zu überreden und Dich gehn zu lassen ... Soll ich vielleicht selbst kommen um die old maids zu bereden?«[202]

Noch bevor Tussy antworten kann, hat die Mutter schon an Miss Hall geschrieben.

Die ist empört. Denn Tussy, das schreibt sie ganz deutlich, sei eine gute Lehrkraft, auf die sie nicht kurzfristig verzichten könne.

* Engels' Hausarzt

»Dear Madam«, zitiert die Mutter ihre Reaktion, »ich bin sehr überrascht und verärgert, daß Ihre Tochter mich am Samstag verlassen will, ohne mir vorher bescheid gegeben zu haben, denn wie soll ich so schnell einen Ersatz für sie finden? Sie sagt mir, es sei Ihr Wunsch, daß sie fährt, worüber ich, um ehrlich zu sein, sehr erstaunt bin. Ich verstehe zwar, daß es Ihr Wunsch ist, sie am Samstag nach Deutschland zu schicken, in Begleitung einer Person, die sie dort herumführt. Aber ich kann wirklich nicht auf sie verzichten, bevor ich jemanden gefunden habe, der ihren Platz einnimmt.«
Darauf die Mutter, nach dem Diktat der schwangeren Jenny:
»Dear Madam, zu meinem großen Ärger höre ich, daß Sie auf meine Tochter nicht verzichten können, weil sich gerade jetzt gute Gelegenheit ergibt, sie nach Deutschland zu schicken. Es ist die Meinung unseres medizinischen Ratgebers ..., daß sie Ruhe und Luftveränderung braucht. Ich fürchte wirklich, daß in ihrem delikaten Gesundheitszustand die Schulpflichten zu anstrengend für sie werden, besonders während des sehr warmen Sommerwetters. Ich weiß, daß meine Tochter keine Vereinbarung mit Ihnen getroffen hat, die sie verpflichtet, eine bestimmte Zeit lang zu bleiben. Sie hält es trotzdem für Ihre Pflicht, Ihnen von ihrer bevorstehenden Abreise Mitteilung zu machen.«[203]
Tussy will nicht, daß die Mutter sie derartig bevormundet. Sie will bei den beiden Miss Hall, bei ihren Freundinnen bleiben, die Selbständigkeit, die sie sich mit Mühe erkämpft hat, nicht wieder aufgeben. Die Korrespondenz geht noch eine Weile hin und her. Mit Schmeicheln und Zureden versucht die Mutter, sie unter Druck zu setzen. Doch zu einem deutlichen Nein fehlt Tussy der Mut. Erst in letzter Minute schickt sie ein Telegramm, in dem sie erklärt: »I don't come.« – »Ich komme nicht.« Lenchen fährt also allein. Marx bringt sie zum Dampfer, der nach Rotterdam fährt.
»Ich hatte immer noch gehofft, daß du jemand finden würdest, bis denn dein Telegramm alle Illusionen zerstörte«, schreibt die Mutter leicht beleidigt an Tussy.[204]
Doch jetzt steht die »große Katastrophe«, Jennys Niederkunft, bevor. Tussy *muß* kommen. Das ist heilige Schwesternpflicht. Sie folgt dem einstimmigen Ruf der Familie und verläßt Brighton im September 1873, um nie wieder an die Schule der beiden Miss Hall zurückzukehren.

4 Von der Pflicht, für andere zu leben 1873–1877

Am 2. September 1873 bringt Jenny, die Jüngere, ein schwächliches Kind zur Welt. Es ist ein Junge. Aber die Freude im großväterlichen Haus hält sich in Grenzen. Man hat genug Erfahrungen mit Neugeborenen, um zu sehen, daß auch dieses Kind, das nach Vater und Großvater »Charles« genannt wird, nicht lange zu leben hat. Es sieht aus wie ein Greis. Es schreit viel und schläft wenig. Es erbricht fast alles, was man ihm mühsam einflößt. Liegt ein Fluch über den Enkeln der Marxens? Ist es die Folge des starken Schlafmittels, des Chloral, das Jenny bis zum Ende ihrer Schwangerschaft genommen hat?

Marx' schlechte Laune steigert sich ins Unerträgliche. Schon wieder Kindergeschrei Tag und Nacht. Schon wieder keine ruhige Minute zum Arbeiten, dazu der ständige Ärger über Tussy und ihren hartnäckigen französischen Galan. Er möchte verreisen, ins Ausland, am liebsten mit Tussy zusammen. Aber da ist wie immer die Angst, daß man ihn irgendwo festnehmen wird.

Mit der preußischen Staatsbürgerschaft ist es seinerzeit, trotz Lassalles Intervention, nichts geworden. Aber die englische? Er hat sich in England nichts zuschulden kommen lassen. Er führt seit Jahren ein zurückgezogenes, regelmäßiges Leben. Keine nächtlichen Kneipentouren nach der Tottenham Court Road mehr, keine flammenden Reden in Arbeitervereinen. Er wird alt. Er möchte endlich zur Ruhe kommen. Aber das Innenministerium lehnt seinen Einbürgerungsantrag ab.

»Was den oben Genannten betrifft«, schreibt ein Beamter von Scotland Yard, »so erlaube ich mir darauf hinzuweisen, daß er der berüchtigte deutsche Agitator, Chef der Internationalen Arbeiterassoziation und Verfechter kommunistischer Prinzipien ist. Er hat seinem eigenen König und Land nicht die Treue gehalten.«[205]

Bleibt als Reiseziel also nur ein Kurort in England übrig. Diesmal nicht Brighton, sondern Harrogate, ein elegantes, aber langweili-

ges Nest im Landesinneren, in dem sich Philister von Blasen- und Nierenbeschwerden kurieren. Tussy nimmt mit ihrem Vater Mineralbäder und bemüht sich, artig zu sein. Kein Gespräch über Lissagaray, keine Nahrungsverweigerung, keine Ohnmachten. Allerdings raucht sie Kette, zum Befremden der anderen Kurgäste, eine Schande für ein junges viktorianisches Mädchen, isn't it?
Marx ist zufrieden mit ihr. Es war richtig, sie von Lissagaray fortzubringen. Die besten Heilmittel gegen die Liebe sind immer noch die Zeit und die Entfernung.
»Tussychen bekömmt die Kur außerordentlich gut«, schreibt er an Engels.[206]
Er selbst fühlt sich immer noch reizbar und schlapp. Vielleicht, weil er es nicht unterlassen kann, sich zu ärgern. Er kann einfach nicht untätig sein. Er muß lesen, debattieren, korrespondieren. Jetzt liest er Bücher des französischen Literaten Charles-Augustin de Sainte-Beuve, Feind von Balzac und Freund von Victor Hugo, der die Vermessenheit hat, bestimmen zu wollen, »was ein Klassiker ist«, und sich selbst als »Vater der modernen Kritik« bezeichnet. Außerdem ist er auch noch Proudhonnist, also politischer Feind. Ein Lackaffe mit unzähligen Liebschaften und aristokratischer Attitüde.
»Wenn der Mann in Frankreich so berühmt geworden ist«, schreibt Marx an Engels, »so, weil er in jeder Hinsicht die klassischste Inkarnation der französischen vanité, ... romantisch verkleidet und in neugebackenen Redewedungen stolzierend.«[207]
Kein Zweifel, daß in Wirklichkeit Lissagaray gemeint ist.
Auf der Rückreise fährt er mit Tussy nach Manchester, um sich bei Doktor Gumpert, Engels' langjährigem Hausarzt, vorzustellen, einem »Juden«, den er oft beschimpft, aber immer wieder um Rat fragt, wenn ihm oder einem seiner Familienmitglieder etwas fehlt. Gumpert, der ihn schon von hartnäckigen Karbunkeln geheilt hat, tastet ihn ab, macht ein bedenkliches Gesicht. Die Galle ist verhärtet, die Leber geschwollen. Dagegen hilft, außer weniger zu trinken, nur Karlsbad. Karlsbad lieg in Böhmen, in Österreich. Dort liegt nichts gegen ihn vor. Aber wie durch das neue Bismarcksche Reich kommen ohne englischen Paß?
Zu Hause hören die Unannehmlichkeiten nicht auf. Zwar ist Engels, der sich aus seinen Geschäften zurückgezogen hat, vor kurzem nach London gezogen und holt ihn jeden Tag ab, um mit ihm

spazierenzugehen. Aber Lizzy, seine Gefährtin, scheint sich nicht einleben zu können, fängt an zu husten, bekommt Asthma, hat Schmerzen im Unterbauch, die von einem Blasentumor herrühren. Engels wirkt ständig bedrückt. Er ist nicht mehr der gutgelaunte, unbekümmerte Junggeselle von früher, dessen Lebensziel darin bestand, seinen besten Freund glücklich zu machen. Er hat Angst, daß er auch diese Frau, die er aufrichtig liebt, verlieren wird, denn gegen Krebs weiß ihr auch Doktor Gumpert nicht zu helfen.
Trotzdem schreibt und publiziert er beneidenswert viel, seitdem die Fesseln der Geschäftsführung von ihm abgefallen sind: die »Varia über Deutschland«, Artikel über die englischen Wahlen, über das preußische Reichs-Militärgesetz und den »schweigenden Staatsschreiber Moltke«. Von Marx erscheint in den Jahren 1873 und 1874 überhaupt nichts.
Haben sich die Verhältnisse verkehrt? Hat Engels, der ewige Zweite, jetzt die Führung übernommen?
Im Frühjahr 1874 geht es mit Charles, Jennys erstem Kind, zu Ende. Er erkrankt an »Gastro-Enteritis«, einer Magen-Darm-Krankheit. Jenny, die immer noch ihre Privatstunden gibt, hat keine Zeit, ihn zu pflegen. Bleibt also nur Tussy, die unbezahlte Krankenschwester. Tag und Nacht sitzt sie am Bett des wimmernden Kleinen, wechselt die Windeln, versucht ihn zu füttern, singt ihm vor. Wenigstens hat sie eine tüchtige Ärztin, die ihr beisteht: Doktor Elizabeth Garrett Anderson, achtunddreißig Jahre alt, verheiratet, feministisch und politisch engagiert, selbst Mutter von drei Kindern, von denen zwei an Meningitis gestorben sind. In den Nächten, die sie bei dem sterbenden Charles verbringen, erzählt sie ihr Ungeheuerliches aus ihrem Leben: Sie hat elf Geschwister gehabt und ist trotzdem auf eine gute Schule geschickt worden. Sie ist keine reine Autodidaktin wie Tussy. Sie war dreiundzwanzig, als ihr Elizabeth Blackwell, die erste Ärztin Amerikas, begegnete. Von da an hatte sie nur noch einen Wunsch: ebenfalls Ärztin zu werden. Ihr Vater reagierte zuerst entsetzt, fügte sich aber, als er sah, daß ihr Wille nicht zu brechen war. Sie bewarb sich bei allen medizinischen Fakultäten Englands. Alle lehnten sie ab. Aus Verzweiflung wurde sie Krankenschwester an einem großen Hospital. Aber auch da hatte sie gegen Feindseligkeiten der Männer zu kämpfen. Denn sie erlaubten ihr nicht, die Anatomiesäle zu betreten oder medizinischen Vorträgen zuzuhören. Sie fühlten sich durch die Anwesenheit einer

Frau gestört. Mit Zweiunddreißig machte sie ein Examen als Apothekerin und ließ sich als praktische Ärztin in London nieder. Mit ihrer Diskussionsgruppe »The Kensington Society« trat sie als eine der ersten für das Frauenwahlrecht ein. In Paris, wo Frauen zum Medizinstudium zugelassen waren, erwarb sie schließlich ihren Doktortitel. Aber die Herren vom British Medical Register lehnten es ab, ihn anzuerkennen. Jetzt begriff sie immer mehr, daß die Frauen ihre eigene Lobby in den Behörden brauchten. Sie ließ sich ins »school board«, die Londoner Schulaufsicht, wählen, und bekam mehr Stimmen als alle männlichen Kandidaten zusammen. Bald, verspricht sie Tussy, wird höhere Mädchenbildung keine Geldfrage mehr sein, bald werden Töchter aller Gesellschaftsklassen in Fremdsprachen, Naturwissenschaften, Literatur, ja sogar in Sport unterrichtet werden, nicht bloß in Handarbeiten, Stillsitzen und Klavierspielen. Vor zwei Jahren hat sie ein »New Hospital for Women« eröffnet, ein ganzes Krankenhaus nur mit weiblichem Personal. Und jetzt denkt sie sogar über die Gründung einer medizinischen Hochschule nur für Frauen nach.*

Am 20. Juli 1874 stirbt der kleine Charles. Er ist nicht einmal ein Jahr alt geworden. Tussy, selber gerade neunzehn, ist am Ende ihrer Kraft, beginnt wieder zu hungern. Die vielen schlaflosen Nächte haben ihren Optimismus, ihre Fröhlichkeit untergraben. Dazu noch der Kummer um Lissagaray, den sie nicht sehen darf, obwohl er nur ein paar Straßen entfernt wohnt und ihr gerade jetzt helfen könnte, wieder gesund zu werden. »Es wäre wenigstens etwas, worauf ich mich freuen könnte ...«

Also Karlsbad. Tussy muß so schnell wie möglich weg aus London. Marx verdrängt seine Angst, unterwegs festgenommen zu werden, und fährt mit ihr los. Dem Vater einer schönen, bleichen, ausgezehrten Tochter wird wohl niemand etwas antun.

Karlsbad ist wirklich großartig. Eine einzige Schloß- und Parklandschaft, zwischen den Fichtenwäldern des Erzgebirges, von Tepl und Eger durchflossen, mit internationalem, wenn auch, Vater und Tochter bemerken es zunächst mißbilligend, hauptsächlich jüdischem Publikum, sogar aus Amerika kommen die Leute hierher. Goethe, Herder, Peter der Große, Schiller, Casanova, Paganini,

* Elizabeth Garrett Anderson gilt in England bis heute als Pionierin einer »feministischen« Medizin. Zahlreiche Krankenhäuser wurden nach ihr benannt.

Fürst Metternich, alles, was Rang und Namen hat, ist schon in Karlsbad gewesen, und auch jetzt sind polnische Grafen und österreichische Schriftsteller da.

»Es ist wirklich phantastisch, wie die Zeit vergeht«, schreibt Tussy an Jenny. »Ein Tag ist vorüber, bevor man die Zeit gefunden hat, eine Zeitung zu lesen oder einen Brief zu schreiben.« [208]

Sie geht in den Lesesaal, liest internationale Zeitungen, begleitet ihren Vater auf Spaziergängen in die Wälder und trinkt das kostbare Karlsbader Mineralwasser, das gegen Magen- und Darmkrankheiten, Beschwerden an Leber, Gallenblase und Nieren, gegen Prostatakrebs und gegen Frauenleiden aller Art helfen soll.

Das zeigt sich, findet Marx, auch an Tussy.

»Ihr Appetit wächst in geometrischer Proportion«, meldet er an Engels, »aber das ist das Eigentümliche bei diesen Frauenkrankheiten, wo das Hysterische mithineinspielt; man muß tun, als merke man gar nicht, daß sie wieder von irdischen Nahrungsstoffen lebt.«[209]

Tussy ist abgelenkt. Das tut ihr gut. Die bedeutenden Männer, die ihren Vater umschwärmen, zeigen ihr deutlich, daß sie sie interessant finden: Ladislaus Plater, der melancholische polnische Graf, der aus der Schweiz hergekommen ist, wo er ein Freiheitskomitee gegründet hat, zusammen mit Gottfried Keller, dem geschätzten Novellisten. Keller hat ihn in einer seiner Erzählungen, »Kleider machen Leute«, verewigt, hat, von ihm angeregt, in die Zeitungen setzen lassen:

»Gewiß ist es vorzüglich der schnellbesonnene Sohn des Tell, welcher die unverwüstliche Tatkraft eines freiheitsdürstenden Volkes zu schätzen versteht ...«[210]

Das gefällt Tussy. Schlägt doch auch ihr Herz schon seit früher Kindheit für die »armen Polen«. Plater hat Waffen an die polnischen Freiheitskämpfer geliefert. Bravo! Gegen die Gewalt des russischen Unterdrückers hilft nur Gegengewalt. Kein Wunder, daß Plater vor Wut schäumt, als der »Sprudel«, die Karlsbader Kurzeitung, über ihn schreibt:

»Der langjährige Führer der Internationalen Marx und der Chef der russischen Nihilisten, Graf Plater, sind zur Cur in Carlsbad angekommen.« – »Graf Plater«, kontert er in einer Gegendarstellung, »hat niemals Verbindungen mit den russischen Nihilisten unterhalten, noch jemals mit der Internationalen etwas zu tun gehabt. Der

Graf Plater hat ausschließlich und stets nur der polnischen Sache gelebt, gewirkt und geopfert.«[211]

Bis auf Plater und den preußischen Porträtmaler Otto Knille sind fast alle, mit denen die Marxens zu tun haben, Juden: der Karlsbader Badearzt Ferdinand Fleckles, der Berliner Gynäkologe Wilhelm Alexander Freund, ein Pionier der Uterus-Operation, aber schrecklicher Frauenfeind, der allen Ernstes behauptet, es sei noch niemals vorgekommen, daß sich »eine Frau eine große wissenschaftliche Aufgabe gestellt« habe oder ihr »die Lösung einer selbst leichten Aufgabe in origineller Weise geglückt« sei. Sein Kollege Ludwig Kugelmann, ein bekennender Sozialist, alter Kampfgenosse aus Marx' rheinischen Tagen, der mit seiner Frau, einer geborenen Oppenheim, und Tochter Franziska gleich nebenan wohnt. Mit ihm hoffte Marx politisch diskutieren zu können. Kugelmann hat die Verbreitung des »Kapital« in Deutschland befördert und war einer der ersten Mitkämpfer der Internationale. Aber in Karlsbad gibt es nur Streit. Man hockt einfach zu dicht aufeinander. Außerdem ist der große Reformer und Revolutionär im Privatleben ein Tyrann, der Frau und Tochter bei jeder Gelegenheit lautstark heruntermacht und ihnen erklärt, daß sie ohne ihn nichts wären.

»Ich bin mit Frau Kugelmann sehr intim«, schreibt Tussy an Jenny, »und es ist auch wirklich ganz unmöglich, sie nicht zu lieben und zu bedauern, wenn man sieht, was für ein Leben sie führt. Es ist hart, wenn eine Frau kein eigenes Geld hat, und ihr Mann erzählt ihr jede Minute, daß sie nicht dankbar sei für alle seine Wohltaten, die er ihr und dem Kind erweist ... Fränzchen haßt ihn richtig, und das ist kein Wunder. Sie liebt ihre Mutter so und hat von klein auf immer nur diese ständigen Streitereien wegen nichts und wieder nichts miterlebt. Der große Krach wurde vom Zaum gebrochen, weil Frau Kugelmann an einem staubigen Tag nicht ihr Kleid hochnahm!«[212]

Kugelmanns sind nicht religiös, anders als Simon Deutsch und Heinrich Graetz, beide engagierte Vertreter der jüdischen Sache. Simon Deutsch, ein radikaler politischer Journalist, hat 1848 in Wien einen »Jüdischen Plutarchen oder biographisches Lexikon der markantesten Männer und Frauen jüdischer Abkunft« herausgegeben, in dem Berthold Auerbach, Salomon Heine, Moses Mendelssohn, Josephus Flavius und Maimonides vorkommen. Heinrich Graetz, etwa gleichaltrig mit Marx, ist Professor am jüdisch-theologischen Seminar in Breslau und einer der bekanntesten jüdischen

Historiker seiner Zeit. Er hat eine zwölfbändige Geschichte der Juden geschrieben, eine »Konstruktion der jüdischen Geschichte«, Abhandlungen über das »Judentum im Römischen Reich und dem Islam«, über die Juden »im Mittelalter bis zu den Verfolgungen in der Zeit des Schwarzen Todes«, bedient sich in seinen Briefen der jüdischen Zeitrechnung, läßt hebräische Ausdrücke in seine Korrespondenz einfließen, unterstützt den Bau von Waisenhäusern in Palästina, ist Gründungsmitglied der Alliance Israélite Universelle in Paris, die eine große Bibliothek und Zweigstellen in der ganzen Welt hat und die Auswanderung verfolgter Juden ins Heilige Land fördert.[213] Mit diesem Graetz freunden die Marxens sich an. Machen lange Spaziergänge mit ihm, diskutieren mit ihm über Politik, die den keineswegs weltfremden Judaisten brennend interessiert. Später wird Marx ihm die französische Ausgabe des »Kapital« schicken.

Kennt Graetz die Frühschrift »Zur Judenfrage«? Die furchtbaren Ausfälle gegen Lassalle, gegen den Londoner Journalisten Levy?[214] Wahrscheinlich nicht. Er würde sonst kaum mit Karl Marx geredet haben.

Marx kann der Weisheit, der Warmherzigkeit dieses Mannes nicht widerstehen. Vielleicht fühlt er sich sogar an seinen Vater erinnert, an dessen Erzählungen von den Vorfahren, die alle Talmud-Gelehrte und Rabbiner waren. Er unterläßt jede abschätzige Bemerkung über Heinrich Graetz und bleibt mit ihm lange in Korrespondenz. Auch Tussy ist fasziniert von ihm, erzählt ihm von ihrem Leben in London, von der Pariser Kommune, von Lissagaray. Und Graetz hört ihr zu. Kommentiert nicht, verurteilt nicht. Er wird später die deutsche Ausgabe des Buches lesen und ihr zu ihrem genialen Bräutigam gratulieren. Vielleicht zum ersten Mal in ihrem Leben lernt Tussy einen Intellektuellen, einen Gelehrten kennen, der seine jüdische Herkunft nicht verleugnet. Sie beginnt nachzudenken, sieht vieles, was sie zu Hause über »die Juden« gehört hat, kritischer. Ist sie nicht selbst jüdischer Herkunft? Ist dieser würdige, gütige Mann etwa zu verachten? Zwar wird es noch Jahre dauern, bis sie stolz über sich selbst sagen wird: »I'm a Jewess!« Aber ein erster Schritt in diese Richtung ist getan.

Auf der Rückreise fahren die Marxens nach Leipzig. Es ist eine kleine, biedere Stadt, fast ein Dorf gegen London. In einer halben Stunde hat man das ganze Zentrum durchquert. Alles ist aufge-

räumt, sauber, »gemüthlich«. Die Menschen, die sie hier kennenlernt, kommen ihr sehr ernst vor, besonders die alten sozialistischen Freunde ihres Vaters. Sie stehen zu ihrer Sache. Sind vom Sozialismus wie von einer Religion erfüllt, für die sie sogar freudig ins Gefängnis gehen. Wilhelm Liebknecht zum Beispiel. Er hat gerade zwei Jahre Festungshaft wegen »Hochverrats« hinter sich. Sie erinnert sich noch gut an den alten Brausekopf, an seine fast sklavische Ergebenheit gegenüber ihrem Vater, der Liebknecht immer nur »das Vieh« nannte, an die gemeinsamen Wanderungen, die Picknicks in der Heide bei Hampstead, an das Baby, das sie als kleines Mädchen auf dem Schoß halten durfte, an die lange Zeit zwischen Sommer und Weihnachten 1860, die sie im Hause Liebknecht gewohnt hat, als ihre Mutter Jenny an den schwarzen Pocken erkrankt war. Damals lebte Ernestine, seine erste Frau, noch. Sie war immer leidend, hat sich nie an die Not des Exils gewöhnen können, sehnte sich nach ihrem geordneten Freiburger Elternhaus, in dem sie in schweren Ehekrisen Zuflucht suchte.
1862, als die Amnestie für die Kämpfer von 1848 erlassen wurde, sind die Liebknechts nach Deutschland zurückgegangen. Doch sie hatten kein Glück. Liebknecht, Redakteur des »Social-Demokraten«, wurde wegen preußenfeindlicher Gesinnung aus Berlin ausgewiesen. Ernestine saß mit zwei kleinen Mädchen in einem feuchten Kellerloch. Immer wieder kam er ins Gefängnis. Ernestine war völlig mittellos. Tussy erinnert sich noch gut an die flehenden Briefe, die sie damals nach London geschrieben hat. Doch das Ehepaar Marx, selbst immer kurz vor dem Bankrott, konnte ihr auch nicht helfen. 1866 – Wilhelm Liebknecht saß gerade in Leipzig ein – ist sie dann krank geworden. Tuberkulose, die Krankheit der Armen, der Unterernährten. Wenige Tage nach seiner Entlassung starb sie. Sie war dreiunddreißig Jahre alt.
»An ihrem Totenbett«, schrieb Liebknecht damals, »schwor ich denen Rache, die sie gemordet. Es war ein herrliches Weib, ganz Liebe und Hingebung. Ihr einziger großer Fehler war zu große Bescheidenheit. Ihr Unglück: Mangel an Widerstandskraft gegen äußere Schläge. Sie war nicht dazu geschaffen, das Geschick eines Flüchtlings, eines Soldaten der Demokratie, zu teilen. Hätte sie ihr Los nicht an das meine gekettet, sie würde noch leben.«[215]
Jetzt ist er wieder verheiratet und ein berühmter Mann: Gründer der Sozialdemokratischen Arbeiterpartei Deutschlands, Herausge-

ber der Parteizeitschrift »Der Volksstaat«, Angeklagter im Leipziger Hochverratsprozeß von 1872, Abgeordneter des Deutschen Reichstags, neben Marx und Engels einer der profiliertesten politischen Schriftsteller deutscher Sprache. Seine zweite Frau, sie heißt Natalie, stammt aus Darmstadt. Er hat sie auf einer Agitationsreise kennengelernt. Sie ist die Tochter eines demokratischen Rechtsanwalts, klug, gebildet, selbstbewußter als Ernestine. Zwar verbringt Liebknecht noch immer wesentlich mehr Zeit im Gefängnis als in Freiheit. Aber Natalie weiß sich auch ohne ihn durchzuschlagen, läßt sich nicht einschüchtern. Sie ist seinen beiden Mädchen, Alice und Gertrud, eine gute Mutter, hat zwei kleine Söhne, Theodor und Karl, von ihm bekommen, führt, wenn er einsitzt, seine politische Korrespondenz. Sie verehrt ihn nicht als Helden und versteht sich selbst nicht als Märtyrerin. Sie sieht den »Soldaten der Demokratie« durchaus kritisch und hat keine Angst, sich lautstark über ihn zu beschweren:

»Mein Mann«, schreibt sie in diesen Jahren an Engels, »faßt zwar … nach jeder neuen Attaque die besten Vorsätze, doch die Verhältnisse sind stärker, … er wird immer wieder zum Vorpostendienst gebraucht und läßt sich auch dazu gebrauchen … Zwischen uns Beiden faßt eigentlich das Gefühl der Zusammengehörigkeit nicht Wurzel, man lernt sich entbehren oder vielmehr hat sich wohl kaum besessen, u. von einem Ineinanderleben kann keine Rede sein … Ein Mann und besonders wohl mein Mann entbehrt das viel weniger …, er genügt sich selbst, für eine Frau und Mutter, der die Pflichten der Erziehung von vier Kindern obliegen und die nur an's Haus gefesselt ist, ist das was ganz Anderes! Doch, entschuldigen Sie gütigst meine Jereminiade, sie kam mir unwillkürlich in die Feder, obgleich ich weiß, daß die Klagen nutzlos u. ein Zeichen von Schwäche sind.«[216]

Tussy kennt diese Stimmungslage. Das sind genau die Probleme ihrer Mutter Jenny. Sie faßt Vertrauen zu Liebknechts zweiter Frau und bewundert sie wegen ihrer Stärke, ihres Witzes und ihrer Ironie. Liebknecht hat einen wichtigen Auftrag für Vater und Tochter. Sie sollen Wilhelm Blos, einen alten Genossen, aus dem Gefängnis abholen. Der »Volksstaat«-Redakteur hat ein paar Jahre hinter Gittern gesessen, weil er kritisch über den deutschen Angriff auf Frankreich geschrieben hat. Jetzt ist seine Haftzeit zu Ende. Er ist bester Stimmung. Er hat im Gefängnis Heine gelesen und Ha-

schisch geraucht. Schöne Zeiten. An die ersten Minuten seiner Freiheit erinnert er sich später:
»Freudig erregt schritt ich durch die Gefängnispforte. Draußen stand mit einem seiner kleinen Söhne Liebknecht. Und neben ihm stand, eine hübsche junge Dame am Arm, ein großer schlanker Mann in den Fünfzigern, mit langem weißen Bart, nur der Schnurrbart war tief schwarz ... Ich erkannte ihn ... gleich ... – es war Karl Marx. Die junge Dame war seine Tochter Eleanor, auch Tussy genannt. ... Sie liebte damals den Schriftsteller Lissagaray, der als Kommuneflüchtling in London lebte ... Marx sträubte sich heftig gegen die Heirat und war mit seiner Tochter nach Deutschland gereist, um sie aus der Nähe von Lissagaray wegzubringen.«[217]
Angeregt plaudernd geht die Gesellschaft zu den Liebknechts. Dort hat Natalie schon den Tisch gedeckt. Der entlassene Häftling wird mit allen Ehren empfangen. Man diskutiert bis tief in die Nacht, redet über Georg Herwegh und Heinrich Heine. Marx hat mit beiden eng zusammengearbeitet, spricht vom Exil in Paris, von den »Deutsch-Französischen Jahrbüchern«, von der letzten Begegnung in der Matratzengruft kurz vor Heines Tod im April 1856. Sie haben manchen Händel miteinander ausgefochten. Aber im Grunde haben sie sich immer geliebt.

Damals stand alles im Blütenschmuck,
Und die Sonnenlichter lachten,
Und die Vöglein sangen so hoffnungsvoll,
Und die Menschen hofften und dachten –

Marx kennt die Heinesche Lyrik in- und auswendig, liebt es, in seinen Schriften daraus zu zitieren. Das war ein Dichter. Ein deutscher Dichter. Nach seinem Tod hat er ihn erbittert gegen alle Angriffe verteidigt.
Er ist froh, wieder Deutsch sprechen zu können. Er ist ein ganz anderer, wenn er Deutsch spricht. Tussy kennt ihn nur Englisch sprechend. Da ist seine Wortwahl bedächtiger, seine Zunge schwerfälliger, obwohl er die Sprache mit der Zeit perfekt gelernt hat. Auf Deutsch ist er leidenschaftlicher, freier, brillanter.
Sie selbst hat Mühe, ihm zu folgen. Denn ihr Deutsch ist immer noch äußerst mittelmäßig, trotz Grimms Märchen, die sie in ihrer Kindheit gehört hat, trotz Engels' Bemühungen, ihr »Hermann

und Dorothea« näherzubringen, trotz der Deutschstunden, mit denen sie in Brighton ihr Geld verdient hat.
»Entschuldigen Sie bitte, daß ich Ihnen auf englisch schreibe, aber ich schreibe Deutsch leider so schlecht, daß ich mich wirklich dafür schäme«, schreibt sie, als sie wieder zu Hause ist, an die Liebknechts.[218]
Tussy erlebt schöne Tage in Leipzig. Spielt begeistert mit den beiden kleinen Liebknecht-Söhnen, Theodor und Karl, und erneuert ihre Freundschaft zu Alice, die demnächst heiraten wird und der sie natürlich von Lissagaray erzählt. Auch Liebknecht und Wilhelm Blos wollen alles über ihn hören. Was ist das für einer? Was ist das für ein Buch? Kann er nicht für ihre Zeitung, den »Volksstaat«, schreiben?
Marx ist zum Schweigen verdammt. Er will sich schließlich nicht lächerlich machen. Soll er sagen, daß Lissagaray ein Mistkerl ist, soll Liebknecht glauben, er hätte etwas gegen die Franzosen? So macht er gute Miene zum bösen Spiel. Mit fatalen Folgen. Denn schon Tage später steht Liebknecht in lebhafter Korrespondenz mit Lissagaray, der ihm in elegantem Französisch versichert:
»Mit Freuden ergreife ich die Gelegenheit, mit einem Mann in Dialog zu treten, dessen Name den Sozialdemokraten in aller Welt teuer und heilig ist.«[219]
Marx hat verloren. Jedenfalls vorläufig. Tussy scheut sich nun nicht mehr, über Lissagaray zu sprechen und zu schreiben, und ist stolz, daß er bei Liebknecht und Genossen so gut ankommt.
»Sie werden«, schreibt sie am 13. Oktober, »diesem Brief entnehmen, daß ich Lissagaray Ihre Nachricht überbracht habe, und daß er glücklich sein würde, als Korrespondent für Sie tätig zu sein ... Er hätte schon vor mehreren Tagen geschrieben, aber es ging ihm nicht gut ... Ich glaube, er schreibt Ihnen, daß er eine ›Revue politique‹, eine Wochenzeitschrift, herausgeben will. Eine Zeitschrift dieser Art ist wirklich unbedingt notwendig. Wie Sie wissen, ist die französische Presse ausgesprochen feige – die sogenannten republikanischen Zeitungen sind letztlich noch angepasster als die reaktionären. Die letzteren wagen es wenigstens, die Regierung von MacMahon* anzugreifen, wogegen erstere das Lob des glorreichen

* Im Mai 1873 hatte die royalistische Mehrheit in Frankreich den Besieger der Kommune, Marschall MacMahon, zum Präsidenten der Republik gewählt. Seine Regentschaft dauerte bis 1879.

Marschalls singen. ›Der Marschall hat gegeben, der Marschall hat genommen – gesegnet sei der Name des Marschalls.‹ Natürlich ist Rocheforts ›Lanterne‹ insoweit nützlich, als er MacMahon angreift, aber wie seine französischen Genossen setzt auch er die absurde Politik fort, alle ernsthaften Fragen zu ignorieren und vor allem nie daran zu denken, daß es außerhalb von Frankreich auch noch andere Nationen gibt. Daß es in Deutschland eine sozialistische Bewegung gibt, ist eine Tatsache, die man in Frankreich überhaupt nicht kennt! In Frankreich müßte es unbedingt eine Zeitschrift geben, in der die sozialistischen Bewegungen aller Länder zu Wort kommen – denn Frankreich muß lernen, daß es die Sympathien anderer Nationen nur gewinnen kann, wenn es mit ihnen sympathisiert. Ich denke und hoffe darum, daß Lissagarays ›Revue‹ nützlich sein wird. Wenn Sie, lieber Library, ihn über die Angelegenheiten der Partei in Deutschland auf dem laufenden halten, werden Sie viel Gutes tun. Ich habe so viel von den deutschen Sozialdemokraten erzählt, daß meine französischen Freunde – sogar die größten Chauvinisten – den größten Respekt vor ihnen haben. ... Aber wirklich, alle, die Papa und ich kennengelernt haben, sind Männer, die wir nur mit Stolz unsere Freunde nennen können. Es ist eine große Freude, Männer zu sehen, die sich mit Herz und Seele der Sache verschrieben haben. Auch in England ist solche Hingabe wahrlich nicht an der Tagesordnung! Frankreich befindet sich in so außergewöhnlichen Umständen, daß man kaum Worte dafür finden kann, 30 000 Männer und Frauen in Paris gefallen – ebenso viele Flüchtlinge und Gefangene – ist es ein Wunder, daß die, die in Paris geblieben sind, in einer Art Apathie leben?«[220]

Tussy hat sich nun endgültig politisiert, fühlt sich als gleichberechtigte Gesprächspartnerin altgedienter Sozialisten, schlägt den belehrenden Ton ihrer Kindertage an, in denen sie glaubte, der amerikanische Präsident Abraham Lincoln könne im Konflikt mit den Südstaaten ohne ihren Rat nicht auskommen. An Selbstbewußtsein scheint es ihr in dieser Zeit nicht zu mangeln. Doch gleichzeitig nimmt sie fast instinktiv eine ganz andere Rolle an, die ihr ebenfalls seit ihrer Kindheit vertraut ist: die der Dienerin, Assistentin, Sekretärin und Krankenschwester eines männlichen Genies. *Sie* ist es, die Lissagaray wegen Unwohlseins entschuldigt. *Sie* verschafft ihm Beziehungen zu deutschen Sozialdemokraten. *Sie* wirbt für sein neues Zeitungsprojekt, wirbt Liebknecht als Mitarbeiter.

Doch Lissagarays Zeitschrift, die nicht »Revue politique«, sondern »Rouge et noir« heißen wird, stirbt, nachdem sie gerade zur Welt gekommen ist. Lissagaray geht das Geld aus. Das ambitionierte Blatt darf in Frankreich nicht vertrieben werden und findet in England keine Abnehmer.

Um diese Zeit, im Herbst 1874, beginnt Tussy ihre Karriere als Übersetzerin. Eine merkwürdige Entscheidung, da sie weder Deutsch noch Französisch richtig »gelernt« hat und sich sogar in ihrem Englisch Spuren der deutschen Herkunft ihrer Eltern finden. Der erste Text, an dem sie sich versucht, ist Wilhelm Liebknechts Reichstagsrede vom 21. November 1874. Sie überträgt aus dem Deutschen ins Französische. Liebknecht plädiert in dieser Rede dafür, die wegen Hochverrats inhaftierten Abgeordneten der sozialdemokratischen Partei für die Reichstagssitzungen freizulassen, für revolutionäre Politik in Handschellen sozusagen.

Diese Arbeit – sie erscheint in Lissagarays »Rouge et noir« – begründet ihren Ruf und legt ihre Rolle fest. Wann immer die deutschen Sozialdemokraten ein Übersetzungsproblem haben, wenden sie sich zuerst an Tussy. Ob sie nicht Lissagarays politische Aufsätze oder gar seine »Geschichte der Kommune« ins Deutsche übersetzen könne, fragt Wilhelm Liebknecht.[221] Von Bezahlung ist nicht die Rede. Daß sie kostenlos für die Sache der Sozialdemokratie arbeitet, erwartet man von der Tochter eines Karl Marx als selbstverständlich. Doch sie führt diesen Auftrag nicht aus. Ihr Deutsch sei zu schlecht, meint sie selbstkritisch. Sie müsse erst noch länger daran arbeiten. Um Liebknecht für diese Absage zu entschädigen, versorgt sie ihn regelmäßig mit politischen Nachrichten aus England, die, gekürzt und anonym, als Kolumne im »Volksstaat« erscheinen: über die englische Reaktion auf Bismarcks Privatkrieg gegen seinen Konkurrenten, den ehemaligen französischen Botschafter Graf Harry von Arnim; über die Hungersnot im Londoner East End; über den neusten Stand der englischen Frauenbewegung, ein Thema, das sie seit der Begegnung mit Elizabeth Garrett Anderson nicht mehr losläßt:

»Das einzige Ereignis von Interesse ist die Eröffnung einer medizinischen Schule für Frauen in London, wo Frauen Medizin studieren können ... Wenn das natürlich auch hauptsächlich den Bürgerlichen dient, so ist es doch immerhin ein kleiner Fortschritt, und es wird Zeit, daß auch Frauen berufstätig sein dürfen und sich mit anderen Sachen beschäftigen als mit Mode ... Als ich in Leipzig war, habe ich Ihnen von der schrecklichen Lage der hiesigen Gouvernanten erzählt. Ich kopiere Ihnen die folgende Anzeige aus der ›Times‹, die Ihnen zeigen wird, daß ich nicht übertrieben habe: ›Junge Dame sucht Anstellung als Gouvernante. Hat gute Zeugnisse, hat Deutsch, Französisch, Musik und Zeichnen im Ausland studiert. Gehaltsvorstellung: sechs Schilling pro Woche‹!«[222]

Aus dem folgenden Jahr, 1875, sind nur wenige Briefe von Tussy überliefert. Wahrscheinlich hilft sie ihrem Vater bei der Revision der von Joseph Roy veranstalteten Übersetzung des »Kapital«, die ein Jahr später erscheinen wird, ein »schmerzliches Experiment«, das Karl Marx viele schlaflose Nächte kostet. Gleichzeitig beginnt sie, Lissagarays Manuskript der »Kommune« ins Englische zu übertragen. Eine Mammutarbeit. Denn die gedruckte Version wird über fünfhundert Seiten lang sein. Lissagaray sitzt unterdessen noch an den letzten Recherchen. Tussy hilft ihm dabei. Sie bittet Carl Hirsch, einen aus Württemberg stammenden Journalisten, ehemaliger Rabbinatskandidat, Mitglied der Internationale, in Paris Quellen für Lissagaray zu kopieren, die in London nicht zugänglich sind. Hirsch, ein Bekannter der Marxens – Mutter Jenny nennt ihn nur den »silly jew« –, lebt seit 1872 im Pariser Exil und ist Korrespondent namhafter deutscher Zeitungen.[223]

»Ich würde mich«, schreibt Tussy ihm auf französisch, »Ihnen sehr verpflichtet fühlen, denn diese Auskünfte sind sehr wichtig für Lissagaray.« Ihr Vater werde demnächst wieder nach Karlsbad fahren, ihre Mutter nach Brighton, und Lissagaray breche am nächsten Tag »nach Jersey auf, wo er mehr Zeit und Muße hat, seine Arbeit zu vollenden.«[224]

Carl Hirsch, eigentlich Carl Asriel Hirsch, ist 1841 geboren, um diese Zeit also Mitte Dreißig, knapp fünfzehn Jahre älter als Tussy. Er ist Junggeselle, verehrt sie leidenschaftlich. Tussy weiß das. Doch der glücklose jüdische Sozialdemokrat, der überall, wo er hingeht, ausgewiesen wird, immer wieder ins Gefängnis kommt und unter einer schweren Sprachbehinderung leidet, hat bei ihr keine Chance. Er ist einfach zu häßlich mit seiner Stirnglatze, seinen buschigen Augenbrauen, seinem schwarzen Vollbart. Trotzdem zögert sie nicht, ihn immer wieder um Gefälligkeiten zu bitten. Fast könnte man sagen, daß sie ihn ausnutzt. Im Oktober

1875 wendet sie sich wieder an ihn, diesmal in Angelegenheiten ihrer Mutter Jenny:
»Werter Herr Hirsch,
ich schicke Ihnen beiliegend eine kleine Kritik, die meine Mutter über einen englischen Schauspieler, Herrn Irving, geschrieben hat. Mama möchte, daß Sie diese in die ›Frankfurter Zeitung‹ bringen, wenn Ihnen dies möglich ist. Hätte Papa Zeit gehabt, so hätte er selbst eine Kritik über Herrn Irving verfaßt, ... erstens, weil er ein Mann von seltenem Talent ist, und dann, weil die ganze englische Presse infolge erbärmlichster Intrigen sich auf ihn gestürzt und eine wahre Kabale gegen ihn entfesselt hat. Wenn Sie Mamas Kritik in der ›Frankfurter‹ veröffentlichen lassen könnten, würden Sie uns eine große Freude bereiten ... Ich bitte Sie vielmals um Verzeihung, daß ich Sie derart bemühe, aber Sie haben so viele Beziehungen zur französischen und deutschen Presse, und soviel Einfluß, daß wir uns an keinen besseren wenden könnten als an Sie.«[225]
Hirsch gehorcht. Er beeilt sich, Tussys Anordnung auszuführen. Obwohl er selbst in harten Existenzkämpfen steht, immer in Angst vor der französischen Geheimpolizei, die ihn überwacht, seine Briefe abfängt, ihn jederzeit an die Preußen verraten könnte, schickt er den Artikel von Jenny Marx nahezu postwendend an die »Frankfurter Zeitung«, wo er wenige Tage später anonym erscheint.
Jenny schreibt zunächst über die Shakespeare-Müdigkeit der Engländer, das mangelnde Interesse an den Dramen ihres größten Nationaldichters, die von Komödien, Operetten und Boulevardstückchen verdrängt worden seien.
»Da wagte es«, fährt sie fort, »vor einem Jahr ein junger Schauspieler, Henry Irving, ... den ›Hamlet‹ von neuem auf die Bühne zu bringen. Er wagte es, die alte ... Tradition vor den Kopf zu stoßen und statt des ... altherkömmlichen Hamlet ein eigenes, treues und originelles Gebilde Shakespeares zu schaffen. Die Kritiker brummten und nörgelten und mäkelten; dem einen war er nicht prinzlich genug, dem anderen gefiel sein Gang nicht, der dritte fand ihn maniriert, der vierte melodramatisch. Das Haus füllte sich trotzdem. Da drehte sich plötzlich der Wind. Die Zeitungsschreiber hörten auf zu kritteln, sie fingen an zu loben, zu preisen ... Während zweihundert Nächten strömte ihm eine andächtig lauschende, begeisterte Menge zu. Es ward Mode, Irving als Hamlet zu sehen. Es war bon ton, für Shakespeare zu schwärmen ... Seit einem Monat

nun hat er uns ›Macbeth‹ vorgeführt. Dasselbe Gebrumme, Gekläffe und Genörgel der Presse ..., nur mit gesteigerter Bitterkeit und Schärfe ... Trotzdem füllt sich das Haus täglich, und Billette muß man wochenlang vorher bestellen. Atemlose Stille herrscht unter der Masse, aber nur schwache Zeichen des Beifalls geben sich kund ..., alles sitzt stumm und starr und zaubergebannt da. Woher dieses Erstarren des Publikums? Sollte die englische Mittelklasse schon wieder ihrer Shakespeare-Fesseln, die der gute Ton ihr angelegt hatte, müde sein, sollte sich die Hautevolee schon wieder wegsehnen von wahren Kunstschöpfungen zu melodramatischen Spektakelstückchen mit brennenden Schiffen, einstürzenden Felsen, ... Pferden, Kamelen und Ziegen? ... Selten hat der englische Philister den Mut zu seiner Überzeugung. Er ballt die Faust in der Tasche. Er ist denkfaul. Hat er doch jeden Morgen beim Frühstück mit obligater Eier- und Schinkenbegleitung seinen penny-a-liner parat, der für ihn denkt. Wie bequem ist's doch, mit den fertigen, glatten Phrasen in der Tasche in den Omnibus zu steigen, in die City zu fahren oder ... abends im Theater in der Loge zu sitzen. Da hat ihm ja schon morgens die ›Daily News‹ vorgepredigt, daß Irving den Macbeth falsch auffaßt, daß Macbeth ein offener, tapferer, kühner Feldherr ist und daß Irving ihn als einen grausamen, moralisch-feigen Mörder darstellt ... Das ist der große Vorzug eines Arbeiterpublikums. Der Arbeiter läßt sich nicht von der Presse verblüffen. Er geht ins Theater, traut seinen eigenen Augen und Ohren, klatscht und zischt nach Herzenslust und eigenem Gutdünken und richtigem Takt ... Wir hoffen, daß Irving sich von dem Preßgeheul und der scheinbaren Kälte des Publikums nicht irremachen, sich vom Studium Shakespeares nicht ablenken und sich zum Melodrama ... zurückführen läßt.«[226]

Eine verblüffende Rezension, der noch weitere, ebenfalls anonyme, folgen sollen. Jenny Marx, inzwischen über Sechzig, zeigt ihre hohe Begabung als Journalistin, schreibt so frech, so frisch, mit soviel Sprachwitz, soviel Mut zur Provokation, daß sie manchen männlichen »Profi« in den Schatten stellt. Gleichzeitig zeigt sie sich als exzellente Kennerin Shakespeares, der im Hause Marx eine Art Familiengott ist. Sie schreibt mit leichter Hand, ohne oberflächlich zu werden. Sie schreibt über das Lächerliche am englischen Philister. Sie macht ihrem Groll über das Gastvolk gründlich Luft. Ihre Theaterkritiken stehen in bester Heine-Nachfolge, sind sarkastisch, kenntnisreich, elegant. Ein reines Lesevergnügen. Endlich tritt Jenny Marx aus dem Schatten ihres Mannes heraus, zeigt, daß auch sie eine Intellektuelle, eine Literatin ist. Schade, daß sie nicht mehr publiziert hat.

Es war Tussy, die sie ermutigt hat, diesen Schritt zu tun, obwohl ihr Verhältnis zu ihrer Mutter bis dahin eher kühl wirkte. Zwar hat Jenny ihr »Tussichen« immer geliebt. Aber Tussy scheint diese Liebe nur wenig erwidert zu haben. Es war ihr Vater, der im Zentrum ihres Lebens stand, der geliebte »Dada«, der »Mohr«, der »Old Nick«. *Er* war die faszinierende Figur im Hause Marx, das Idol, um das sich die internationalen Besucher scharten. Um *sein* Werk, *seine* Krankheiten, *seine* Launen drehte sich alles. Die Mutter stand als blasse, wenn auch kultivierte Gefährtin im Abseits.

Das ist jetzt anders geworden. Vielleicht, weil Jenny als einzige ihren Liebeskummer versteht. Vielleicht auch, weil Tussy jetzt für die »Frauenfrage« sensibilisiert ist. In ihren Briefen an Liebknecht und die älteste Schwester läßt sie immer wieder erkennen, daß sie ihr eigenes Defizit an schulischer Bildung tief bedauert, daß sie sich wünscht, alle Frauen könnten berufstätig und von den Männern unabhängig sein. Frau Kugelmann hat ihr vorgeführt, wie erbärmlich das Leben einer »Nur-Ehefrau« sein kann. Ernestine Liebknecht ist an ihrer Ehe zerbrochen. Natalie Liebknecht kämpft, manchmal mit letzter Kraft, gegen Chaos und Resignation. Zwar hat Karl Marx weder im Gefängnis gesessen, noch macht er Szenen wegen staubiger Kleidersäume. Aber die vielen Schwangerschaften, das Sterben der Kinder, die Odyssee kreuz und quer durch Europa und die andauernde finanzielle Not haben ihre Mutter müde gemacht. »Ich kann wohl sagen, daß ich den Mut nicht leicht sinken ließ«, hat Jenny erst vor kurzem an Liebknecht geschrieben. »Jetzt bin ich zu alt geworden, um noch viel zu hoffen ... Ich fürchte, wir ... Alten erleben nicht viel Gutes mehr und ich hoffe nur, daß unsere Kinder leichter durchs Leben wandeln.«[227]

Sommer 1876. Wieder Karlsbad. Wieder das tägliche Kur-Einerlei. Tussy kennt das jetzt schon. Sie hat Angst zu verblöden. Die schöne Landschaft und das gesellschaftliche Leben üben keinen Reiz mehr auf sie aus. Sie will nur nach Hause. Zu Lissagaray, zu ihrer Mutter, zu ihren Übersetzungen. Selbst die Gespräche mit »Mohr« verlieren an Interesse. *Sie* ist nicht krank. *Sie* muß nicht ihre Leber kurieren. Man hat sie nicht gefragt, ob sie ihren Vater begleiten

will. Man hat sie gezwungen. Sogar eine Gouvernante oder Fabrikarbeiterin hat mehr Freiheiten als sie!
Die Reise von London nach Böhmen hat sie sehr angestrengt. Volle achtundzwanzig Stunden von Köln bis Karlsbad, eine Nacht auf der Post, in Nürnberg kein Zimmer zu bekommen wegen »des Bayreuther Narrenfestes des Staatsmusikanten Wagner.«[228] In Karlsbad, das auf Marx »wie immer wundervoll« wirkt, hat es seit mehr als sechs Wochen nicht geregnet. Es ist staubig, stickig, von erfrischender Waldluft keine Spur. Eigentlich wollen sie nach der Kur zu Max Oppenheim, Frau Kugelmanns Bruder, fahren. Er ist ein Kaufmann, der sich für Politik interessiert, wohnt in Prag. Doch jetzt wird Tussy krank. Bekommt Fieberanfälle, eine beginnende Lungenentzündung.
»Meine Tochter ist plötzlich unwohl geworden, ich hoffe, daß es nichts Ernstliches ist«, schreibt Marx an Oppenheim.[229]
Zum Glück ist Ferdinand Fleckles, der junge Kurarzt, zur Stelle. Er kuriert Tussy, jedenfalls äußerlich, macht sie wieder reise- und gesellschaftsfähig. Die Reise kann weitergehen. Max Oppenheim, Inhaber einer »Bergwerksproductenhandlung, Specialitäten: Mineralische Farberden, mineralische Öle, nur Prima-Qualitäten, Maschinenfette«, holt sie auf dem Prager Staatsbahnhof ab[230] und redet Marx, wie es scheint, gründlich ins Gewissen. Denn der ändert, kaum daß sie wieder in London sind, mit einem Schlag seine Einstellung gegenüber Lissagaray:
»Es befindet sich jetzt im Druck«, schreibt er an Wilhelm Bracke, einen sozialistischen Verleger in Braunschweig, »das französische Werk von Lissagaray ›Histoire de la Commune‹. ... Es wird dies die erste authentische Geschichte der Kommune sein. Lissagaray hat nicht nur alle gedruckten Quellen benutzt, sondern besitzt allen anderen unzugängliches Material, abgesehen davon, daß er großentheils Augenzeuge der von ihm geschilderten Ereignisse war. Ich erhielt gestern von ihm ein an ihn von Julius Grunzig in Berlin gerichtetes Schreiben, worin sich dieser als Übersetzer anbietet. D'abord kenne ich Grunzig nicht; vielleicht können Sie mir Auskunft über ihn geben. Zweitens aber wird von ihm kein Wort fallengelassen über das Wo und Wie der Herausgabe, und selbst wenn wir Herrn Grunzig als Übersetzer brauchen könnten, würde er nur als *Übersetzer* akzeptiert, ihm aber keinesfalls die Herausgabe überlassen werden. Ich schlage Ihnen vor, den Verlag dieses für unsere

Partei wichtigen und für das ganze lesende deutsche Publikum interessanten Werkes zu übernehmen. Doch müßte Lissagaray – der als Flüchtling in London natürlich nicht auf Rosen gebettet ist – für das von ihm gewährte Recht der deutschen Herausgabe einen ... Anteil am Profit erhalten. Was die Übersetzung betrifft, so würde ich Grunzig ... Probebogen zum Übersetzen zuschicken, um mich von seiner Fähigkeit zu überzeugen.«[231]
Dieser Brief verblüfft. Und das in mehrfacher Hinsicht. Denn Marx gibt nicht nur unumwunden zu, daß er die »Kommune« für blendend recherchiert hält, er betont auch ihre Bedeutung für das deutsche Publikum und macht sich selbst zum Agenten und Fürsprecher des Buches.
»Lissagaray hat mir nämlich plein pouvoir gegeben, für ihn abzuschließen«, schreibt er im nächsten Brief.[232]
Grunzig schickt seine ersten Arbeitsproben. Es ist Marx, der die Übersetzung prüft, da Lissagaray ja kein Deutsch spricht.
»Ich habe«, schreibt er an Bracke, »die Übersetzung von Grunzig ... aufs Gewissenhafteste mit dem Original verglichen und teile ihm eben mit, daß ich seine Dienste nicht akzeptieren kann. In der Tat, die Verbesserung ... würde mir mehr Zeit kosten, als wenn ich von vorn bis hinten selbst übersetzte. Dazu habe ich aber nicht die Zeit. Ich kann nicht noch einmal das schmerzliche Experiment durchmachen, das ich bei der französischen Übersetzung des Kapitals bestanden habe.«[233]
Was ist geschehen? Warum legt er sich so ins Zeug? »Ich kann nicht noch einmal das schmerzliche Experiment durchmachen«: Ist es *sein* Buch, sind es *seine* Autorenschmerzen, um die es hier geht?
Wilhelm Bracke schlägt als Übersetzerin Isolde Kurz vor, 23 Jahre alt, Tochter eines demokratischen Schriftstellers, eine junge Dichterin auf dem Weg zum Feminismus, die sich in München als Übersetzerin und Sprachlehrerin durchschlägt, auch sie ohne Schul- und Universitätsbildung, eine Autodidaktin wie Tussy. Marx, obwohl skeptisch, ist nicht dagegen. Vielleicht hat Tussy ihm gut zugeredet. Noch weiß sie nichts über die Kurz. Noch ist keiner ihrer Romane und Gedichtbände erschienen. Aber sollte man einer Frau nicht diese Chance geben? Sitzt sie nicht selbst an einer Übersetzung der »Kommune« ins Englische?
Diesmal dauert es Wochen, bis die ersten Textproben kommen. Marx liest, rauft sich das Kraushaar und schäumt vor Wut.

Die Kurz, er nennt sie nur »holde Isolde« oder »Madämchen«, begehe »Fehler, die über die Bohnen hinausgehen. Es heißt p. 14: ›Glücklicherweise sprengte nun eine unbestimmte Nachricht die Türen.‹ Wie kann eine Nachricht ... Türen sprengen? Im Französischen steht ›une vague nouvelle‹, als welches heißt: eine neue Woge (von Menschen) nämlich!«[234]

Jede Woche schimpft er über die Kurz. Sie sei zu langsam, zu nachlässig, »unbehülflich, philisterhaft und ledern«, verstehe sich besser »auf's Geldpressen als auf's Übersetzen«, ja, ein »Sextaner« könne das Buch nicht schlechter übertragen.[235]

Der Kontrakt platzt. Marx setzt die Kurz vor die Tür. Er hat sich die Sache nicht leicht gemacht. Er hat immer wieder verglichen, immer wieder Fehlerlisten erstellt. Isolde Kurz ist mit dieser Arbeit wirklich überfordert. Es fehlt ihr an Sprachkenntnis und politischem Überblick. Schließlich macht Wilhelm Blos, Redakteur des »Volksstaat«, die Übersetzung, der alte, schon aus Leipzig bekannte sozialistische Mitkämpfer. Die französische Originalausgabe, die in Frankreich verboten ist, erscheint 1876 bei Kistemaeckers in Brüssel, die deutsche Version zwei Jahre später bei Bracke in Braunschweig.

Tussy wirkt durch den Stimmungswandel ihres Vaters wie ausgewechselt, sprüht vor Aktivität, ißt und lacht wieder und engagiert sich für ihr neues Lieblingsthema, die Frauenfrage.

»Augenblicklich«, schreibt sie an ihren Verehrer Hirsch, »habe ich besonders wenig Zeit, da ich mich viel mit den Wahlen für das ›School-Board‹ befasse. Dieses Komitee, das die Aufsicht über die weltlichen Schulen und die Schulpflicht innehat, ist ziemlich wichtig, und es kommt besonders darauf an, der sogenannten ›Church-Party‹ entgegenzuwirken, die die Schulpflicht völlig abschaffen will. Ich arbeite für die Kandidatur einer Frau – einer Frau Westlake, die, obgleich im Grunde bürgerlich wie fast alle Engländerinnen, wenigstens durchaus Freidenkerin ist und jedenfalls besser als die Männer, die sich als Kandidaten bewerben. Ich gehe von Haus zu Haus, um Stimmen zu sammeln, und Sie können sich nicht vorstellen, was für komische Dinge ich zu sehen und zu hören bekomme. In einem Haus fordert man, daß ›besonders Religion‹ unterrichtet werden solle, in einem anderen sagt man mir: ›Die Bildung ist der Fluch des Landes – die Erziehung wird uns zugrunde richten‹ usw. usw. Kurz, es ist amüsant, aber mitunter auch traurig,

wenn man zu einem Arbeiter kommt, der einem erklärt, er wolle erst ›seinen Fabrikherrn‹ fragen.«[236]
Der Londoner »school-board«, 1870 im Rahmen des »education act«, der die Schulpflicht für Mädchen etablierte, gegründet, ist eine wichtige politische Institution. 1876 gehören ihm fünfzig Mitglieder an, davon sind sechsundvierzig männlich: ehemalige hohe Kolonialoffiziere, Angehörige des Adels, Beamte und wohlhabende Kaufleute der Mittelklasse. Für Männer gilt der »school-board« als Vorstufe zum Parlament, als Eintrittskarte in die politische Karriere. Frauen, die weder wählen noch ins Parlament dürfen, finden hier eine Möglichkeit, politisch aktiv zu werden und ihre gesellschaftlichen und pädagogischen Ansichten zu artikulieren. Der Londoner »school-board« ist eine der ersten öffentlichen Institutionen in England, die die gleichberechtigte Mitgliedschaft von Frauen zulassen.
Alle vier weiblichen Kandidaten, die sich 1876 zur Wahl stellen, werden gewählt. 1879 kommen sogar neun Frauen in den »school-board«. Der »school-board« setzt sich in diesen Jahren dafür ein, daß das Schulgeld abgeschafft wird und die Kinder in den Schulen kostenlos verpflegt und medizinisch betreut werden. Er entwickelt besondere Konzepte für Kinder, die neben der Schule schwere Fabrikarbeit machen müssen. Denn Kinderarbeit ist in dieser Zeit, den siebziger Jahren, immer noch nicht verboten. Unter den Frauen im »school-board« sind »radicals« und »femocrates«, »Radikale« und »Femokraten«. Die »Radikalen« lehnen jede geschlechtsspezifische Erziehung ab, fordern die Abschaffung von Fächern wie Kochen und Handarbeit, die zuviel Zeit kosteten und den Augen bzw. dem Rücken schadeten. Die »Femokraten« plädieren für eine gemäßigt geschlechtsspezifische Erziehung, d. h. Kochen und Hauswirtschaft in Verbindung mit Chemie, Biologie und Physik, Medizin, Hygiene des Kindesalters usw. Tussys Kandidatin, Alice Westlake, im »Nebenberuf« eine begabte Malerin, gehört zu den »Femokraten«. Sie plädiert für verstärkte Einstellung von Lehrerinnen, verlangt, daß sie nach Leistung, nicht nach Geschlecht bezahlt werden, will aber verheiratete Frauen nicht zum Schuldienst zulassen.[237]
Es ist fraglich, ob Tussy sich darüber im klaren ist. Denn der Einsatz für diese Frau bedeutet ein Zugeständnis an die Konservativen, die höhere Frauenbildung eigentlich für überflüssig halten.

Vielleicht glaubt sie aber auch, daß »Radikale« bei so viel Widerständen gegen die höhere Mädchenbildung (und, wie sie schreibt, gegen »Bildung« überhaupt) keine realistische Chance hätten, geht sozusagen eine Politik der kleinen Schritte. Dafür spricht, daß auch Engels die Kandidatur von Alice Westlake unterstützt. »Wenn wir ans Ruder kommen«, schreibt er im Februar 1877 an eine deutsche Freundin, »sollen die Frauen nicht nur wählen, sondern auch gewählt werden und Reden halten, das letztere geschieht hier schon beim Schulamt, und ich habe letzten November alle meine sieben Stimmen einer Dame gegeben ... Übrigens zeichnen sich die Damen auf den hiesigen Schulämtern dadurch aus, daß sie sehr wenig reden und sehr viel arbeiten, im Durchschnitt jede soviel wie drei Männer.«[238]

Durch die meisterhaften Shakespeare-Darstellungen Irvings – auf »Hamlet« und »Macbeth« folgen 1876 und 1877 »Othello« und »Richard III.« –, ist in London ein Shakespeare-Fieber ausgebrochen, von dem sich die ganze Familie Marx bereitwillig anstecken läßt. Frederick Furnivall, ein bekannter englischer Philologe, der der christlich-sozialistischen Partei angehört, hat 1873 die Neue Shakespeare-Gesellschaft gegründet. Tussy wird Mitglied. Zwar gehören Aristokraten und hohe Geistliche wie der Lord Bishop von Bath und Wells, Prince Louis-Lucien Bonaparte, der Earl von Derby, der Duke von Devonshire, der Erzbischof von Dublin und der Generalgouverneur von Kanada zu den Vizepräsidenten, aber trotzdem ist die Neue Shakespeare-Gesellschaft kein elitärer Verein, sondern heißt vom »flaumbärtigen youngster bis zum ergrauten Veteranen« jeden willkommen. Sie betreibt Zweiggesellschaften in Schottland, Irland, Nordamerika und den Kolonien, hat allein in London mehrere hundert Mitglieder, setzt sich zum Ziel, »das ernste und intelligente Studium von Shakespeares Werken in allen Klassen der Bevölkerung anzuregen und zu erleichtern«.[239] Jeder darf Beiträge über den großen Dichter schreiben, der »flaumbärtige youngster« wie der »ergraute Veteran« und, natürlich, auch das bildungshungrige junge Mädchen. Jeden zweiten Freitag im Monat finden sogenannte meetings statt, und zwar im Frauenlesesaal des University College auf der Gower Street. Alle Beiträge und Berichte werden hier verlesen und diskutiert. Tussy verpaßt keinen Termin. Das ist demokratische Bildung. Endlich kommt sie mit Professoren, mit Gelehrten in Kontakt. Das »richtige« Universitätsstudium ist Frauen immer noch verschlossen. Erst wenige englische Colleges haben ihnen 1876 ihre Türen geöffnet. Trotzdem sind unter den Shakespeare-begeisterten Mädchen und Frauen einige, die mehr gelernt haben als sie. Clara Collett zum Beispiel, 1860 geboren, Tochter eines freigeistigen Zeitungsredakteurs, für dessen Blatt, den »Diplomatic Review«, auch Marx schon gearbeitet hat, Absolventin einer höheren Schule in Cambridge und der North London Collegiate School, einer der ersten öffentlichen höheren Mädchenschulen in England. Ihre Eltern haben sie nach Calais geschickt, damit sie von Grund auf klassisches Französisch lernt. Sie bereitet sich auf ihren ersten »Bachelor of Arts«-Abschluß vor, will ein Lehrerdiplom machen, Mathematik und politische Wissenschaften studieren, ein großes Buch über die Frauenarbeit im Londoner East End schreiben. Oder Dollie Maitland, eine junge Lyrikerin, und Helen Taylor, die Stieftochter des berühmten politischen Schriftstellers John Stuart Mill. Helen Taylor ist, anders als Tussy, nicht nur Assistentin und Schreibkraft, sondern namentlich genannte Co-Autorin, setzt sich seit Jahren aktiv für das Frauenwahlrecht ein, arbeitet gemeinsam mit Mutter und Stiefvater an einem großen Werk über die »Hörigkeit der Frau«, in dem es wenige Jahre später heißen wird:

»Die Männer beanspruchen von den Frauen nicht nur Gehorsam, sondern auch Zuneigung. Alle Männer, mit Ausnahme der tierisch rohesten, wollen in der Frau … eine freiwillige Sklavin, … eine Favoritin haben. Zu diesem Zwecke ist alles angewendet worden, um den weiblichen Geist niederzuhalten … Kein eigener Wille, keine Herrschaft über sich durch Selbstbestimmung, sondern Unterwerfung, Fügsamkeit in die Bestimmung anderer. Jede Sittenlehre predigt ihnen, die Pflicht der Frau sei, für andere zu leben, sich selbst vollständig aufzugeben und keine andere Existenz als … durch ihre Liebe zu haben, und die hergebrachte Sentimentalität behauptet sogar, daß dies der Zustand sei, welcher der eigentlichen Natur der Frau gemäß ist.«[240]

Ist das nicht auch Tussys Schicksal? Das Gefühl der »Pflicht, für andere zu leben«? – Bedingungslose »Fügsamkeit in die Bestimmungen anderer«? War es wirklich nur der »education act« von 1870, dem diese Mädchen und Frauen, zum Teil wenige Jahre jünger als sie, ihre bessere Ausbildung, ihre akademischen Grade verdanken?

Oder sind ihre eigenen Defizite nicht auch der liebevollen Gleichgültigkeit eines Vaters geschuldet, der jede »Erziehung« für eine Art Zwangsmaßnahme hielt und sich darauf beschränkte, ihr ein paar schöne Geschichten zu erzählen?
Sie wird vom Ehrgeiz gepackt, von einer Art Wut, die sie zu besonderen Leistungen anstachelt. Es reicht nicht, Liebknecht kostenlose Informationen für den »Volksstaat« zu liefern. Es reicht nicht, für andere Frauen Stimmen zu sammeln, das Werk ihres Liebsten ins Englische zu übertragen und ihren alternden Vater nach Karlsbad zu begleiten. Sie will sich nicht opfern. Sie hat das schon einmal gesagt. Sie möchte etwas Eigenes, Unverwechselbares schaffen, etwas, das nicht nur beachtet wird, weil sie »Marx« heißt. Aber was?
Gleich nach der Rückkehr aus Karlsbad, im Herbst 1876, setzt sie sich hin und übersetzt eine wissenschaftliche Abhandlung aus dem »Jahrbuch der Deutschen Shakespeare-Gesellschaft« ins Englische. Sie stammt von einem Bonner Professor, Nicolaus Delius, Begründer der anglistischen Literaturwissenschaft in Deutschland. Delius hat selber Gedichte geschrieben, eine Biographie mit dem Titel »Mythos Shakespeare« verfaßt, den »Macbeth« kritisch herausgegeben und gilt als *der* Shakespeare-Experte überhaupt, nicht nur in Deutschland, sondern auch in den angelsächsischen Ländern, die Shakespeare als Gegenstand literaturwissenschaftlicher Betrachtung erst noch entdecken müssen. Der Aufsatz, den Tussy übersetzt, heißt »Die epischen Elemente in Shakespeare's Dramen«[241], eine lange, literarisch anspruchsvolle, auch noch heute mit Genuß zu lesende Abhandlung, in der Delius die Theorie aufstellt:
»Als epische Elemente ... wage ich alle diejenigen Partieen zu fassen, in welchen der Dichter durch den Mund der auftretenden Personen nur erzählen oder schildern läßt, was sich alleinfalls seinen Zuschauern in scenischer Darstellung hätte vorführen lassen ... Ein anderes episches Element ... läßt sich als das episodische bezeichnen ... Die Anwendung dieses episodischen Elementes ist vorzugsweise ... zurückzuführen ... auf eine praktische Berücksichtigung jener dürftigen ökonomischen Verhältnisse des englischen Theaterwesens ..., welche auf dem aller Scenerien und sonstiger Apparate baaren Schauplatz dem Auge der Zuschauer wenig mehr als den Anblick der agirenden Personen darzubieten vermochte. Aller mangelnde Pomp und Dekorationswechsel, den unsere Theatermaler und Maschinisten ... als eine schier unentbehrliche Er-

gänzung … der dramatischen Handlung liefern, alle diese damals mangelnden Vorkehrungen mussten der nachhelfenden Phantasie des englischen Publikums durch das Dichterwort vermittelt … zugeführt werden … Von Macbeth's Tapferkeit im Kampfe mit dem Rebellen und dem Norweger läßt Shakespeare den verwundeten Krieger berichten … Es kam dem Dichter darauf an, nicht diese blutigen Thaten selbst zu zeigen, sondern die Abspiegelung derselben an den Thätern einerseits und … den … Betroffenen andrerseits, und in diesem doppelten Reflex des Mordes erst den beabsichtigten Eindruck auf das Publicum zu gewinnen.«
Tussy übersetzt den dreizehn Seiten langen Aufsatz sorgfältig und mit viel Sprachgefühl. Sie folgt Delius in seinen zum Teil sehr abstrakten Gedankengängen, überträgt seine Interpretationen der historischen Dramen minutiös ins Englische, schreibt flüssig, ohne ihren Text mit Fremdwörtern zu überfrachten, sucht stets den einfachsten, aber doch genauesten Ausdruck – ein kleines Meisterwerk, wenn man bedenkt, daß sie sich zwei Jahre vorher noch nicht imstande fühlte, Wilhelm und Natalie Liebknecht einen deutschen Brief zu schreiben.
»The Society is indebted to Miss Eleanor Marx for the englishing of this Paper from its German original«, heißt es in einer Fußnote zu dem Artikel, den Tussy im Winter 1876 öffentlich vorliest und der in den »Transactions« der Shakespeare-Gesellschaft veröffentlicht wird.[242]
Mutter Jenny, die vielleicht bei der Übersetzung geholfen hat, ist stolz auf Tussy, und zwar mit Recht. »Dieser success«, erhofft sie sich, »wird ihr einigen Eingang in literarische Kreise … verschaffen, so daß sie vielleicht hier bezahlte Arbeit finden wird …«,[243] während Marx, von dem Ergebnis offenbar weniger angetan, an den als Frauenfeind bekannten Gynäkologen Freund schreibt:
»Sie hat unter anderem eine von der hiesigen Shakespeare-Gesellschaft, deren Mitglied sie ist, gedruckte Übersetzung von Professor Delius … versündigt, die ihr jedoch große Elogen von Seiten des Herrn Delius ergattert hat.«[244]
Er nimmt sie nicht ernst, hält Delius' »Elogen« für übertrieben, glaubt, daß er nur so enthusiastisch geantwortet habe, weil sie ein Mädchen und eine Marx-Tochter ist, macht sich noch nicht einmal die Mühe, deren er sogar das »Madämchen«, Isolde Kurz, die Übersetzerin Lissagarays, für würdig befunden hat: ihr mögliche

Schwachstellen ihrer Übersetzung aufzuzeigen. Sie bleibt immer sein Tussichen, sein Witzbold, sein Clown.
Den spielt sie offenbar auch im »Dogberry-Club«, einer Versammlung junger, theaterbegeisterter Männer und Frauen, die sich seit August 1877 im elterlichen Wohnzimmer trifft, um Dramen, vor allem Komödien Shakespeares zu lesen. Clara Collett, Dollie Maitland und Marian Skinner sind dabei, ein gut aussehender junger Jurist namens Ernest Radford, ein Dramatiker, Schauspieler und Shakespeare-Forscher, Edward Rose, eine ältere Amateurschauspielerin namens Jane Alice Wright. Schon der Name dieses Clubs ist Programm. Denn Dogberry ist der schrullige, dumme Wachtmeister aus der Liebeskomödie »Viel Lärm um Nichts«, in der deutschen Fassung als »Holzapfel« bekannt. Er verdreht alle Fremdwörter, sagt »irritieren« statt »arretieren«, kommt sich schrecklich klug und allmächtig vor und bringt die Aufgaben der Polizeigewalt auf eine kurze Formel:
»Ihr seid dazu da, daß Ihr allen und jedem zuruft: Halt! In des Prinzen Namen!« Oder: »Ihr sollt in allen Bierschenken einkehren, und den Besoffenen sollt ihr befehlen, ins Bett zu gehen.«
Tussy spielt selber den Dogberry. Das amüsiert ihren Vater köstlich. Manchmal, erinnert sich Marian Skinner, wird er von solchen Lachkrämpfen geschüttelt, daß ihm die Tränen die Backen herunterlaufen. Auch Engels ist unter den Zuschauern. Beide spielen nicht mit.
Was, so Marian Skinner, für die Stücke auch besser ist. Denn Marx hat eine wenig wandlungsfähige, gutturale Stimme und einen harten deutschen Akzent, den er trotz jahrzehntelangen England-Aufenthalts nicht los wird.

Im Sommer 1877 fahren sie wieder in Kur. Diesmal geht die Fahrt nach Bad Neuenahr, mitten in die rheinische Heimat der Marxens, ein Umstand, der Tussy offenbar völlig kaltläßt. Keine Briefe an die Schwester Jenny darüber, kein Schwärmen über die Burgen, das milde Klima, die liebliche Rhein- und Ahrlandschaft, keine Neugier, auf den Spuren der Eltern zu wandeln. Bonn ist nicht weit. Marx hat da Philosophie studiert. Selbst zu den Verwandten in Trier wäre es keine allzu lange Reise. Doch Tussy tut, was sie immer macht, wenn sie gezwungen wird, ihre Zeit in exklusiven Kurorten zu vertändeln: sie schweigt, demonstriert Apathie, spielt

nicht mehr den Clown und: sie hungert, diesmal offenbar beängstigend ausdauernd, denn erst nach über einer Woche meldet Marx an Engels:
»Tussychens Appetit nimmt zu, was bei ihr das beste Symptom.«[245]
Ende September 1877 sind sie wieder in London. Endlich. Tussy will weiter an ihren Shakespeare-Studien arbeiten, nicht mehr autodidaktisch, sondern an den Quellen, im British Museum. Frederick Furnivall, Gründer der Shakespeare-Gesellschaft, hat sie aufgefordert, ihr bei seinen unzähligen philologischen Projekten zu assistieren, für ein paar Schilling die Woche, weniger, als sie als Privatlehrerin junger Mädchen bekommen würde. Sie ist fleißig, zuverlässig, akribisch und sprachbegabt. Seitdem sie den Aufsatz von Delius übersetzt hat, weiß er, was für ein Potential in ihr steckt.
Allerdings: Für die Benutzung des Lesesaals braucht man einen akademischen Grad oder wenigstens einen »letter of recommendation«. Die Leute sind furchtbar steif dort. Betrachten ihre Bücher, ihre Tradition als persönliches Heiligtum, tragen lächerliche Roben und Perücken, die Respekt einflößen sollen, bestehen darauf, daß man ihre Regeln nicht nur akzeptiert, sondern auch lauthals vorliest. Es sind lauter kleine Dogberries, fast wie in einer Shakespeare-Komödie.
»Sir!« schreibt Tussy am 15. Oktober 1877. »Ich hätte gern eine Eintrittskarte für den Lesesaal des British Museum und wäre Ihnen sehr verbunden, wenn Sie mir eine schicken würden. Ich weiß nicht, ob man dazu eine Empfehlung benötigt. Wenn ja, nehme ich an, reicht es zu sagen, daß mein Vater, Dr. Karl Marx, den Lesesaal fast dreißig Jahre lang täglich aufgesucht hat.«[246]
Sie bekommt ihre Eintrittskarte. Sie hat nun endlich ihren persönlichen Zufluchtsort. Wie ihr Vater wird sie viele Jahre ihres Lebens im Lesesaal des British Museum verbringen. Einer der ersten, mit denen sie dort ins Gespräch kommt, ist ein junger, großer, rothaariger Ire, der offenbar Gefallen an ihr findet.
»Gestatten Sie, daß ich mich vorstelle?« sagt er eines Tages zu Tussy und verbeugt sich leicht ungelenk: »Mein Name ist George Bernard Shaw.«

5 Europa in Aufruhr 1877–1881

Er gehört zu ihrem Lieblingsvolk, spricht ihren Lieblingsakzent, interessiert sich leidenschaftlich für soziale und politische Fragen, flieht in das altehrwürdige British Museum, weil es dort warm, aufgeräumt und still ist, weil Bücher ihm die verlorene Heimat ersetzen.

»Ich war ein Fremder, ein Irländer«, schreibt er in seinen Lebenserinnerungen. »Ich war provinzlerisch. Ich war eigensinnig. Ich mußte den Geist Londons ändern, um überhaupt Aufnahme und Duldung zu finden.«[247]

Wer hätte ihn besser verstehen können als Tussy?

Er ist noch sehr jung, knapp über Zwanzig, schreibt bereits an sozialkritischen Romanen, aber sein Name ist in der Literaturwelt noch völlig unbekannt. Er schlägt sich mit Brotarbeiten durch, kopiert Zeitungen, schreibt kleine Auftragsartikel, genau wie Tussy, träumt davon, die Welt oder zumindest England zu verändern.

Sie erzählt ihm von Marx. Seit er in London ist, hat er den Namen schon öfter gehört. Die jungen Sozialisten und Freidenker zitieren ihn ständig. Das »Kapital«! Er müsse das »Kapital« lesen! Wer das »Kapital« nicht gelesen hätte, sei nur ein halber Mensch!

Da er kein Deutsch spricht, liest er die französische Übersetzung. Auf englisch gibt es das Werk 1878 noch nicht. Vielleicht hat Tussy ihm das Buch gegeben. Oder Marx selbst hat es ihm geschickt. Er tut sich schwer mit dem Lesen. Denn er hat nicht studiert, hat nicht einmal eine höhere Schulbildung abgeschlossen. Seine Eltern haben ihn vom Gymnasium genommen, als er fünfzehn war. Trotzdem quält er sich durch den schweren, philosophischen Stoff, wahrscheinlich, indem er unzählige Male im Lexikon nachschlägt. Nach der Lektüre ist er begeistert, verändert. Das ist die Botschaft, auf die er immer gewartet hat. Dieses Buch wird seinem Schreiben, ja seinem Leben eine neue Richtung geben. Der Verfasser ist für ihn größer als Jesus und Mohammed, ist ein Genie.

»Marx bedeutete eine Offenbarung«, schreibt er Jahrzehnte später. »Seine abstrakte Volkswirtschaftslehre war, wie ich später entdeckte, falsch, aber er zerriß den Schleier. Er öffnete mir die Augen für die Fakten von Geschichte und Zivilisation und vermittelte mir eine völlig neue Auffaßung vom Universum, gab mir ein Ziel und einen Lebensauftrag.«[248]

Kein Wunder, daß Tussy eine magische Anziehungskraft auf ihn ausübt. Sie ist exotisch und klug, eine »dark lady«. Und sie ist Tochter des größten Genies aller Zeiten und Völker. Leider ist sie verlobt. Es wird viel darüber gemunkelt. Der Vater soll gegen den Bräutigam sein, ihr verbieten, ihn auch nur zu sehen. Eine Geschichte wie die von Romeo und Julia oder zumindest wie die von Robert und Clara Schumann.

Aber stimmt das wirklich? Haben die Klatschmäuler da nicht etwas übersehen? Daß Marx wie ein Löwe für Lissagarays Buch kämpft, bei seinen deutschen Bekannten Reklame dafür macht, daß Mutter Jenny ganz offiziell vom »Verlobten« ihrer Tochter spricht, nicht ohne Stolz auf diesen erstaunlichen Schwiegersohn in spe?

»Lissagaray, mit welchem sie verlobt ist«, schreibt sie im Januar 1877 an Friedrich-Anton Sorge, »hat sein Buch über die Kommune in Brüssel herausgegeben. Es ist wirklich recht gut ausgefallen, scheint sich gut zu verkaufen und wird in diesem Augenblick ins Deutsche übertragen.«[249]

Marx hat seinen Widerstand gegen Lissagaray aufgegeben. Er hat sich überzeugen lassen, hat sein negatives Bild revidiert, bedauert vielleicht sogar seine Jähzornsanfälle von früher. Dieser Mann ist kein Schwätzer, kein Taugenichts, kein »Courmacher«. Er ist ein großer politischer Schriftsteller. Wie in der Legende vom »Schönen und dem Biest« tritt der alternde Vater von der Bühne ab und läßt dem jungen Bewerber den Vortritt. Doch jetzt ist es Tussy, die zögert. Sie will noch nicht heiraten, sie will noch zu Hause bei ihrem Vater bleiben, wie die Schöne im Märchen. Denn wer weiß, was ihr an der Seite dieses Mannes alles blühen würde. Ein Martyrium an der Seite des Genies, ein Leben wie das von Natalie Liebknecht, wie das ihrer Mutter? Zwar arbeitet sie fleißig weiter an der englischen Übersetzung der »Kommune«, denn sie ist pflichtbewußt, fleißig und treu. Aber ihre Gefühle sind kühler, ihre Tränenausbrüche seltener geworden. Es gibt keine Ohnmachtsanfälle, keine herzzerreißenden Briefe an Marx mehr. Eine Liebe, die »erlaubt« ist, hat für sie keinen Reiz.

Juni 1878. Eine Sensationsnachricht aus dem Deutschen Reich erschüttert die englischen Medien. Auf Kaiser Wilhelm I. ist in Berlin Unter den Linden geschossen worden. Der Attentäter, ein Philosoph namens Doktor Karl Nobiling, wird sofort gefaßt. Er hat versucht, sich selbst in den Kopf zu schießen, überlebt schwer verletzt, erzählt unzusammenhängendes Zeug über seine Motive. Ein Sozialist ist er nicht. Seine Eltern sind Königstreue. Es heißt sogar, daß er mit der Partei des Hofpredigers Heinrich Adolf Stöcker sympathisiert, die unter dem Deckmantel des Christentums zum Judenhaß aufruft. Drei Tage nach dem mißglückten Attentat löst Bismarck den Reichstag auf. Tussy ist ratlos.

»Was sagen Sie zu Nobiling?« schreibt sie an Carl Hirsch. »Wissen Sie etwas über diesen Mann? – Die englische Presse ist entrüstet – vielleicht noch mehr als die deutsche. Man sieht, wie froh sie wären, wenn alles auf die Sozialisten aller Länder geschoben würde, um wieder mit den Verfolgungen zu beginnen. Sie sind entzückt, daß in Deutschland ein bißchen Reaktion und Terrorismus aufkommt – ... Ich fürchte für unsere Freunde, Liebknecht und die anderen, daß das eine schlimme Sache wird. Ein bißchen Verfolgung hat ihr Gutes, aber nicht eine Reaktion, die die Zeitungen, die Versammlungen – kurz, alle Propagandamöglichkeiten unterdrückt. Wir wissen noch keine Einzelheiten über Nobiling, denn den reaktionären Zeitungen kann man keinen Glauben schenken. Die Wirkung hier war niederschmetternd ... Ringsum gab es einen Schrei der Entrüstung.«[250]

Auch zu Hause überschlagen sich die Ereignisse. Jenny, die Jüngere, seit 1876 Mutter eines gesunden Sohnes, Jean, hat im Juli schon wieder ein Kind bekommen. Es heißt Harry und ist genauso klein und schwächlich wie sein verstorbener Bruder Charles. Das wird wieder eine Katastrophe geben. Doch es bleibt nicht die einzige. Mutter Jenny, schon seit Jahren blaß, schwach und abgemagert, hat sich endlich entschlossen, zu Doktor Gumpert nach Manchester zu fahren. Er nimmt sie in seine große Familie auf, verwöhnt sie mit erlesenen Mahlzeiten, verordnet ihr Sprudelbäder und galvanische Batterien, sagt ihr aber klar, daß sie Leberkrebs habe.

»Ich weiß nicht, ob ich je wieder ganz courirt werde«, schreibt sie an Tussy, »vielleicht ist mein Leiden schon zu verjährt und zu hartnäckig geworden.«[251]

Auch mit Lizzy Burns, Engels' irischer Lebensgefährtin, geht es zu Ende. Sie stirbt am 12. September 1878 an Blasenkrebs. Einen Tag vor ihrem Tod hat Engels sie kirchlich geheiratet. Sie ist gläubige Katholikin gewesen. Sie könne, sagte sie, nicht in Frieden sterben, ohne vor Gott und Gesetz rechtmäßig verheiratet zu sein. Marx macht spöttische Bemerkungen darüber. Es kommt, wie nach dem Tod von Lizzys Schwester Mary, zu einer vorübergehenden Entfremdung. Engels läßt Lizzy auf dem katholischen Friedhof St. Mary in London begraben und setzt ihr einen Grabstein mit der Inschrift:

»In memory of Lydia, wife of Frederick Engels.«

In der Zeitschrift der deutschen Sozialdemokraten, dem »Vorwärts«, steht am 18. September:

»Meinen Freunden in Deutschland zeige ich hiermit an, daß meine Frau Lydia, geb. Burns, mir ... durch den Tod entrissen wurde.«

Wieder trauert er wochenlang, bricht seine Korrespondenz, seine literarische Arbeit fast völlig ab. Schließlich übernimmt Lizzy's Nichte Mary Ellen, genannt »Pumps«, den verwaisten Haushalt. Sie ist erst neunzehn, Tochter eines kinderreichen irischen Fischhändlers aus Manchester, sehr fröhlich, sehr dem Alkohol zugetan, sehr sexy, verdreht Engels und etlichen russischen Revolutionären den Kopf. Tussy und ihre Eltern sind entsetzt über diese seltsame Liaison und sparen nicht mit giftigen Bemerkungen darüber. Aber Pumps bringt die Lebensfreude ins Haus von Engels zurück und hilft ihm, seinen zweiten großen Verlust zu überwinden.

Oktober 1878. Was Wilhelm Liebknecht und viele andere deutsche Sozialisten befürchtet haben, ist eingetroffen. Das Bismarck-Regime hat das Attentat auf den Kaiser zum Anlaß genommen, Kommunisten, Sozialisten und Sozialdemokraten gnadenlos zu verfolgen, obwohl sie erwiesenermaßen nichts damit zu tun haben. Es ist von »Kaisermördern«, von »sozialdemokratischem Gesindel« die Rede. Die Häuser von Parteiangehörigen werden durchsucht, ihre Versammlungen aufgelöst, ihre Zeitungen beschlagnahmt. Eine wahre Volkshetze gegen die deutsche Linke setzt ein.

»Nun zeigte sich erst«, schreibt Wilhelm Blos in seinen Erinnerungen, »die niedrige Gesinnung des Spießbürgerpacks in zahllosen Denunziationen, die bei der Polizei einliefen. Die Wände hatten Ohren. In einem Monat wurden über fünfhundert Jahre Gefängnis wegen Majestätsbeleidigung verhängt. Es kam häufig vor, daß in den Wirtschaften Gäste, die man als Sozialdemokraten erkannte, unter dem Bravogebrüll der anwesenden Spießbürger ausgetrieben wurden. In diesen Tagen stand täglich an der Spitze des ›Vorwärts‹: ›Laßt euch nicht provozieren! Man will schießen!‹«[252]
Der vermeintliche Sozialist Nobiling ist im September seinen Verletzungen erlegen. Am 21. Oktober wird das »Gesetz gegen die gemeingefährlichen Bestrebungen der Sozialdemokratie« erlassen, in dem es heißt:
»Wir, Wilhelm von Gottes Gnaden, Deutscher Kaiser, König von Preußen etc., verordnen im Namen des Reiches … was folgt:
Vereine, welche durch sozialdemokratische, sozialistische und kommunistische Bestrebungen den Umsturz der bestehenden Staats- und Gesellschaftsordnung bezwecken, sind zu verbieten. … Versammlungen, in denen … auf den Umsturz der bestehenden Staats- und Gesellschaftsordnung gerichtete Bestrebungen zu Tage treten, sind aufzulösen … Personen, von denen eine Gefährdung der öffentlichen Sicherheit und Ordnung zu besorgen ist, kann der Aufenthalt in den Bezirken oder Ortschaften versagt werden …«
Das Gesetz, das auf die Kurzformel »Sozialistengesetz« gebracht wird, umfaßt viele Paragraphen und Seiten, ordnet mit preußischer Genauigkeit das Verbot sozialistischer Zeitungen, Flugblätter und Druckschriften an, bedroht Buchhändler, Leihbibliothekare und sogar Schankwirte mit Konzessionsentzug, sieht die Konfiszierung von Innungs- und Gewerkschaftskassen vor, die der sozialen Absicherung ihrer Mitglieder dienen. Es gibt kein Gericht, kein gewähltes Gremium, das über die Anwendung dieser Maßnahmen entscheidet. Ausführendes Organ ist allein die Polizei. Die schlägt nun zu. In Berlin, in Hamburg, in Altona, im Ruhrgebiet und im Bergischen Land, überall, wo es eine lebendige Arbeiterbewegung gibt, zerstört Geschäfte, vertreibt Familien aus ihren Häusern, macht Väter arbeitslos. Es wird denunziert, geschlagen, gefoltert, verhaftet. Über ganze Städte und Regionen wird der »kleine Belagerungszustand« verhängt, unter anderem auch über Bismarcks eigene Güter in Lauenburg. Auch das Buch von Lissagaray wird

1878 verboten, weil es »keine objektive Darstellung einer historischen Begebenheit«, sondern ein »Wegweiser für die Arbeiter« sei, »um auf gewaltsamem Wege die soziale Universalrepublik zur Einführung zu bringen.« Wilhelm Bracke, der deutsche Verleger, beschwert sich, wird aber von den Behörden zurückgewiesen.[253]

Marx verhält sich merkwürdig passiv. Vielleicht, weil ihn andere Dinge bewegen. Er hat Angst um Jenny. Doch auch ihm selbst geht es nicht gut. Eine Bronchitis wächst sich zur hartnäckigen Brustfellentzündung aus, raubt ihm die Kraft, läßt ihn nachts nicht schlafen. Außerdem hat er ein gespaltenes Verhältnis zur sozialdemokratischen Arbeiterpartei, die sich seiner Ansicht nach zu sehr an Lassalle orientiert und deren »Gothaer Programm« von 1875 er einer vernichtenden Kritik unterzogen hat. So bleibt er stumm. Unterläßt es, den Verfolgten moralisch beizustehen, schreibt keine Zirkularbriefe, Artikel oder Aufrufe. Anders Tussy. Sie fühlt sich als Freundin von Wilhelm Liebknecht und Wilhelm Blos. Sie leidet mit Natalie, Gertrud, Alice und den beiden kleinen Jungen. Was wird mit ihnen geschehen? Werden sie auch ausgewiesen? Wird Liebknecht, wie schon so oft, wieder ins Gefängnis kommen? Was ist mit den zahllosen ungenannten und unbekannten Mitgliedern der Partei, die jetzt hungern, frieren, ihr Obdach verlieren und im Krankheitsfall nicht einmal ärztlich behandelt werden können, da der Staat die Gewerkschaftskassen konfisziert hat?

Im November 1880 – zwei Jahre nach dem Inkrafttreten des »Sozialistengesetzes« – setzt sie sich hin und appelliert an achtunddreißig englische Zeitungen:

»Mein Herr!

Ein Telegramm von Reuters verkündete vor einigen Tagen, daß in Hamburg, Altona etc. ein Belagerungszustand verhängt worden ist, und daß 175 Menschen diese Städte verlassen mußten. Aber die Umstände, unter denen diese Maßnahmen getroffen wurden, die Unmenschlichkeit, mit der die Vertreibungen stattfanden – all das blieb in England unbekannt. Andernfalls hätte sich sicherlich Protest geregt. Die Engländer haben mit Bulgaren und Türken sympathisiert, mit Russen und Griechen, werden sie nicht Gerechtigkeit, wenn nicht Sympathie für die deutschen Sozialdemokraten aufbringen?

Das ›Sozialistengesetz‹ fordert, daß Taten zur ›Gefährdung der öffentlichen Sicherheit‹ begangen worden sein müssen, bevor ein

›kleiner Belagerungszustand‹ erklärt wird. Aber weder in Hamburg noch in all den anderen Städten existiert ein Grund für diese außergewöhnliche Maßnahme. Es gab keine ›Exzesse‹, keine unerlaubten Versammlungen, keine Agitation, keine aufrührerischen Publikationen, keine Verschwörungen. Trotz der Anstrengungen der Polizei, irgend etwas zu entdecken, womit sie ihre eigene Ungesetzlichkeit rechtfertigen könnte, hat sie nicht die Spur davon gefunden; ihre fortgesetzten Durchsuchungen der Häuser der ›Verdächtigen‹ sind absolut erfolglos geblieben. Die Sozialisten haben sich strikt ans Gesetz gehalten – selbst an die Ausnahmegesetze, die Prinz Bismarck erlassen hat, und die er – unfähig, selbst damit zu regieren (ein Ausnahmezustand wurde auf seinen eigenen Gütern in Lauenburg verhängt!) – als erster bricht.
Ohne Grund und Anlaß, ohne den Schatten einer Entschuldigung wurden 175 Menschen – viele von ihnen waren vorher schon aus Berlin ausgewiesen worden – aus Hamburg vertrieben; die Häuser armer Arbeiter sind aufgebrochen worden, ihre Familien wurden verjagt, um sich irgendwo anders ein Heim und eine Arbeit zu suchen – oder um zu verhungern, was sicher oft der Fall sein wird. Eine arme Frau, die Gattin eines Druckers, die ihr Heim zerstört fand und dem nackten Hunger ins Gesicht blickte, hat ihren Verstand verloren und ist jetzt im Irrenhaus! ... Ein Sozialdemokrat, seit sechs Monaten ans Bett gefesselt und im letzten Stadium seiner Krankheit, wurde in diesem kalten Novemberwetter von Pinneberg in Holstein nach Neustadt geschickt, wo er sterbenskrank ankam.
Diese sprechenden Fakten bedürfen keines Kommentars. Zu einer Zeit, in der die deutsche Presse unterdrückt und jede Äußerung öffentlicher Meinung unmöglich ist, in der Prinz Bismarck neue Ungesetzlichkeiten begeht und den Belagerungszustand über Leipzig verhängt, in der er äußerste Mühe darauf verwendet, die Schweizer Regierung dafür zu gewinnen, Sozialisten, die in Zürich und Genf Zuflucht gesucht haben, zu vertreiben, in dieser Zeit ist es die Pflicht der freien Presse in England – der einzigen freien Presse in Europa – diese Aktionen so hart zu verurteilen, wie sie ungerecht sind, so gnadenlos, wie sie es in ihrer Ungesetzlichkeit verdienen.
Ihre gehorsame Eleanor Marx
London, November 1880.«[254]
Das ist Tussy, wie sie leibt und lebt, wie sie in die Geschichte des englischen Sozialismus eingehen wird. Sie nimmt kein Blatt vor

den Mund, hat keine Spur von Angst, hält sich nicht lange mit Theorien und Analysen auf, sondern erzählt von Schicksalen, leidet mit den Verfolgten, appelliert an die Menschlichkeit von Redakteuren und Lesern; ein – vielleicht – typisch weiblicher Wesenszug, der Marx eher verstört als erfreut haben dürfte, denn er kommentiert ihre Aktivitäten nirgendwo, nicht einmal in seiner ausgiebigen Korrespondenz mit Engels, sondern fährt fort, sich von »Tussichen« in noble Kurorte begleiten zu lassen und schreibt von dort: »Viele Juden und Flöhe hierselbst.«[255]

Tussy ist inzwischen praktisch »entlobt«, denn Lissagaray hat London im Juli 1880 verlassen, ohne daß sie auch nur erwogen hätte, mit ihm zu gehen. Die französische Regierung hat die Flüchtlinge der Kommune begnadigt. Lissagaray lebt jetzt wieder in Paris, will eine neue Zeitschrift herausgeben. Auch Charles Longuet, Ehemann von Schwester Jenny, ist wieder in die Heimat zurückgekehrt, arbeitet als Redakteur von Clemenceaus radikaler Tageszeitung »La Justice«. Jenny bleibt vorläufig in London. Sie hat im April 1879 einen vierten Sohn, Edgar-Marcel, bekommen, will noch warten, bis Longuet sich in Frankreich etabliert hat, gibt weiter ihre Privatstunden, hetzt Tussy gegen Lissagaray auf. Denn daß er mit der »Kommune« ein Meisterwerk geschrieben hat, können ihr Mann und sie ihm nicht verzeihen.

Tussy berührt das nur wenig. Sie geht ins British Museum, arbeitet an ihrer Übersetzung der »Kommune«, schreibt Appelle an Zeitungen und hat einen großen politischen Freundeskreis. Denn wie schon 1871, nach dem Fall der Kommune, strömen auch jetzt, in der Zeit der Sozialisten-Verfolgung, Emigranten und Flüchtlinge in Scharen nach London, wo sie zuerst Marx und Engels ihre Aufwartung machen. Da steht der österreichische Journalist Karl Kautsky, Sohn einer berühmten sozialistischen Schriftstellerin, vor der Tür, der Berliner Zeitungsredakteur Eduard Bernstein, begleitet von August Bebel; Mitglieder der russischen Befreiungsbewegung »Narodnaja wolja«, darunter Nikolaus Morosow oder Lew Hartmann und die geheimnisvolle Vera Sassulitsch, eine adlige Rebellin aus Kiew, die auf den Stadthauptmann von Sankt Petersburg geschossen hat und in einem aufsehenerregenden Prozeß freigesprochen worden ist.

Alle, besonders die Herren, sind begeistert von Tussy, die viel mehr Ausstrahlung hat als die anderen Marx-Töchter, trotz ihres Kettenrauchens und ihrer immer leicht vernachlässigten, improvisierten Kleidung.

»Ein schlankes, attraktives Mädchen vom deutschen Typus«, schreibt Morosow, »sie erinnerte mich an das romantische Gretchen ... im Faust«,[256] während Bernstein, Sohn eines jüdischen Lokomotivführers, das genaue Gegenteil, das Jüdische ihrer Erscheinung, betont:

»Eleanor Marx war im Jahr 1880 ein blühendes, junges Mädchen von vierundzwanzig Jahren, mit dem schwarzen Haar und den schwarzen Augen des Vaters, einer äußerst wohlklingenden Stimme, ungemein lebhaft und nahm in sehr temperamentvoller Weise an unseren Unterhaltungen über Parteiangelegenheiten teil.«[257]

An einem Dezemberabend dieses Jahres hat Tussy ihr Debüt als Rezitatorin. Sie schwärmt schon seit Jahren leidenschaftlich für das Theater, verehrt Irving, den jungen Shakespeare-Darsteller, wie einen Halbgott, überbringt ihm im Auftrag des Dogberry-Clubs einen Lorbeerkranz, worauf er galant ihre Hand nimmt und einen Kuß darauf haucht. Sie verwahrt den Glacé-Handschuh, den sie damals getragen hat, wie eine Reliquie. Jetzt möchte sie selbst auf der Bühne stehen. Am liebsten direkt neben Irving. Die Ophelia, Portia oder Desdemona spielen wie seine Partnerin, die berühmte Ellen Terry. Sie hat diese Rollen alle studiert, kann sie Wort für Wort auswendig.

Marx und seine Frau wissen nicht recht, was sie davon halten sollen. Ist das nicht ein bißchen zu enthusiastisch? Überschätzt sie sich nicht? Kann sie nicht einmal bei einer Sache bleiben, bei ihrer politischen Arbeit, ihren Übersetzungen, ihren Recherchen für den Shakespeare-Experten Furnivall? Sie hat keine Stunde Schauspielunterricht gehabt und glaubt doch, für die Bühne berufen zu sein. Vielleicht haben Morosow, Bernstein und die anderen ihr zu oft gesagt, sie sei die geborene Tragödin.

Ihr Auftritt an diesem Abend ist recht bescheiden. Er findet in einem großen Saal im Londoner Norden statt, so schmucklos und kahl, daß er »ebensogut der Klassenraum einer der vielen Sektenschulen, über die London verfügt ..., hätte sein können«, erinnert sich Bernstein.[258] Der Erlös des Abends geht an die Witwe eines französischen Kommunarden. Es ist scheußliches Wetter. London steht halb unter Wasser, schwimmt im Matsch. Die Straßenlaternen werfen ein trübes Licht auf Berge von Unrat. Engels führt Bernstein, der noch fremd in der Stadt ist, durch Arbeiterviertel, Straßen mit Kramläden. Der Saal ist nur halb besetzt. Die Eltern Marx und die Töchter Jenny und Laura sitzen, wie es sich gehört, in der ersten Reihe. Weiter hinten erkennt man August Bebel, den Russen Lew Hartmann, der an einem Attentat auf Zar Alexander II. beteiligt gewesen ist, viele politische Flüchtlinge des Bismarck-Regimes. Dann erscheint Tussy. Im schwarzen Seidenkleid, mit geröteten Wangen, die üppigen Locken nachlässig zurückgesteckt, die Hände in den Handschuhen, die Irving geküßt hat. Sie rezitiert den »Pied Piper of Hamelin«, den »Rattenfänger von Hameln«, in der englischen Version von Robert Browning, beginnt mit dem Lobpreis Hamelns im Braunschweigischen, einer kleinen Stadt an der tiefen, weiten Weser, sechshundert Jahre vor den Zeiten des Sozialistengesetzes.

»A pleasanter spot you never spied«, sagt sie. Man spürt, daß sie Deutschland liebt.

Doch dann kommen die Ratten. Bekämpfen die Hunde und töten die Katzen. Beißen die Kinder in ihren Wiegen. Stehlen den Käse aus den Fässern. Schlecken die Suppe aus den Kochlöffeln. Bauen Nester in den Sonntagshüten der Männer. Stören die Kaffeekränzchen der Frauen ...

by drowing their speaking
with shrieking and queaking
in fifty different sharps and flats ...,

schließt Tussy, ehe sie zur eigentlichen Erzählung der Geschichte übergeht.

Sie haben ihm übel mitgespielt, diesem Rattenfänger, mit seinem lustigen bunten Harlekinrock, seinen schrillen Flötenmelodien. Erst haben sie ihn beauftragt, daß er sie von der Rattenplage befreien und das Ungeziefer ins Wasser versenken solle, und dann bleiben sie ihm den verdienten Lohn schuldig. Verbittert geht er fort. Doch er kommt bald wieder. Diesmal nicht in Gestalt eines Harlekins, sondern eines schrecklichen roten Jägers, der alle Jungen und Mädchen des Ortes nach Siebenbürgen entführt, während die frommen Eltern in der Kirche sitzen. Eine böse Parabel auf den deutschen Spießer also, der seinem Retter, dem Arbeiterführer, nicht dankbar ist, obwohl er ihn doch von der Pest des Kapitalismus befreien möchte. Das kommt gut an in Zeiten der Sozialistenverfolgung. Bebel, Engels und viele andere müssen schmunzeln. »Da mein Englisch«, schreibt Bernstein, »noch sehr schwach war, konnte ich den Worten nur ungenügend folgen. Ich bemerkte lediglich, daß Eleanor sehr lebendig und mit reicher Modulation sprach und großen Beifall erntete.«[259]

Februar 1881. Zwei Monate später. Tussy inmitten wütender Demonstranten vor dem Polizeirevier auf der Londoner Bow Street. Sie schreien anti-englische Parolen, singen »God save Irland«, schwenken die Fahne der Fenier, prügeln sich mit der Polizei. Seit 1869, Tussys großer Irland-Reise mit Engels und Lizzy, ist viel geschehen. Premierminister Gladstone hat sich bemüht, durch den sogenannten »Land Act« in Irland Frieden zu schaffen. Vergeblich. Die Iren dürfen immer noch nicht über sich selbst bestimmen, obwohl ihr Führer, der junge Bauernsohn Charles Stuart Parnell, Massen von Anhängern hat, Katholiken wie Protestanten; Landpächter werden immer noch von den Großgrundbesitzern zwangsentmietet, wenn ihr Vieh krank wird oder wenn sie nach langen Schlechtwetterperioden Mißernten einfahren. Das Jahr 1879 ist ein besonders schlimmes gewesen. Billiger Importweizen aus Amerika hat die Getreidepreise gedrückt. Die Bauern verarmten. Fast zehntausend mußten auf Druck der Großgrundbesitzer ihre Höfe verlassen.
Parnell hat einen jungen Mitstreiter namens Davitt, auch er Bauernsohn, Opfer brutaler Vertreibung durch einen Grundherrn. Er ist zehn, als er in einer Baumwollspinnerei arbeiten muß. Dort hat er mit knapp elf einen schweren Unfall. Sein rechter Arm, der in eine Maschine geraten ist, muß amputiert werden. Als junger Mann schließt er sich der irischen Freiheitsbewegung, den Feniern, an. Er haßt England. Er haßt das System der Grundherren. Wegen Teilnahme an einem Aufstand wird er zu Zwangsarbeit verurteilt, verbringt fünfzehn Jahre in dem berüchtigten Gefängnis von Dartmoor. Nach seiner Entlassung wandert er nach Amerika aus, wirbt unter irischen Emigranten für Unterstützung. Er kehrt zurück, gründet die »National Land League«. Die feudale Grundordnung soll endgültig beseitigt werden. Jeder Bauer soll das Land *besitzen*, das er bebaut. Aber nichts wird besser. Die Zwangsentmietungen dauern an. Jetzt rufen Parnell, Davitt und ihre Leute zum Boykott auf.

Viele Pächter, Knechte und Mägde arbeiten nicht mehr. Das Vieh bleibt ungemolken, der Boden unbestellt, das Getreide bricht unter der Last reifer Ähren zusammen. Die Lage wird kritisch. Auch für die Grundbesitzer. Sie müssen jetzt nicht nur um ihren Profit fürchten, sondern auch um ihr Leben. Ein Geheimbund, »Kapitän Mondschein«, ist ihnen auf den Fersen, schießt aus dem Hinterhalt, exekutiert korrupte englische Beamte. Gladstone greift durch, erläßt, nach Bismarckschem Vorbild, harte Ausnahmegesetze für Irland. Parnell und Davitt kommen ins Gefängnis. Die Menge tobt, droht mit dem Abschlachten von Rindern und Schafen, sammelt sich auf der Bow Street, wo man Davitt hingebracht hat, droht, die Wachtposten vor dem Gefängnis zu lynchen.

»Lieber Library«, schreibt Tussy an Liebknecht, »wir Engländer sind in allem gründlich. Bismarck mag tun, was er will, auf seinem Spezialgebiet, dem Despotismus, sind wir ihm immer noch überlegen. ›Die retrospektive Klausel des Ausnahmegesetzes wurde von einer überwältigenden Mehrheit angenommen.‹ Sie werden sich erinnern, daß Ihr eiserner Kanzler vor einem solchen Schritt zurückschreckte ... Das Unterhaus wird jetzt höchst erfolgreich unterdrückt, und die Redefreiheit gehört der Vergangenheit an – so obsolet wie Daumenschrauben und Folterkeller. Die englischen Arbeiter ... fangen sogar an zu glauben, daß Gladstone groß herauskommen wird ... und sie halten Versammlungen in ganz London und den Provinzen ab, um gegen die irischen Zwangsgesetze zu protestieren – morgen wird es eine open-air-Veranstaltung im Hyde Park geben, ich werde hingehen und Ihnen alles Berichtenswerte schreiben. Ich hatte in der Zeitung gelesen, daß Michael Davitt am Freitagmorgen aufs Polizeirevier in der Bow Street gebracht werden sollte, ich wollte ihn unbedingt sehen, ich ging zur Bow Street und fand eine große, wütende Menge ..., wütend, weil Davitt, abweichend von allen Vorankündigungen, schon um acht Uhr dem Magistrat vorgeführt worden war; die Regierung scheute die Konfrontation mit der Öffentlichkeit. Da ich den Äußerungen der Leute nicht entnehmen konnte, ob Davitt immer noch auf der Bow Street war oder nicht, fragte ich einen Polizisten. ›Nein‹, sagte er, ›ich selbst habe ihn in den Wagen geführt.‹ Ich hörte an seinem Akzent, daß er Ire war ... Ich fragte ihn, ob es nicht genug Engländer gebe, die so eine Drecksarbeit machen könnten, und ob ausgerechnet ein Ire helfen müsse, jemanden ›in den Wagen zu führen‹, der wie Davitt so viel für sein Land getan hätte. Ein paar andere Polizisten musterten mich skeptisch, sagten aber nichts. Als ich gerade gehen wollte, kam ein Herr, streckte mir seine Hand entgegen und sagte: ›Als Ire möchte ich Ihnen die Hand schütteln und danken.‹«[260]

13. März 1881. Europa in Aufruhr. Zar Alexander II. ist einem Bombenattentat zum Opfer gefallen. Die Täter stammen aus dem Kreis der »Narodnaja wolja«, der antifeudalen Befreiungsbewegung. Sie heißen Grineweytzki und Rysakow, sind junge Leute, Sozialisten, Intellektuelle. Viele freuen sich insgeheim. Auch so mancher Sozialdemokrat in Deutschland. Doch kaum einer traut sich, das so offen zu sagen wie der aus Augsburg stammende Journalist Johann Most, der in seinem Londoner Exilblatt, »Die Freiheit«, schreibt:

»Endlich! Triumph! Triumph! Das Wort des Dichters hat sich erfüllt. Einer der scheußlichsten Tyrannen Europas, dem längst der Untergang geschworen worden und der deshalb in wüstem Racheschnauben unzählige Helden und Heldinnen des russischen Volkes vernichten oder einkerkern ließ – der Kaiser von Rußland ist nicht mehr. Am vergangenen Sonntag mittags, als das Ungeheuer gerade von einer jener Belustigungen zurückkehrte, welche in einer Augenweide an wohlgedrillten Herden stupider Blut- und Eisensklaven zu bestehen pflegte und die man ›militärische Revuen‹ nennt, hat der Richter des Volkes die Bestie ... ereilt und mit kräftiger Hand abgetan.«[261]

Most preist den Mord als hervorragendste revolutionäre Tat der modernen Geschichte, wünscht allen Tyrannen, einschließlich Bismarck, ein ähnliches Ende. Hat Alexander II. nicht die Aufhebung der Leibeigenschaft versprochen und doch nur erreicht, daß sich die Bauern unter menschenunwürdigsten Bedingungen ihr Brot verdienen müssen, beim Bau von Eisenbahnlinien, in Fabriken am Japanischen Meer? Hat er nicht Presse- und Redefreiheit, bessere Schulbildung zugesagt, und doch alles Nicht-Russische brutal unterdrückt, die ukrainische Sprache zum Beispiel, die weder in der Schule noch auf der Bühne mehr gesprochen werden darf? Hat er nicht junge, gegen die Leibeigenschaft aufbegehrende Studenten zu Tausenden foltern, verhaften und nach Sibirien schaffen lassen, was Vera Sassulitsch vor dem Petersburger Gericht zu dem Ausruf veranlasste:

»Rußland muß nicht allein im Angesicht seiner Vertreter einen Spruch über mich fällen, sondern ... auch im Angesicht Europas, das uns bis heute einen barbarischen Staat nennt, in dem die Knute als Attribut der Regierung fungiert!«[262]

Wie auch immer – Johann Mosts offener Beifall für einen Tyrannenmord ist zuviel, selbst für die relativ liberale englische Presse. Und einem Ausländer, der von den deutschen Sozialistenjägern ausgewiesen worden ist und sich erst seit zwei Jahren in London aufhält, kann man so etwas schon gar nicht durchgehen lassen. Am 23. März, wenige Tage nach Erscheinen des Artikels, brechen drei Polizisten in seine Wohnung ein, nehmen ihn fest, konfiszieren die vollständigen Satzvorlagen der »Freiheit« und bringen ihn in eines der schlimmsten Gefängnisse Englands, nach New Gate, wo die zum Tode Verurteilten auf ihre Hinrichtung warten.

Marx und Engels können ihn nicht besonders gut leiden. Liebknecht haßt ihn sogar geradezu, denn die »Freiheit«, ein vielgelesenes Blatt, steht in direkter politischer Konkurrenz zum »Volksstaat«. Most ist Autodidakt, ehemaliger Buchbindergeselle, hat sich auf Reisen durch ganz Europa politisch gebildet, ist Mitglied der anarchistischen Jura-Föderation in der Schweiz gewesen, populärer Anführer der Wiener Arbeiterschaft, seit 1871 sogar Mitglied des Reichstages, den er jedoch nur als »Reichskasperletheater«, »Narrenposse«, »Klimbim« oder »Affenkomödie« bezeichnet hat. Er ist kein höriger Sozialdemokrat und wird doch unter Bismarcks Sozialistengesetz ausgewiesen. Er hat Kontakte zu Bakunin. Grund genug für Marx, ihm tief zu mißtrauen. Tussy teilt diese Abneigung. Droht doch Most, ihrem Vater die Show zu stehlen. Wer redet 1881 eigentlich noch von Marx?

»Mosts Verhaftung hat hier viel Staub aufgewirbelt«, schreibt sie an ihre Schwester Jenny, die inzwischen ihrem Mann nach Frankreich gefolgt ist. »Das ist sehr bedauerlich, denn die Regierung leistet Most damit einen großen Dienst. Die wenigen Anhänger, die er hatte, fingen schon an, von ihm abzufallen, aber jetzt ist er wieder einmal der große Mann.«[263]

Doch Most hat zu früh triumphiert. Der Mord an Alexander II. bringt Rußland nicht die prophezeite Befreiung, im Gegenteil, sein Sohn, Alexander III., reagiert auf das Attentat mit schärfster Repressionspolitik, setzt eine politische Polizei, die »Ochrana«, ein, kontrolliert Schulen, Universitäten und Gerichte durch Geheimdienstbeamte und betreibt eine Strategie rücksichtsloser »Russifizierung«, obwohl nicht einmal die Hälfte der Einwohner seines Riesenreiches »Russen« sind. Die Konsequenz aus dem Attentat heißt aber vor allem: Antisemitismus. Denn Grineweytzki, einer der beiden Täter, scheint Jude zu sein, »ein Individuum von orientalischem Typus mit gebogener Nase«, wie die Zeitungen schreiben.[264] Schon wenige Tage nach dem Anschlag, in der Karwoche, kommt es in Kirowograd, Kiew und Odessa zu schrecklichen Pogromen. Juden werden auf offener Straße totgeschlagen, ihre Geschäfte geplündert, ihre Häuser zerstört, in einigen Provinzstädten brennen die Synagogen. An den Bäumen kleben Plakate, die zur Blutrache im Namen des Zaren auffordern. In den Wirtshäusern werden judenfeindliche Hetzartikel vorgelesen. Über siebenhundert Juden sind allein in Kiew getötet worden. Obwohl Alexander III. seine Hände in Unschuld wäscht und behauptet, die Übergriffe zutiefst zu bedauern, ordnet er die Vertreibung der Juden aus Moskau an und erläßt im Mai 1882 ein neues Gesetz, das den Juden jeden Landerwerb, jeden Aufenthalt außerhalb der Städte untersagt.

Marx hüllt sich in Schweigen, obwohl er inzwischen Russisch gelernt hat und sehr wohl in der Lage ist, zu lesen, was russische Zeitungen schreiben. Er kennt und liest auch das deutsche »Jahrbuch für Sozialwissenschaft und Sozialpolitik«, in dem 1881 ein Aufsatz über »die Entwicklung des sozialistischen Gedankens in der hebräischen Presse Osteuropas« erscheint. Und es ist ihm wahrscheinlich auch nicht verborgen geblieben, wie sich russische Romanciers über das Thema äußern, allen voran der große F. M. Dostojewskij, dessen ebenso unsachliche wie unliterarische Tirade im »Tagebuch eines Schriftstellers« seltsamerweise denselben Titel trägt wie seine eigene antisemitische Frühschrift aus den »Deutsch-Französischen Jahrbüchern«: »Zur Judenfrage«.

»Wäre die jüdische Idee in der Welt nicht so stark, so wäre die bewußte slawische Frage schon längst zu Gunsten der Slawen und nicht der Türken entschieden ... Die Juden haben sich mit solcher Wut über die litauische Stammbevölkerung gestürzt, daß sie sie fast alle durch Schnaps zugrunde gerichtet haben ... Die ganze Tätigkeit der Juden in diesen unsern Randgebieten bestand nur darin, daß sie die Stammbevölkerung ... in eine abhängige Stellung zu sich brachten ... Nicht umsonst herrschen ... überall die Juden auf den Börsen, nicht umsonst leiten sie das Kapital, nicht umsonst sind sie die Beherrscher des Kredits, und nicht umsonst sind sie, ich wiederhole es, auch die Beherrscher der ganzen internationalen Politik; und was noch weiter kommt: es naht ihre Herrschaft, ihre unumschränkte Herrschaft! Es naht der volle Triumph der Ideen, vor denen die Gefühle der Menschenliebe, des Strebens nach Wahrheit, der christlichen und nationalen Gefühle ... der europäischen Völker zusammenfallen.«[265]

Dostojewskij behauptet, daß die russischen Juden ganz zu Unrecht über ihre Erniedrigung und Entrechtung jammerten, weil eben das Jammern ihre Spezialbegabung sei; daß es dem russischen Kleinbauern noch viel schlechter gehe als den Juden; daß nach der Aufhebung der Leibeigenschaft jüdische Wucherer, Hausierer und Schankwirte an die Stelle der Feudalherren getreten seien, um den Bauern das Blut auszusaugen; daß, gäbe es in Rußland achtzig Millionen Juden gegenüber drei Millionen Russen und nicht umgekehrt, sie die Russen ebenfalls entrechten, am christlichen Gebet hindern, »in Sklaven verwandeln« würden, »und noch schlimmer: würden sie ihnen nicht einfach die Haut abschinden?«

Dostojewskij steht auf seiten der Studentenbewegung, der Revolutionäre, hat lebhaft Partei für Vera Sassulitsch ergriffen, hat während ihres Prozesses zu einem Freund gesagt:

»Die Verurteilung dieses Mädchens ist unangebracht und überflüssig ... Folglich müßte geäußert werden: Geh, du bist frei, aber tue es nicht wieder.«[266]

Soll Marx, der die Sassulitsch hoch ehrt, sich da gegen ihn stellen? Oder gegen Teile der »Narodnaja wolja«, die in diesen Jahren die Propaganda verbreitet:

»Rächt euch an den adligen Herren, plündert die Juden, tötet die Beamten?«[267]

Der russische Volkszorn gegen die Juden könnte als Empörung gegen den Schacher, das Kapital verstanden werden, ganz im Sinne der Marxschen Frühschrift »Zur Judenfrage«, in der es hieß:

»Welches ist der weltliche Kultus der Juden? Der *Schacher.* Welches ist sein weltlicher Gott? Das *Geld.* Nun wohl! Die Emanzipation vom *Schacher,* und vom *Geld,* also vom praktischen, realen Judentum wäre die Selbstemanzipation unserer Zeit.«[268]

Andererseits: Viele Mitglieder der »Narodnaja wolja« sind Juden, junge, hochgebildete Intellektuelle, heißen Natanson, Akselrod

oder Dejc. Die Sassulitsch selbst ist in einen jüdischen Genossen verliebt und verurteilt Diskriminierungen jeder Art ganz entschieden.
Was tun also? Welche Position beziehen? Für Marx eine vertrackte Situation. Der praktische, in Pogromen ausgelebte Antisemitismus ist salonfähig geworden. Er hat prominente, keineswegs nur konservative Sympathisanten. Und er lebt von Gedankengut, das Marx selber gesät hat, das er mit seinen Äußerungen über »Juden und Flöhe« bis heute teilt.
Immerhin – er zieht sich nicht völlig aus der Affäre, macht sich eifrig Gedanken, als die Sassulitsch ihn im Februar 1881 aus dem Genfer Exil auffordert, seine Gedanken zu der Frage niederzuschreiben, ob die russische »obscina«, die bäuerliche Landgemeinde, nach Aufhebung der Leibeigenschaft unter Umgehung der historischen Phase des Kapitalismus »unmittelbar in die höhere des kommunistischen Gemeinbesitzes übergehen« könne, oder ob sie umgekehrt »vorher denselben Auflösungsprozeß durchlaufen (müsse), der die geschichtliche Entwicklung des Westens ausmacht?«[269]
Nach vielen Entwürfen, die er ungeheuer ernst nimmt, setzt Marx sich am 8. März 1881 endlich hin und schreibt:
»Liebe Bürgerin,
eine Nervenkrankheit, die mich seit zehn Jahren periodisch befällt, hatte mich gehindert, früher … zu antworten. Ich bedaure, Ihnen keine bündige, für die Öffentlichkeit bestimmte Auskunft … geben zu können … Bei der Analyse der Entstehung der kapitalistischen Produktion sage ich:
›Dem kapitalistischen System liegt also die radikale Trennung des Produzenten von den Produktionsmitteln zugrunde … Die Grundlage dieser ganzen Entwicklung ist die *Expropriation der Ackerbauern*. Sie ist auf radikale Weise erst in England durchgeführt … Aber *alle anderen Länder Westeuropas* durchlaufen die gleiche Bewegung.‹ Die ›historische Unvermeidlichkeit‹ … ist also *ausdrücklich* auf die *Länder Westeuropas* beschränkt. Der Grund … wird in folgendem Pasus des Kapitels XXXII* angeführt:
›Das *Privateigentum*, das auf persönlicher Arbeit gegründet ist …, wird verdrängt durch *das kapitalistische Privateigentum*, das auf der Ausbeutung anderer, auf Lohnarbeit gegründet ist.‹ Bei dieser

* des »Kapital«

Bewegung im Westen handelt es sich um die *Verwandlung einer Form des Privateigentums in eine andere Form des Privateigentums.* Bei den russischen Bauern würde man im Gegenteil *ihr Gemeineigentum in Privateigentum umwandeln.* Die im ›Kapital‹ gegebene Analyse enthält also keinerlei Beweise – weder für noch gegen die Lebensfähigkeit der (russischen)[270] Dorfgemeinde, aber das Spezialstudium, das ich darüber getrieben und wofür ich mir Material aus Originalquellen beschafft habe, hat mich davon überzeugt, daß diese Dorfgemeinde der Stützpunkt der sozialen Wiedergeburt Rußlands ist; damit sie aber in diesem Sinne wirken kann, müßte man zuerst die zerstörenden Einflüsse, die von allen Seiten auf sie einstürmen, beseitigen und ihr sodann die normalen Bedingungen einer natürlichen Entwicklung sichern.

Ich hab die Ehre, liebe Bürgerin, Ihr sehr ergebener

Karl Marx.«[271]

Ein recht unverbindlicher Brief eigentlich, der im Grunde wenig konkrete Aussagen enthält, also auch keine Angriffe gegen den »jüdischen Schacher« in Rußland, von dem man sich allerdings vorstellen könnte, daß Marx ihn zu den »zerstörenden Einflüssen« zählt, die »von allen Seiten« auf die bäuerliche Dorfgemeinde einstürmen. Immerhin: er ist vorsichtig geworden. Denn er weiß, daß die Sassulitsch in einen Juden verliebt ist. Er weiß auch, daß Tussy das weiß. Und er kann sich sicher sein, daß sie mit Argusaugen über alles, was aus seiner Feder fließt, wachen, sich Antisemitismen, selbst im Fortschrittsgewand, vehement verbitten wird. Denn am 12. Februar 1881, knapp drei Wochen, bevor er den Brief an Sassulitsch abschickt, hat sie an Liebknecht geschrieben:

»Können Sie und Ihre Freunde mir bitte alle erreichbaren Nachrichten über Deutschland schicken – besonders rechtzeitige Informationen über die Opposition der Arbeiter gegen die ›Judenhetze‹? Ich möchte etwas in die englische Presse darüber bringen.«[272]

Auch in Deutschland ist der Antisemitismus salonfähig geworden, besonders seit der Reichsgründung von 1871. Intellektuelle, gut ausgebildete Jüdinnen und Juden, durch das Reichsgesetz gleichberechtigt und assimiliert, schicken ihre Söhne und Töchter auf Gymnasien und Universitäten, sind Mitglieder des Reichstags, Träger der sozialdemokratischen Bewegung, engagieren sich für Frauenfragen, üben anspruchsvolle Berufe aus. Um 1880 ist von acht deutschen Studenten einer jüdisch. In Wien und Prag stellen Juden sogar ein Drittel der Studentenschaft. Das erbittert manchen sogenannten Arier, löst Haß und Neid aus, das Gespenst einer drohenden »Verjudung« wird heraufbeschworen, nicht, wie in Rußland, von kleinen Bauern und Arbeitern, sondern von denen, die sich für die intellektuelle Elite halten: Historiker, Pfarrer, Philosophen, Universitätslehrer. Der Journalist Wilhelm Marr gründet eine »Antisemitische Liga« und verfaßt ein Pamphlet »Vom Sieg des Judentums über das Germanentum«. Der Historiker Heinrich von Treitschke diffamiert den Judaisten und Marx-Freund Heinrich Graetz wegen vorgeblichen »Christenhasses« und prägt den zukunftsweisenden Ausspruch: »Die Juden sind unser Unglück!« Nietzsches Schwager Förster sammelt Unterschriften, daß alle Juden in Deutschland registriert und von öffentlichen Ämtern ferngehalten werden sollen. Mehr als zweihunderttausend Deutsche stimmen ihm innerhalb einer Woche zu. Der prominenteste Antisemit dieser Jahre aber ist der Berliner Reichstagsabgeordnete Heinrich Adolf Stöcker, im Hauptberuf evangelischer Domprediger, Gründer einer »christlich-sozialen Arbeiterpartei«, die zunächst gegen »die« Sozialisten, dann gegen »die« Juden polemisiert. Er kommt selbst aus dem Arbeitermilieu, ist ein begabter, die Massen aufstachelnder Redner vom fragwürdigen Rang eines Goebbels, spricht nicht nur im Reichstag, sondern auch in Brauhäusern und auf öffentlichen Plätzen zu »seinem« Volk. Er ist ein hochgebildeter Mann, kennt sich in der jüdischen Geschichte, im Talmud, in der Thora, im Alten Testament aus, verpackt seine Tiraden in den Deckmantel christlicher Nächstenliebe und theologischer Kennerschaft. Natürlich, er, ein evangelischer Pfarrer, wünscht den Juden keine Vertreibung, keine Verfolgung. Er behauptet, sie zu respektieren, ja, zu lieben, aber dann schreit er plötzlich:

»Wir müßten in der That eine Nation ohne Ehrgefühl sein, wenn wir diese Ketten eines fremden Geistes nicht brechen, sondern wirklich verjudeten. Es ist ja doch jedem Einsichtigen klar genug, daß die Herrschaft des semitischen Geistes ... nicht bloß unsre geistige, sondern auch unsre wirtschaftliche Verarmung bedeutet. ... Die Juden sind und bleiben ein Volk im Volke, ein Staat im Staat, ein Stamm für sich unter einer fremden Rasse. Alle Einwanderer gehen zuletzt in dem Volke auf, unter welchem sie wohnen; die Juden nicht. Dem germanischen Wesen setzen sie ihr ungebrochenes Semitentum, dem Christentum ... ihre Christenfeindschaft entge-

gen ... Allein in Berlin wohnen 45.000 Juden, so viel wie in ganz Frankreich, wie in ganz England. Das ist zu viel ... Wir nähern uns dem polnischen Mischungsverhältnis, nur daß die Berliner Juden viel reicher, klüger und einflußreicher sind als die polnischen Israeliten. In ihrem Besitz sind die Geldadern, Bank und Handel; in ihren Händen ist die Presse, und unverhältnismäßig drängen sie sich zu den höheren Bildungsanstalten ... Wir sind auf dem Wege, daß die öffentliche Meinung von den Juden völlig beherrscht, die Arbeit von ihnen völlig ausgebeutet wird. Der Auflösungsprozeß ist im Gange ... Seit kurzem drängen sie sich auch, nicht zum Heil der Rechtsprechung, in die Richterkollegien. An der Arbeit der Handwerker sind sie fast gar nicht ... beteiligt. Daraus folgt, daß sie an der Arbeit keine Freude, für die deutsche Arbeitsehre keine Sympathie haben. Die Devise ›billig und schlecht‹ kommt zum guten Teil auf ihre Rechnung ... Sie ernten gern, wo sie nicht gesäet haben ... Die Juden haben durch Marx und Lassalle dafür gesorgt, daß sie auch in der Sozialdemokratie ihre Freunde haben ... Israel muß den Anspruch aufgeben, der Herr Deutschlands werden zu wollen ... Wenn wir ... unsre deutsche Volkstümlichkeit festhalten wollen, müssen wir diesen Giftpfropfen los werden!«[273]
Ruf aus dem Saal: »Das walte Gott! Bravo!«
Die Pogrome in Rußland, die sehr schnell Schule machen und auch auf Pommern und Polen übergreifen, kommen ihm abstoßend und erschreckend vor, um so mehr, als es Leute gibt, die ihm vorwerfen, *er* habe den geistigen Nährboden dafür bereitet, *er* habe die Täter nicht nur ermutigt, sondern auch unterstützt, eine Unterstellung, die er empört zurückweist:
»Wir sind nicht schuld, die Nationen sind nicht schuld, ... sondern die Juden sind schuld, weil sie die Nationen bis auf das Blut reizen ... Ja, wenn ich das alles vorausgesehen hätte ..., es würde mich doch nicht abgehalten haben, diese Bewegung zu beginnen ...«[274]
Die sozialdemokratischen Blätter, die seit 1878 ins Exil verbannt sind, reagieren zwiespältig. Zwar loben sie die »Arbeiter Berlins«, die es wagen, »gegen die Antisemitenbewegung aufzutreten, trotzdem jedem von ihnen die Gefahr der Ausweisung drohte.« Tadeln aber gleichzeitig »die Objekte dieser Bewegung«, also die Juden selbst, die nur wenig unternähmen, um die Arbeiter, die Sozialdemokraten zu unterstützen, »obgleich sie nichts riskieren als höch-

stens einen moralischen Fußtritt ihres Herrn und Meisters Bismarck. Die Toren sehen nicht ein, daß Sozialistenhatz und Judenhatz dieselben Wurzeln haben, daß sie ... demselben Streben entspringen, die allgemeine Unzufriedenheit auf gewisse Objekte abzulenken, gegen welche die Vorurteile besonders stark sind.«[275]
Das schreibt Eduard Bernstein, selber Nachkomme polnischer Juden und seit Jahren beliebtes Ziel antisemitischer Angriffe. Ein Sozialdemokrat namens Tölcke hat ihn einmal als »Jüdchen« beschimpft. Darauf Bernstein: das Beiwort »Jüdchen« sei ihm zu abgeschmackt, als daß er darauf eingehen wolle.[276]
Die journalistischen Ausführungen von Bernstein repräsentieren die offizielle Linie der Partei, die den Antisemitismus als vorübergehendes politisches Phänomen ansieht und seine rassistischen Wurzeln nicht wahrhaben will. Viele prominente Sozialdemokraten dieser Zeit haben selber Dinge gesagt und geschrieben, die nach heutiger Auffassung als antisemitisch bezeichnet werden müssen, so zum Beispiel Liebknecht in seiner 1874 erschienenen »Grund- und Bodenfrage«:
»An den Juden hat sich das umgekehrte ›Wunder‹ vollstreckt wie an den Katzen. Wie diese im Laufe der ›historischen Entwicklung‹ aus kurzdärmigen, fleischfressenden Raubtieren in langdärmige, Pflanzenkost und Fleisch fressende Haustiere verwandelt worden sind, so die Juden aus ackerbautreibenden Kommunisten in raubgierigste Privateigentumswüteriche.«[277]
Marx schweigt – fast möchte man sagen: erwartungsgemäß – zur deutschen »Judenhetze«. Engels wiegelt ab, so gut er kann. Als Bernstein ihm im Juli 1881 einige »Antisemitika« zuschickt, mit der Bitte, »diese Bewegung«, mit der das »ganze Beamtentum« und »die höhere Lehrerschaft« sympathisiere, nicht zu unterschätzen, antwortet Engels nach orthodoxer Lehrmeinung, er, Bernstein, möchte das doch bloß nicht zu ernst nehmen, denn der Antisemitismus werde mit dem Niedergang des Kapitalismus verschwinden.[278] Nur einmal, in seinem »Anti-Dühring«, einer gegen den Philosophen und Volkswirtschaftler Eugen Dühring gerichteten Kampfschrift, spricht er von dessen »bis ins Lächerliche übertriebenem Judenhaß«, der eine »wo nicht spezifisch preußische, so doch spezifisch ostelbische Eigenschaft« sei.[279] Er nimmt das Thema nicht ernst. Er zieht es ins Lächerliche, ironisiert und verdrängt es. Erst mehr als zehn Jahre später wird ihm aufgehen, welchem fa-

talen Irrtum er erlegen ist. Aber dazu mußte Marx wahrscheinlich erst tot sein.

Hat Tussy ihre Notiz zur »Judenhetze« in den englischen Zeitungen veröffentlicht? Wahrscheinlich nicht. Denn Wilhelm Liebknecht, ihr Hauptinformant, sitzt im Februar 1881 schon wieder im Gefängnis.

Marx hat unterdessen ganz andere Sorgen als die »Judenhetze« im fernen Deutschland. Es droht ihm echte Konkurrenz zu erwachsen, in London, vor der eigenen Haustür. Die Geister, die er durch sein »Kapital« gerufen hat, sind erwachsen geworden und gründen ihre eigene englische Partei, die »Democratic Federation«. Initiator ist ein gewisser Henry M. Hyndman, radikaler Tory-Sympathisant, Sohn reicher Eltern, erzogen in Eton und Cambridge, ein Gentleman, der immer in Frack und Zylinder erscheint, selbst vor Arbeiterpublikum. Auch bei Marx, in der Villa am Maitland Park, macht er höchst artig seine Aufwartung. Denn er ist, so behauptet er jedenfalls, glühender Verehrer des großen deutschen Denkers, hat das »Kapital« in der französischen Ausgabe verschlungen, liebt die Amateur-Aufführungen von Tussys Dogberry-Club und findet auch Tussy selbst nicht ganz uninteressant:

»Eleanor«, schreibt er in seinen Erinnerungen, »war der Liebling ihres Vaters, dem sie äußerlich so ähnelte, wie das für eine junge Frau nur möglich war. Die hohe Stirn, die dunklen leuchtenden Augen, die roten Wangen, das sprühende Lachen – in Mund und Nase hatte sie den jüdischen Typus von Marx vererbt bekommen. Sie besaß eine physische Energie, die der seinen nicht nachstand, und eine Intelligenz, der aber der literarische und politische Erfolg ..., dessen sie fähig gewesen wäre, stets versagt blieb. Wahrscheinlich hatte sie das Gefühl, ein bißchen im Schatten ihres Vaters zu stehen, dessen Schwächen zu erkennen sie außerstande war.«[280]

Hyndmans Partei, die erste ernsthafte sozialistische Erneuerungsbewegung in England, sieht sich als unmittelbare Repräsentantin der englischen Arbeiter, will auch die irischen Freiheitskämpfer für sich gewinnen. Eigentlich müßten Marx, Engels und Tussy sich darüber freuen. Doch schon bald kommt Eifersucht ins Spiel. Sie nennen Hyndman »selbstzufrieden« und »schwachbrüstig«, schäumen vor Wut, weil er in »England for all«, einem für den englischen Arbeiter bestimmten Büchlein, Material aus dem »Kapital« benutzt hat, ohne Marx namentlich zu erwähnen. Da nützt es ihm nichts,

daß er im Vorwort ausdrücklich versichert: »Für die Ideen und einen großen Teil des stofflichen Inhalts … bin ich dem Werk eines großen Denkers … verpflichtet, der, davon bin ich überzeugt, bald der Mehrheit meiner Landsleute zugänglich sein wird.«[281]
Marx hält das Buch für verfehlt, erteilt Hyndman kurzerhand Hausverbot. Tussy, die wie immer voll hinter ihrem Vater steht, schreibt an Schwester Jenny:
»Wir haben nicht viel über die neueste ›Neue Partei‹ gehört, aber ich denke nicht, daß viel dabei herauskommen wird.«[282]
Auch mit anderen englischen Sozialisten überwirft sie sich, weil sie nicht hundertprozentig die Marxsche Linie vertreten, oder weil Marx ihr gesagt hat, sie seien Dummköpfe. Ein Jurist namens Stuart-Glennie, Mitglied der Demokratischen Vereinigung von Marylebone, schreibt ein Buch über »Europa und Asien«. Die Beziehungen zwischen den beiden Kontinenten müßten neu geordnet, die »Produktionsmittel unter das Kommando des Arbeiters« gestellt werden, jedoch solle die Abschaffung der Feudalherrschaft »ohne einen Anstrich von Enteignung« erfolgen, heißt es darin. Marx ist entsetzt. Da verficht jemand marxistische Theorien, ohne dazu berufen zu sein! Da gibt jemand »imperiale Politik« für marxistisch aus! Sofort wird Tussy beauftragt, einen bösen Brief zu verfassen, was sie auch tut. In seiner Antwort schreibt Stuart-Glennie:
»Ich bin außerstande, auch nur zu raten, was der Grund seines Verdrusses gewesen sein könnte. Sie schreiben: ›Sein einziger Einwand gegen Ihr Buch beruht auf Ihrer Behandlung seiner wissenschaftlichen Theorien.‹ Aber die speziellen Theorien von Dr. Marxens großem Werk über das Kapital habe ich doch gar nicht behandelt?«[283]
So sind sie recht isoliert, trotz ihrer vielen Besucher und Freunde, mit denen sie sich über kurz oder lang immer wieder zerstreiten, fixiert auf sich selbst, auf die glorreiche Vergangenheit, auf ein paar alte Genossen in Deutschland, und vor allem auf die Heilige Schrift des Marxismus, das »Kapital«, das sie wie einen Nibelungenschatz hüten. Niemand darf es antasten. Niemand seine Thesen weiterentwickeln. Nur schiere Bewunderung, sklavisches Nachbeten ist erlaubt. Eine Haltung, die einsam macht. Denn bald wird die Zeit kommen, in der Tussy auf sich allein gestellt ist und ohne die Hilfe guter Freunde nicht auskommt.

6 Das Geheimnis des Todes 1881–1883

Wenn Tussy aus dem British Museum, wo sie als Assistentin für Furnivall arbeitet, nach Hause kommt, wird sie von mehrstimmigem Kindergeschrei empfangen. Schwester Jenny ist der Familientradition treu geblieben und hat in fünf Jahren vier Kinder zur Welt gebracht: Charles, Jean, Harry und Edgar-Marcel. Sie kann sich nicht viel um sie kümmern, denn sie gibt Stunden an Mädchenschulen, hat Privatschülerinnen. Ihr Mann, Charles Longuet, ist nach Frankreich zurückgegangen und schreibt für das radikale Blatt »La Justice«. 1879 ist Edgar-Marcel, der derzeit Jüngste, geboren worden. Im Sommer 1881 erwartet Jenny schon wieder ein Kind. Von Empfängnisverhütung scheint sie genausowenig zu wissen oder zu halten wie einst ihre Mutter, obwohl das Thema in England durchaus heftig diskutiert wird. Annie Besant und Charles Bradlaugh zum Beispiel, zwei radikale, atheistische Freidenker, reden und schreiben darüber. Aber Bradlaugh – Mitglied des Unterhauses, Autor von Schriften wie »Wer war Jesus Christus?« oder »Ein paar Worte über den Teufel« – ist ein Intimfeind der Marxens. Seinen Namen auch nur auszusprechen, ist tabu. Er hat Marx wegen seiner Schrift »Der Bürgerkrieg in Frankreich« scharf angegriffen, hat ihm unlautere Motive, ja sogar Beziehungen zum Bismarck-Regime vorgeworfen, worauf Marx sofort wutschnaubend konterte:

»Für mich ist Herr Charles Bradlaugh erledigt, und ich überlasse es ihm, sich in aller Beschaulichkeit an der ruhigen Betrachtung seines eigenen Ichs zu ergötzen.«[284]

Tussy macht sich Sorgen um Jenny. Ihre älteste Schwester ist immer kränklich und nervös gewesen, kann nachts nicht schlafen, hat Anfälle von Magersucht, neigt in dem feuchten Londoner Klima sogar zu Asthma. Zu Hause will niemand etwas davon hören. Das ist Schicksal. Das ist das Los junger Frauen. »Empfängnisverhütung« ist im Marxismus nicht vorgesehen. Tussy sieht das als einzige in der Familie etwas anders und schreibt an Natalie Liebknecht, ihre deutsche Vertraute:

»Sie haben sicher schon gehört, daß meine Schwester Jenny von London nach Paris gehen wird. Das ist sehr traurig für Papa und Mama, die die Kinder sehr lieben. Ich weiß wirklich nicht, was sie ohne sie machen wollen. Vielleicht wird Jenny den kleinen Harry hier lassen. Er ist ein sehr zurückgebliebenes und empfindliches Kind (Jennys Kinder sind leider nicht kräftig) und braucht viel Liebe und Aufmerksamkeit – dabei ist das nächste Kind (das sehr gut entwickelt ist) nur dreizehn Monate jünger, und im März erwartet Jenny schon wieder ein Baby! Das ist alles andere als ein Segen, weil die Kinder so dicht beieinander sind und es schwer ist, sich um alle drei, man könnte fast sagen, vier Babys gleichzeitig zu kümmern, denn auch Johnny ist ja noch so klein. Er wird im nächsten Mai fünf und ist ein süßer kleiner Kerl. Er ist sehr schön, mit einem Gesicht wie aus einem Bild von Murillo. Der zweite Junge – *mein* Junge – Harry, ist nicht hübsch und sehr zurück, aber ich mag ihn am liebsten von allen, weil ich glaube, er hat bei weitem das liebste Wesen, und er ist eins dieser Kinder, die dafür ausersehen scheinen, zu leiden. Obwohl er so zurück ist, glaube ich, daß er sich wunderbar entwickeln wird, und ich würde mich nicht wundern, wenn dieses so offensichtlich dumme Kind das klügste von allen würde.«[285]

Wenige Wochen vor der erwarteten Niederkunft reist Jenny mit ihren drei kleinen Jungen nach Frankreich. Longuet hat ein Haus in Argenteuil, in der Nähe von Paris, gefunden. Es ist ein kleiner Ort auf dem Land. Jeder kennt jeden. Es gibt einen Metzger, einen Käsehändler und endlose Ackerlandschaft. Die Kinder, so hofft er, werden sich hier wohl fühlen. Leider hat er dabei nicht an Jenny gedacht, die von Kindheit an nur in Großstädten gelebt hat, in Paris, Brüssel, Köln und London. Sie kann sich in der französischen Provinz nicht zurechtfinden, vermißt ihre Schülerinnen, die politischen Diskussionen, das Theater, die Zeitungen, ja sogar den Londoner Smog, der ihrer Gesundheit weniger geschadet hat als die frische Landluft. Schon vom ersten Tag an fühlt sie sich »völlig zerstört«, klagt über unzuverlässige Handwerker, faule Dienstboten,[286] und wenige Tage vor der Geburt des Kindes schreibt sie gar:

»Es scheint mir ein Jahrhundert her, seit ich mein liebes altes England und euch alle verlassen habe, ein endloses Jahrhundert von

Tagen, die einander so gleich sind, daß man sie nicht mehr unterscheiden kann, außer daß einige noch eine Extraportion dieser elenden kleinen häuslichen Sorgen mit sich bringen, die stärker auf mir lasten als großes Unglück. Das freie, unabhängige, tätige ... Leben, das ich ein paar Monate lang in London geführt habe, hat mich ... unbrauchbar gemacht für ... all das. Es ist mir jetzt alles so unerträglich, daß ich den Eindruck habe, ein paar Jahre, ja Monate dieses Lebens in einem fremden Land, unter fremden Leuten, und ich bin eine unheilbare Idiotin ... Ich bin elend und hoffnungslos nervös, fühle mich seelisch und körperlich unwohl. Eines der drei Kinder läßt mich gewöhnlich nicht schlafen, und dazu kommt noch, daß unser armer Johnny so krank war. Er hat wieder einen Fieberanfall gehabt – eine Art Magenfieber ... Er versteht sich nicht mit den französischen Kindern, die er hier kennengelernt hat ... Ich bin ganz von allen Nachrichten abgeschnitten und sehne mich täglich nach den Anschlagzetteln der Londoner Zeitungen, die einen täglich in diesem ›Heim‹ genannten Gefängnis mit den Wesen, die draußen leben und kämpfen, in Verbindung halten ...«[287]

Als das Kind, es ist wieder ein Junge, Marcel-Charles, geboren wird, sind Tussy, Laura und ihre Mutter ein bißchen enttäuscht. Alle Enkelkinder der Marxens sind Jungen. Dieses Mal hatten sie sich auf ein kleines Mädchen gefreut. Marx dagegen begrüßt seinen neuen Enkel mit großem Jubel und schreibt an Jenny:

»Ich ziehe meinerseits das ›männliche‹ Geschlecht bei Kindern vor, die an diesem Wendepunkt der Geschichte geboren werden. Sie haben die revolutionärste Periode vor sich, die Menschen jemals zu bestehen hatten.«[288]

Er ist guten Mutes oder versucht jedenfalls, so zu tun, obwohl es Jenny, seiner Frau, immer schlechter geht. Sie wird von Tag zu Tag dünner, kann sich nicht mehr alleine anziehen, ist zu schwach, um länger als ein paar Stunden aufzubleiben, nimmt aber noch an politischen Diskussionen teil und läßt sich manchmal ins Theater fahren.

Tussy versucht, sich von diesem Elend, dieser Hoffnungslosigkeit nicht entmutigen zu lassen und arbeitet heftig an der Verwirklichung ihrer beruflichen Pläne. Ein Besuch bei der Schwester in Frankreich kommt jetzt nicht in Frage, denn sie hat im British Museum zu viel zu tun. Außerdem will sie endlich Schauspielunterricht nehmen. Die Lehrerin, die sie sich ausgesucht hat, heißt Jane Vézin, eine vierundfünfzigjährige, ehemals bekannte Tragödin, die Mutter Jenny in einer ihrer Theaterkritiken als »beste, ja sozusagen … einzige vortreffliche Darstellerin Shakespearescher Charaktere«[289] bezeichnet hat.

»Ich baue bestimmt nicht allzu zuversichtlich auf den Erfolg«, schreibt Tussy am 18. Juni an Schwester Jenny, »und doch möchte ich den Unterricht nehmen. Selbst im Fall, daß Mrs. Vézin, wie ich fürchte, findet, sie habe meine Begabung überschätzt, werden mir diese Stunden immer noch nützlich sein, und ich kann es immer noch mit der Rezitation versuchen … Bis zu diesem Montag konnte ich ihr nicht schreiben, da Papa das nötige Geld nicht hatte, aber dann habe ich geschrieben und einen netten Antwortbrief erhalten … Es ist mir schrecklich, daß ich Papa so viel koste, aber schließlich ist für meine Erziehung sehr wenig ausgegeben worden, wenigstens im Vergleich zu dem, was *heute* von Mädchen verlangt wird, und ich denke, wenn ich es schaffe, ist es eine gute Investition gewesen … Zum Glück habe ich gerade eine neue Aussicht auf Arbeit. Stell Dir vor, heute morgen habe ich Mayall im Bus getroffen. … Er sagte, die wissenschaftliche Zeitschrift, zu der er Beziehungen hat, suche einen *précis writer*, und fragte mich, ob ich es versuchen wolle. Du weißt vermutlich, daß im literarischen Jargon ein *précis writer* jemand ist, der Artikel, Bücher usw. zusammenfaßt … Er will mich einen Versuch machen lassen, und wenn ich es schaffe, werde ich zwei Pfund pro Woche verdienen und nicht viel zu tun haben … Ich hoffe, ich werde es schaffen, es wäre eine solche Erleichterung. Auf jeden Fall will ich es versuchen, wenn es schiefgeht, geht es eben schief. Du siehst, Liebe, ich habe eine Menge Eisen im Feuer, aber ich habe das Gefühl, daß ich mein Leben jetzt lange genug habe gehen lassen und daß es höchste Zeit ist, daß ich etwas mache.«[290]

Ihr Tatendrang hängt vielleicht auch mit einer neuen Liebe zusammen, die nicht George Bernard Shaw und nicht Lissagaray heißt, sondern Ernest Radford. Dieser junge Jurist aus guter Familie, genau wie Shaw etwas jünger als sie, kommt regelmäßig zu den Proben des Dogberry-Clubs, ist theaterbegeistert, ein großer Shakespeare-Fan, übersetzt Heine ins Englische, schreibt Kunst- und Literaturkritiken und sieht außerdem noch sehr gut aus. Tussy geht viel mit ihm spazieren, ins Konzert, ins Theater, vergißt den fernen Lissagaray immer mehr, hofft vermutlich auf etwas Ernsthaftes, auf eine Ehe, zumal auch ihr Vater die Sache recht positiv sieht.

»Tussy hat nämlich«, schreibt er an Tochter Jenny, »unter den Dogberries ein neues Wunderkind aufgetrieben, einen gewissen Radford; dieser Jüngling ist bereits barrister-at-law, verachtet jedoch das jus ... He looks well, cross zwischen Irving und Lassalle selig (doch nichts gemein mit der zynisch schmierzudringenden Marquis-Judenmanier des letzteren), an intelligent and somewhat promising boy. Well, das ist des Pudels Kern.«[291]

Anfang Juli stehen die beiden in einem Laien-Theater zusammen auf der Bühne. Auf dem Programm: zwei Einakter von Eugène Scribe. Marx und Mutter Jenny sind nicht dabei. Sie sind für einige Wochen zur Erholung nach Eastbourne gefahren, ein letzter Versuch, Jennys Krebserkrankung aufzuhalten oder wenigstens zu lindern. Tussy und Radford spielen ein Liebespaar. Eine Rolle, die Tussy nicht schwerfällt. Sie braucht nur sich selbst darzustellen, fiebert vor lauter Aufregung und Glück und bemerkt kaum, daß ihr Vater nicht da ist. Steht doch ihr Traum-Mann, der Irving so ähnlich sieht, gleich neben ihr.

»Tussy war sehr gut in den leidenschaftlichen Szenen«, schreibt Engels nach Eastbourne. »Nur merkte man etwas, daß sie sich Ellen Terry zum Vorbild genommen, wie Radford den Irving. Doch das wird sie sich bald abgewöhnen; will sie öffentlich Effekt machen, muß sie unbedingt strike out a line of her own, und das wird schon.«[292]

Eine verhaltene Reaktion. Freundlich, aber nicht allzu begeistert. Sie müsse »strike out a line of her own«, einen eigenen Stil entwikkeln. Aber dazu gehört ein solides Fundament, Stimmbildung, Rollenstudium, Körpersprache. Marx weigert sich, ihr den Unterricht zu bezahlen. Und Engels, dem es ein leichtes wäre, tut es auch nicht. Im Grunde halten sie das alles für Kinderei, für ein nettes Hobby. Daß sie als Amateurin auf der Bühne steht, ist ja schön und gut. Aber eine Marx-Tochter als »richtige« Schauspielerin, der Neugier der britischen Philister, der Häme der Kritik preisgegeben? Unmöglich!

Nach ihrer Rückkehr aus Eastbourne bleiben die Marxens nur wenige Tage in London und fahren dann gleich nach Argenteuil weiter. Auch Helene, das alte Dienstmädchen, reist mit, um Jenny

Marx, der es immer schlechter geht, auf der langen Fahrt zu unterstützen. Sie weiß, daß sie nicht mehr lange zu leben hat, will unbedingt ihre Enkel noch einmal sehen. Das jüngste Kind, Marcel-Charles, kennt sie noch überhaupt nicht.

So bleibt Tussy ganz allein in dem großen Haus. Alle sind ausgeflogen. Die Eltern, die meisten Freunde, sogar Engels und Pumps. Jeder, der es sich irgendwie leisten kann, sorgt dafür, daß er in den Sommermonaten nicht in der Stadt ist. Tussy bleibt freiwillig. Denkt gar nicht daran, mit nach Frankreich zu fahren, denn erstens hat sie als »précis writer« zu viel zu tun, und zweitens hofft sie auf ein paar romantische Rendezvous mit Ernest Radford, ohne die Eltern, ohne das nette, aber neugierige und leicht klatschsüchtige Lenchen. Ein Essen im Garten vielleicht? Eine Szene aus »Romeo und Julia«, nur für sie beide? Doch die Sache zerschlägt sich. Denn Radford wendet sich ausgerechnet einer ihrer besten Freundinnen, Dollie Maitland, zu, eine doppelte Kränkung.

Sie verbringt einsame Abende, sitzt allein in dem leeren drawingroom, schreibt lange Briefe an Marx oder Engels. An die Mutter und an die Schwestern schreibt sie nicht. Draußen im Garten gakkern Helenes Hühner. Sie flattern so hektisch herum, als würden sie ihr Frauchen vermissen. Manchmal wirft Tussy ihnen eine Handvoll Futter hin. Aber sie fressen nicht, gehen in Hungerstreik, wie die nervösen viktorianischen jungen Mädchen.

In diesen Wochen hat Tussy ein Buch von Mathilde Blind durchzuarbeiten, wahrscheinlich »The Prophecy of St. Oran«, das gerade erschienen ist. Mathilde Blind, 1841 geboren, ist die Tochter der deutschen Jüdin Friederike Cohen und Stieftochter von Karl Blind, eines Mannheimer Revolutionärs, der wie Marx nach 1848 geflohen ist und seit 1852 in England lebt. Marx ist mit Blind heftig zerstritten, aber das hält Tussy nicht ab, sich lebhaft für das Werk seiner Stieftochter zu interessieren, die unter dem Pseudonym »Claude Lake« veröffentlicht und ihre Gedichte dem italienischen Freiheitskämpfer Mazzini widmet.

Es gibt viele Parallelen zwischen den beiden Frauen. Beide haben ein jüdisches Elternteil, beide stammen aus Deutschland, beide sind Töchter von Revolutionären, leben im englischen Exil und schreiben in einer Sprache, die nicht Sprache ihrer Eltern ist. Und: beide haben ausgeprägt depressive Seiten:

Ich sah dich auf der Straße, so elend, so blaß,
mein Herz bebte bei dem traurigen Anblick
Du glichst einer dünnen Wolke, die durch den Himmel schwebt
und sich im Fluge aufzulösen droht.[293]

Das sind Töne, in denen Tussy sich wiederfindet, besonders jetzt, in diesem einsamen langen Sommer. Alles, was sie als »précis-writer« bearbeiten muß, verstärkt diese Stimmung, auch die Lektüre von John Addington Symonds »Renaissance in Italy«, ein enzyklopädisches Werk in vier Bänden, in dem, obgleich »charmingly written«, die düsteren Farbtöne vorherrschen.[294] Der Autor, Kunstprofessor in Oxford, ist homosexuell, bekennt sich mutig zu seiner Veranlagung, schreibt immer wieder über die Figur Michelangelos, der an seiner Homosexualität zu zerbrechen drohte, hat gerade einen schweren Nervenkollaps erlitten, weil seine Affäre mit einem Oxforder Studenten öffentlich bekannt wurde.
Das ist zuviel. Soviel Leid kann sie einfach nicht aushalten. Das ungewohnte Alleinsein, die deprimierende Lektüre, die Enttäuschung, daß Ernest Radford sich ihrer besten Freundin zugewandt hat, und vor allem die Abwesenheit ihres geliebten »Mohr«, die ihr erst jetzt, nachdem Radford sie verlassen hat, richtig bewußt wird. Seit acht Jahren, seit ihrem Aufenthalt in Brighton, sind sie praktisch keinen Tag mehr getrennt gewesen. Früher war er oft monatelang von zu Hause fort. Sie hat ihn dann überall gesucht, in seinen Stammkneipen, in seinem Arbeitszimmer, in allen Betten. Jetzt ist er häuslich geworden, geht kaum noch aus. Die Zeiten seines Herumvagabundierens sind vorbei. Und doch ist er ohne sie fortgefahren, ganz wie früher, in ihrer Kindheit, nachdem sie ihm so viel geopfert hat, ihre Liebe zu Lissagaray, ihre Stellung in Brighton, die Hoffnung auf eine Karriere als Schauspielerin. Natürlich, die Mutter hat Krebs, sie kann nicht alleine verreisen. Aber muß er *sie* deshalb unglücklich machen, *sie* allein lassen? Ist es nicht dasselbe wie 1860, vor einundzwanzig Jahren, als die Mutter die schwarzen Pocken hatte und sie mit ihren Schwestern zu den Liebknechts abgeschoben wurde, ein kleines Mädchen von fünf, unfähig, das Wieso und Warum zu begreifen?
Panik kommt in ihr auf, sie kann nicht mehr denken, nicht mehr arbeiten, nicht mehr schlafen, sie legt ihre Bücher zur Seite, raucht Kette, trinkt Unmengen von Tee, schluckt das bewährte Chloral,

von dem immer ein großer Vorrat im Haus ist, macht sich nichts mehr zu essen.
So geht das mehrere Tage. Niemand merkt etwas. Dann klopft jemand an der Tür.
Ist es Marx, der zurückgekommen ist? Ist es Radford? Nein, es ist nur Dollie, die Verräterin, die an allem schuld ist. Dollie erschrickt. So hat Tussy noch nie ausgesehen, abgemagert, elend, übernächtigt. Ihre Hände zittern, um ihre Augen zuckt es, die schwarzen Locken hängen ihr zerzaust ins Gesicht. Sie beschwört Tussy, einen Arzt zu rufen. Doktor Elizabeth Anderson vielleicht, die sei erfahren mit solchen Zuständen, aber Tussy schreit sie an, sie solle verschwinden und sie mit ihren Weisheiten verschonen.
Dollie, eine angehende Dichterin, hat keine Ruhe mehr. Sie hat Angst, daß Tussy verhungert oder sich sonst etwas antut. Hat sie nicht schon öfter, wenn auch scheinbar nur im Scherz, zu ihr gesagt: »I don't stick to life«, sie hänge nicht am Leben?
Dollie ermittelt die Anschrift von Jenny in Frankreich und telegrafiert an Marx. Der beschließt, umgehend zurückzukehren und schreibt an Engels:
»Wir müssen fort, da ich Brief von Miss Maitland erhalte, daß Tussy very ill, not allow Miss Maitland to attend her any longer, has called no doctor etc ... Ich muß gleich hin, i. e. tomorrow.«[295]
Zwei Tage später ist er wieder da. Alles ist gut. Jetzt kann ihr nichts mehr zustoßen. Sie erlaubt, daß er einen Arzt ruft, wird wieder essen, alle Anweisungen befolgen.
»Ich telegraphierte«, schreibt Marx an Engels, »sofort an Dr. Donkin, der auch schon um elf Uhr morgens erschien und lange Konsultation mit Tussy hatte. Here state is one of utter nervous dejection; seit Wochen ißt sie sozusagen nichts ... Donkin sagt, daß kein organisches Leiden da ist, heart sound, lungs sound etc; die Basis des ganzen Zustands sei perfect derangement of action of stomach, dem sie das Essen abgewöhnt habe ... und dangerously overwrought nervous system. Daher sleeplessness, neuralgic convulsions etc. ... Er hat sofort eingegriffen, und, was bei diesem Persönchen die Hauptsache ist, ihr beigebracht, daß, wenn sie gehorsame Patientin, keine Gefahr da ist; wenn sie aber auf ihrem Kopf bestehe, alles perdu sei ... Glücklicherweise hat sie versprochen zu folgen, und sie hält, wenn sie einmal verspricht. Später, sagte er, müsse sie fort, um sich zu zerstreuen.«[296]

Im Oktober kommt Willa Juta, ihre Kusine aus Kapstadt, zu Besuch, die Tochter von Marx' Schwester Louise. Tussy und sie verstehen sich gut, kichern und tuscheln den ganzen Tag wie zwei Schulmädchen. Das nervöse Zucken, die Verzweiflung, die Schlaflosigkeit, alles wie weggeblasen. Nur im British Museum stört Willa ein bißchen. Sie kann nicht stillsitzen, interessiert sich nicht für Tussys philologische Arbeit. Bücher findet sie langweilig. It's boring.
Ganz anders Jettchen, eine Kusine aus Trier, Tochter der Marx-Schwester Emilie. Die behauptet doch tatsächlich, Autorin eines berühmten Kinderbuches, »Little Women«, zu sein, das in Wirklichkeit von Louisa May Alcott aus Boston stammt, einer der bekanntesten Schriftstellerinnen Amerikas. Es ist die anrührende Geschichte von fünf Pfarrerstöchtern in der amerikanischen Provinz. Sie sind arm, sie tragen häßliche Kleider, sie werden von reichen Mitschülerinnen ausgelacht. Aber sie sind gottesfürchtig, lieben ihre Eltern und machen Karriere als Künstlerinnen. Ein amerikanischer Biedermeier-Traum, der später oft verfilmt werden sollte, zuletzt 1994 mit Wyona Ryder in einer der Hauptrollen. Jettchen war bei Erscheinen des Buches erst zehn Jahre alt und ist trotzdem von ihrer fixen Idee nicht abzubringen. Tussy erzählt Jettchens Vater davon. Der beauftragt sie, eine Verlagsannonce zu besorgen, bittet sie, an Miss Alcott zu schreiben, was sie auch tut, eine peinliche Angelegenheit. Miss Alcott nimmt die Sache nicht weiter ernst, aber Jettchen und ihre Mutter sind schon auf dem Weg nach London. Tussy und Willa »fluchen wie die Landsknechte.« – »Ist das nicht ein verdammtes Unglück?« schreibt Tussy an Jenny, und dann, mehr ängstlich als ärgerlich: »Ich glaube, unsere Familie wird langsam verrückt!«[297]

Oktober 1881. Das Haus am Maitland Park hat sich in ein Krankenhaus verwandelt. In dem einen Zimmer liegt Marx mit einer quälenden Brustfellentzündung, in dem anderen seine Frau, die, aus Frankreich zurückgekommen, nur noch auf ihren Tod wartet. »Sie kann kaum noch dünner oder schwächer werden, als sie jetzt ist«, schreibt Laura an Jenny, »aber ihre Energie und ihre Lebensgeister sind ungebrochen.«[298]
Meistens wacht Laura bei der Mutter, denn Tussy muß ja bei ihrem Mohr, bei ihrem geliebten Vater bleiben, obwohl der Arzt sagt, es

bestünde keine echte Gefahr, und obwohl er ein schrecklich ungeduldiger, schwieriger Patient ist.[299]

»Seit Samstag bin ich – Tag und Nacht – nicht mehr aus Papas Zimmer herausgekommen«, schreibt sie am 18. Oktober, einem Dienstag, an Jenny. »Aber heute nacht wird Helen bei ihm wachen, weil der Doktor mir eine Nacht Ruhe vorschreibt.«[300]

Jenny, die Aufopfernde, Hilfsbereite, will sofort kommen, will Mann und Kinder allein lassen, um Tussy zu unterstützen, da sie Angst hat, daß sie wieder eine schwere Nervenkrise bekommt. Aber Tussy wehrt beinahe unhöflich ab:

»Du darfst nicht daran denken, die Kinder allein zu lassen. Es wäre purer Wahnsinn und würde Papa mehr aufregen, als Dein Hiersein ihn freuen … könnte, so sehr wir auch alle wünschten, daß Du hier wärest.«[301]

Warum sie das tut? Sie weiß es wohl selber nicht. Warum sie immer nur vom Vater, fast nie von der Mutter spricht, die doch viel kränker ist, jeden Tag sterben könnte? Warum sie nicht einmal erlaubt, daß andere, die ihre Hilfe geradezu aufdrängen, bei ihr wachen, Madame Lormier, eine alte Bekannte, oder Clementina Black, eine engagierte Frauenrechtlerin?

»Es geht aber Mama nicht schlechter«, versucht sie sich selbst zu beruhigen, »und sie hat so gute Nächte, daß niemand bei ihr bleiben muß.«[302]

Dann, Ende Oktober, geschehen merkwürdige Dinge. Tussy weigert sich, ihrer Mutter Morphiuminjektionen zu geben, die ihr der Arzt, Doktor Donkin, gegen die Schmerzen verordnet hat. Sie wolle es »wirklich nicht gern versuchen«, schreibt sie an Jenny, sondern lieber eine Pflegerin engagieren, auch wenn das viel Geld koste.[303] Die Mutter versteht das nicht, denn es hat keinen Streit, keine Entfremdung gegeben. Sie kennt ihre Tochter, die immer so zuwendend war, nicht mehr wieder, nennt sie in einem letzten Wortwechsel »hart und grausam«.[304] Dann verschwindet ein Brief, den die Mutter an Jenny geschrieben hat. Dieser Brief, ihr vermutlich letzter, habe sie soviel Mühe gekostet, schreibt Laura an Jenny. »Er war Tussy zum Absenden anvertraut worden, in ihre Hände ist er noch ohne Umschlag gelegt worden. Helen hat mir dann gesagt, Du könntest ihn vielleicht nicht bekommen haben … Ich kann nicht herausbekommen, was für Fragen sie Dir gestellt hat, ich denke aber, es war etwas in bezug auf die Beleuchtung in Deiner Wohnung, ob Du Lampen oder Kerzen … benutzt; … dazu auch … etwas über gewisse kleine Hosen für Johnny, ob sie ihm passen oder nicht. … Sie ist nie zu krank, um nicht den lebhaftesten und zärtlichsten Anteil an all den kleinen Dingen, die Deinen Alltag ausmachen, zu nehmen. Das ist ihre einzige Beschäftigung, denn sie kann weder lesen noch schreiben, und ihre immer aktive Nähnadel fängt nun an zu rosten.«[305]

Am 2. Dezember 1881 stirbt Jenny Marx. Sie ist siebenundsechzig Jahre alt geworden. Ihre letzten Worte an Marx waren: »Karl, my strength is broken.« – Engels, der dem Witwer als erster seinen Besuch macht, sagt etwas Schreckliches: »Der Mohr ist auch gestorben«, so zerstört, so unendlich traurig findet er den Freund, der doch immer nur über die Institution der Ehe gespottet und sogar bedauert hat, jemals geheiratet zu haben. Tussy ist böse auf Engels. Das klingt wie ein Todesurteil. Der Mohr soll leben, und zwar mit ihr, sie freut sich auf viele schöne Jahre an seiner Seite.

Um ihn zu schonen, erlaubt sie ihm nicht, daß er irgend etwas tut, verlangt, daß er wieder ins Bett geht, schickt Nachrufe an alle sozialistischen Zeitungen, übernimmt es, seine Freunde in Deutschland und in der Schweiz zu informieren.

An Karl Kautsky, Redakteur des »Sozialdemokraten« in Zürich, schreibt sie:

»Meine geliebte Mutter ist gestern gestorben. So lange wir auch damit gerechnet hatten, ging es doch zum Schluß sehr schnell. Meine Mutter hat ihre großen Schmerzen mit unglaublich viel Mut und Geduld ertragen, und ihr Geist ist die ganze Zeit stark und klar geblieben. Darf ich Sie bitten, das Folgende im Sozialdemokraten zu veröffentlichen? Und würden Sie so freundlich sein, den beiliegenden Brief so bald wie möglich an Liebknecht, dessen Adresse ich nicht habe, weiterzuleiten? Mit freundlichen Grüßen von Papa und mir an Sie und Herrn Bernstein, Ihre ergebene Eleanor Marx.«[306]

Es ist seltsam. Die Lebende konnte oder wollte sie nicht pflegen. Von der Toten scheint sie sich gar nicht mehr trennen zu wollen. Sie sitzt lange an ihrem Bett, streichelt ihr Haar, prägt sich ihren Gesichtsausdruck für immer ein.

»Der Ausdruck ihrer Augen war einfach unbeschreiblich«, schreibt sie an Jenny. »Er war nicht nur so klar – so klar wie sonst nur Kinderaugen sind – sondern auch so zärtlich … Oh Jenny, sie sieht

jetzt so schön aus! ... Ihre Stirn war völlig glatt, als hätte eine sanfte Hand alle Linien und Falten weggestrichen, und das schöne Haar bildet eine Art Glorienschein um ihren Kopf ...«[307]
Eines ihrer letzten Worte sei »gut« gewesen. Doch nichts ist gut. Jedenfalls nicht zwischen Tussy und ihrer Mutter. Sie sind unversöhnt, ohne Abschied auseinandergegangen. Tussy sei »hart und grausam«. Diese Worte stehen nun zwischen ihnen. Niemand, am wenigsten Tussy selbst, kann sich erklären, warum.
Am 5. Dezember ist die Beerdigung. »Papa kann natürlich nicht gehen«, schreibt Tussy an Jenny, »er darf das Haus noch nicht verlassen, und ich bin in jeder Hinsicht froh darüber.«[308]
Statt seiner geht Engels. Hält die Trauerrede. Irgendwo in einer entlegenen, »ungeheiligten« Ecke des Friedhofs von Highgate. Ein paar Treue des Exils stehen dabei. Hauptsächlich deutsche, wenige französische Genossen. Engländer sind keine zu sehen. Denn Jenny Marx ist, wie ihr Mann, nie richtig in England angekommen. Laura wirkt völlig verzweifelt, Tussy, die neben ihr steht, wie versteinert. Engels redet auf deutsch, in erhabenem Ton, spricht über Marx, den Sozialismus, das Proletariat, ja sogar über die letzten Reichstagswahlen, nicht über Jenny.
»Wiederum hat der Tod sich ein Opfer geholt aus den Reihen der alten Garde des proletarischen, revolutionären Sozialismus«, beginnt er. »Den materiellen Druck, unter dem sie ihre beiden Knaben und ein Töchterchen ins Grab sinken sah, hätte sie ... verwunden. Aber daß Regierung und bürgerliche Opposition, von der vulgär-liberalen bis zur demokratischen, sich zusammentaten zu einer großen Verschwörung gegen ihren Mann: daß sie ihn mit den elendesten, niederträchtigsten Verleumdungen überschütteten, ... das hat sie tief getroffen ... Von Land zu Land drang der Klassenkampf des Proletariats, und unter den Vordersten kämpfte ihr Mann, der Vorderste. Sie erlebte es, daß die Verleumdungen, die hageldicht auf Marx herabgeregnet, wie Spreu vor dem Winde zerstoben, daß seine Lehren, die zu unterdrücken alle reaktionären Parteien ... so ungeheure Mühe aufgewendet hatten, nun von den Dächern gepredigt wurden in allen zivilisierten Ländern und in allen gebildeten Sprachen ... Und eine ihrer letzten Freuden war noch der schlagende Beweis unverwüstlicher Lebenskraft, den unsere deutschen Arbeiter in den letzten Reichstagswahlen gegeben.«[309]

Zwei Tage später. Marx, von Tussy für zu schwach befunden, das Haus zu verlassen, kann wieder aufstehen, wieder schreiben, schreit seinen Schmerz, seine Liebe laut heraus. »Ihre Augen: voller, schöner, leuchtender als je«, schreibt er an Jenny.[310] Oder: »Ich erkläre, ... daß alles an ihr natürlich und wahr, unbefangen, nichts Gemachtes war; daher auch der Eindruck auf dritte Personen lebendig, lichtvoll; es schreibt sogar die Frau Heß: ›In ihr hat die Natur ihr eignes Meisterstück zerstört, denn in meinem ganzen Leben ist mir keine so geist- und liebevolle Frau begegnet.‹«[311]
Er liebt sie immer noch, spricht von nichts anderem, nimmt seine Tochter, die sich so rührend für ihn aufopfert, kaum wahr. »Sieh! Ich könnte tausend Bücher füllen, und nur ›Jenny‹ schrieb ich stets hinein«, hat er als junger Mann, in der Verlobungszeit, einmal gedichtet. So ist es bis heute geblieben. Seine Gefühle haben den Tod überdauert, trotz aller Ehekrisen, trotz der Affäre mit Lenchen, trotz seines Schimpfens auf Jennys dauernde Reizbarkeit.
»Du weißt, daß wenige Menschen demonstrativem Pathos mehr abgeneigt sind als ich«, wird er Monate später an Engels schreiben. »Es wäre jedoch eine Lüge, wollte ich nicht gestehen, daß mein Denken zum großen Teil beherrscht wird von Erinnerungen an meine Frau, diesen besten Teil der besten Jahre meines Lebens.«[312]
Tussy besteht darauf, schnell mit ihm zu verreisen, will weg von dem Friedhof, weg von den Kondolenzbriefen, weg aus dem traurigen Haus am Maitland Park, in dem jedes Möbelstück, jede Blumenvase an die Mutter erinnert. Sie fahren nach Ventnor auf die Isle of Wight, das grüne, palmenbewachsene Eiland im Golfstrom, das englische Madeira für Lungenkranke. Kaiserin Sissi ist hier gewesen, Queen Victoria, William Thackeray, Charles Dickens hat hier Teile des »David Copperfield« geschrieben. Sie mieten ein Häuschen an der Steilküste, »zwei Schlafzimmer und ein Wohnzimmer ... mit Blick auf die See und die Hügel«, schreibt Tussy an Jenny. »Unsere Wirtin ist reizend, eine gute Köchin und in jeder Hinsicht sehr aufmerksam.«[313]
Doch das Wetter ist scheußlich, viel kälter, als man ihnen prophezeit hat, tagsüber gießt es in Strömen und nachts pfeift ein schrecklicher Wind um das Haus.
Tussy wird wieder krank, hat dieselben Symptome wie im August 1881, versucht, sich vor Marx zu verstellen, doch der schreibt an Laura:

»Mein Kompagnon ... ißt fast gar nichts; leidet stark an Nervenzuckungen; liest und schreibt den ganzen Tag ... ist sehr wortkarg und scheint indeed den Aufenthalt mit mir nur aus Pflichtgefühl, als selbstaufopfernder Märtyrer zu ertragen.«[314]

Sie stehe unter ständiger »mental pressure«, gegen die weder Klimawechsel noch Ärzte helfen würden, und die er, Marx, sich nur damit erklären könne, daß sie »erschreckend hysterisch« sei. Er beschließt, künftig nicht mehr mit ihr zu verreisen, denn das Zusammensein ist für ihn mehr eine Tortur als eine Erholung, will »um alles in der Welt« verhindern, daß »das Kind« sich einbilde, »in Form der Pflegerin eines alten Mannes auf dem Familienaltar geopfert zu werden«, will ihr sogar den Schauspielunterricht bei Mrs. Vézin gestatten, auch wenn er nicht daran glaubt, daß sie wirklich begabt ist. Außerdem habe er, schreibt er an Engels, gewisse »Konjekturen«, also Vermutungen, über ihre »Gemütsangelegenheiten«, die aber zu delikat seien, »um schwarz auf weiß verhandelt zu werden«,[315] was im Klartext heißt: er glaubt, daß sie sexuell frustriert ist.

Tussy nimmt in diesen Tagen wieder mit Radford Kontakt auf. Sie hofft immer noch, ihn wieder verliebt machen zu können, wenn sie ihm mitteilt, wie schlecht es ihr geht. Doch anstatt alles stehen und liegen zu lassen und zu kommen, schickt er Dollie, für Tussy eine schreckliche Demütigung. »Das war das Törichste, was er tun konnte«, schreibt sie an Jenny, »denn wenn ich wirklich jemanden gebraucht hätte, wäre Dollie völlig unbrauchbar gewesen ... Dollie kommt her und sagt zu Papa, sie glaube, ich sei heimlich verheiratet und erzählt noch eine Menge anderer Märchen, die zwar für ihre Phantasie sprechen, aber nicht für ihre Wahrheitsliebe.«[316] Zum zweiten Mal innerhalb eines halben Jahres wirft sie die Freundin heraus. Es kommt zum Bruch. Dollie fährt wütend wieder ab.

Doch nicht nur Dollie, auch Radford, Clementina Black und sogar ihr Vater sind jetzt böse auf sie, weil sie immer nur von sich, nur von ihren Belastungen spricht und gar nicht auf die Idee kommt, daß es auch anderen schlechtgehen könnte, ihrer Schwester Jenny zum Beispiel, die schon wieder ein Kind erwartet und seit einiger Zeit unter schrecklichen Blasenschmerzen leidet.

Tussy muß diesem Zustand ein Ende machen. Sie spürt das selbst. Sonst verliert sie alles. Sie muß sich aus der engen Beziehung zu ihrem Vater lösen. Sie wird jetzt bald siebenundzwanzig. Sie muß wieder aktiv werden, wieder hinaus ins Leben.

»Es macht mich halb wahnsinnig, hier zu sitzen, während vielleicht meine letzte Chance, etwas zu tun, dahingeht«, schreibt sie an Jenny. »Ich habe vor, mit aller Kraft durch harte Arbeit zu versuchen, mehr und Besseres aus meinem Leben zu machen … Ich bin nicht gescheit genug, um ein rein intellektuelles Leben zu führen, aber auch nicht stumpfsinnig genug, um mich … mit Nichtstun zufriedenzugeben. Morgen ist mein Geburtstag. Wenn ich nur die Hälfte meiner guten Vorsätze für die kommenden Jahre halte, werde ich es schaffen.«[317]

In diesen Tagen löst sie ihre Verlobung mit Lissagaray, der in Paris immer noch treu auf sie wartet und ihr geduldige, liebevolle Briefe schreibt. Er ist der einzige, der Verständnis für ihre Stimmungen hat. Sie brauchte nur zu ihm zu fahren und ihn zu heiraten. Aber sie liebt ihn nicht mehr. Sie spürt das seit langem. Seit Monaten hat sie versucht, ihm zu schreiben. Aber was? Daß sie einen anderen hat, der sie nicht wiederliebt? Daß ihre Liebe nur ein Protest gegen ihren Vater war, der Versuch, das Genie Marx durch das Genie Lissagaray zu ersetzen? Daß sich jetzt, seit dem Tod ihrer Mutter, alles verändert hat, daß sie selbständig werden will, finanziell unabhängig, daß sie andere Wege zu sich selbst finden muß als die Flucht in die Ehe?

»Allein ich begreife, wie sehr Du Dich nach Arbeit u. Unabhängigkeit sehnst, die zwei einzigen Dinge, die über die Leiden u. Sorgen der jetzigen Gesellschaft hinüberhelfen.« Das hat die Mutter ihr 1873 geschrieben. Das geht ihr jetzt oft durch den Kopf. Wie recht sie gehabt hat. Sie hat die Probleme einer jungen Frau dieser Zeit richtig erkannt, treffend beschrieben. Immer wieder muß Tussy sich diese Worte wiederholen. Was würde die Mutter zu ihrer Krankheit, ihren Zusammenbrüchen sagen? Würde sie ihr helfen, sich Sorgen machen, soviel Verständnis haben wie damals in Brighton?

»Ich denke jetzt so oft an Mama«, schreibt sie an Jenny. »Es ist so seltsam zu wissen, daß wir sie nie mehr wiedersehen werden. Redet Johnny immer noch so viel von ihr? … Ich wundere mich manchmal, wie ich das alles überleben konnte. Ich glaube wirklich, daß ich dank meines langen Umgangs mit Katzen inzwischen auch neun Leben habe wie sie.«[318]

Kaum in London, fängt sie an, ihre Vorsätze in die Tat umzusetzen. Sie meldet sich zum Schauspielunterricht an, tritt wieder im Laientheater auf, diesmal nicht Seite an Seite mit Radford, sondern allein. Als erstes rezitiert sie ihr altes Lieblingsgedicht, Brownings »Rattenfänger«. Sie bekommt viel Applaus, will aber den langen Text nicht ein zweites Mal vortragen, obwohl sie dringend um ein »Da capo« gebeten wird. Das zweite Stück dieses Abends heißt »Die Seufzerbrücke«, »The Bridge of Sighs«, eine Ballade des englischen Romantikers Thomas Hood.[319] Es ist die Geschichte eines jungen Mädchens, das über Nacht obdachlos wird und, »des Atmens müde«, ins Wasser geht, ein Stück lyrischer Sozialkritik, ein Appell an den imaginären viktorianischen Zuhörer. Er solle nicht verachten, sich nicht ekeln, keine Schuldsprüche fällen, er solle das Mädchen aufheben, ihre Locken ordnen, sich fragen, wer sie wohl gewesen sei, wo sie gewohnt habe?

Wer war ihr Vater?
Wer ihre Mutter?
Hat sie eine Schwester,
einen Bruder gehabt?
Gab es jemanden, den sie liebte,
der ihr näher als alle anderen war?

Ach! daß so wenig
Liebe auf dieser Welt ist!
Daß sie
in dieser ganzen, riesigen Stadt
kein Zuhause hatte.

Die Schwester, der Bruder,
der Vater, die Mutter
alle Gefühle verändert, verloren;
die Liebe plötzlich und hart
in sich zusammengestürzt,
Selbst Gottes Segen und Schutz
abhanden gekommen.

Dort, wo die Lampen
ihr Licht in den Fluß werfen,

aus den Fenstern und Türöffnungen,
vom Dach bis zum Boden,
dort stand sie und wunderte sich,
daß sie alles verloren hatte.

Es war der trostlose Märzwind,
der sie erschauern ließ,
nicht das dunkle Grab
oder der fließende Fluß,
am Leben zerbrochen, verrückt geworden,
ließ sie sich wegschleudern,
irgendwohin, aus der Welt hinaus,
froh, dem Geheimnis des Todes zu begegnen.[320]

Jetzt klatschen sie alle. Wieder und wieder wird sie hinausgerufen. Das ist auch ihre Geschichte. Jeder spürt, daß sie weiß oder ahnt, wovon sie spricht. Sie muß das Gedicht mehrmals wiederholen und bekommt zwei Pfund Sterling Honorar, mehr als sie jemals im British Museum verdient hat.

9. Februar 1882. Tussy und Marx gehen ein letztes Mal zusammen auf Reisen. Sie fahren nach Argenteuil, um Jenny zu besuchen, der es in dieser Schwangerschaft überhaupt nicht gutgeht. Sie hat immer noch schreckliche Blasenschmerzen. Die Kinder gehen ihr, so lieb sie auch sind, oft auf die Nerven. Sie möchte am liebsten eine Fabrikarbeiterin sein, sehnt sich »nach Erlösung von der unaufhörlichen Kinderpflege«, hat »alle Lebensgeister verloren«,[321] streitet mit ihrem Mann, der, auch wenn sie »schuftet wie ein Nigger«, nie mit ihr zufrieden ist, falls er sich überhaupt mit der Familie abgibt und nicht die Ruhe seiner Redaktionsräume vorzieht.[322]
Der Besuch muntert Jenny ein bißchen auf. Sie lacht und ißt wieder, vergißt sogar ihre Schmerzen, die, da ist sie sich sicher, von der Schwangerschaft herrühren. Niemand denkt daran, einen Arzt zu bemühen. Das sind doch typische Frauenleiden, die wieder vorbeigehen. Marx kann beruhigt weiterfahren, um sich nach Algier einzuschiffen. In dem milden nordafrikanischen Klima wird seine Bronchitis, so hofft er, vollständig ausheilen. Der gute Engels in London gibt wie immer das Geld.

Auch Tussy fährt wieder ab, da sie zu ihrer Arbeit und ihren Schauspielstunden zurückmuß. Sie wird auch jetzt wieder ganz allein sein. Aber diesmal hat sie keine Angst, keine Depressionen. Im Zug nach Rouen begegnen ihr zwei französische Frauen, die die ganze Zeit schwätzen und Unmengen von Brandy trinken. Eine erbricht sich mitten auf der Strecke aus dem Fenster. Tussy findet das komisch. Sie ist bester Stimmung.[323] Sie hat in Argenteuil sogar Lissagaray wiedergesehen, der ihr keine Vorwürfe macht, ihr nicht einmal böse ist. Ihr größter Wunsch ist, daß sie die »vertrautesten Freunde« bleiben, denn er hat an ihrer Entfremdung, ihrer Trennung keine Schuld.[324]

Im März sieht sie Irving in »Romeo und Julia«, diesmal mit kritischeren Augen als früher, da sie ja selbst ernsthaften Schauspielunterricht nimmt. Doch die Faszination, die er auf sie ausübt, bleibt dieselbe. »Ich habe nie ein Stück von Shakespeare so in jeder Hinsicht befriedigend gesehen«, schreibt sie an Jenny. An Ellen Terry, der Julia, läßt sie dagegen kaum ein gutes Haar. Sie sei nur stark in Komödienszenen, schreibt sie im gleichen Brief. »Je stärker das tragische Element« hervortrete, um so schwächer werde sie, »und in der Vergiftungsszene« schaffe sie es »überhaupt nicht mehr. Das ist natürlich sehr interessant für mich, da ich … mit Mrs. Vézin verbissen an der Julia arbeite. Sie scheint äußerst zufrieden und sagt, sie hätte, trotz meiner totalen Bühnenunerfahrenheit, Lust, es mich vor einem Publikum versuchen zu lassen … Mir wäre es am liebsten, wenn ich an ein kleines Provinztheater gehen könnte, um dort für den Anfang etwas praktische Bühnenerfahrung zu machen. Aber das sind alles Träume, und es steht zehn zu eins, meine Liebe, daß nichts daraus wird.«[325]

Im Juni trägt sie wieder einige Browning-Gedichte vor, diesmal im Saal des University College vor der Browning-Gesellschaft.

»Der Saal war brechend voll, und da alle möglichen literarischen und andere Berühmtheiten da waren, war ich lächerlich aufgeregt, aber es ist großartig gegangen. Frau Sutherland Orr (die Schwester von Sir Frederick Leighton, des Präsidenten der Royal Academy) möchte mich zu Browning mitnehmen, damit ich ihm seine Gedichte vortrage! Für heute nachmittag bin ich zu einer Riesenparty bei Lady Wilde eingeladen. Sie ist die Mutter von diesem höchst unmanierlichen und höchst unangenehmen jungen Mann, Oscar Wilde, der sich in Amerika so verdammt unmöglich gemacht hat.

Da der Sohn noch nicht wieder hier ist und die Mutter in Ordnung, gehe ich vielleicht, das heißt, wenn ich Zeit habe, denn ich gehe auch zu Tooles Benefizvorstellung, wo mein geliebter Henry auftreten wird. Ellen Terry trägt die ›Seufzerbrücke‹ vor, was ich als persönliche Beleidigung betrachte, weil doch das Stück aus meinem Repertoire ist!«[326]

Es geht ihr bestens. Sie kann wieder Witze machen, sogar über sich selbst. Fast jeden Tag eine andere Party, eine Theateraufführung, Picknick mit den Furnivalls an der Themse, Besuche bei Engels, dessen heißgeliebte Pumps inzwischen geheiratet und ein Kind bekommen hat. Engels spielt den glücklichen Großvater. Er hält Pumps für die beste Frau und Mutter der Welt. Es ist zu komisch.

Im August fährt sie wieder nach Argenteuil, um Jenny, die nun kurz vor der Niederkunft steht, zu unterstützen. Marx, von seinen Mittelmeerreisen zurückgekehrt, findet sich auch ein. Er ist begeistert von Tussy. So fröhlich, so ausgeglichen, so zupackend hat er sie lange nicht mehr gesehen. Er kennt sie kaum wieder.

»Tussychen«, schreibt er an Engels, »hilft dem Jennychen außerordentlich, und man könnte ihren Aufenthalt kaum als Erholungsstadium betrachten, wäre Tussy nicht so gut mit dem armen Jennychen und entwickelte unter den spezifischen Umständen Eigenschaften, die in London schlummern.«[327]

Als sie zurückfährt, nimmt sie Jean, Jennys ältesten Sohn, mit nach London. Er ist jetzt sechs Jahre alt, droht in Frankreich, in den chaotischen Familienverhältnissen, zu »verwildern«. Niemand, weder Vater noch Mutter, wird mit ihm fertig. Er ist frech, weigert sich, lesen und schreiben zu lernen, und macht mehr Arbeit als seine drei kleinen Geschwister zusammen. Er sei ein Kind, »das die Aufmerksamkeit einer ganzen Familie für sich allein« wolle, meint Marx.[328] Aber Tussy, eine exzellente Pädagogin, werde ihn schon »in Ordnung bringen«.[329]

Tussy ist glücklich. Endlich hat sie, neben der Schauspielerei, eine richtige Aufgabe. Sie sorgt dafür, daß »Johnny«, wie er in England genannt wird, regelmäßig zur Schule geht, schickt ihn pünktlich ins Bett, bringt ihm bei, sich morgens mit kaltem Wasser zu waschen, und versucht, ihm verständliches Englisch beizubringen, das er innerhalb kürzester Zeit in Frankreich verlernt hat.

»Er spricht einfach schrecklich«, schreibt sie an Jenny, »aber ich vermute, das legt sich mit der Zeit. Ich bin sicher, daß wir früher einmal Helens Englisch gesprochen haben. Das Schlimmste ist, daß Helen jedesmal, wenn ich den Jungen verbessere, beleidigt ist oder darüber lacht.«[330]

Im September hat Jenny ein kleines Mädchen, Jenny, genannt »Mémé«, bekommen. Doch ihre Blasenschmerzen werden nach der Geburt nicht besser, im Gegenteil.

»Ich wünsche niemandem auf der Welt die Qualen, die ich seit Monaten ertrage«, gesteht sie Tussy. »Sie sind unbeschreiblich, und die Behandlung, die ich erhalte, macht mir das Leben zur Hölle.«[331]

Tussy möchte den kleinen Jean, so gern sie ihn hat, am liebsten wieder zurückschicken. Denn er macht soviel Unsinn, verlangt soviel Aufmerksamkeit, daß sie alle anderen Pflichten vernachlässigen muß, den Unterricht bei Mrs. Vézin, die Arbeit im British Museum und ihre Privatschülerinnen. Sie schreibt das dem Vater. Doch der macht ihr bittere Vorwürfe, nennt sie, wie einst die Mutter, egozentrisch.

»Er darf nicht zurück, bis Jenny wieder imstand, ihr Haus zu führen. Man muß nur die Hauptsache im Aug' haben, nicht Nebenrücksichten, und die sind es, die Jenny beinahe getötet haben. Auf ein paar Monate mehr oder weniger kommt's nicht an, ganz abgesehen davon, daß der arme Junge ... sonst in einen Abgrund von Unordnung versinken würde.« [332]

Mrs. Vézin ist böse, daß Tussy nicht fleißiger an ihren Rollen arbeitet, und erklärt ihr eines Tages rundheraus, sie solle die Schauspielerei unter diesen Umständen doch besser aufgeben.

Noch einmal fällt sie in tiefe Verzweiflung, hat Selbstmordgedanken. Aber ihre Selbstironie und ihr Überlebenswille sind dieses Mal stärker. Marian Skinner, mit der sie um diese Zeit viel zusammen ist, erinnert sich später:

»Als Mrs. Vézin ihr ihre Entscheidung mitgeteilt hatte, kam sie zu mir – bleich, tragisch, verzweifelt. Einige Zeit saß sie in ihrer Lieblingshaltung auf dem Kaminteppich, umklammerte ihre Knie, starrte in das Feuer. Dann sagte sie:

›Hast du das Leben nicht satt?‹

›Nein, ganz bestimmt nicht.‹

›Du wirst mich verstehen, wenn du so alt bist wie ich.‹

Sie war in ihren Zwanzigern.

›Es ist verdammt hart, die einzige Sache auf der Welt, die einem wichtig ist, nicht haben zu können. Wenn du mich wirklich lieben

würdest, würdest du mir vorschlagen, gemeinsam Selbstmord zu begehen.‹
›Hast du wirklich vor dich umzubringen?‹
›Ich würde es sofort tun, wenn es nicht ein so verdammt einsames Geschäft wäre.‹
Nach einer Weile sprang sie auf, eifrig, bestens gelaunt.
›Ich sage dir, was wir tun: wir nehmen eine Droschke und fahren in London herum. Dieses alte, dreckige London wirkt immer anregend auf mich. Komm mit!‹
›Ich habe das Geld nicht!‹
›Natürlich nicht. Ich auch nicht. Aber wir tun es trotzdem.‹«[333]

11. Januar 1883. Jenny Longuet, achtunddreißig Jahre alt, stirbt nachmittags um fünf Uhr an Blasenkrebs. Sie hat nie geklagt, nie um Hilfe gebeten. Nur einmal hat sie Tussy gestanden, welche Qualen sie leide. Aber da war die Krankheit schon viel zu weit fortgeschritten. Es war zu spät. Marx ist wieder in Ventnor zur Kur. Seine Bronchitis ist schlimmer geworden. Vom Tod seiner Tochter weiß er noch nichts. Tussy fährt zu ihm, um es ihm zu sagen.
»Mir war, als verkünde ich meinem Vater sein Todesurteil«, schreibt sie später. »Den ganzen langen Weg zerbrach ich mir den Kopf, wie ich es ihm beibringen sollte. Aber ich brauchte gar nichts zu sagen. Mein Gesicht verriet mich. Mohr sagte sofort: ›Unser Jennychen ist tot.‹«[334]
Am 18. Januar 1883 schreibt Engels im »Sozialdemokraten«:
»Geboren am 1. Mai 1844, ist sie inmitten der internationalen proletarischen Bewegung herangewachsen und auf's Innigste mit ihr verwachsen. Bei einer Zurückhaltung, die fast für Schüchternheit gelten konnte, entwickelte sie, wo es galt, eine Geistesgegenwart und Energie, um die mancher Mann sie beneiden durfte. ... Das Proletariat hat an ihr eine heldenmütige Kämpferin verloren. Ihr trauernder Vater aber hat wenigstens den Trost, daß Hunderttausende von Arbeitern in Europa und Amerika an seinem Schmerz Anteil nehmen.«
Kein Wort über die vielen Schwangerschaften, über die unglückliche Ehe, über die als »Frauenleiden« mißdeutete tödliche Krankheit, über die fünf Kinder, die ohne Mutter zurückbleiben. Engels sieht Jenny nur aus politischer Perspektive, nur als Heldin und Märtyrerin der Revolution. Der Gedanke, daß ihr Schicksal ein ty-

pisches Frauenschicksal war, das mit dem Marxismus und dem Proletariat rein gar nichts zu tun hatte, bleibt, wie schon im Nachruf auf ihre Mutter, vollkommen ausgeklammert.

Nach dem Tod dieser Tochter ist Marx ein gebrochener Mann. Die »Anteilnahme der Arbeiter« kann ihn über den erlittenen Verlust nicht hinwegtrösten. Er widersetzt sich seiner Krankheit von nun an nicht mehr, fährt nicht mehr in Kur, will nicht mehr leben. Im Februar wird ein Lungentumor bei ihm festgestellt, aber er verbietet Tussy, bei ihm zu bleiben und ihn zu pflegen, und schickt sie statt dessen zu Jennys Kindern nach Argenteuil. Es ist März, als sie wieder zurückkommt. Er ist alt und schwach geworden, kaum mehr wiederzuerkennen. Den »Prophetenbart«, einst sein Markenzeichen, hat er sich in Algier abschneiden lassen. Das wilde, früher so üppige Kraushaar ist kurz geschoren. Nachts hat er Schweißausbrüche. Tagsüber quälen ihn Fieberphantasien. Er kann nicht schlucken, nicht essen, nicht trinken.

Am 10. März scheint Engels noch Hoffnungen zu haben. »Donkin glaubt, daß der Abszeß in der Lunge sich sehr vorteilhaft entwikkelt«, schreibt er an Laura, »und wenn wir ihn über die nächsten zwei Monate bringen ..., gäbe es eine gute Chance.«[335]

Vier Tage später geht Marx von seinem Schlafzimmer in sein Arbeitszimmer, setzt sich in seinen Sessel und schläft ein, um nicht wieder aufzuwachen. »Der größte Kopf unseres Jahrhunderts hatte aufgehört zu denken«, schreibt Engels an Liebknecht.[336]

7 Der rächende Arm des Terrorismus 1883–1884

Nach Marx' Tod wird Tussy mit Mitleid und Hilfsangeboten überschüttet. Sophie Schmalhausen und Emilie Conradi, die beiden Tanten aus Deutschland, schlagen ihr vor, bei ihnen zu wohnen, Max Oppenheim, der alte Bekannte aus Prag, kondoliert, ja sogar Edgar, der Bruder von Mutter Jenny, bekannt als Abenteurer und verkrachte Existenz, bietet seiner »Schutzbefohlenen« Unterstützung an. Doch Tussy will und braucht diese Hilfe nicht, vor allem nicht von ihrer deutschen Verwandtschaft. Emilie ist die Mutter von Jettchen, der verrückten Kusine aus Trier, die sich einbildet, eine berühmte Kinderbuchautorin zu sein, Sophie, eine enge Jugendfreundin ihrer Mutter, lebt im katholischen Aachen. Tussy hält nicht viel vom Christentum. Ihr graut vor alten Erinnerungen, vor frommen Sprüchen. Sie hat diese Tante überhaupt noch nie gesehen. Die andere, Tante Emilie, allerdings schon, aber unter welchen makabren Umständen? Es ist gerade einmal zwei Jahre her, daß sie mit Jettchen, ihrer Tochter, vor der Tür stand, und verlangte, daß die Frage der Autorschaft an dem Bestseller »Little Women« umgehend geklärt würde, im British Museum, mit Hilfe von Tussy, denn diese Tante war tatsächlich dumm oder gutgläubig genug, Jettchens Hirngespinste nicht zu durchschauen. Jetzt weint und klagt sie um ihren »innig geliebten Bruder«, den sie in vierzig Jahren höchstens dreimal gesehen hat, behauptet, viel von ihm »im Gemüth« zu haben, lobt ihr »einfaches, aber trauliches Familienleben«, ihren schönen Garten, die herrliche »Heimath« der Eltern, das Moseltal im frühlingshaften »Blüthenschmucke«: »Da kannst Du Dich erholen, studieren, alles wie Du willst, ... und auf den Höhen athmet die Brust freier und fröhlicher!«[337]

Nein, nein und nochmals nein! Sie liest diese Briefe kaum, schiebt sie weg, denkt nicht daran, ihren Tanten zu antworten, denn aus ihren Zeilen spricht, was sie für sich selber vielleicht am meisten befürchtet: der Wahnsinn. Auch Trauer kann wahnsinnig machen. Sie weiß es aus ihrem Studium der Politik, der Geschichte: von den Witwen der irischen Freiheitskämpfer, der französischen Kommunarden. Nein, nur keine Zeit der Ruhe, der zu langen Besinnung, sie muß den Nachlaß ordnen, mit Verlegern verhandeln, Artikel für Zeitungen schreiben, den Haushalt auflösen und weist darum jeden, der sie trösten will, fast brutal zurück.

»Ich war«, erinnert sich ihre damalige Freundin, Marian Skinner, an den Todestag von Karl Marx, »mit seiner Tochter allein im Raum und wollte ihr meine Anteilnahme aussprechen, aber sie unterbrach mich gebieterisch: ›Ich wünsche keine Beileidserklärungen! Wäre er in langer Krankheit dahingesiecht und hätte ich den allmählichen Verfall seines Geistes und Körpers mit eigenen Augen ansehen müssen, *dann* hätte ich Trost gebraucht. Aber es war nicht so. Er starb mitten aus seiner Arbeit heraus, im Vollbesitz seiner geistigen Kräfte. Er hat seine Ruhe verdient. Für all dies müssen wir dankbar sein.‹ Niemals werde ich diese Abschiedsszene, den Ausdruck in Eleanors Augen, vergessen.«[338]

Am Grab auf dem Friedhof in Highgate stehen die Schwäger, Paul Lafargue und Charles Longuet, beide über Nacht aus Paris gekommen, stehen Engels, Liebknecht, Professor Schorlemmer, Mitglieder des deutschen kommunistischen Arbeitervereins, alte, in Ehren ergraute Kämpfer von 1848, die Kränze mit roten Schleifen auf den Sarg legen. Longuet liest aus Briefen internationaler Sozialisten vor, die Karl Marx ihre letzte Reverenz erweisen:

»Die russischen Sozialisten neigen sich vor dem Grabe eines Mannes, der mit ihren Bestrebungen sympathisiert hat im Verlauf aller Wandlungen ihres schrecklichen Kampfes … Die russische Sprache war die erste, die eine Übersetzung des ›Kapitals‹ besaß, dieses Evangeliums des zeitgenössischen Sozialismus.«[339]

Dann spricht Engels. Andächtige, beinahe unheimliche Stille breitet sich aus. Hat dieser Mann doch seinen Zwilling, sein Alter ego verloren, mit dessen Werk sein eigenes Leben und Wirken untrennbar verbunden gewesen ist. Wie wird er weiterleben, weiterschreiben, weiterkämpfen? Kann es ohne Marx überhaupt noch einen Engels geben?

Doch Engels, der Mann mit dem Aussehen eines protestantischen Asketen, wirkt beherrscht, unaufgeregt, beinahe unbeteiligt, so unbeteiligt, daß er Tussy, die überlebende Tochter, nicht einmal in den Arm nimmt.

»Wie Darwin das Gesetz der Entwicklung der organischen Natur entdeckte«, sagt er mit dem Pathos, das er auf den Beerdigungen der beiden Jennys eingeübt hat, »so entdeckte Marx das Entwicklungsgesetz der menschlichen Geschichte ... Sein Name wird durch die Jahrhunderte fortleben und so auch sein Werk!«[340]

Zwei Männer, die nicht zum engeren Zirkel gehören, stehen in gemessenem Abstand unter den Zuschauern. Der eine ist Ernest Radford, ihr früherer Liebhaber. Der andere ein Mann von unbeschreiblicher Häßlichkeit, klein, untersetzt, leicht verwachsen, mit Gesichtszügen, die vom vielen Trinken aufgedunsen sind, schütteren, in der Mitte gescheitelten Haaren, riesengroßen Ohren, einem vorstehenden, direkt auf der Brust aufliegenden Kinn, und den glasigen Quellaugen eines Reptils. Er soll Edward Aveling heißen. Tussy hat ihn manchmal im British Museum gesehen, wo er für die »Freethinker«, eine atheistische Sekte, arbeitet. Ein studierter Arzt, ein bekannter Physiologe und Zoologe, der diese Berufe aber nicht mehr ausübt, da er sich ganz dem atheistischen Freidenkertum, der Partei von Charles Bradlaugh und Annie Besant, zugewandt hat. Er gibt Abendkurse in Chemie, Biologie und den Lehren Darwins. Neuerdings redigiert er auch eine Zeitschrift aus dem Umfeld der Freidenkerbewegung, den »Progress«, dessen eigentlicher Gründer und Redakteur, ein Mann namens G.W. Foote, wegen »Gotteslästerung« verklagt wurde und im Gefängnis sitzt.

Was will dieser Mann hier? Warum ist er überhaupt gekommen? Er ist kein Marxist, sondern Darwinist, hat Karl Marx nur einmal flüchtig gesehen und mit großer Wahrscheinlichkeit nie gelesen.

Ernest Radford ahnt: Er kommt wegen Tussy. Er will sich an die Erbin von Marx, die Tochter der Internationale heranmachen. Denn Tussy hat das Zeug zur tragischen Heldin, zur populären Galionsfigur einer Bewegung, die auch in England langsam anfängt, chic und en vogue zu werden. Henry Hyndman, George Bernard Shaw und viele andere Intellektuelle sind ihr verfallen. Ernest Radford hat Angst um Tussy, die er plötzlich wieder begehrenswert findet, wieder zurückgewinnen möchte, wo er sie so schön und stolz am Grab ihres Vaters stehen sieht. Er ist freier Mitarbeiter des »Progress«, kennt Aveling und weiß, daß man sich vor ihm in acht nehmen muß.

Aveling ist vierunddreißig Jahre alt, Sohn eines schriftstellernden Pfarrers aus der Provinz, mit einer dicken, reichen, spießigen

Dame, Isabell Frank, verheiratet, die er nur wegen ihres vielen Geldes genommen hat und von der er seit langem getrennt lebt. Jetzt wohnt er mit Annie Besant, der Führerin der Freidenker, zusammen. Doch die Beziehung hat sich abgekühlt, denn Annie Besant ist sechsunddreißig, kommt also langsam in die Jahre. Aveling sucht etwas Neues, eine Jüngere, jemand, der ihn dabei unterstützen kann, sich auf die Flügel einer populären Bewegung zu schwingen.

Viele sagen, daß er als Mediziner, Physiologe und Zoologe brillant sein soll, auch als naturwissenschaftlicher Schriftsteller und »Schüler« Darwins, dessen Lehren er in populärwissenschaftlichen Broschüren verbreitet. Aber irgendwie hat es mit dieser Karriere nicht richtig geklappt. Das »London Hospital«, an dem er gearbeitet hat, hat ihm gekündigt, sein naturwissenschaftliches Laboratorium ist bankrott gegangen, er hat keine Arztpraxis, keine feste Anstellung, sondern spricht, lehrt und schreibt buchstäblich über alles: über Mohammed, die Kelten, die Insekten, die Farben, die englische Nationalhymne, den Ursprung der Sprache, Martin Luther, Shakespeare, die Empfängnisverhütung, die englische Kriegsflotte – ein Schwätzer und Widerling, findet Radford, ein opportunistischer, karrieresüchtiger Schleimer, der von Gott und der Welt gerade genug versteht, um naive Mädchen und Frauen zu beeindrucken, die ihn trotz seines gruseligen Aussehens sexy finden.

Er behauptet, Ire zu sein, was glatt gelogen ist, denn er ist in Stoke Newington, Nelson Terrace, geboren. Immer wieder hört man von dubiosen Geldgeschichten, in die er verstrickt ist. Er liebt den Luxus, geht gern in chice Lokale, trägt elegante Kleidung, die an seinem halb verwachsenen Körper mehr als lächerlich aussieht, hält aber leider nicht viel vom Bezahlen und steht bei zahllosen Leuten in der Kreide. Shaw, der ihn auch nicht sonderlich gut leiden kann, hat einmal erzählt:

»Kommt jemand in einen Raum und fragt: ›Kennt jemand Aveling?‹ Erhebt sich schallendes Gelächter. ›Wieviel?‹ rufen die Leute, ›wieviel?‹ – ›Was, wieviel?‹ fragt der Ankömmling verblüfft. – ›Wieviel Geld? Wieviel haben Sie ihm geliehen?‹«[341]

So einer ist er also. Vielleicht spekuliert er ja auch nur auf Tussys Erbe, das allerdings nicht mehr als zweihundertfünfzig Pfund Sterling betragen soll. Aber was viel wichtiger ist: sie erbt den gesamten literarischen Nachlaß, die vielen Briefe, die unveröffentlichten Manuskripte, die Tantiemen und Urheberrechte aus dem »Kapital«. Traurig geht Radford nach Hause und schreibt ein Gedicht, das kurze Zeit später im »Progress« erscheinen wird:

Er wisperte: Liebe, für immer!
Und sie wisperte: Und für einen Tag?
Und ich, dessen Schmerz niemals endet,
sah sie dort stehen, in ihrem schönen Kleid,
und ich wußte, daß ihre Liebe ewig dauern würde,
und seine falsche Liebe nicht länger als einen Tag.[342]

Doch vorerst hat Tussy keine Zeit, sich neu zu verlieben. Es sind tausende Briefe zu archivieren, die zum Teil bis auf das Jahr 1837, also fast fünfzig Jahre, zurückgehen, darunter u.a. die gesamte Korrespondenz über die Internationale. Vom zweiten Band des »Kapital« sind fünfhundert Seiten, größtenteils in Notizen und Stichworten, vorhanden, die irgendwie entziffert, enträtselt, zusammengefügt werden müssen, eine mühselige Arbeit, denn die Handschrift von Marx ist so beschaffen, daß weder Engels noch Tussy sie problemlos lesen können. Außerdem plant sie, die Artikel herauszugeben, die Marx – mit Hilfe von Engels – für die »New York Tribune« geschrieben hat. Und: Sie hat noch immer den kleinen Jean, Jennys ältesten Sohn, bei sich.

»Ich kann jetzt, wo Helen und ich ganz allein sind, die Verantwortung, den Jungen bei mir zu behalten, nicht übernehmen!« schreibt sie an Laura. »Ich habe deshalb an ›le père‹ geschrieben ..., daß wir, Helen oder ich, sobald es ihm paßt, Jean nach Calais bringen, wohin er uns entgegenkommen wird.«[343]

Wenig später wird der Junge wieder nach Frankreich gebracht.

Jetzt beginnt sie mit Energie, den Briefwechsel ihrer Eltern zu ordnen, der wie die anderen Schriftstücke und Korrespondenzen später im Haus von Engels, der Villa am Regent's Park, untergebracht werden sollen. Denn Tussy hat vor, ihr Elternhaus sobald wie möglich zu räumen und sich eine kleinere, billigere Wohnung in der Nähe des British Museum zu nehmen. Bei der Durchsicht der Briefe bemerkt sie manches, was sie vorher in dieser Deutlichkeit nicht gewußt hat: erschreckende Äußerungen über Lassalle zum Beispiel, den Vater und Mutter einstimmig nur »Itzig«, »das Jüdchen« oder den »jiddischen Nigger« genannt haben. Unbeschreibliche

Haßtiraden. Beschimpfungen, die zum Teil sogar ins Obszöne gehen. Das darf die Nachwelt keinesfalls wissen, jedenfalls jetzt noch nicht. Denn seit dem »Gothaer Programm« von 1875 gelten Marx *und* Lassalle als Väter der deutschen sozialistischen Partei. Die Publikation dieser Briefe würde »der Bewegung« unermeßlichen Schaden zufügen und die »Judenhetzer« in Deutschland hurra schreien lassen. Marx, selber rein jüdischer Herkunft, nennt Lassalle einen »jiddischen Nigger«? Wenn das kein Argument für den »Antisemitismus« ist! Alle reaktionären Zeitungen, und wahrscheinlich auch die sozialistischen, würden davon voll sein.

»Ich sondere in der Tat *alle* privaten Briefe aus. Die haben nur für uns ein Interesse und können später einmal geordnet werden«, schreibt sie an Laura.[344]

Doch noch etwas anderes stimmt sie traurig an diesem Briefwechsel. Das ist der herablassende, manchmal sogar feindselige Ton, in dem die Eltern sich über Engels äußern, seine bourgeoise Herkunft, seine kaufmännische Genauigkeit, seine Vorliebe für Alkohol und einfache irische Fabrikmädchen. Mutter Jenny hat seine beiden Lebensgefährtinnen, die Schwestern Mary und Lizzy Burns, nie wirklich akzeptiert. Sie hatten keine Bildung, keine »Kultur«, konnten nicht einmal lesen und schreiben. Und: sie waren mit Engels nicht »richtig« verheiratet. Er solle Engels und seine »Frau« von ihr grüßen, schreibt Jenny, wenn sie auf Reisen ist, an ihren Mann: »Frau« in Anführungszeichen.

Das tut weh. Bei allem Respekt, aller Liebe für die beiden Verstorbenen. Denn hat nicht Engels immer alles getan, um das Werk von Marx, ja die ganze Familie zu unterstützen? Hat er nicht die Reisen nach Karlsbad, die Flitterwochen von Laura, die Musik- und Turnlehrer, Ballkleider, Kohlen- und Metzgerrechnungen bezahlt, die Miete für die Häuser, die teuren, wenn auch nutzlosen Kuren der Mutter? Bis kurz vor seinem Tod ist der Vater auf Engels' Kosten in der Welt herumgefahren. Die Reisen nach Algier, an den Genfer See, nach Monaco: alles von Engels finanziert. Der selbstverständlich auch für die Begräbniskosten aufkommt und Tussy in den ersten Monaten nach dem Tod von Marx jede finanzielle Hilfe anbietet.

»Ich brauche dir nicht zu sagen«, schreibt sie an Laura, »daß ich *mit der größten Sorgfalt* darauf achten werde, daß unser guter General *nichts* sehen wird, was ihn verletzen könnte.«[345]

Das kann nur heißen, daß sie Briefe aussondert, verschwinden läßt. Der Briefwechsel zwischen Jenny und Karl Marx ist also höchstwahrscheinlich nur sehr fragmentarisch überliefert.
Engels hat in verschiedenen Nachrufen auf Marx angekündigt, vom zweiten Band des »Kapital« lägen »über tausend Seiten Folio« vor[346] – nach Tussy waren es nur fünfhundert –, die baldmöglichst herausgegeben werden sollten. Er steht jetzt im Wort. Die Sozialisten, besonders in Deutschland, warten. Aber der Zustand des Manuskriptes ist, wie schon gesagt, höchst chaotisch. Das heißt, es ist eigentlich überhaupt kein richtiges Manuskript, sondern ein Haufen von Zetteln und Exzerpten. Engels ist, trotz seiner vollmündigen Ankündigungen, entsetzt. Da hat Marx ihm seit 1865 versichert, das Werk sei, bis auf wenige Feinheiten, fix und fertig, was eine glatte Lüge, oder, etwas freundlicher gesagt, eine Schutzbehauptung war, mit der Marx wahrscheinlich vor sich selbst verbergen wollte, wie langsam und schwer ihm die Bearbeitung des zähen Stoffes von der Hand ging.
Im ersten Band stehen der Arbeiter, die Fabrik, die Geschichte der Neuzeit im Mittelpunkt. Marx' englischer Biograph Francis Wheen hat ihn einmal mit einem »großen viktorianischen Melodram« verglichen, das literarisch unvergleichlich brillante Passagen enthält. Im zweiten Band geht es um »den Zirkulationsprozeß des Kapitals«, um relativ trockene Berechnungen und Formeln:
»Der unmittelbare Produktionsprozeß des Kapitals ist sein Arbeits- und Verwertungsprozeß, der Prozeß, dessen Resultat das Warenprodukt und dessen bestimmendes Motiv die Produktion von Mehrwert. Der Reproduktionsprozeß des Kapitals umfaßt ebensowohl diesen unmittelbaren Produktionsprozeß wie die beiden Phasen des eigentlichen Zirkulationsprozesses, das heißt den gesamten Kreislauf, der als periodischer Prozeß – Prozeß, der sich in bestimmten Perioden stets von neuem wiederholt, den Umschlag des Kapitals bildet.«[347]
Eduard Bernstein wird später in einer Rezension in der »Neuen Zeit« schreiben, der zweite Band verhalte sich zum ersten »wie die Buchhalterei zur Fabrik« und stehe gegen diesen »an Interesse erheblich zurück«, weil er einen »ungleich geringeren Teil der Gesellschaft« betreffe.[348]
Diese Schwierigkeiten hat Marx gegenüber Engels verschwiegen. Eine bittere Erkenntnis für den »hinterbliebenen« Freund.

»Du fragst«, schreibt er am 30. August 1883 an August Bebel, »wie es kam, daß gerade mir geheimgehalten wurde, wie weit das Ding fertig war? Sehr einfach: hätte ich es gewußt, ich hätte ihm bei Tag und Nacht keine Ruhe gelassen, bis es ganz fertig und gedruckt war. Und das wußte Marx besser als jeder andere; er wußte daneben, daß das Manuskript im schlimmsten, jetzt eingetretenen Fall, von mir in seinem Geist herausgegeben werden konnte, was er auch Tussy sagte.«[349]

Tussy und Engels machen sich also zähneknirschend an die Arbeit, bringen den »äußerst lückenhaften Entwurf« in Buchform, nehmen Umstellungen vor, ändern Überschriften, verwandeln Fußnoten in normalen Text, schieben Kommentare ein, lassen vieles weg, relativieren, schreiben Überleitungen, ändern den Stil, manchmal sogar den Inhalt, korrigieren Fakten und fremdsprachliche Zitate. *Wie* weitgehend, wurde erst im Sommer 1993 deutlich, als das Hauptmanuskript nach den Originalhandschriften veröffentlicht wurde. Engels hat sich bemüht, »im Geist« von Marx zu handeln. Und Tussy hat ihn dabei, wo sie nur konnte, unterstützt. Aber ist dieses zweite Buch des »Kapital« wirklich noch als »echter Marx« zu bezeichnen, oder eher als Gemeinschaftswerk von Engels und Tussy? Sagt nicht Engels selbst in seinem Vorwort zur deutschen Ausgabe, er habe besonders die Sprache von Marx grundlegend überarbeiten müssen, wegen des »nachlässigen Stils« und der »familiären, oft derb humoristischen Ausdrücke«?

Man kann dieses Vorwort auch als herbe Kritik an dem Freund auffassen, als Indiz, daß Engels sich nicht nur *enttäuscht*, sondern auch *getäuscht* fühlte. Jahre-, ja jahrzehntelang hat er Marx mit erheblichen Geldsummen unterstützt, um ihm den Rücken für die Arbeit an einem angeblichen Lebenswerk freizuhalten. Und was kommt heraus? Eine chaotische Sammlung von Zetteln, »größtenteils sachlich, so doch nicht sprachlich fertig ausgearbeitet, ... das Material illustrierender Tatsachen gesammelt, aber kaum gruppiert, geschweige denn verarbeitet, am Schluß der Kapitel, unter dem Drang zum nächsten zu kommen, oft nur ein paar abgerißne Sätze ..., endlich die bekannte, dem Verfasser selbst manchmal unleserliche Handschrift.« – Solche Wutanfälle liest und hört man nur selten von Engels. Er verliert ausnahmsweise seine Wuppertaler »contenance«, sagt den Sozialisten, die dieses Buch lesen werden, klar und deutlich, daß auch Marx kein Heiliger, kein Übermensch war, sondern seine chaotischen und undisziplinierten Phasen hatte. Doch wie um den Freund, auch sich selbst gegenüber, zu entschuldigen, fügt er hinzu, das alles sei »hauptsächlich durch Krankheitszustände« zu erklären; Marx müsse sich in der Zeit nach 1870 »darüber klar geworden ... sein, daß ohne eine vollständige Revolution seines Gesundheitszustandes er nie dahin kommen werde, eine ihm selbst genügende Bearbeitung des zweiten und dritten Buches zu vollenden.«[350]

Es fragt sich, ob er Marx einen Gefallen getan hat. Denn gerade die »derb-humoristischen«, »familiären« Ausdrücke hätten dem Buch die Würze gegeben, die ihm fehlt.

Marx schreibt im Original viele Passagen auf englisch oder französisch. Das Ganze ist – gerade *wegen* seiner chaotischen Grundstruktur – alles andere als das Werk eines »deutschen Doktors«, wie Marx nun immer öfter von nicht-deutschen Sozialisten bezeichnet wird, von den jungen Revolutionären in Rußland zum Beispiel und selbst von einem so glühenden Verehrer wie George Bernard Shaw. Es wird heftige Kritik an dem Buch geäußert, nicht nur von Bernstein. Auch Kautsky schreibt, es »seien Vermutungen laut geworden, Engels habe nicht immer den Marxschen Gedankengang voll erfaßt.«[351] Das Buch irritiert den sachkundigen Leser. Nicht nur, weil es offenkundig ein nach allen Seiten geflickter und geglätteter Torso ist, sondern weil es das Dogma von der geistigen Symbiose zwischen Marx und Engels erschüttert.

Auch Tussys Schwester Laura ist irritiert, wenn auch aus anderen Gründen. In einer Notiz im »Sozialdemokraten« hat sie gelesen, daß Engels von Tussy als Marx' »literarischer Exekutorin« spricht, ohne die er nicht einmal die Übersetzung eines Marx-Werkes veranlassen dürfe:

»Ich habe nicht das Recht, ohne Tussy, die meine literarische Mit-Exekutorin ist, etwas zu veröffentlichen«, schreibt er zum Beispiel auch an den russischen Sozialisten Pjotr Lawrowitsch Lawrow, der nach Übertragungen von Marx-Texten ins Russische fragt.[352]

Marx hat kein schriftliches Testament hinterlassen, also Tussy nicht ausdrücklich als seine Nachlaßverwalterin eingesetzt. Das weiß Laura. Und das gibt erwartungsgemäß Anlaß, den alten Schwesterkonflikt neu zu beleben.

»Er sagte«, beschwert sie sich im Juni 1883 bei Engels, »daß er *mir* alle Dokumente und Papiere geben würde, die ich für eine Ge-

schichte der Internationale brauche, und in seiner üblichen Güte bat er *mich*, das ›Kapital‹ ins Englische zu übersetzen ... Als ich nach Jennys Tod den Wunsch aussprach, Papa zu sehen, wurde mir gesagt, mein Kommen würde ihn unnötig beunruhigen. Ein Brief von Tussy, in dem sie mich bat, herüberzukommen, erreichte mich einen Tag nach seinem Tod. Am nächsten Tag bat ich Dich, mich darüber aufzuklären ... ob Mohr *Dir* gesagt hat, er wünsche, daß Tussy seine literarische Nachlaßverwalterin sein solle. Du hast mir nicht geantwortet. Hättest Du mir das bestätigt, so hätte ich ohne weiteres daraus geschlossen, daß die lange Krankheit meinen lieben Vater verändert hätte, und ich hätte ihn deshalb kein bißchen weniger geliebt und geehrt! In seinen gesunden Tagen hätte Papa niemals *seine älteste und liebste Tochter* zur einzigen literarischen Nachlaßverwalterin ernannt, unter Ausschließung seiner anderen Töchter – dazu war seine Gerechtigkeitsliebe zu groß ...«[353]
Engels schweigt ein paar Tage, wahrscheinlich aus Ratlosigkeit. Streitereien und Intrigen jeder Art sind ihm, dem von Grund auf Aufrichtigen, immer zuwider gewesen. Er mag kein Ehegezänk, kein Parteigezänk, keine Geschwisterrivalitäten. Außerdem hat Laura eine vollkommen falsche Vorstellung von der Sache. Sie glaubt, daß das Ordnen des Nachlasses etwas Schönes, Erbauliches, Befriedigendes sei, hat absolut keine Ahnung vom Zustand des Ganzen, ein Beweis, wie wenig sie ihren Vater gekannt hat.
»Nach dem Tode des armen Mohr«, antwortet Engels schließlich, »teilte mir Tussy auf meine Anfrage mit, er habe ihr gesagt, sie und ich sollten über seine Schriftstücke verfügen und das veröffentlichen, was veröffentlicht werden muß, besonders den zweiten Band und die mathematischen Arbeiten ... Für den Ausdruck ›literarische Exekutorin‹ bin ich allein verantwortlich. Ich konnte damals keinen anderen finden, und wenn ich Dich dadurch in irgendeiner Weise gekränkt habe, bitte ich Dich sehr um Verzeihung. Wie Dich die Verfügung verletzen kann, verstehe ich nicht. Die Arbeit muß hier an Ort und Stelle getan werden. Die eigentliche Arbeit – das weißt Du so gut wie Tussy – wird zum größten Teil von mir gemacht werden müssen. Da jedoch eine Tochter von Mohr in London lebt, finde ich es nur natürlich, daß Mohr den Wunsch hatte, sie möge mich ... in der Arbeit unterstützen. Wenn Du hier gewohnt hättest anstatt in Paris, so wären wir alle drei dazu bestimmt worden, daran ist nicht zu zweifeln. Aber es gibt noch einen ande-

ren Gesichtspunkt. Nach dem englischen Recht ... ist Tussy die einzige Rechtsvertreterin Mohrs in England ... Was die Geschichte der Internationale betrifft, so bin ich ... selbstverständlich bereit, Dir zu diesem Zweck ... alle Dokumente usw. zu übergeben. Allerdings hatte ich die Absicht, eine ausführliche Biographie von Mohr zu schreiben, und wenn Du diese Dokumente nimmst, so wird daraus nichts. Mohrs Leben ohne die Internationale wäre wie ein Brillantring, aus dem der Edelstein herausgebrochen worden ist. Ich habe Tussy von Deinem Brief nichts gesagt, da ich in keiner Weise zwischen zwei Schwestern treten möchte. Wenn Du daher irgendwelche Erklärungen von ihr haben möchtest, schreibe bitte direkt an sie. Aber ich glaube, das beste, was Du tun kannst, ist herüberzukommen, um die Dinge gemeinsam zu klären ... Ohnehin werden wir oft genug Deinen Beistand brauchen ... und nichts würde uns die Arbeit mehr erschweren als neue Mißverständnisse zwischen Dir und Tussy.«[354]

Nach diesem Brief, der an Deutlichkeit wenig zu wünschen übrig läßt, wird das Thema nicht mehr berührt, jedenfalls nicht in der überlieferten Korrespondenz. Doch Engels ist immer noch zu höflich, zu taktvoll, um klar zu sagen, daß noch ganz andere triftige Gründe dafür sprechen, die Verwaltung des Nachlasses Tussy und nicht Laura zu übergeben. Es war Tussy, die zehn Jahre ihres Lebens mit ihrem Vater verbracht hat, während Laura mit ihrem Mann Paul Lafargue in Frankreich gewesen ist. Tussy hat seine Korrespondenz geführt, für ihn recherchiert, ihn auf Reisen begleitet. Deshalb kennt sie zumindest das Spätwerk wesentlich besser als Laura. Auch übt Tussy im Gegensatz zu Laura einen literarischen Beruf aus, macht Recherchen für Zeitschriften, übersetzt aus dem Französischen und Deutschen ins Englische und umgekehrt. Laura tut nichts dergleichen. Nach dem Tod ihrer drei Kinder ist sie in tiefe Apathie oder Depression gefallen. Ihre literarischen Arbeiten, die nie über Versuche für die Schublade hinausgediehen sind, hat sie liegenlassen. Sie hat keinen Beruf, keine neue Aufgabe übernommen, bleibt auch politisch eher passive Beobachterin, während ihr Mann Paul Lafargue Buch um Buch schreibt. Jetzt – 1883 – ist er wieder einmal im Gefängnis. Laura geht ihn besuchen, so oft sie Erlaubnis bekommt, bringt dem verwöhnten Sohn eines Weinguts-besitzers Gutes zu essen und zu trinken. Das Geld dafür kommt wie immer von Engels. Woher auch sonst? Laura pflegt ihre Schönheit, führt einen großbürgerlichen Haushalt, empfängt sozialistische Freunde aus aller Welt, kümmert sich aber nur selten um die Kinder ihrer verstorbenen Schwester Jenny, die nur wenige Kilometer entfernt, in Argenteuil bei Paris, wohnen. Nicht einmal zum Begräbnis ihres Vaters ist sie gekommen, weil ihr angeblich »unwohl« gewesen ist. Ihre Kraft reicht nur aus, um Tussy Schwierigkeiten zu machen. Kein schöner Zug, wie Engels mit Recht reklamiert. Jetzt, nach dem Tod von Marx, sollten sie besser alle zusammenhalten.

Irgendwann in diesen Tagen steht Aveling, das erotische Reptil, vor der Tür und macht der hinterbliebenen Marx-Tochter seine Aufwartung. Ob sie nicht für ihn, d.h. für den »Progress« schreiben wolle, fragt er sie, richtige, namentlich gekennzeichnete Artikel? Die vielen Privatstunden und Sklavenarbeiten als »précis writer« seien doch wohl auf Dauer unter ihrer Würde?

Tussy sagt zu. Er hat sie richtig erkannt, den richtigen Ton getroffen. Eigene Artikel, vielleicht sogar eigene Bücher! Das ist die intellektuelle Herausforderung, nach der sie seit Jahren gesucht hat. Als ihr Vater noch lebte, wäre das völlig unmöglich gewesen. Eine Marx-Tochter als politische Autorin? Undenkbar! Ihre Mutter mußte sogar ihre Theaterkritiken anonym schreiben.

Der erste Auftrag, den Aveling ihr gibt, ist ein Nachruf auf Karl Marx in zwei Teilen. Im ersten soll sie über das Leben ihres Vaters schreiben, im zweiten einen kurzen Abriß der »Mehrwerttheorie«. Sie fängt sofort an. Wahrscheinlich schon bald nach dem Begräbnis.

»Es gibt vielleicht keine unpassendere Zeit, die Biographie eines großen Mannes zu schreiben, als wenige Tage nach seinem Tod, und die Aufgabe ist doppelt schwer, wenn sie an jemanden fällt, der ihn gekannt und geliebt hat«, beginnt sie. »Karl Marx wurde am 5. Mai 1818 als Sohn jüdischer Eltern in Trier geboren.«[355]

Ein erstaunlicher Anfang, denn auf das *Judentum* von Karl Marx hat nicht ein einziger der unzähligen Autoren hingewiesen, die in diesen Wochen über ihn geschrieben haben. Ist sie entschlossen, das Tabu, mit dem Marx seine Herkunft belegt hat, zu brechen? Der Artikel ist sachlich, präzise. Wie eine nüchterne Chronistin erzählt Tussy von seiner Schulzeit in Trier, seiner Beziehung zu Jenny, seinen Studien in Bonn und Berlin, seinen frühen literarischen Arbeiten, seinem politischen Wirken vom deutschen Vormärz bis zum Engagement für die Internationale. Jedes seiner größeren Werke wird minutiös aufgezählt. Das »Kommunistische Manifest« und das »Kapital« natürlich, aber auch die fragwürdige Streitschrift »Zur Judenfrage«, die Tussy also zumindest zur Kenntnis genommen haben muß. Sie glorifiziert nicht, übertreibt nicht, macht kein Idol aus ihrem Vater, wie viele ihr später vorwerfen werden. Sie schreibt nicht als Tochter, sondern als Historikerin. Kein bis dahin erschienener biographischer Abriß über Karl Marx ist so genau und zugleich so unparteiisch gewesen. Erst im letzten Satz wird sie etwas persönlicher:

»Ich habe mich streng auf die historischen und biographischen Einzelheiten über Marx beschränkt. Es ist nicht meine Aufgabe, über seinen großen Charakter, seine enorme Belesenheit, seinen Humor, seine Warmherzigkeit und seine Hilfsbereitschaft zu sprechen.«

In diesen Wochen, im Frühjahr 1883, trifft sie im British Museum auf Beatrice Potter, eine junge Frau ihres Alters, die zwischen Tür und Angel ein Gespräch mit ihr anfängt. Beatrice Potter ist ein ganz anderer Typ als Tussy: blond, blauäugig, zart und gepflegt, streng religiös, aus sehr reicher Familie, aber »den armen« Arbeitern im Londoner East End zugetan, über die sie vorhat, eine große soziologische Untersuchung zu schreiben, eine Art konservatives Gegenstück zu Engels' »Lage der arbeitenden Klasse in England«.

Beatrice Potter ist angewidert von Tussys Äußerem. Sie sei ungekämmt und »mit pittoresker Schlampigkeit« gekleidet gewesen, schreibt sie in ihr Tagebuch. »Die schönen Augen sind voller Leben und Mitgefühl, sonst häßliche Gesichtszüge und eine Gesichtsfarbe, die Spuren einer ungesunden leidenschaftlichen Lebensweise zeigt, die durch Reizmittel aufrechterhalten und Betäubungsmittel eingedämmt wird.«[356]

Ein sehr freundliches Urteil. Echt weiblich? Beatrice Potter empfindet Tussy als Konkurrenz und Bedrohung und ist außerdem nicht frei von antisemitischen Ressentiments, die allerdings erst später zum Ausdruck kommen werden, als sie über die Ostjuden im Londoner East End schreibt:

»Bei allen seinen hervorragenden Eigenschaften fehlt dem jüdischen Einwanderer jene höchste und letzte Errungenschaft der menschlichen Gesinnung, die Moral.«[357]

Diese vermißt sie offenbar auch bei Tussy. »Es war sinnlos, mit ihr zu diskutieren«, erinnert sie sich. »Sie weigerte sich, die Schönheit

der christlichen Religion anzuerkennen, ... hielt Christus für einen geistig leicht minderbemittelten Mann mit viel Charakter, aber wenig Heldenmut. ›Sagte er nicht in seinem letzten Moment: Vater, laß diesen Kelch an mir vorübergehen?‹« – ›Wir denken‹«, zitiert sie Tussy weiter, »›daß das Christentum eine unmoralische Illusion ist und davon möchten wir alle unsere Leute überzeugen. Der bemerkenswerte Unterschied zwischen diesem und dem letzten Jahrhundert ist der, daß Gedankenfreiheit früher ein Privileg der höheren Klassen war und jetzt zum Privileg der Arbeiterklasse wird. Wir wollen, daß sie nicht für ein mythisches Jenseits, sondern für das Hier und Jetzt leben, und sie sollen darauf bestehen, alles zu haben, was dieses Leben angenehm für sie macht.‹«[358]
Am Ende des Gespräches bittet Beatrice Potter Tussy darum, ihr doch kurz zu sagen, worin denn »der sozialistische Fortschritt« bestehe? Tussy nennt das eine dumme, naive Frage. Das sei völlig unmöglich, sagt sie knapp. Genauso unmöglich, wie die gesamte Theorie der Mechanik in wenigen Sätzen zu erklären. Das Gespräch zwischen den beiden Frauen ist damit beendet. Sie scheiden in kultivierter Feindschaft.
Wenig später versucht Tussy selbst das Unmögliche. Sie schreibt für den »Progress« einen Abriß der Mehrwerttheorie, will die Quintessenz des gesamten zweiten Buches des »Kapital« auf fünf Zeitungsseiten darlegen.
»Angenommen, der Austausch von Handelsgütern gehe grundsätzlich gerecht zu; angenommen, daß jeder Käufer für sein Geld den vollen Gegenwert bekommt, und daß jeder Verkäufer den vollen Geldwert für die notwendige Arbeit erhält, die in sein Produkt investiert worden ist. Wenn also ... jeder Produzent verkauft, was er nicht mehr haben will, und mit dem erhaltenen Geld kauft, was er haben will, aber nicht selbst herstellt, dann stünden alle Dinge in dieser besten aller ökonomischen Welten zum besten; aber die Bildung von Kapital ... ist so nicht möglich. Ein Mann mag Geld sparen, oder Güter horten, aber er kann sie nicht als Kapital nutzen, es sei denn, daß er das Geld gegen Zinsen verleiht. Hier haben wir eine sehr alte, wenn auch sehr untergeordnete und primitive Form der Kapitalbildung. Profit läßt sich auf diese Weise nicht erzielen.«[359]
Um es kurz zu machen: Der Versuch mißlingt. Das ganze, hochkomplizierte Marxsche Gedankengebäude, gespeist aus Philoso-

phie, Mathematik, Nationalökonomie, Geschichte und vielen anderen »Hilfswissenschaften«, läßt sich nicht auf ein paar Zeitungsseiten reduzieren. Wahrscheinlich hat Aveling sie dazu überredet. Denn Aveling ist ein überzeugter Populist, der schon die Lehren Darwins »für das einfache Volk« aufbereitet hat. Warum sollte das nicht auch mit den Lehren von Marx möglich sein?
Tussy versucht, einen lockeren Ton anzuschlagen, spricht von »unserem Kapitalisten«, »unserem Baumwollspinner«, den beiden Kontrahenten ihrer fiktiven Geschichte, an denen sie die Mehrwerttheorie zu erläutern sucht. Doch sie verheddert sich in dem symbolischen Garn, das sie auslegt, verstrickt sich in Widersprüche, vermag nicht zu überzeugen. Am Ende hat der Leser oder die Leserin zwar verstanden, daß der Fabrikherr durch die Ausbeutung menschlicher Arbeitskraft Reichtümer ansammelt, aber die Mehrwerttheorie ist immer noch nicht plastisch geworden.
»Typisch weiblich«, dieses Theoriedefizit? Typisch für den Mangel an Schulbildung, an intellektuellem Training? Nein. Tussy ist keine Theoretikerin, keine Nationalökonomin, sondern eine Frau des lebendigen, erzählenden Wortes. Hier liegt ihre Überzeugungskraft, ihre Sprachbegabung, nicht in der dialektisch-materialistischen Analyse. Es drängt sie, direkt politisch aktiv zu werden, ohne den Umweg über das Dogma, die Theorie. Ihr Vater hat das wissenschaftliche Fundament errichtet. Sie setzt seine Maximen in die Tat um. Der mißlungene Aufsatz über den Mehrwert ist der erste und letzte theoretische Text aus ihrer Feder.
Inzwischen hat sie eine heiße Liebesaffäre mit Aveling, oder besser gesagt: er mit ihr. Sie versucht, sie vor Engels, Lenchen, Pumps und allen ihren Freunden zu verbergen, denn schließlich ist Aveling nicht nur ein verheirateter Mann, sondern lebt auch mit Annie Besant, der Chefin der Freidenker, zusammen, mit der er immer noch in der Öffentlichkeit auftritt. Doch er selbst tut alles, um die Geschichte publik zu machen, indem er plötzlich vom Naturwissenschaftler zum Dichter mutiert und seine Zeitschrift, den »Progress«, mit geschmacklosen Liebesversen überschüttet:

Ich riß an ihrem Kleid, bis die Brust hervorquoll,
und wußte, während ich heimlich lachte,
daß seine falschen Lippen sie zuerst berührt hatten,
doch dann kam ich, um sie richtig zu küssen. …[360]

Hier spricht der Macho, wie er leibt und lebt, der Darwinist, der den schöneren, aber schwächeren Nebenbuhler, Ernest Radford, erfolgreich verdrängt hat. »Im Tierreich«, schreibt Aveling in seinem Buch »Die Darwin'sche Theorie«, »sind die Männchen bestimmter Arten der Zahl nach den Weibchen überlegen. Die letzteren haben somit die Gelegenheit, sich gewisse begünstigte Männchen auszuwählen und weniger begünstigte auszuschließen. Der Schiedsrichter hierbei ist oft die rohe Gewalt.«[361]

Ernest Radford ist schön, aber etwas langweilig gewesen, Lissagaray von beinahe übermenschlicher Geduld. Über zehn Jahre lang hat er klaglos auf Tussy gewartet, nie ein Machtwort gesprochen, kein Ultimatum gestellt. Selbst als sie ihm in einem Brief die Verlobung aufkündigt, reagiert er verständnisvoll, bleibt ein »close and most intimate friend«. Ganz anders Aveling. Er nimmt sich brutal, was er will, fackelt nicht lange, fragt nicht nach Tussys Gefühlen. *Er* ist es, der sie erobern, besitzen, beherrschen will und er kommt offenbar schnell und eindeutig zur Sache. Tussy, die sonst so Kluge, Emanzipierte, die Vorkämpferin der Frauenrechte, die Feindin jeder Ausbeutung und Unterdrückung, schaltet ihren Verstand aus und unterwirft sich. Marx hat Engels gegenüber einmal angedeutet, daß sie sexuell frustriert und hysterisch sei. Jetzt erlebt sie zum ersten Mal puren Sex, erotische Hörigkeit. Sie ist achtundzwanzig. Ihre Schwestern hatten in diesem Alter schon Kinder. Tussy, die Vatertochter, ist bis zu diesem Moment wahrscheinlich noch Jungfrau gewesen.

Aveling schafft es, sie zu Schritten zu überreden, die sie aus sich selbst heraus niemals getan hätte. So tritt sie im Sommer 1883 gemeinsam mit ihm in die »Social Democratic Federation« ein, die sozialistische Partei eben jenes Henry Hyndman, den ihr Vater »selbstzufrieden und schwachbrüstig« genannt hatte, weil er es gewagt hatte, ihn falsch oder vielmehr gar nicht zu zitieren, und obendrein noch ein Anhänger Lassalles war. Marx, der Hyndman schriftlich Hausverbot erteilt hatte, hätte diesem Mann nicht einmal die Hand gegeben. Tussy drängt sich danach, in seiner Partei aktiv zu werden, weil ihr Liebhaber sie offenbar davon überzeugt hat, daß sie nur gemeinsam und als Mitglieder einer Organisation etwas erreichen können.

In dieser Zeit – der zweiten Hälfte des Jahres 1883 – werben auch deutsche sozialistische Journalisten um Tussys Mitarbeit. So schreibt Karl Kautsky am 3. Oktober an Engels:

»Wenn Sie glauben, daß Fräulein Marx geneigt wäre, an der Neuen Zeit mitzuarbeiten, dann bitte ich, seien Sie so freundlich, mir Ihre Adresse zu senden. Der Dichter Morris ... soll ein sozialistisches Gedicht der Democratic Federation gewidmet haben. Ein Artikel über den Mann wäre eine Arbeit, um die ich Fräulein Marx ersuchen würde.«[362]

Doch Tussy geht auf solche Angebote nicht ein, ja, erwägt sie erst gar nicht.

Sie bleibt Aveling treu, als Frau wie als politische Journalistin. Und sie will, jedenfalls vorerst, mit dem trockenen, deutschen »Katheder-Sozialismus« nichts mehr zu tun haben.

Die mühselige Bearbeitung des zweiten Buches des »Kapital«, Engels' preußische Pedanterie bei der Redaktion, die vielen Rechenaufgaben, ihr eigener problematischer Aufsatz über den »Mehrwert« – das alles ist, sie spürt es ganz deutlich, nicht ihre Welt. Immer mehr fühlt sie sich zu den großen revolutionären Kampfbewegungen des Auslands hingezogen, zu den Freiheitskämpfern, Terroristen und Anarchisten in Irland, Rußland und Amerika. Schon als Kind hat sie für die irischen Fenier geschwärmt, sich als Junge verkleiden, die Indianer, Polen und Sklaven befreien wollen. *Hier*, wo die Kämpfer zur Waffe greifen, wird Geschichte gemacht, nicht im Kontor eines deutschen Zeitungsredakteurs, nicht bei einem Kautsky. So edel und aufopfernd Liebknecht, Bebel und die anderen deutschen Führer der »Bewegung« auch sein mögen: sie wagen es nicht, Bismarck, dem deutschen Kaiser und seinen Schergen etwas anzutun, was man in Rußland oder Irland schon längst getan hätte.

Die Russen haben 1881 ihren Zaren in die Luft gesprengt. Die Iren töten ihre britischen Verwaltungsbeamten, ihre Großgrundbesitzer. In Deutschland trauen sich nur die Verrückten, auf den Kaiser zu schießen, der Philosoph Dr. Karl Nobiling zum Beispiel, dessen Tat 1878 die Sozialistengesetze auslöste.

Da ist Sergej Michajlovic Kravcinskij, genannt »Stepniak«, doch von ganz anderem Kaliber. Er stammt aus reicher Familie, hat eine Militärakademie absolviert, sieht blendend aus, wie ein richtiger Volksheld, ein großer, breitschultriger slawischer Hüne. 1878 hat er sich der Revolution angeschlossen, ist unter die Landarbeiter, die Tagelöhner gegangen, um das Volk von der »Basis« her kennenzulernen. Im Juli desselben Jahres hat er einem Chef der russi-

schen Geheimpolizei, einem gewissen Mesenzew, versprochen, er werde ihn töten, ja, ihm ein regelrechtes Todesurteil übersandt:
»Alle Grausamkeiten verlangen eine Antwort. Sie wird gegeben werden. Wartet auf uns! Tod um Tod!«[363]
Dieses Versprechen setzt er am 4. August in die Tat um. Er erdolcht Mesenzew auf offener Straße, mitten auf dem eleganten, von Menschen belebten Nevskij Prospekt in Sankt Petersburg. Danach steigt er gelassen in eine Droschke und verschwindet unbehelligt in die Schweiz, um die Herstellung von Dynamitbomben zu erlernen.
Jetzt lebt er in Genf, wo auch sein großes Vorbild, Bakunin, gewohnt hat. Marx hat Bakunin, den Anarchisten, bis aufs Blut gehaßt, hat ihn sogar aus der »Internationale« ausschließen lassen. Aber das ist Tussy egal. Das ist verjährt. Sie kann sich nicht ewig mit den Ressentiments ihres Vaters abgeben. Auch Stepniak steht den Schriften von Marx kritisch gegenüber:
»Wir müssen Leute des Volkes werden. Wir müssen dem Sozialismus sein deutsches Gewand wegreißen und ihm den Bauernrock überstreifen«, schreibt er in einem seiner Aufrufe. »Schreibt auf eure Fahne die ökonomische, die Land- und Steuerreform, die Abschaffung des Paßsystems, die Freiheit der Umsiedlung ... Werft nur diese drei Losungen in die Masse der Suchenden – und Ihr werdet selbst ihre verzaubernde Wirkung sehen: Eure Freiheit wird unerschütterlich ...«[364]
Stepniak ist ein Philosoph, ein Literat, ein blendender Erzähler, das gefällt Tussy besonders. Sein Buch »Underground Russia«, gerade erschienen, ist mehr ein Roman als eine nüchterne Chronik, erinnert in vielem an Lissagarays »Geschichte der Kommune«, nur daß Stepniak, anders als Lissagaray, nicht nur analysiert, erzählt, historisches Zeugnis abgibt, sondern ganz offen um Sympathie für den Terrorismus wirbt.
Tussy stürzt sich sofort auf das Buch, um es für den »Progress«, die Zeitung ihres Geliebten, zu rezensieren.[365] In diesem Artikel, der eigentlich mehr eine kommentierende Inhaltsangabe als eine Besprechung ist – man spürt deutlich ihre Erfahrungen als »précis writer« –, schildert sie zunächst die historischen Ursachen des russischen Terrorismus, von der Leibeigenschaft bis zum verlorenen Krim-Krieg, von den maroden Staatsfinanzen bis zur Willkür der Polizei, von der Macht der Steuereintreiber bis zum Eigennutz der

staatlich lizensierten Schankwirte, von der blutigen Niederschlagung der Polenaufstände bis zur Erhebung der jungen russischen Intelligenz. Sie erklärt die Entstehung der Worte »Nihilismus« und »Terrorismus«, kommt auf den Fall Vera Sassulitsch zu sprechen, auf die verschiedenen Phasen der revolutionären Bewegung, vom intellektuellen bis zum bewaffneten Widerstand, empört sich über die Behandlung der politischen Gefangenen und über die Einschränkung der Grundrechte in Rußland:

»Was in jedem europäischen Land straffrei getan werden kann, wurde in Rußland wie Mord bestraft. Zehn, zwölf oder fünfzehn Jahre harter Zwangsarbeit für zwei oder drei öffentliche Ansprachen, ... für das Lesen oder Ausleihen eines einzigen Buches. Von Zeit zu Zeit, auf Wegen, die nur Gefangene herauszufinden wissen, kamen Briefe von diesen lebendig Begrabenen an, aufgeschrieben auf einem Papierfetzen, in dem Tabak oder Kerzen verpackt waren, sie beschrieben die abscheuliche und sinnlose Grausamkeit, mit der sie von ihren Wärtern behandelt wurden ... und erweckten in den sanftesten und ruhigsten Gehirnen Gedanken an Blut, Haß und Rache.«

Am Schluß des Buches von Stepniak alias Kravcinskij steht ein Aufruf an den regierenden Zaren, Alexander III., in dem ein sogenanntes Exekutivkomitee kategorisch fordert: Demokratie oder die Revolution geht weiter! Freilassung aller politischen Gefangenen oder es wird noch mehr Tote geben! Tussy zitiert diesen Aufruf ausführlich, beinahe triumphierend, als genieße sie das lustvolle Machtgefühl, nicht mehr klein und unbekannt hinter irgendeinem Schreibtisch zu sitzen, sondern direkt in die Geschichte, in die Revolution eingreifen zu können.

»Ähnliche Ereignisse als das Verbrechen einzelner Personen oder auch einer ›Bande‹ zu bezeichnen, ist nur von seiten eines Mannes möglich, welcher vollständig unfähig ist, das Leben der Völker zu analysieren. Im Laufe eines ganzen Dezenniums sahen wir, daß die revolutionäre Bewegung – trotz der heftigsten Verfolgungen – ... nur zunahm; ... schon seit drei vollen Jahren dauert der verzweifelte Guerillakrieg zwischen ihr und der Regierung ... Die Gefängnisse ... füllten sich mit Verurteilten. Dutzendweise wurden die sog. ›Rädelsführer‹ gefangen und aufgehängt ... Wohl kann die Regierung fortfahren, einzusperren und aufzuhängen ... Aber das wird den Stand der Dinge nicht ändern ... Ein ganzes Volk kann man nicht ausrotten ... Die Schreckenstaten werden noch wilder werden; die revolutionäre Organisation wird zu ... stärkeren Formen gelangen ... Ein furchtbarer Krach, eine blutige Revolution, eine krampfhafte Erschütterung ganz Rußlands wird die Zerstörung der alten Ordnung der Dinge vervollständigen. ... Woher aber kommt die traurige Notwendigkeit des blutigen Kampfes? Daher, Majestät, daß eine gerechte Regierung ... bei uns gegenwärtig nicht existiert. Eine Regierung muß ... Ausdruck der Volksbestrebungen sein und soll nur den Wunsch des Volkes erfüllen. Bei uns jedoch ... ist die Regierung eine vollendete Camarilla und verdient den Namen einer ›Usurpatorenbande‹ viel eher als das Exekutivkomitee ... Die kaiserliche Regierung nahm bereits dem Volke seine persönliche Freiheit, indem sie es zum Sklaven der Klasse der Adligen machte. Jetzt schafft sie die aufs Tiefste verdammenswerte Klasse der Spekulanten und Wucherer. Alle Reformen laufen darauf aus, das Volk immer mehr zu entkräften ... Der Protektion der Regierung ... erfreuen sich nur die Ausbeuter; deren Räubereien bleiben ungestraft ... Es gibt nur zwei Auswege ...: entweder eine Revolution, welche man durch Todesurteile weder vermeidet noch verhindert; oder eine freiwillige Berufung des Volkes zur höchsten Macht, zur Regierung. Im Interesse des Vaterlandes ... wendet sich das Exekutivkomitee an Sie, Majestät, und gibt Ihnen den Rat, den zweiten Weg zu wählen. ... Dann wird das Exekutivkomitee freiwillig seine ... Tätigkeit einstellen, und die von ihm organisierten Kräfte werden aufgelöst werden, damit sie sich der fruchtbringenden Arbeit ... des Volkswohles hingeben können ... Die notwendig zu erfüllenden Bedingungen, damit die revolutionäre Bewegung ihren Schritt zu einer friedlichen Entwicklung lenke, sind nicht von uns, sondern von der Geschichte geschaffen ...«[366]

Tussy kritisiert nicht, relativiert nicht, sondern stellt sich eindeutig auf die Seite des Exekutivkomitees und gegen die russische Regierung. Sie hat sich verändert, ist radikaler geworden, akzeptiert Gewalt als Mittel der gesellschaftlichen Revolution. War sie noch vor zwei Jahren empört über den deutschen Anarchisten Johann Most, der in seiner Londoner Exilzeitung »Die Freiheit« die Ermordung des Zaren Alexander II. mit den Worten »Triumph! Triumph! Einer der scheußlichsten Tyrannen Europas ist nicht mehr« begrüßt hatte, so nennt sie diesen Mord nun selber eine »wirkungsvolle«

historische Tat. Vielleicht, weil sie inzwischen erfahren hat, daß eine Frau, Sofia Perowskaja, bei der Planung eine wichtige Rolle spielte, eine junge, studierte Aristokratin, kaum älter als sie selbst. Sie ist am 15. April 1881 unter Trommel- und Pfeifenklängen gehängt worden, von einem betrunkenen Henker, vor einer gaffenden Menge von über hunderttausend Menschen. Diese Hinrichtung hat das ganze kultivierte Europa schockiert und läßt die Worte von Most nachträglich geradezu harmlos erscheinen.

»Weit davon entfernt, nach Versöhnung zu streben, war die Regierung nur darum bemüht, das Volk mit rücksichtslosen Beleidigungen zu provozieren«, schließt Tussy ihren Artikel. »Sie zwang die sozialistische Partei, zum System zu machen, was eigentlich nur ein Zufall gewesen war, das Mittel zum Prinzip zu erheben. Fünf Monate nach Vera Sassulitschs Freispruch und ihrer Flucht in die Schweiz warf der Terrorismus, indem er den obersten Polizeichef, General Mesenzew, zum Tode verurteilte ... seinen Handschuh kühn ins Gesicht der Diktatur. Seitdem hat sich der rächende Arm des Terrorismus oft erhoben – am wirkungsvollsten am 13. März 1881.* Wie das ausgehen wird, wer kann das wissen? Aber der feige Despot, der sich hinter seinen Soldaten und Spitzeln versteckt, führt ein unglücklicheres Leben als seine armen Bauern oder gequälten Opfer ... Dieses kundige und wertvolle Buch schließt mit einer interessanten ›Inhaltsangabe‹ der ganzen Bewegung, in der eine brillante Zusammenfassung der ›Theorien‹ und ›Doktrinen‹ der revolutionären sozialistischen Partei gegeben wird. Beigefügt ist eine Übersetzung der bewundernswerten Erklärung an Zar Alexander III. durch das Exekutiv-Komitee nach dem 13. März. Alle, die glauben, die russischen Terroristen seien entweder blutdürstige Monster oder verrückte Träumer und Fanatiker, würden gut daran tun, dieses Dokument zu studieren. Es ist gleichzeitig eine Rechtfertigung ihrer Politik und eine Darstellung ihrer moderaten Forderungen. Das Exekutiv-Komitee bietet Alexander den Frieden an ... Laßt den Zaren in Frieden, wenn er ein Minimum an Reformen garantiert, laßt ihn in Frieden, wenn er seinem Volk ›Presse-, Rede- und Versammlungsfreiheit‹ zugesteht, dann werden die Terroristen bereit sein, die Waffen niederzulegen. ›Und nun‹, sagen sie, ›entscheiden Sie sich, Ihre Majestät. Die Wahl

* Ermordung Alexander II.

bleibt bei Ihnen. Wir können nur der Hoffnung Ausdruck geben, daß Ihr Urteilsvermögen und Ihr Gewissen Ihnen die einzige Entscheidung empfiehlt, die mit dem Wohlergehen Rußlands in Einklang steht, mit Ihrer eigenen Würde, und mit Ihren Pflichten gegenüber Ihrem Land.‹ – Der Zar hat gewählt. Er antwortete, indem er Sofia Perowskaja und ihre Mitgefangenen aufgehängt hat, indem er Tausende gefangengenommen und verbannt hat. Aber – das Ende ist noch nicht gekommen.«

8 Liebe, Wahnsinn und Dynamit 1884–1885

Wie denkt eigentlich Engels über Tussys Aktivitäten? Man weiß es nicht. Er äußert sich nicht darüber. Jedenfalls nicht schriftlich. Im September 1883, kurz nach dem Erscheinen von »Underground Russia«, fährt er mit Tussy, Lenchen und der unvermeidlichen Pumps erst einmal zur Erholung nach Eastbourne. Vielleicht hofft er, daß Tussy sich da wieder beruhigt. Er selbst hält sich fern von den russischen Terroristen, ob sie nun im Exil oder im Mutterland leben, erklärt Lawrov, Vera Sassulitsch und allen anderen, die nach Übersetzungen von Marx-Texten ins Russische fragen, daß er ohne Tussy nichts entscheiden könnte und daß die Zeit dafür ohnehin noch nicht reif sei.[367]

Tussy weiß vermutlich gar nichts von diesen Briefen. Denn sie wäre vom Interesse der »Terroristen« am Werk ihres Vaters bestimmt hell begeistert gewesen. Im Mai 1884 tritt sie mit Stepniak – sie schreibt ihm auf französisch, nennt ihn »Cher Citoyen« – wegen eines Artikels, den sie für die sozialistische Zeitschrift »To-Day« übersetzen will, in Korrespondenz, die bis zu seinem Tod im Jahre 1895 nicht abreißen wird:

»Ich hoffe, annehmen zu dürfen, daß mein Name Ihnen nicht ganz unbekannt ist. Ich glaube sogar, Sie früher einmal bei unserem lieben Freund Lawrov gesehen zu haben. Auf jeden Fall ist es wohl keine ganz Fremde, die Ihnen schreibt ...«[368]

Im Juli 1884 begegnen sich die beiden endlich persönlich. Stepniak fährt nach London, um Engels zu besuchen. Es ist Tussy, die ihm die Tür des Hauses am Regent's Park öffnet.

»Ich konnte kaum läuten und meine Karte vorzeigen, als ein hochgewachsenes, brünettes, zerzaustes Fräulein ... ungestüm auf mich zustürzte«, schreibt er an seine Frau. »›Sind Sie Stepniak? Ja?‹ (auf französisch, was ich nicht wiedergebe, um Fehlern zu entgehen, die ihr herrliches Französisch entstellen würden).

Miss Marx ... ist sehr lebhaft, lebendig, ja zappelig (nicht in schlechtem Sinne) und vital. Nicht sehr schön, mit starken Gesichtszügen, aber wenn sie lacht und den Kopf schüttelt – einfach liebenswert. Überhaupt graziös und von guter Figur. Es ist mir sehr angenehm zu vermerken, daß sie alle Attribute der weiblichen Gattung besitzt, d. h. zu den Frauen gehört, welche die politische Ökonomie nicht verdorben hat ... Der Bräutigam versetzte mich weniger in Begeisterung: eine recht unansehnliche Gestalt, aber kein dummer Mensch, wenngleich ich am Talent Zweifel hege.«[369]

Tussy ist jetzt absolut hingerissen von ihrer journalistischen Arbeit, nimmt sogar Laura, die feindliche Schwester, wieder an ihr Herz, richtet ihr und dem »armen Häftling« Lafargue Grüße von »Dr. Aveling« aus, bittet beide, ihr Beiträge für den »Progress« zu schikken, »dieses kleine Magazin, das ... nun wirklich viel gelesen wird« und bei dessen Redaktion Aveling natürlich »nicht völlig freie Hand« habe, aber »mehr oder weniger machen« könne, was er wolle.[370]

Tatsächlich liefert Lafargue – aus dem Gefängnis – fleißig Aufsätze für den »Progress«, zum Beispiel über »Sozialismus und Darwinismus«, einen Text, den Tussy aus dem Französischen übersetzt. Sie schafft es erstaunlicherweise, auch Engels zur Mitarbeit an der Zeitschrift zu bewegen, obwohl er der Freidenkerbewegung, aus der sie entstanden ist, äußerst skeptisch gegenübersteht und von der geistigen Nähe zur »Social Democratic Federation« schon gar nichts hält, denn er ist, wie Marx, ein erklärter Feind Henry Hyndmans.

Was Engels 1883 für den »Progress« schreibt, hat allerdings weniger mit Politik, als mit Theologie zu tun: eine kurze, kritische Abhandlung über das »Buch der Offenbarung« des Apostels Johannes, in der vor allem ein Satz interessant ist:

»Es ist eine merkwürdige Tatsache, daß mit jeder großen revolutionären Bewegung die Frage der ›freien Liebe‹ in den Vordergrund tritt.«

Engels hat recht. Die »freie Liebe« ist ein Zeichen der Zeit, ist typisch für die modernen Revolutionärinnen. Vera Sassulitsch, Sofia Perowskaja und Vera Figner, die drei weiblichen Galionsfiguren der russischen Widerstandsbewegung, haben jahrelang mit »Genossen« zusammengelebt, ohne Trauschein und erstaunlicherweise auch ohne Kindersegen, protestieren gegen die Rolle der Frau als

Gebärmaschine, die Tussys Schwestern noch klaglos erfüllt haben. Mag die Frau in der russischen Landgemeinde auch noch so unterdrückt sein, in »mittelalterlichen«, ja geradezu »barbarischen« Familienstrukturen leben: in der Revolution kämpft sie Seite an Seite mit dem Mann, in Rußland genausogut wie in Frankreich.

Marx hat der »Frauenfrage« wenig Beachtung geschenkt. Sie war für ihn, ähnlich wie die »Judenfrage«, einer der zahlreichen gesellschaftlichen »Nebenwidersprüche«, ein Problem, das sich mit dem Sieg über den Kapitalismus erledigen würde. Doch er hat dabei nicht mit Frauen wie der Perowskaja oder Sassulitsch gerechnet. Sie lassen sich nicht für Jahrhunderte vertrösten. Sie wollen nicht auf den Sieg der Weltrevolution warten. Sie wollen im Jetzt und im Hier befreit werden, vom Gebärzwang, von der Vorherrschaft des Mannes, von den gesellschaftlichen Vorurteilen über ihre »Natur«, von den vielen Beschränkungen und Verboten, mit denen ihnen die politische und intellektuelle Gleichberechtigung verwehrt wird. Die Frauen müssen also versöhnt, für die »Bewegung« gewonnen werden, ein rein »männlicher« Sozialismus hat keine Zukunft. Das erkennen sogar die altväterlichen Genossen in Deutschland, die selber fast alle in bürgerlichen Ehen leben und ihren Frauen die Last der Kindererziehung aufbürden, während sie selbst, im Gefängnis oder im Reichstag, Politik machen:

»In der nächsten Revolution spielen die Frauen eine riesige Rolle; wir bekommen da einen Faktor, der in ungeahnter Weise wirken wird«, schreibt August Bebel an Engels.[371]

In diesem Jahr, dem Todesjahr von Karl Marx, beginnt Engels, sich aus dem Schatten seines intellektuell übermächtigen Freundes zu befreien und schreibt in kürzester Zeit den »Ursprung der Familie, des Privateigentums und des Staates«, ein dickleibiges, aus vielen ethnologischen Quellen gespeistes Buch, in dem es vor allem um das »Mutterrecht«, um die »Frauenfrage« geht:

»Es ist eine der absurdesten, aus der Aufklärung des 18. Jahrhunderts überkommenen Vorstellungen, das Weib sei im Anfang der Gesellschaft Sklavin des Mannes gewesen ... Der Umsturz des Mutterrechtes war die weltgeschichtliche Niederlage des weiblichen Geschlechtes. Der Mann ergriff das Steuer auch im Hause, die Frau wurde entwürdigt, geknechtet, Sklavin seiner Lust und bloßes Werkzeug der Kinderzeugung ... Der erste Klassengegensatz, der in der Geschichte auftritt, fällt zusammen mit der Entwicklung des

Antagonismus von Mann und Weib in der Einzelehe, und die erste Klassenunterdrückung mit der des weiblichen Geschlechts durch das männliche … Die Frau wurde erste Dienstbotin, aus der Teilnahme an der gesellschaftlichen Produktion verdrängt.«

Jetzt ist auch für Tussy der Bann gebrochen. Sie hat keine Angst mehr, als »bürgerlich« abgetan zu werden, wenn sie sich mit dem »Nebenwiderspruch« der Frauenfrage befaßt, engagiert sich für Frauenliteratur, verfolgt, was Frauen im In- und im Ausland publizieren, behandelt das Thema im »Progress«, tritt mit Autorinnen wie der Schwedin Charlotte Leffler-Erdgren in Korrespondenz und schafft ihnen ein Forum für ihre Texte. Die Erdgren, sechs Jahre älter als sie, schreibt sozialkritische Dramen, die sogar aufgeführt werden, eine absolute Ausnahme in dieser Zeit, in der die dramatische Literatur reine Männerdomäne ist, da man meint, keinem Regisseur, keinem großen Schauspieler zumuten zu können, sich künstlerisch mit dem Stück einer Frau auseinanderzusetzen. Doch die Erdgren sprengt noch andere Tabus. In ihrem großen Roman »En sommarsaga«* schreibt sie offen über weibliche Sexualität, über den Fluch dauernder Schwangerschaften, über den Konflikt zwischen Mutterschaft und künstlerischer Arbeit, über die Fragwürdigkeit der modernen, sogenannten freien Liebe, die die Untreue des Mannes legalisiert und die Frau betrogen und einsam zurückläßt.

1884 erscheint eine Kurzgeschichte von Erdgren im »Progress«, »The doctor's wife«, »Die Frau des Arztes«. Es ist die Geschichte einer Arztgattin in einer schwedischen Kleinstadt, einer hübschen, kapriziösen, temperamentvollen jungen Frau aus guter Familie, die nach der Geburt eines Sohnes depressiv wird. Sie trinkt. Sie nimmt Drogen, flüchtet sich in psychosomatische Krankheiten, treibt ihren Mann mit Szenen und Vorwürfen aus dem Haus. Auch das sind Tabuthemen. Denn ist Mutterschaft, ist die Geburt eines Sohnes nicht etwas Wunderbares? Darf eine Frau aus guter Familie sich *betrinken?*

Tussy befreundet sich mit der Erdgren, lädt sie nach London ein, diskutiert mit ihr über die Übersetzung ihrer Texte, schickt sie sogar nach Paris zu ihrer Schwester Laura, damit sie die französische Literaturszene kennenlernt:

* »Eine Sommergeschichte« (1886)

»Übrigens«, schreibt sie am 18. Juni 1884, »wird Dich eine junge Frau namens Madame Erdgren besuchen. Bitte, sei ›nett‹ zu ihr. Sie ist eine der aufsteigenden Schriftstellerinnen Schwedens (merkwürdig, wie reich gerade Skandinavien jetzt an guten Autoren ist!), und ihre Theaterstücke haben viel Aufsehen erregt. Zwei Kurzgeschichten – leider in schrecklichen Übersetzungen – scheinen mir wunderschön zu sein. Sie ist eine liebenswerte kleine Frau. Wenn Du sie einigen der strahlenden Lichter der Gesellschaft vorstellen könntest, z. B. Paul, Guesde, Deville usw., würde sie Dir sehr dankbar sein.«[372]
Die Einsamkeit, die Vereinsamung der Ehefrau, die Fragwürdigkeit des sogenannten häuslichen Glücks: Tussy hat es am Beispiel ihrer Schwester hautnah erlebt. Jenny Longuet, geborene Marx, ist zugrunde gegangen an diesem »Heim genannten Gefängnis«. Der »Nebenwiderspruch« ist ihr Todesurteil geworden. Jetzt greifen Schriftsteller in ganz Europa das Thema auf. In Norwegen schreibt ein gewisser Ibsen über eine Frau namens Nora. Tussy verschlingt dieses neue Theaterstück. Das ist auch *ihre* Geschichte, *ihr* Lebensthema, die als »Liebe« deklarierte Entmündigung der Frau, erst durch den Vater, dann durch den Ehemann:

Nora: Es ist mir viel Unrecht zugefügt worden, Torvald. Erst von Papa und dann von dir.
Helmer: Wie? Von uns beiden – von uns, die dich inniger geliebt haben als alle anderen Menschen?
Nora: Ihr habt mich nie geliebt. Es machte euch nur Spaß, in mich verliebt zu sein.
Helmer: Aber, Nora, was sind das für Worte!
Nora: Ja, so ist es, Torvald. Als ich noch zu Hause bei Papa war, teilte er mir alle seine Ansichten mit, und so hatte ich dieselben Ansichten; hatte ich andere, so verheimlichte ich sie; denn eigene Meinungen hätte er nicht geschätzt.

»Kennst Du eine englische Übersetzung von Ibsens großartigem Stück ›Nora‹?« schreibt Tussy am 18. Juni 1884 an Laura. »Ich sage Dir nichts darüber, weil ich weiß, daß Du begeistert sein wirst.«[373]

1883 erscheint, aus der Feder von Aveling, die Rezension eines »notable book«, eines »bemerkenswerten Buches« im »Progress«: »Die Geschichte einer afrikanischen Farm« von Olive Schreiner,

die zunächst unter männlichem Pseudonym – Ralph Iron – auf den englischen Markt gekommen war.
Doch es ist eigentlich weniger die Geschichte einer Farm als die einer Frau, um die es hier geht. Genauer: die Lebensgeschichte, das Lebensdrama der Autorin. Diese Autorin lebt seit einigen Jahren in London und wird sofort eine enge Vertraute von Tussy. Sie schreiben und treffen sich oft, gehen zusammen durchs Londoner East End, sprechen über die Liebe, über die Männer, ja sogar über Menstruationsbeschwerden, vertrauen sich gegenseitig ihre intimsten Gefühle an.
»Meine Olive«, oder »mein Liebling Olive«, schreibt Tussy, »hoffentlich langweile ich Dich nicht mit meinen dummen Briefen, hoffentlich hast Du nicht ein für allemal genug von mir. Das ist keine Redensart. ... Ich habe so schreckliche Angst, Deine Liebe zu verlieren. Bitte, sag mir doch, daß Du mich wenigstens ein bißchen lieb hast. Du weißt nicht, wie mein ganzes Wesen nach Liebe schreit ...«[374]
Olive, so zerbrechlich, so nervös und kapriziös wie eine Madame Bovary oder eine Nora, ist genauso alt wie Tussy, also Ende Zwanzig, unverheiratet, kinderlos und auf der Suche nach dem großen Ideal der freien Liebe. Sie stammt aus Südafrika, aus Basutoland, ist Tochter eines deutschen Missionars und einer Engländerin. Sie ist das sechste von zwölf Kindern, hat, genau wie Tussy, nichts Richtiges lernen dürfen. Ein bißchen Kissensticken, ein bißchen Klavierspielen, weiter nichts. In ihrer Kindheit hat sie alles gelesen, was an Büchern im Haus war, unter anderem Schriften eines gewissen Karl Marx. Doch »Ant Annie«, die fromme Burenfrau, die auf sie aufpasste, nahm ihr das Buch ab und verbrannte es, nicht weil es von einem deutschen Kommunisten geschrieben war, denn sie kannte weder den Namen »Marx« noch den Begriff »Kommunismus«, sondern weil sie es für eine Sünde, für ein Verbrechen hielt, etwas anderes als die Bibel und das Gesangbuch zu lesen.
»Da lag es auf einem Haufen Glut, qualmte, flackerte auf und loderte lichterloh – und die Nationalökonomie war beseitigt und existierte nicht länger – wie so mancher arme Ketzer aus Fleisch und Blut.«
Alle in ihrer Umgebung sind fromm, pietistisch, fanatisch. Aber Lyndall, die Heldin der Geschichte, haßt Gott, der wie ein gnadenloser Richter über ihre Gedanken wacht und ihr Tag für Tag einflü-

stert, daß sie nutzlos und schlecht sei, »zu widerlich, um zu leben, zu widerlich, um zu sterben, zu widerlich, um über diese Gotteserde zu schreiten und uns unter Seine Gläubigen zu mischen.«

Doch die Gnade Gottes ist nur für die Weißen da. Die schwarzen Dienstboten werden von den frommen Deutschen und Holländern gedemütigt, ausgebeutet, getreten, geschlagen. Wenn ein Schaf von der Farm verschwindet, sind es die Schwarzen gewesen. Wenn die Burenfrau aus der Bibel vorliest, müssen sie das Zimmer verlassen, »weil Ant Annie fest überzeugt war, sie stammten von den Affen ab und bedürften der Erlösung nicht.«

Lyndall beschließt, sich auf ihre Seite zu stellen, für die Schwarzen und alle Unterdrückten zu kämpfen:

»Wenn es erst soweit ist, daß ich groß und stark bin, dann will ich alles hassen, was mächtig ist, und allen Schwachen helfen«, erklärt sie dem deutschen Bauernsohn Waldo, ihrem Jugendfreund.

Aber leider ist sie ja »nur« ein Mädchen und kein Goethe oder Napoleon, zwei Männer, die sie von ganzem Herzen bewundert:

»Ich kann erst dann etwas Gutes für mich oder für die Welt tun, wenn mich jemand weckt. Ich liege noch im Schlaf, verstrickt und eingesperrt in mein Selbst. Bis ich befreit worden bin, werde ich niemanden befreien können«, sagt sie zu Waldo.

So entdeckt sie, mitten in der südafrikanischen Savanne, in langen, mondhellen Nächten, in denen sie mit Waldo vor dem Farmhaus sitzt, die schlimmste und größte Ungerechtigkeit der Geschichte, die Tatsache, daß Frauen nicht als vollwertige Menschen gelten und von Geburt bis zum Tod unterdrückt und diskriminiert sind:

»Ein Fluch liegt auf uns, und der Fluch haftet auf uns vom Tage an, da unsre Mütter uns zur Welt bringen, bis zur Stunde, da wir ins Leichentuch gehüllt werden. ... Für euch heißt es arbeiten, für uns heißt es scheinen! ... Sieh dir mein kleines Kinn an, Waldo, das Kinn mit dem Grübchen! Es ist nur ein kleiner Teil meines Körpers. Aber wenn ich auch ein Wissen von allen Dingen unter der Sonne besäße ... würden sie mir doch nicht so durchs Leben helfen wie das kleine Kinn hier. ... Was würde das Wissen mir nützen? Je weniger eine Frau im Kopf hat, um so leichter wird ihr der Aufstieg. ... Wir werden schon, wenn wir noch kleine Mädchen sind, auf das verfluchte Ziel hin dressiert. Wir sitzen, die kleinen Füße untergeschlagen, am Fenster und sehen den Jungen draußen zu, wie sie glücklich spielen. Wir wollen hinaus. Da legt sich eine liebevolle Hand auf unsere Schulter: ›Kleinchen, du kannst nicht gehen! Die Sonne wird dir das Gesicht verbrennen, und du wirst dir dein hübsches weißes Kleid schmutzig machen!‹ … Und der Fluch beginnt zu wirken, und sein Werk ist beendet, wenn wir erwachsene Mädchen sind; … wir sind zufrieden. Wir passen in unseren Bereich, wie der verkrüppelte Fuß einer Chinesin in ihren Schuh paßt, gerade so, als hätte Gott beide so erschaffen … Die Teile, die wir nicht gebrauchen sollen, sind ganz verkümmert oder sogar abgefallen; … Wir tragen die einzwängenden Bandagen, aber unsere Glieder haben sich nicht daran gewöhnt: wir wissen, daß wir eingezwängt sind und scheuern uns wund … Wir waren einmal gleich, als wir neugeboren auf den Knien unserer Kinderfrau lagen, und wir werden wieder gleich sein, wenn man uns den Unterkiefer für den letzten Schlaf hochbindet.«[375]

November 1883. Schlimme Nachrichten aus Deutschland. Sophie Schmalhausen, geborene Marx, wird in die Rheinische Provinzialirrenanstalt in Düren eingeliefert. Diagnose: Dementia paralytica. Gehirnerweichung. Es ist gerade einmal acht Monate her, daß sie Tussy nach Aachen eingeladen hat:
»Ich würde so gern alle Kräfte aufbieten, Dir einige Erleichterungen verschaffen zu können; ach, es ist so hart, sich so allein zu fühlen, und bei der Schwester Deines Vaters wirst Du Dich wohl schnell heimisch fühlen …«[376]
Jetzt ist sie wahnsinnig geworden, schreit, tobt oder brütet dumpf vor sich hin. Man erwägt, sie in die Irrenanstalt Siegburg zu überweisen. Das ist eine richtige Festung, aus der kein Entkommen ist, hoch oben auf einem Berg, vom Rest der Welt abgesondert. Dort steckt man die Kranken in Zwangsjacken, besprengt sie mit eiskaltem Wasser, öffnet ihnen bei vollem Bewußtsein die Schädeldecke, damit das Gehirn unter dem Einfluß der frischen Luft wieder gesund wird. In Düren hat Sophie Schmalhausen einen Fragebogen auszufüllen, in dem es heißt:

»*Frage 1*: Des Vaters Alter, Beschäftigung, Körperbeschaffenheit, psychische Individualität. Ist der Vater krank gewesen, litt er an Seelenstörung, Nervenkrankheit, Trunksucht, in welchem Alter, wie lange?«

»*Antwort:* Gestorben 46 Jahr alt, Justizrat, groß, schwer gebaut, sehr intelligent und eloquent, wahrscheinlich chronische Pneumonie, nein, nein, nein.«
»*Frage 2*: Mutter?«
»*Antwort:* Gestorben 73 Jahr alt, klein und zart, sehr intelligent, kein Trunksucht, keine Seelenstörung.«
»*Frage 3*: Geschwister?«
»*Antwort:* Ein leiblicher Bruder ist der neulings verstorbene Carl Marx, Stifter der Internationale.«[377]

Kann Aveling, der studierte Arzt, Tussy jetzt trösten, ihr die Sorge, die Zwangsvorstellung nehmen, daß auch sie eines Tages verrückt werden wird, so wie Jettchen Conradi und Sophie Schmalhausen, ein Schicksal, dem scheinbar nicht zu entkommen ist und das in der Familie Marx nur die Frauen trifft?
Es ist zu befürchten, daß er ihre Angst sogar schürt. Denn als Biologist und Darwinist glaubt er nicht an den seelischen Ursprung von Geisteskrankheiten, ja, nicht einmal an den individuellen »Geist« als solchen, den er für eine bloße »Funktion des Nervensystems« hält.
Krankheiten des Nervensystems sind aber vererbbar, beim Menschen wie beim Tier. »Jede Phase von Geisteskrankheit«, schreibt er in seinem Buch »Die Darwin'sche Theorie«, »von der bloßen Geistesschwäche bis zu den furchtbarsten Formen des Wahnsinns, ist nicht nur bei ... Affen bekannt, sondern noch weit hinunter ins Tierreich ... Die Tücke des Pferdes ist nichts anderes als beginnender Irrsinn.«[378]
»Tussy hat wieder Neuralgie«, schreibt Engels im Dezember 1883 an Laura.[379]
Glücklicherweise hat sie jetzt keine Zeit, lange zu grübeln, da sie als Journalistin und Übersetzerin immer stärker gefordert ist. Henry Hyndman, der Führer der »Social Democratic Federation«, gibt eine neue Zeitung, die »Justice« heraus, für die Tussy regelmäßig Artikel schreibt; ihr Parteifreund Bax gründet die Zeitschrift »Today«, das »Organ des wissenschaftlichen Sozialismus«, in der sie eine Rubrik über die internationale Arbeiterbewegung übernimmt. Außerdem arbeitet sie weiter für den von Aveling edierten »Progress«, in dem im Mai 1884 ihr Aufsatz über die »irischen Bombenleger« erscheint, eines der Leitmotive und Lieblingsthemen ih-

rer Kindheit, das durch irische Terroranschläge an der Londoner Victoria Station brandaktuell geworden ist:

»Wir Sozialisten können nicht mit den Anschlägen der irischen Bombenleger sympathisieren – aber haben wir das Recht, diese Männer zu verurteilen? Haben wir das Recht, sie Feiglinge zu nennen? Sie riskieren ihr Leben für etwas, von dem sie glauben, daß es gut für ihr unglückliches Land sei … Es ist grotesk, wenn einige unserer tollkühnen Ladenbesitzer, die sich noch nicht einmal trauen, den ›Freethinker‹ zu verkaufen, diese Männer als ›feige Schufte‹ beschimpfen. Ihre Anschläge mögen verbrecherisch, ihre Ansichten falsch und fanatisch sein: Feiglinge sind diese Männer nicht!«

Tussy kommt dann sehr ausführlich auf einen Punkt zu sprechen, den im »zivilisierten England« zu berühren tabu ist: Die unmenschlichen Haftbedingungen irischer Freiheitskämpfer in englischen Zuchthäusern. Selbst die politischen Gefangenen des Zarenregimes, über deren Behandlung sich das ganze kultivierte Europa aufrege, hätten in Sibirien nicht mehr zu leiden als die Iren in England. Hunderte junger, starker und gebildeter Männer seien während der Haft verrückt geworden, zum Anarchismus, zum Bombenlegen geradezu provoziert. Viele von ihnen hätten nie eine Waffe in der Hand gehabt, sondern lediglich Artikel für »The Irish People«, »Das irische Volk«, geschrieben. Schon dieses »Verbrechen« reiche für die härtesten Formen von Zwangsarbeit aus, von zehn Jahren bis zu lebenslänglich.

Für ihre Recherchen hat Tussy die Parlamentsdebatten gelesen, die sogenannten »blue books« mit Berichten von Medizinal- und Gefängnisinspektoren, die schon Marx bei den Vorbereitungen für das »Kapital« konsultiert hatte. Sie zitiert den Fall eines gewissen John Murphy, allgemein »Pagan O'Leary«, »der Heide O'Leary« genannt:

»In seinem medizinischen Bericht sagt Dr. Robert MacDonnell, … daß er Murphy … an einem der kältesten Wintertage in seiner Zelle gefunden hat. Er hatte kein Bett, keine Matratze, nichts zwischen seinem Körper und dem kalten Boden. Er war nur mit einem Lappen, der ein paar Gramm wog, zugedeckt. Er zitterte und bebte in der furchtbaren Kälte. Er sah aus, sagte der Arzt, als sei er mit Cholera infinziert. Sein Gesicht hatte dieselbe bleierne Farbe. Er klagte darüber, daß er friere, friere bis auf die Knochen. Warum mußte man einen alten Mann von fast siebzig Jahren so quälen? Für ein schweres Verbrechen, einen Verstoß gegen die Staatsraison, einen ›brutalen Angriff‹ auf einen Gefängniswärter? Nein. Der alte Mann hatte lediglich erklärt, ›keine Religion‹ zu haben, sondern ein ›Heide‹ zu sein! ... Den Beweis gibt uns der irische Gouverneur, Lord Mayo, persönlich, der am Montag, dem 20. Mai, im House of Commons gefragt wurde:

›Trifft es zu, daß ein Insasse des Montjoy-Gefängnisses, der sich selbst als ungläubig bezeichnete, den Befehl erhielt, sich als Anglikaner, Katholik oder Presbyterianer zu bekennen, und daß er, nachdem er sich weigerte, in die Todeszelle verlegt wurde, bei Brot und Wasser?‹

Lord Mayo sagte, ... die Einzelheiten des Falles seien folgende gewesen: ... Der Gefangene habe gesagt, er gehöre keiner Religion an und habe noch nie eine Kirche besucht. Auf seinem Transport von einem Gefängnis zum anderen sagte er, er sei Heide – *Gelächter* – und weigerte sich, religiös belehrt zu werden. Der Gefängnisdirektor, ein ehemaliger Offizier, befahl ihm, eine Religion zu wählen *(lautes Gelächter)*. Der Gefangene sagte, er glaube nicht an Gott und würde deshalb auch keine Religion wählen *(erneutes Gelächter)*. Der Direktor setzte ihn für drei Tage auf Diät. *(Fortgesetztes Gelächter, laute ›Oh‹-Schreie)*. Am 4. August ... wurde er ins Krankenhaus geschickt, wo er fünf Tage blieb. Danach wurde er wieder auf Brot- und Wasser-Diät gesetzt *(›Oh! Oh!‹)* – und dann bekannte er sich zum Katholizismus *(Applaus und Gelächter)*.«

Das »normale« Essen eines irischen Gefangenen bestehe, so Tussy, aus Brot, Haferbrei und Kartoffeln, alles in so winzigen Mengen, daß die Männer heimlich Seife essen und Urin trinken würden, um nicht zu verhungern und zu verdursten. Krank und chronisch unterernährt, müssten sie die härteste körperliche Arbeit tun: Schnee schaufeln, Steine in Quader hauen, sich als Zugpferde vor zweirädrige Karren spannen lassen und schwere Lasten kilometerweit durch das Moor ziehen. Wer protestiere oder vor Schwäche zusammenbräche, müsse sich nackt ausziehen, seine Kleider inspizieren lassen, die Aborte putzen oder die Bettlaken der mit Cholera infizierten Kranken waschen. Robert MacDonnell, Gefängnisarzt von Montjoy, habe sich bei seinen Vorgesetzten beschwert, die Verantwortung abgelehnt, weil er fürchte, die Gefangenen könnten Selbstmord begehen. Das Resultat: Er wurde fristlos entlassen.

In diesem Jahr – 1884 – wartet eine weitere große Aufgabe auf Tussy: die Vorbereitung der Übersetzung des »Kapital«, das fast zwanzig Jahre nach seinem ersten Erscheinen immer noch nicht in englischer Sprache vorliegt. Das Problem besteht weniger darin, einen Verleger, als einen Übersetzer zu finden. Denn schon die Schwierigkeiten mit der französischen und russischen Ausgabe haben gezeigt, daß sich die Terminologie von Karl Marx nicht eins zu eins in eine Fremdsprache übertragen läßt. Sie ist voll von Wortschöpfungen wie »Abstinenztheorie«, »Differentialrente« oder »Geldhandlungskapital«, die in keinem deutschen, russischen oder französischen Lexikon vorkommen, verlangt also vom Übersetzer das kreative Nachschaffen eines neuen marxistischen Vokabulars und das völlige gedankliche Eindringen in die Materie.
»Um ein solches Buch zu übersetzen«, schreibt Engels 1885 im »Commonweal«, »reicht die bloße Kenntnis der deutschen Literatursprache nicht aus. Marx benutzt viele Ausdrücke aus dem Alltagsleben, Idiome einzelner Dialekte; er schafft neue Wortverbindungen, nimmt Bilder aus allen Bereichen der Wissenschaft, zitiert aus Dutzenden von Sprachen ... Um ihn adäquat widerzugeben, muß man nicht nur ein Meister des Deutschen, sondern auch des Englischen sein.«
Wer kann so gut Deutsch? Wer kann so gut Englisch? Wer kennt die Begriffswelt von Karl Marx genau genug, um jede Bedeutungsnuance adäquat widergeben zu können? Eigentlich nur Engels und Tussy. Doch beide erscheinen seltsamerweise nicht als Herausgeber der englischen Ausgabe, die 1884 begonnen wird und 1887 auf den Markt kommt, sondern ein gewisser Samuel Moore, Engels' langjähriger Freund und Rechtsberater, und – Tussys Lebensgefährte Edward B. Aveling.
Über die Deutsch-Kenntnisse von Samuel Moore ist nicht viel, eigentlich gar nichts bekannt. Und daß Edward B. Aveling vor 1884 jemals in Deutschland gewesen wäre, Deutsch gelernt hätte und mehr sagen konnte als »Guten Tag« und »Auf Wiedersehen«, ist keinem Brief, keiner Quellenaussage zu entnehmen. Bleibt also nur die Schlußfolgerung, daß die Übersetzung überwiegend von Tussy stammt, denn Engels schreibt am 26. Mai 1884 an Laura:
»Aveling hat den besten Willen, muß aber eine ihm fremde Materie aus einem ihm unbekannten Deutsch in ein ihm unbekanntes Englisch übersetzen; wenn es sich um Naturwissenschaften handelte,

würde ihm das leicht fallen; aber politische Ökonomie und Industriearbeit, wo er nicht mit den gewöhnlichsten Ausdrücken vertraut ist? ... Ein deutsch-englisches Lexikon würde nichts nützen. Man würde die Wörter, nach denen man sucht, nicht darin finden.«[380]

Tussy übernimmt, soviel ist sicher, den unangenehmsten, zeitaufwendigsten Teil dieser großen Arbeit, die Überprüfung und Rückübersetzung aller Zitate aus dem Englischen, die Marx für den ersten Band des »Kapital« benutzt hat, etwa zweihundertundvierzehn an der Zahl: Bevölkerungsstatistiken, Berichte der Fabrikinspektoren und Medizinalbeamten, der Aufsicht über den sozialen Wohnungsbau, der Untersuchungskommissionen zur Kinderarbeit, Dutzende Zeitungsartikel, Passagen englischer Schriftsteller, Philosophen und Nationalökonomen wie John Bright, John Fortescue, Thomas Hodgskin, Mac Culloch, John Stuart Mill und David Ricardo. Tussy kommt bei dieser Arbeit wahrscheinlich manchmal ins Fluchen. Denn ihr Vater, das stellt sich auch jetzt wieder heraus, ist keineswegs so penibel, so philologisch korrekt vorgegangen, wie sie vermutet hatte. Ganz im Gegenteil, »es fanden sich ... mancherlei kleine Ungenauigkeiten. Hinweise auf unrichtige Seitenzahlen, ... unrichtig gesetzte Anführungszeichen oder Lückenpunkte.«[381]

Eine Sisyphus-Arbeit also, der ebenso liebevolle wie mühselige Versuch, ihren Vater, der gerade jetzt wegen seines manchmal leicht schlampigen Umgangs mit Zitaten öffentlich attackiert wird[382], gegen den Vorwurf der Geschichts- und Literaturverfälschung zu verteidigen.

Wochenlang sitzt sie im British Museum über alten Zeitungen und Büchern, über den »blue books«. Sie vernachlässigt ihre Privatschülerinnen, ihre journalistischen Arbeiten, hat lange Zeit keine Einnahmen, stürzt sich in Schulden. Marxisten und Marx-Forscher haben ihr nicht dafür gedankt. Es ist der Name von Aveling, der in die Editionsgeschichte eingegangen ist, nicht der von Tussy.

Sie liebt ihn abgöttisch, tut alles für ihn, möchte unbedingt, daß er weltberühmt, ein Prophet des Marxismus wird, und verteidigt ihn wie eine wild gewordene Löwin, als Annie Besant, seine ehemalige Geliebte, im »National Reformer« behauptet, er habe vom Marxismus und Sozialismus nicht die geringste Ahnung und sei lediglich von ihr, Tussy, dazu »verführt« worden:

»Alles, was er tat, tat er gemeinsam mit mir«, schreibt die Verlassene und Gekränkte. »Während dieser ganzen Zeit äußerte er nie ein Wort über den Sozialismus und studierte ihn auch nicht ... In seiner Bibliothek gab es kein einziges sozialistisches Buch, sondern nur naturwissenschaftliche und literarische Werke. Er hatte mit dem Sozialismus nicht das Geringste zu tun ..., bis er 1882 im British Museum zu lesen begann und dort leider in die Gesellschaft einiger Bohèmesozialisten männlichen und weiblichen Geschlechts geriet, die dort blühen und gedeihen.«[383]

Tussy kocht innerlich vor Erregung, möchte der Besant und ihrem Kompagnon, Mr. Charles Bradlaugh, am liebsten eine Tracht »saftiger Prügel« verabreichen, hält sich aber weiblich bescheiden zurück und schreibt an einen schottischen Parteigenossen:

»Ich halte es nicht für nötig, daß ich einer solchen Person wie Mrs. Besant, von der ich Beschimpfung als das beste Kompliment betrachte, antworten soll ... Der Grund für die Animosität dieser ›Dame‹ ist nicht weit zu suchen. Der *eine* klare Denker und Wissenschaftler, dessen Popularität in der Säkularistenpartei fast der Mr. Bradlaughs gleichkommt – Dr. Edward Aveling –, hat sich den Reihen der Sozialisten angeschlossen, und Mrs. Besant tut mir die Ehre an, mich dafür verantwortlich zu machen. Ich bin sehr stolz auf Dr. Avelings Freundschaft, aber ich hoffe, ich muß Ihnen nicht sagen, daß seine Bekehrung zum Sozialismus auf das Studium der Werke meines Vaters zurückzuführen ist, nicht auf mich.«[384]

Aveling, der Marx nur einmal flüchtig gesehen hat, als sein von Tussy persönlich inthronisierter geistiger Nachfolger – Aveling, der Mediziner, als großer Marx-Spezialist, als kongenialer, polyglotter Übersetzer des »Kapital«? Es ist ein Meisterstück an Selbstausbeutung und Selbsttäuschung, das Tussy hier abliefert. Eine Demonstration weiblicher Hörigkeit, wie sie im Buche steht. Alles, was sie bei Ibsen, der Erdgren und Olive Schreiner gelesen hat, scheint vergessen. Sogar zur Gedächtnisfeier am ersten Todestag von Karl Marx will sie Aveling reden lassen, anstatt selbst, was ja wohl das Natürlichste gewesen wäre, das Wort zu ergreifen. Hyndman, der Führer der »Social Democratic Federation«, ist entsetzt über soviel Unterwürfigkeit, soviel Verblendung, was von Tussy sofort als Intrige gewertet wird. Hyndman möge Aveling eben nicht, schreibt sie an Laura, sei eifersüchtig auf seine Ausstrahlung, seinen Erfolg. Aber hat er nicht recht? Was hat jemand wie Aveling hier als Gedenkredner zu suchen? Wenn schon nicht Tussy, warum dann nicht Engels, Liebknecht, Bebel oder ein Mitglied des deutsch-kommunistischen Arbeitervereins?

Doch es kommt nicht zu der geplanten Grabrede. Die Polizei ist gewarnt worden, riegelt den Friedhof ab. Tausende englische und deutsche Arbeiter formieren sich vor den Toren. Schweigend.

»Ich hätte nie gedacht, ... daß es mehr als eine ganz kleine Versammlung würde«, schreibt Tussy an Laura, »und wenn ich Dir jetzt sage, daß 5000 bis 6000 Personen kamen, kannst Du Dir vorstellen, daß es wirklich eine großartige Sache war. Der Zug formierte sich mit Spruchband und Fahnen in Tottenham Street, und wir marschierten – ich bin nämlich mitgegangen – die Tottenham Court Road ... entlang bis nach Highgate. Die Friedhofsverwaltung hatte die Pforten geschlossen und dahinter waren 500 Polizisten und sechs Mann berittene Polizei aufgestellt! Da sie uns den Zutritt verweigerten und wir fragten, ob ich und ein paar Frauen mit Kränzen allein hineingehen dürften, haben wir am Ende der Straße ... haltgemacht.«[385]

Engels, der immer das Gute im Menschen sehen will, findet Aveling intelligent und sympathisch und fördert seine Karriere als selbsternannter Marxist, wo er kann.

»Ich mag Edward sehr und glaube, es wird gut für ihn sein, wenn er mit Menschen außerhalb seines früheren literarischen Kreises zusammenkommt«, schreibt er an Laura. »Er hat eine solide Bildungsgrundlage und fühlte sich selbst in der höchst oberflächlichen Gesellschaft, in die das Schicksal ihn hineingesetzt hatte, völlig deplaziert.«[386]

Doch alle anderen Freunde von Tussy – Engländer wie Deutsche – können den neuen Mann an ihrer Seite nicht leiden, finden ihn geradezu »abstoßend« und »widerlich«, ein »übles Subjekt«, auf den ersten Blick unsympathisch, von so unbeschreiblicher Häßlichkeit, daß sie die arme Tussy nur bedauern können.[387] Eduard Bernstein nennt als Avelings Haupteigenschaften »die Sucht, alles vom Besten haben zu wollen, die gewissen- und schamlose Art, für seine Genüsse selbst den Ärmsten ihre karge Barschaft abzuborgen, die Gabe, durch lyrisch-ästhetisches Schöntun naive Gemüter und insbesondere Frauen zu faszinieren, um sie dann mit jener Ungeniertheit auszubeuten, wie ein verzogenes Kind seine Pfleger ausbeutet ...«[388]

Das sind deutliche Worte. Leider zu spät, Jahre nach Tussys Tod, ausgesprochen. In den ersten Monaten ihrer Beziehung zu Aveling hat niemand den Mut, ihr die Wahrheit über diesen Mann mitzuteilen. Vielleicht aus Vorsicht und Taktgefühl. Denn ist nicht manches, was man über ihn gehört hat, bloßes Gerücht? Verleitet die furchtbare Häßlichkeit seines Gesichtes nicht dazu, vorschnell auf seinen Charakter zu schließen? Und hat Tussy, die soviel Schweres erlebt hat, diese Liebe, die sie offenbar glücklich macht, nicht verdient, auch wenn es außer ihrem Ersatzvater Engels niemanden gibt, der ihre Partnerwahl verstehen oder gar gutheißen kann?

Je feindseliger die Umwelt auf Aveling reagiert, um so erbitterter verteidigt sie ihn gegen alle Angriffe.

»Du weißt, daß er verheiratet ist und daß ich seine Frau nicht rechtsgültig sein kann«, schreibt sie an ihre alte Freundin Dollie Maitland, die inzwischen mit Ernest Radford verheiratet ist. »Aber es wird für mich eine echte Ehe sein – genauso, als hätte ein Dutzend Standesbeamter seines Amtes gewaltet ... Edward hatte seine Frau bereits viele, viele Jahre nicht gesehen, bevor ich ihn kennenlernte, und daß er gute Gründe hatte, sie zu verlassen, wirst Du am besten verstehen, wenn ich Dir sage, daß Herr Engels, der älteste Freund meines Vaters, und Lenchen, die wie eine Mutter für uns war, mein Verhalten gutheißen ... In drei Wochen werden wir für einige Zeit verreisen – ich brauche nichts als Ruhe – und dann kann es natürlich jeder wissen ... Wenn wir wiederkommen, werden wir einen gemeinsamen Hausstand gründen. Nenn Liebe völlige Übereinstimmung in den Neigungen und in der Arbeit sowie das Streben nach einem gewissen Ziel, Menschen glücklich machen zu können, dann werden wir es sein ... Aber ich kann verstehen, daß Menschen, die anders erzogen worden sind, mit all den alten Vorstellungen und Vorurteilen, mir das sehr übelnehmen, und wenn Ihr das auch tut, werde ich es Euch nicht verübeln.«[389]

Briefe dieser Art schickt Tussy im Sommer 1884 an Gott und die Welt, an alle, die es wissen oder nicht wissen wollen, an ihre Schwester Laura, an Parteigenossen in Schottland, an Schriftstellerinnen, enge und flüchtige Freundinnen, und sogar an die Leiterin des Londoner Mädchenpensionats, für das sie arbeitet. Warum dieses Bedürfnis nach Mitteilung, nach Publizität? Sucht sie Zustimmung für einen Schritt, der ihr selber gefährlich vorkommt, den öffentlichen Segen für ihre Beziehung zu Aveling? Oder – umgekehrt – die gesellschaftliche Konfrontation, die als lustvoll erlebte Bestätigung, daß das viktorianische England sie ausgrenzt, sie als »bad girl«, als Sympathisantin der Dynamitleger ansieht, in ihrer journalistischen Arbeit wie im Privatleben?

Doch die erwartete Ablehnung bleibt aus. Niemand, nicht einmal ihre Chefin, zeigt sich schockiert. Jeder, der etwas Menschenkenntnis und Verstand hat, billigt ihr Bekenntnis zur »freien Liebe«, wenn auch nicht zu Aveling, ein Konflikt, der sie verzweifelt und krank macht und die altbekannten Beschwerden wieder hervorruft: Kopfschmerzen, Schlaflosigkeit, Magersuchtsanfälle und Depressionen:

»Ich habe sehr viel an Dich gedacht und mich oft nach Dir gesehnt«, schreibt sie an Dollie Radford. »Denn ich bin sehr einsam, Dollie, und ich habe mich nie einsamer gefühlt als gerade jetzt … Ich fühlte mich in den letzten zwei Wochen ernstlich krank, und da mir ein völliger Zusammenbruch drohte, pflege ich einfach der Ruhe.«[390]

Ende Juli 1884 geht sie mit Aveling auf »Hochzeitsreise«, die natürlich von Ersatzpapa Engels bezahlt wird. Sie fahren nach Derbyshire, ein hügeliges, sattgrünes Paradies, leben für einige Wochen in einem alten Gasthof in Middleton bei Wirksworth. Doch die Erholung, die sie so dringend nötig gehabt hätte, bleibt aus. Denn Aveling ist genau wie sie selbst kein Freund von Natur und langen Wanderungen, sondern sitzt lieber bis tief in die Nacht in der Kneipe, trinkend und redend. Glücklicherweise ist Olive Schreiner, die südafrikanische Freundin, in der Nähe. Sie macht Ferien im Nachbardorf, arbeitet an neuen Romanprojekten. Manchmal bekommt sie Besuch von einem guten Bekannten, Havelock Ellis, einem jungen Dichter und Sexualforscher, der später mit grundlegenden Büchern über die »Psychologie der Sexualität«[391], »Das konträre Geschlechtsgefühl«[392] und die »Sexuellen Abweichungen«[393] bekannt werden wird. Er ist ein mutiger, genialer junger Mann, vier Jahre jünger als Tussy, entschlossen, die viktorianische Sexualmoral wissenschaftlich zu erschüttern.

Ellis ist hingerissen von Tussy. Ihn beeindruckt ihre sexuelle Ausstrahlung, ihr Intellekt, gemildert durch Schlafzimmerblick, die Folge der langen, anstrengenden Liebesnächte mit Aveling. Sie sei zu »voller körperlicher, geistiger und seelischer Reife erblüht« gewesen, erinnert er sich später, »eine bezaubernde Persönlichkeit, intelligent, aktiv, voller Lebensfreude«, wenn auch vielleicht »insgeheim gedrückter Stimmung«. [394]

Ganz anders Olive Schreiner. »Sie nennt sich nun Frau Aveling. Ich war glücklich, sie wiederzusehen. Ich liebe sie. Doch sie sieht recht elend aus«, schreibt sie dem Freund.[395]

Ellis hat gewisse Sympathien für Aveling. Ihm gefällt seine leidenschaftliche Art, Gedichte zu rezitieren, doch es irritiert ihn, daß er »mit ungeheurem Genuß« sämtliche Verbotstafeln ignoriert und seinen Fuß »rücksichtslos« auf umzäunte Grundstücke setzt, den Hinweis auf »private property« aus Prinzip mißachtend. Olive Schreiner dagegen findet Aveling abstoßend, hat einen wahren »Horror« vor seiner Persönlichkeit. »Zu sagen, ich mag ihn nicht, ist überhaupt kein Ausdruck«, schreibt sie an Ellis. »Ich spüre Angst und Schrecken, wenn ich in seiner Nähe bin. Jedesmal, wenn ich ihn sehe, fühle ich mich immer so beengt ... Ich liebe sie, aber er macht mich so unfroh. Er ist so selbstsüchtig, aber das erklärt nicht meine Furcht. Mrs. Walters ... hat genau das gleiche Gefühl. Ich hatte es, als ich ihn zum ersten Mal sah. Ich bekämpfe es, um Eleanors willen, aber es ist da, stärker denn je.«[396]

Zum Abschluß des »honeymoons« liefert Aveling den Beweis, daß die Gerüchte über ihn nicht ganz grundlos sind. Tussy und er haben im Gasthof Unmengen Champagner, Bier, Whisky und alten Cognac getrunken. Der Zuschuß, den Engels ihnen gegeben hat, reicht nicht aus. Was tut Aveling? Er prellt die Zeche. Schließlich geht es ja nur um Geld, eine bürgerliche Banalität, eine perverse Erfindung des Kapitalismus. Verängstigt, gedemütigt und in ständiger Angst vor der Polizei kommt Tussy im August 1884 wieder nach London.

Sie ziehen zusammen in eine Wohnung auf der Great Russell Street, gleich gegenüber dem British Museum. Tussy arbeitet weiter für ihre sozialistischen Zeitschriften, wird in den Exekutivrat der »Social Democratic Federation« gewählt, führt, wie Parteigenossen schreiben, mit Brillanz den Vorsitz auf abendlichen Sitzungen, trifft George Bernard Shaw wieder, diskutiert mit ihm über Ibsens »Nora«, über die Texte von Erdgren, spielt auf Parteifesten Theaterstücke mit ihm, könnte eigentlich glücklich und zufrieden sein. Doch das Zusammenleben mit Aveling ist der reine Horror. Sie haben keine Dienstboten. Sie wissen nicht, wie man einen

Haushalt führt. Sie können nicht mit Geld umgehen, machen überall Schulden.

»Edward ist ein wahrer Ausbund von Schlampigkeit, und ich stehe ihm nicht viel nach«, schreibt sie, die Sache ins Komische ziehend, an Laura. »Wenn Scheuern mir eine Plackerei ist, dann ist Messerputzen doppelt so schlimm, Lendenstücke sind mir ein Rätsel, und Kartoffeln treiben mich in den Wahnsinn ... Wer ist übrigens der gute Mann, der den Haushalt erfunden hat? Ich hoffe, seine Erfindung wird ihn noch im Jenseits verfolgen!«[397]

Schon nach wenigen Tagen bekommt sie zu spüren, daß ihr Edward von häuslicher Gemeinsamkeit nicht viel hält. Er ist dauernd unterwegs, hält Vorträge, trifft sich zu Dinners mit Freunden, vielleicht auch mit Frauen. Bradlaugh kommt, um die Liebesbriefe von Annie Besant zurückzufordern. Tussy ist dem Nervenzusammenbruch nahe. Auch in der Partei tuschelt und schimpft man über ihn. Ist es wahr, daß er ein Betrüger, ein Zechpreller ist, daß er Gelder der »Freidenker« veruntreut hat, daß er bei armen deutschen kommunistischen Schneidern Samtjacken nähen läßt, ohne dafür zu bezahlen?

»Ich möchte Aveling halten, wenn wir können«, schreibt einer seiner Parteifreunde, der prominente Maler und Schriftsteller William Morris an einen deutschen Genossen. »Das Schlimmste ist, daß Aveling vielen unserer besten Leute sehr mißliebig ist ... Ich fürchte, daß Bradlaugh in seiner Eigenschaft als ehemaliger Anwaltsgehilfe dafür gesorgt hat, daß der Vorwurf gegen Aveling nicht ganz grundlos ist.«[398]

Im September 1884 ist es dann soweit. Aveling muß zu den vielen Vorwürfen gegen ihn öffentlich Stellung nehmen.

»Ich bin zur Zeit verschiedenen Personen zahlreiche Beträge schuldig«, schreibt er in Hyndmans Parteizeitschrift »Justice«. – »Doch möchte ich feststellen, daß ich für alle von mir zu treuen Händen empfangenen Summen nach meinem besten Wissen und Gewissen Rechenschaft ablegen kann. Meine Geldschwierigkeiten hängen allein mit meiner Armut und meinem Mangel an geschäftlichen Erfahrungen zusammen.«[399]

Armer Edward. Arme Tussy. Auf einer Parteiversammlung im Oktober fliegen die Fetzen. Aveling sei ein »damned liar«, ein »verdammter Lügner«, brüllen seine Gegner. Er antwortet, daß Hyndman, der Parteichef, ein Chauvinist, ein Frauenfeind und ein autoritärer Mistkerl sei, der den englischen Sozialismus auf eine »tory-demokratische« Linie herabzerren wolle.

Es gibt kein Halten mehr. Die erste sozialistische Partei Englands bricht auseinander. Tussy, Aveling, Morris und die Mehrheit des Exekutivrates treten aus. Schon im Dezember gründen sie eine neue Partei, die »Socialist League«. Wer ist schuld an dem Streit, an dem Genossengezänk, an den Intrigen? Natürlich Hyndman. Tussy zumindest ist fest davon überzeugt und schreibt im Januar 1885 an Wilhelm Liebknecht:

»Einer unserer Hauptkonfliktpunkte mit Hyndman ist, daß wir versuchen, eine wirklich internationale Bewegung zu etablieren ..., während Mr. Hyndman ... angefangen hat, die englischen Arbeiter gegen ›Ausländer‹ aufzuhetzen. Nun ist es absolut notwendig, daß wir dem Feind entschlossen entgegentreten – und damit wir das tun können, müssen uns unsere deutschen Freunde ihre helfende Hand reichen.«[400]

9 Gute Nacht, kleines Mädchen 1884–1887

Auf der Londoner Gründungsversammlung im Dezember 1884 verfassen die Mitglieder der »Socialist League« das folgende Manifest:

»Genossen!

Wir stehen vor euch als Vertreter der Prinzipien des revolutionären internationalen Sozialismus. Wir streben nach einer Veränderung an der Basis der Gesellschaft, eine Veränderung, die die Unterschiede zwischen den Klassen und Nationalitäten aufheben wird.

So wie die zivilisierte Welt im Moment beschaffen ist, gibt es zwei Gesellschaftsklassen – die eine besitzt den Wohlstand und die Instrumente seiner Produktion, die andere produziert den Wohlstand mit Hilfe dieser Instrumente, aber nur zum Wohl der besitzenden Klasse. Diese beiden Klassen stehen sich notwendigerweise feindselig gegenüber. Die besitzende oder nicht-produzierende Klasse kann nur durch die unbezahlte Arbeit der Produzenten existieren ... Das Land, das Kapital, die Maschinen, Fabriken, Werkstätten, Geschäfte, Verkehrsmittel, Minen und Banken, alle Produktionsmittel müssen zum gemeinsamen Eigentum aller erklärt werden. Die Socialist League strebt darum nach der Verwirklichung eines vollständig revolutionären Sozialismus. Für uns gibt es keine Feindschaften aufgrund von Grenzen, politischer Geschichte, Rasse oder Religion. Für uns gibt es keine Nationen, sondern nur die Masse der befreundeten Arbeiter.«[401]

Obwohl so prominente Persönlichkeiten wie Tussy Marx und der Maler, Kunsthändler, Sozialutopist und Romancier William Morris unter den Gründungsmitgliedern sind, findet das einfach gestrickte Programm wenig Resonanz. Kaum jemand, nicht einmal die bürgerliche Presse, erregt sich darüber, zum großen Ärger von Tussy und Aveling. Doch auch die intellektuelle Elite der Hauptstadt bleibt der neuen Partei fern, sei es aus Abneigung gegen Aveling oder dessen klischeehafte Thesen. George Bernard Shaw, Beatrice

Potter und ihr künftiger Mann Sidney Webb haben sich längst eine andere geistige Heimat gesucht, die Gesellschaft der »Fabier«, die, von liberalen Ideen ausgehend, den Sozialismus für genauso orthodox und antiquiert hält wie den karitativen Eifer gewisser christlicher Sekten:

»Die Gesellschaft der Fabier«, schreibt Shaw in seinen Erinnerungen, »wurde 1884 gegründet; ihre Politik wurde bestimmt von einer kleinen Gruppe von Männern, die damals alle unter dreißig waren. Es gab keinen einzigen Veteranen von 1848 in ihren Reihen und niemanden, der Karl Marx persönlich gekannt hätte ... Es gab praktisch keine normalen Arbeiter. Das Komitee war zusammengesetzt aus höheren Staatsbeamten und kritischen Feuilleton-Journalisten, ausnehmend klugen Leuten ... Sie ... sprachen vom gewöhnlichen Sozialismus ganz offen als einer Art Zahnfieber, das ein Mensch zu durchlaufen hat, bevor er intellektuell reif genug ist, Fabier zu werden.«[402]

Tussy, Aveling und Morris beginnen bald mit sogenannten Agitationsreisen, fahren in die studentischen Hochburgen des Landes, um die Jugend, den akademischen Nachwuchs für sich zu gewinnen. Doch das Konzept geht nicht auf. Avelings Ausstrahlung, die ihn für gutgläubige Frauen und Mädchen unwiderstehlich macht, bleibt bei den Studenten von Oxford ohne Wirkung. Sie lachen über seine einfachen Thesen, buhen ihn aus, werfen sogar Stinkbomben. Bald nach dieser mißglückten Vortragsreise kursieren die ersten Gerüchte über eine Trennung von Tussy und Aveling.

Das ist die Stunde von Shaw. Er hat Tussy, die sich jetzt »Mrs. Aveling« nennt und von Edward als von »my husband« oder »mon mari« spricht und schreibt, seit ihrer ersten Begegnung im British Museum nicht vergessen, hofft immer noch, daß sie seine Gefühle eines Tages erwidern wird.

»Mrs. Aveling bat mich, sie am Nachmittag auf einen Plausch zu besuchen«, schreibt er am 25. Februar voller Stolz in sein Tagebuch. »Ging um fünf Uhr und blieb bis gegen acht Uhr. Aveling war im Kristallpalastkonzert. Riet ihr, zur Bühne zu gehen. Unterhielten uns über Theater, Tod, Sex und vieles mehr.«[403]

Sie mag ihn sehr. Das ist keine Frage. *Sie* ist diejenige, die ihn immer wieder zu sich einlädt. *Er* wartet geduldig, bis sie ihn ruft. Doch noch hat Aveling sie nicht tief genug verletzt, als daß sie sich durchringen könnte, ihn zu verlassen. Noch glaubt sie an die gemeinsame politische Mission, an die Fortsetzung des Lebenswerks ihres Vaters. Aveling gegen George Bernard Shaw auszutauschen, würde heißen, Marx zu verraten. Denn Shaw sagt nun auch in aller Öffentlichkeit, daß er den klassischen Sozialismus Marxscher Prägung für reichlich »dated« hält.

Tussy kämpft unablässig für ihre politische Sache, wirbt Mitarbeiter, gewinnt Kautsky und Stepniak als Autoren der Parteizeitung »Commonweal«, bringt sogar Liebknecht im fernen Deutschland dazu, ihr ein Grußwort zu schreiben:

»Niemand weiß besser als ich um die Schwierigkeiten, mit denen ihr zu kämpfen habt, aber es weiß auch niemand besser, daß England, in Konsequenz seiner hohen ökonomischen Entwicklung, die zentrale Position unter den zivilisierten Staaten einnimmt, und daß der Triumph des Sozialismus in England der Triumph des Sozialismus auf der ganzen Welt bedeutet.«[404]

Tussys Partei ist erst wenige Wochen alt, als die Mitglieder schon anfangen, sich zu zerstreiten. Viele, und gerade die engagierten, neigen bedenklich dem »Anarchismus« zu, eine Geisteshaltung, die Tussy von Grund auf verhaßt ist, ohne daß sie genau definieren würde, was sie eigentlich damit meint.

»Die Anarchisten hier werden unsere Hauptschwierigkeit sein«, schreibt sie an Laura. »Wir haben viele in unserem Rat, und nach und nach werden sie es ganz schön bunt treiben.«[405]

Was Tussy verkürzt »Anarchismus« nennt – die Tiraden ihres Vaters gegen Bakunin und die anarchistischen Strömungen in der Internationale klingen ihr noch lebhaft in den Ohren –, ist wahrscheinlich ein wachsender Widerstand gegen den dogmatischen Sozialismus deutscher Prägung. Da wird ständig aus dem »Kommunistischen Manifest« zitiert, da werden Engels und Liebknecht als Geburtshelfer angerufen. Und das soll, wie Tussy sagt, »international« sein? Ist das nicht sklavische Orientierung an deutschen Vorbildern, die den englischen Mitkämpfern mehr und mehr mißfällt? Tussy beginnt, über dieses Mißverständnis nachzudenken. Sie muß, wie Stepniak einmal gesagt hat, »dem Sozialismus sein deutsches Gewand abstreifen.« Sie muß sich viel mehr auf England, auf die englischen Verhältnisse einlassen, wenn sie mit ihrer Partei Erfolg haben will:

»Eine große Schwierigkeit ist, daß dieser deutsche sozialistische Club das ist, was Engels eine schreckliche Philister-Versammlung nennt«, schreibt sie an Laura, »und ihr ›Kleinbürgertum‹ gibt den Anarchisten eine Handhabe, uns anzugreifen.«[406]

März 1885. Eine der ersten Gelegenheiten für die »Socialist League«, öffentlich aktiv zu werden. England, das seit 1881 Ägypten besetzt hält, will den Sudan erobern, nachdem es zuvor den islamistischen Freischärler Al-Mahdi animiert hat, sich gegen die ägyptische Fremdherrschaft zu erheben. Doch jetzt ist Al-Mahdi zu stark geworden. Er hat Khartum erobert, die Ägypter aus dem Land geworfen, eine islamische Autokratie, die Herrschaft der Scharia, eingeführt. England schickt Truppen in den Sudan, unterstützt von australischen Expeditionskorps. Man wolle die zivilisierte Welt, die Werte des Abendlands retten, heißt es. Doch in Wirklichkeit geht es um die Kontrolle über den Suez-Kanal, um massive wirtschaftliche Interessen. Tussy und Aveling verfassen Flugblätter zu diesem Thema, die sie tausendfach in London verteilen:
»Bürger und Bürgerinnen, ein grausamer und ungerechter Krieg wird von den regierenden und besitzenden Klassen dieses Landes ausgefochten, sie kämpfen mit allen Ressourcen der Zivilisation in der Hinterhand gegen ein schlecht bewaffnetes, halb barbarisches Volk, dessen einziges Verbrechen darin besteht, daß es sich gegen fremde Unterdrückung erhoben hat … Millionen und Abermillionen, die von den Arbeitern dieses Landes erwirtschaftet wurden, werden für den Mord an den Arabern verschwendet; und wofür? Damit Ostafrika für den Import billiger Ramschwaren erschlossen wird, für Ideologien, Geschlechtskrankheiten, billige Bibeln und Missionare; mit anderen Worten: damit der englische Handel seine Herrschaft auf den Ruinen des alten, einfachen, glücklichen Lebens der Wüstenkinder aufbauen kann. Damit bequeme Regierungspöstchen für die Söhne der höheren Klassen geschaffen werden … Damit militante Sportsleute, die das Leben zu Hause langweilig finden, neue Jagdgründe bekommen, wo sie ein bißchen auf Araber schießen dürfen, wenn sich Gelegenheit dazu ergibt … Bürger, ihr seit Opfer eines Komplotts geworden!«[407]
Doch England wird diesen Krieg innerhalb weniger Monate verlieren, kapituliert vor der Hitze, dem Wassermangel, den uralten Strategien islamistischer Krieger, die von ihrem religiösen Auftrag besessen sind. Der englische Heerführer General Gordon wird von islamistischen Freischärlern getötet. Unzählige junger Soldaten

kommen nicht mehr nach Hause. Al-Mahdi kann seine fundamentalistische Herrschaft festigen. Erst dreizehn Jahre später wird er von General Kitchener gestürzt.

Tussy ist im Februar dieses Jahres dreißig geworden. Sie lebt jetzt seit zwei Jahren mit Aveling zusammen. Aber sie wird nicht schwanger. Schon ihre englische Biographin Yvonne Kapp hat sich die Frage gestellt, warum Tussy, die die Kinder ihrer Schwestern so sehr liebte, niemals Mutter geworden ist. War sie unfruchtbar? Das ist bei einer Tochter von Jenny Marx wohl kaum anzunehmen. Hat sie bewußt, auf welche Weise auch immer, verhütet? Auch das ist extrem unwahrscheinlich. Denn der Wunsch, später einmal ein eigenes Kind zu haben, zieht sich seit ihrem fünfzehnten Lebensjahr, seit der Geburt von Lauras ältestem Sohn, wie ein roter Faden durch ihr Leben. Yvonne Kapp nimmt an, daß Aveling, der auch in erster Ehe keine Kinder hatte, steril war. Eine andere Theorie wäre, daß sich Aveling, der Mediziner und Darwinist, bewußt nicht fortgepflanzt hat, daß er, anders als Marx, über Empfängnisverhütung Bescheid wußte, daß er beschlossen hatte, kinderlos zu bleiben, weil Kinder nicht in sein egozentrisches Lebenskonzept paßten.

Tussy, die Kindernärrin, leidet unter diesem Zustand. Sie erkundigt sich dauernd nach den Kindern von Jenny, läßt deren Sohn Jean so oft nach London kommen, wie »le père«, der stets mürrische Vater, es gestattet, sorgt und grämt sich um jedes Zipperlein ihres Lebensgefährten Edward, als wäre er nicht vierzig, sondern vier Jahre alt, erregt mit ihrer übertriebenen Angst, ihrer ständigen »overprotection«, das Befremden vieler Freunde:

»Edward ist *sehr* krank gewesen«, schreibt sie im April 1885 an Stepniak. »Er ist verreist, kommt aber morgen zurück, und wird sich, wie ich fürchte, nicht viel besser fühlen. Ich brauche Ihnen nicht zu sagen, *wie* besorgt ich bin. Sie werden mich schon verstehen. Ich hoffe, wenn Sie Zeit haben, werden Sie ihn besuchen. Er verlangt so sehr nach einem Gespräch mit Ihnen. Hoffentlich geht es Ihnen genauso?«[408]

Da sie keine gemeinsamen Kinder bekommen können, werden die gemeinsamen Bücher, die gemeinsamen Kampfschriften, ihre Babys. Fast alles, was seit 1885 aus der Feder von Tussy erscheint, hat sie zusammen mit Aveling geschrieben, eine Kooperation, die den Schriften nicht immer zum Vorteil gereicht, denn eine Symbiose,

eine gegenseitige Bereicherung findet nicht statt. Dazu sind Stil und Herangehensweise der beiden viel zu unterschiedlich.
Im April 1885 erscheint die Broschüre »The Factory Hell«, »Die Fabrikhölle«. Sie basiert auf Berichten amtlich eingesetzter Fabrikinspektoren von 1884, die Tussy im British Museum studiert hat.
England sei stolz auf seine ökonomische Entwicklung, seinen expandierenden Handel, seine moderne Industrie, beginnt der Aufsatz. Die bürgerlichen Schriftsteller behaupteten, es gebe in ihrem Land weder Klassenhaß noch Gründe für Sozialismus und Kommunismus, denn dem englischen Arbeiter sei es noch nie so gut gegangen wie gerade jetzt. Es sei richtig, fahren die Autoren fort, in England sei, anders als in vielen anderen europäischen Ländern, die Arbeit in den Fabriken unter staatliche Aufsicht gestellt, die sogenannten »Factory Acts«, von denen die ersten aus dem Jahre 1802 stammten. Doch längst nicht alle Industriezweige fielen unter deren Bestimmungsgebiet, der gesamte Schiffsbau zum Beispiel, das Mühlenwesen und große Teile der Textilkonfektion. Außerdem gebe es viel zu wenig staatlich bestellte Inspektoren, da dasselbe Parlament, das die Fabrikgesetze erlassen habe, keine Gelder für deren Umsetzung bewillige. Folglich komme es jetzt, 1885, noch zu den gleichen Arbeitsunfällen und -krankheiten wie vor vierzig Jahren.
Tussy und Aveling untersuchen zunächst einen Industriezweig, der in England noch relativ neu ist: das Gewerbe der sogenannten »Sweater«, der größtenteils aus Osteuropa ins Londoner East End eingewanderten Schneider, die, zu ein bißchen Wohlstand gekommen, eigene Werkstätten gegründet haben, in denen sie als Zulieferer für die große Konfektionsindustrie Lohn- und Heimarbeiter unter unmenschlichen Bedingungen beschäftigen. Das Problem ist: die »Sweater« sind Juden, heißen Kirchenwitz, Goldstein, Herzberg und Freedman, sind nach den Pogromen, die der Ermordung Zar Alexanders II. in Rußland gefolgt sind, nach England geflohen, wo sie frühestens seit 1882, also erst seit drei Jahren, leben. Diese »Sweater« scheinen das Klischee des jüdischen Ausbeuters zu bestätigen, von dem Marx, Dostojewskij und viele andere so oft geschrieben und gesprochen haben. Doch das zweite Problem ist: auch ihre Angestellten sind Juden, kleine Hand- und Hilfsarbeiter aus Polen, Rußland, Deutschland und Holland, auch sie Opfer des

Antisemitismus, nur noch viel unglücklicher, ohne jede Schulbildung, ohne englische Sprachkenntnisse, in den normalen englischen Arbeitsbetrieb nicht integrierbar.
Ohne diese Hintergründe weiter zu werten, zitieren Tussy und Aveling, was die Inspektoren über einige dieser jüdischen Sweater-Workshops festhalten:
»Keine Lüftungsklappe. Das Trinkwasser in offenen Behältern aus der Zisterne. Große Müllhaufen. Keine Mülleimer. Wasserspülung für das Klosett funktioniert nicht. Drei Familien im Haus.«
»Sehr schmutzig. Die Räume voll dreckiger Lumpen und Knochen. Kein Abfluß. Klosett dient als Müllbehälter.«
»Überfüllt. Trinkwasser- und Toilettenwasserversorgung miteinander verbunden. Zapfhahn für Trinkwasser in der Toilette.«
»Klosett im Arbeitsraum. Keine Wasserversorgung außer im Keller, der für die Bewohner verschlossen ist. Kein Mülleimer. Klagen über den Zustand des Trinkwassers. Alle Häuser auf dieser Straßenseite werden von einer Zisterne versorgt.«
Noch schlimmer die Arbeitsbedingungen der jüdischen Heimarbeiter. Sie leben mit großen Familien in einem Raum, nähen zwischen Tisch, Herd und Abort, breiten die Kleider, an denen sie arbeiten, auf denselben Betten aus, in denen sterbende, mit Pocken, Typhus oder Cholera infizierte Kleinkinder liegen. Nichts werde gründlich desinfiziert, nichts gewaschen. Denn das alles koste Zeit, Arbeitskraft und Geld und senke den Profit der »Sweater« und ihrer Auftraggeber.
Ein weiteres Thema dieses großen Aufsatzes sind die Krankheiten und Unfälle am Arbeitsplatz. 1884, schreiben Tussy und Aveling, sei es in englischen Fabriken zu 1337 Amputationen, 830 Knochenbrüchen und 981 Kopf- und Gesichtsverletzungen gekommen, größtenteils wegen unzureichender Schutzvorrichtungen an den Maschinen. Die Arbeiter würden in der Regel nach Stücklohn bezahlt und seien am Ende eines dreizehnstündigen Arbeitstages so erschöpft, daß die Verletzungsgefahr enorm zunehme. Kleine Mädchen würden von Kornmühlen ergriffen und in Stücke geschnitten. Weberschiffchen flögen quer durch die Fabrikräume in die Gesichter und Augen der Angestellten. Besonders Kinder würden, ihrer kleinen, geschickten Finger wegen, immer wieder verpflichtet, laufende Maschinen zu reinigen, da die Produktion keinen Moment ruhen dürfe.

Was in dieser Schrift ist von Tussy, was von Aveling? Schwer zu beantworten. Die akribische, dokumentarische Recherche scheint ein Werk Tussys zu sein, die direkte Frucht ihrer Arbeiten für die englische Übersetzung des »Kapital«, für die sie ebenfalls Berichte der Fabrikinspektoren konsultieren muß. Von Aveling könnte die Systematik, die streng am Thema bleibende Darstellung stammen, die typische Leistung eines Naturwissenschaftlers, der es gelernt hat, sich gezielt zu bestimmten Sachfragen zu äußern. Doch leider übertreibt er die Demonstration seiner wissenschaftlichen Kennerschaft, fällt immer wieder in einen Fachjargon, der hier nichts zu suchen hat:

»Die nächtliche Wiederherstellung frischer Luft, mit ihrem vollen Gehalt von Oxygen und einem Minimum von Karbon-Dioxid und organischen Partikeln, kann höchstens für die erste Stunde des folgenden Tages vorhalten.«

An wen richten sich solche Passagen? An den Arbeiter? Das potentielle Mitglied der »Socialist League«? Was soll ein jüdischer Immigrant, Lohnarbeiter in einem Sweater-Workshop, damit anfangen, wenn Aveling selbstherrlich darauf verweist, daß »die« Sozialisten die Kassandra der Neuzeit wären und schon alles vorausgesagt hätten?

»Kassandra fühlte sich nicht besonders glücklich, als ihre Prophezeiungen in Erfüllung gingen. Zwar sind unsere Voraussagen wie die von Kassandra eingetroffen. Doch wir haben ein Bewußtsein, das der Tochter des Priamus sicherlich fehlte.«[409]

Aveling, das zeigen schon diese ersten Gemeinschaftswerke, vergreift sich ständig in der Tonlage. Er drückt sich entweder zu einfach oder zu kompliziert aus. Er befriedigt weder den Intellektuellen noch den Arbeiter. Er frustriert alle. Vor allem aber fehlt ihm der spontane, emotionale Ton, der in Tussys Schriften und Reden so sehr anspricht. Statt dessen hat er bestenfalls hohles Pathos zu bieten:

»Unsere Fabrikschlote, die radikale Politiker den ›Glanz Englands‹ nennen, sind in Wirklichkeit der Fluch Englands. Und dieser Fluch, diese Hölle, wird das Leben der Arbeiter verderben, solange das kapitalistische Produktionssystem andauert.«

Glücklicherweise tritt Tussy gelegentlich auch allein auf, nicht nur als Avelings Anhängsel. Am 22. März 1885 findet ein Treffen zum Gedenken an die Pariser Kommune statt. Eine riesige Menschenmenge ist in die Neumeyer-Hall am heutigen Bloomsbury Way gekommen, um die Tochter von Marx sprechen zu hören: Anarchisten und Sozialisten, Engländer, Deutsche und Franzosen, alte Freunde und alte Feinde wie Engels, Bernstein, Kautsky, Morris und Hyndman.

»Es war«, schreibt Henry M. Hyndman, mit dem Tussy um diese Zeit völlig zerstritten ist, »eine der besten Reden, die ich je gehört habe. Die Frau schien von der Beredsamkeit der alten Propheten ihrer Rasse inspiriert zu sein, als sie von dem ewigen Leben sprach, das sich all jene verdient hätten, die kämpften und fielen für die große Sache der Menschlichkeit.

Es war ein bitterkalter, verschneiter Abend, aber in der Halle war uns so warm, so kameradschaftlich zumute wie auf keiner Kommunenfeier, die ich je erlebt habe. In dieser Nacht fühlten wir uns alle einig.«[410]

Der Text dieser Rede ist nicht überliefert. Wahrscheinlich hat Tussy ohne Konzept gesprochen. Leidenschaftlich, persönlich, aus direkter Erinnerung. Zwei Monate später, am 30. Mai 1885, findet auch auf dem Pariser Friedhof Père Lachaise eine Kundgebung statt. Tussy ist nicht dabei. Aber sie weiß von Laura und aus den Zeitungen, daß Lissagaray teilnimmt, alt und enttäuscht aussehend, erschöpft von dem Scheitern seiner politischen und journalistischen Pläne. Er ist keine neue Beziehung zu einer Frau eingegangen, seitdem sie 1882 die Verlobung gelöst hat. Seine neue Zeitung, »La bataille politique et sociale«, ist schon nach wenigen Monaten eingegangen. Die »Geschichte der Kommune« ist sein einziger großer Wurf, sein Meisterwerk geblieben, so, als hätte ihn sein Glück mit der Trennung von Tussy verlassen. Trotzdem schreitet er ernst und aufrecht vorneweg, schwingt, wie Tausende andere, die rote Fahne, eine beeindruckende Erscheinung. Plötzlich packt man ihn, hindert ihn daran, eine Rede zu halten, schafft ihn weg auf die Polizeiwache. »Ohne jeden Grund«, schreibt Tussy leicht wehmütig im »Commonweal«, »wurden diese unbewaffneten und friedlichen Menschen von bewaffneter Polizei und Militär angegriffen, die – so urteilte selbst die reaktionäre Presse – Männer, Frauen und Kinder willkürlich verhafteten.«[411]

Jetzt ist alles wieder da. Für Tussy kaum auszuhalten. Das Jahr 1871. Die hitzigen Diskussionen im elterlichen Salon. Das Ein- und Ausgehen der Kommuneflüchtlinge. Die erste Begegnung mit

Lissagaray. Der erste Kuß. Der Vergleich mit Aveling. Die Frage, die jedem, der Lissagaray *und* Aveling kennt, auf den Lippen zu liegen scheint: Warum? Lange Abende sitzt sie in ihrer Wohnung auf der Great Russel Street, schreibend und grübelnd. Die Depressionen, die alten Vertrauten, kommen wieder. Aveling, angeblich schwer nierenkrank, ist kaum zu Hause. Kann Shaw ihr helfen? Oder Olive Schreiner? Beide bekommen verzweifelte Briefe von ihr, die wie Hilfeschreie, wie ein Flehen nach Liebe klingen.

»Ich bitte Sie, kommen Sie, um mich von einem langen Tag und Abend des Zusammenseins mit mir selbst – der Person, die mir am gründlichsten zuwider ist – zu erlösen«, schreibt sie an Shaw,[412] und an Olive Schreiner, noch deutlicher und dramatischer:

»Seit dem Tod meiner Eltern habe ich so wenig wahre, reine, selbstlose Liebe erfahren. Wenn Du einmal bei uns zu Hause gewesen wärest, wenn Du meinen Vater und meine Mutter kennengelernt hättest, ahntest, was er mir bedeutete, würdest Du mein Verlangen nach Liebe besser verstehen, ... mein intensives Bedürfnis nach Zuneigung. ... Edward ... ist in bester Laune weggegangen, weil verschiedene Damen da sein werden ... und ich bin allein, und während ich einerseits erleichtert darüber bin, ist es doch schrecklich ... Wie Naturen wie Edward ... doch zu beneiden sind, die in einer Stunde alles vergessen können. Wenn Du ihn heute gesehen hättest, ein glückliches Kind, ohne Sorgen, ohne Sünde ... und während ich vollkommen verzweifelt bin, geht es ihm bestens! Ich kann mich einfach nicht daran gewöhnen, sondern bin immer wieder erstaunt über seine absolute Unfähigkeit, irgend etwas zu fühlen ... Aber trotz all der Schmerzen und Sorgen (und nicht einmal Du, liebste Olive, weißt genau, *wie* unglücklich ich bin) ist es doch besser, so starke Gefühle zu haben als überhaupt keine ... Wenn ich Dir schreibe, sehe ich Dein liebes Gesicht vor mir, und das gibt mir Mut und Kraft. Schreib mir eine Zeile – nur eine Zeile –, sag, daß Du mich liebst. Das würde mir soviel Freude machen, mir helfen, lange, unglückliche Tage zu ertragen und noch längere, unglückliche Nächte ... An mir ist so wenig, das andere Menschen mögen oder sympathisch finden könnten ... Daß Du mich magst, ist eines jener Geheimnisse, für die ich keine Erklärung habe. Gute Nacht, kleines Mädchen.«[413]

Tussy irrt. Es ist nicht wahr, daß niemand sie mag oder sympathisch findet. George Bernard Shaw ist bis über beide Ohren in sie verliebt. Hyndman, der politische Feind, bewundert ihre innere Kraft, ihre rhetorischen Fähigkeiten. Havelock Ellis, Arzt, Seelenkundler und Schriftsteller, wird sich erinnern, daß es »unmöglich« gewesen sei, »ungünstige Aussagen über sie zu hören.«[414] Olive Schreiner beeilt sich, zu ihr zu kommen und zu helfen, auch mit Geld, denn fast jeder dieser Briefe enthält Klagen über finanzielle Sorgen. Doch wie alle Depressiven weicht sie von ihrem negativen Welt- und Selbstbild nicht ab. Es ist alles grau, alles traurig, alles aussichtslos. Es gibt nichts mehr, wofür es sich lohnte, weiterzuleben. Ihre Stimmungen wechseln sehr schnell. So schnell, daß ihre Freunde manchmal kaum mithalten können. Kaum hat sie Shaw in ihrem Brief vom 2. Juni erklärt, daß sie sich selbst von Grund auf widerlich sei, beschwört sie ihn schon in emphatischen Tönen, sich doch für Ibsen, ihr neues literarisches Idol, zu erwärmen, und in einer Hobby-Aufführung den Krogstadt zu spielen:

»Sie müssen dazu nicht im geringsten normal sein. Im Gegenteil. Je verrückter, desto besser ... Ich wünschte, ein paar wirklich große Schauspieler würden Ibsen spielen. Je mehr ich ihn studiere, für desto größer halte ich ihn. Wie seltsam, daß die Leute darüber klagen, daß seine Stücke kein Ende haben, sondern einen dort stehenlassen, wo man war, daß er für das Problem, das er einem gestellt hat, keine Lösung anbietet! Als ob im Leben die Dinge immer entweder bequem oder unbequem ›ausgingen‹. Wir spielen unsere kleinen Dramen und Komödien ... und fangen dann alles wieder von vorne an. Wenn wir für die Probleme unseres Lebens Lösungen finden könnten, würden die Dinge in dieser beschwerlichen Welt leichter sein.«[415]

Und der Sozialismus? Ist er keine »Lösung«? Müssen nicht seine Lehren nur in Wort und Tat umgesetzt werden, und alle »Probleme des Lebens« werden sich auflösen, die ewigen Geldnöte, die Depressionen und Selbstzweifel und sogar die Verzweiflung über einen Partner wie Edward Aveling? Tussy versucht mit aller Kraft, daran zu glauben, erklärt Laura, daß sie ihr ganzes Leben »dem ›Proletarier‹« widmen wolle,[416] organisiert, gemeinsam mit Aveling, »Freie Abende für das Volk«, auf denen Shakespeare rezitiert, Schumann gespielt, politisch überzeugt wird, so daß Engels voller Stolz an einen deutschen Freund schreiben kann:

»Frau Aveling arbeitet hier stark an der Propaganda, aber der Massenerfolg kann sich erst später zeigen.«[417]

Juli 1885. Eine Welle von Skandalen erschüttert die Londoner High Society. Viele Herren des Adels müssen fürchten, ins Zuchthaus zu kommen. Überall in der Stadt, besonders im West End, gibt es Kinderbordelle, verschwiegene, vornehm ausgestattete Häuser, in denen kleine »Ladies der Nacht« ihre Dienste anbieten, viele von ihnen nicht einmal elf Jahre alt. Sie sind aus dem Waisenhaus ausgebrochen, stammen aus armen Arbeiterfamilien oder sind einfach auf der Straße gekidnappt worden. Eine »Dame« namens Mary Jeffries hat sich darauf spezialisiert, besonders hübsche, unschuldig aussehende Exemplare zu stehlen. Jeder weiß es, doch niemand unternimmt etwas dagegen. Feministinnen wie Josephine Elizabeth Butler werden als hysterische Schrullen abgetan und kämpfen mit ihren Aktionen gegen die sogenannte »weiße Sklaverei« auf politisch verlorenem Posten.

Jungfrauen, die noch nicht in der Pubertät sind, werden zu besonders hohen Preisen gehandelt. In London hat eine wahre Entjungferungshysterie eingesetzt. Henry Spencer Ashbee, ein Mann aus vornehmer viktorianischer Familie, schildert in seiner Autobiographie »My secret life« genüßlich und selbstverliebt, wie er kleine Mädchen brutal aufs Bett wirft und ihnen in nächtelangen Qualen die Unschuld nimmt. *Sein* Sperma in einer kindlichen Vagina, eine köstliche Vorstellung!

Es ist ein männlicher Journalist, der das Ganze auffliegen läßt, William Thomas Stead, Herausgeber der prominenten »Pall Mall Gazette«. Er verkauft zum Schein Mädchen an ein Bordell, erhält sensationell hohe Angebote, lernt die Kunden und Mittelsmänner kennen und schreibt in mehreren Leitartikeln über die »fortgesetzte Hinopferung der Töchter des Volkes für die Laster der Reichen.« Als er, wegen Verleumdung verurteilt, ins Gefängnis kommt, stellt Tussy sich scheinbar kämpferisch auf seine Seite.

»Wir, die Frauen, müssen uns ... in Bewegung setzen«, schreibt sie im »Commonweal«. »Wir brauchen eine Sintflut – jawohl! selbst, wenn es eine von Blut wäre –, um die Sünde und Schlechtigkeit dieser Welt von uns abzuwaschen. Wir als Frauen müssen mit jenen zusammenarbeiten, die die Gesellschaft revolutionieren wollen ... Das Individuum ist in eine Lebenslage zu bringen, in der es Verantwortung für sich selbst übernehmen kann. Aber – wie können Kinder von zehn oder dreizehn Jahren ›verantwortlich‹ sein? Sie stellen bis heute die größte Gruppe der Opfer dar. Aber ich gehe noch weiter. Die Männer selbst, so schrecklich ihr Verhalten auch sein mag, sind nicht verantwortlich ..., nicht mehr als die Kinder ... Tatsache ist, daß Frauen zur Prostitution gezwungen werden – nicht nur Frauen der Arbeiterklasse ... Fast alle Frauen, die sich ihren Lebensunterhalt selbst verdienen, haben zu wählen zwischen Hunger und Prostitution, und das wird nicht aufhören, solange eine Klasse die Körper der anderen kaufen kann, sei es in Form von Arbeit oder sexueller Ausbeutung.«[418]

Sie reduziert das Thema auf den Klassenkonflikt, reagiert betriebsblind. Nicht die Männer und ihre Lust, Kindern Gewalt anzutun, sind schuld, sondern die ökonomischen Ungerechtigkeiten in der Gesellschaft, eine fragwürdige, ja gefährliche Position, die die Leiden sexuell mißbrauchter Kinder ignoriert und auf simple politische Formeln zurückführt:

»Diese Versammlung verurteilt die abscheuliche sexuelle Korruption der kapitalistischen Klasse und die Verbrechen, die sie den Kindern der Arbeiterklasse antut. Sie ist der Meinung, daß diese Verbrechen in einem kapitalistischen System unvermeidlich sind und, solange dieses System existiert, nicht bekämpft oder gar ausgerottet werden können«, heißt es in einer Resolution der »Socialist League«.[419]

Gegen den Sudan-Krieg ist Tussy mit Flugblättern und Transparenten aufgetreten. Gegen die Kinderprostitution unternimmt sie nichts, stellt sich nicht protestierend vor den Bordellen auf, läßt die Täter unbehelligt davonkommen, spricht sie politisch und moralisch frei. Eine an Zynismus grenzende Gleichgültigkeit, die gerade, weil Tussy Kinder so sehr liebt, ihre Gründe haben muß, tiefere Gründe als die reichlich absurde Annahme, daß Kindesmißbrauch ein Klassenphänomen sei. Wahrscheinlich hat sie Angst. Todesangst. Denn auch in Aveling steckt, sie wird es längst bemerkt haben, ein Kinderschänder. Fast jeder seiner sozialistischen Freunde weiß es, aber niemand wagt es, darüber zu sprechen, jedenfalls noch nicht. Erst nach ihrem Tod schreibt Bernstein erbittert an Victor Adler, daß Aveling Unmengen von Schweigegeld ausgegeben habe, »um seine Schandtaten mit Frauen oder Kindern zu bemänteln.« Bei Tussys Beerdigung seien ihm, Bernstein, »von Genossen verschiedene Fälle mit Namensnennung erzählt« worden. Es habe eine »Wut und Erbitterung« geherrscht, »von der man sich keine Ahnung macht.«[420]

August 1885. Minna Kautsky, Mutter des österreichischen Journalisten und Sozialisten Karl Kautsky, ist für einige Wochen zu Besuch in London, trifft sich mit Engels, führt lange Diskussionen mit ihm. Sie ist eine der populärsten deutschsprachigen Roman- und Theaterautorinnen ihrer Zeit, Tochter eines Grazer Bühnenmalers, ehemalige Schauspielerin, vierfache Mutter. Auch Marx und seine Frau Jenny haben ihre Werke begeistert gelesen, die »Modernen Frauen«, den »Stefan vom Grillenhof«, minutiös recherchierte, bäuerliche Sozialepen, die ihr den Beinamen »die rote Marlitt« eingebracht haben. Engels empfiehlt ihr, sich literarisch weiterzubilden, Zola, Balzac und Flaubert, die französischen »nouveaux réalistes«, zu lesen, das rein österreichische Milieu ihrer bisherigen Werke zu verlassen. Doch sie geht in London hauptsächlich auf Motivsuche und findet eine neue tragische Heldin in Tussy.

Bald darauf erscheint der Roman »Die Alten und die Neuen«, die Geschichte der unglücklichen Elsa Marr, Tochter eines Sozialrevolutionärs und einer Comtesse Falkenau, die wegen dieser »Mesalliance« von ihrer Familie verstoßen wurde. Nach dem Tod des Vaters, den sie abgöttisch geliebt hat, geht Elsa nach Wien zu reichen Verwandten, fühlt sich aber mehr zu den Bergleuten im Salzkammergut hingezogen, bei denen sie politische Aufklärungsarbeit leistet und deren armseliges Leben sie in ihren Tagebüchern festhält.

»Und nun erfüllt den Raum stinkender Pulverdampf und mischt sich mit der matten Grubenluft und dem Qualm der rauchigen Lampe an seiner Seite, die dem Manne das bißchen Sauerstoff in der Luft streitig macht. Er verharrt einen Augenblick in seiner Lage ..., die Hand gegen die pochenden Schläfen gedrückt ... Ein Tier dünkt er sich, das in der Höhle haust und sie durchwühlt um seines Fraßes willen. Und nicht einmal gesättigt! Nicht einmal das niederste Bedürfnis befriedigt, nicht einmal dies!«[421]

Alles stimmt mit dem Vorbild, mit »Eleanor Marx«, überein, der Klang des Namens, die halb-aristokratische Herkunft, die enge Bindung an die Ideen des toten Vaters, der leicht pathetische Ton. Ist es Ironie? Ist es Ernst? Schwer zu sagen. Merkwürdig, daß Tussy dieses Buch nicht zur Kenntnis nimmt, sich weder zustimmend noch abfällig darüber äußert. Sie ist wohl mehr auf englische und französische Literatur spezialisiert. Und sie ist mit anderen Problemen, mit ihrem Edward beschäftigt, der sie um diese Zeit wieder so schrecklich verletzt haben muß, daß sie zum zweiten Mal kurz davor ist, sich von ihm zu trennen. »Rumour of split between the Avelings«, schreibt Shaw in sein Tagebuch.[422]

Bald wird wieder eine neue Kampfschrift, ein neues Baby das Licht der Welt erblicken, ein neuer Versuch, die Beziehung zu retten, »The Woman Question«,[423] »Die Frauenfrage«. Sie wollten damit, sagen die beiden Autoren im Vorwort, auf August Bebels in Deutschland verbotenes Buch »Die Frau und der Sozialismus«[424] aufmerksam machen, das seit kurzem in schlechter englischer Übersetzung vorliege.

Bebels Buch, von der heutigen Frauenbewegung zu Recht kritisch gesehen, beginnt wieder mit der altbekannten Hypothese: »Frau und Arbeiter haben gemein, Unterdrückte zu sein.«[425] Es folgt ein weitgehend bei Engels abgeschriebener Exkurs über das Mutterrecht, über die Stellung der Frau im frühen Christentum und im Judentum, über die Frau im Mittelalter und, endlich, über die weibliche Neigung zur Hysterie:

»Eine nicht zu unterschätzende Quelle für das Irresein beim Weib liegt … in der sozialen Position desselben … Während der Mann als der Stärkere … sich geschlechtliche Befriedigung mühelos verschafft oder in einem Lebensberuf … leicht ein Äquivalent findet, sind diese Wege ledigen Weibern aus besseren Ständen verschlossen. Dies führt … zu Unzufriedenheit mit sich und der Welt, zu krankhaftem Brüten. Eine Zeitlang wird … in der Religion Ersatz gesucht, allein vergeblich. Aus der religiösen Schwärmerei, mit oder ohne Masturbation, entwickelt sich ein Heer von Nervenleiden, unter denen Hysterie und Irresein nicht selten sind …«[426]

Die adäquate Lebensform für die Frau ist, da ist Bebel sich sicher, die bürgerliche Ehe, das liebevolle, sexuell befriedigende Zusammensein mit einem Mann, der sie nicht schlägt und der genug Geld verdient, um sie vor entwürdigender Berufstätigkeit zu bewahren. Denn nichts ist schädlicher für das Wohl der Ehe und Familie als eine berufstätige Frau, als wenn »in fliegender Eile … das meist elende Essen … hinabgeschlungen« wird und der Mann abends keine »freundlich anmutende Häuslichkeit«[427] vorfindet. »Die immer mehr zunehmende industrielle Beschäftigung auch der verheirateten Frau ist namentlich bei Schwangerschaften, Geburten und in der ersten Lebenszeit der Kinder … von verhängnisvollen Folgen.«[428] Eine »Vernachlässigung der Säuglinge«, eine

»Degeneration der Rasse« finde da statt, wenn nicht gar eine bewußte Eindämmung des Kindersegens durch »die verschiedensten Mittel zur Verhinderung der Empfängnis«, »eine herrliche Einrichtung«.[429] Zwar behauptet Bebel, »das Geschwätz vom Naturberuf der Frau« nicht zu glauben; es gebe durchaus einige weibliche Genies, die nur »Gelegenheit zur Ausbildung und Entwicklung« haben müßten.[430] Aber »schöngeistige Bildung«, »Musik, Belletristik, Kunst und Poesie« auf den Unterrichtsplänen für junge Mädchen lehnt er ab, und zwar entschieden. »Das ist das Verkehrteste, was geschehen kann. Das Gemütsleben und die Phantasie der Frau darf nicht noch mehr entwickelt werden, was ihre Anlage zur Nervosität nur steigert.«[431]

Was machen nun Tussy und Aveling aus diesem Buch, das im Grunde durch und durch emanzipationsfeindlich ist, gegen Frauenarbeit, gegen Frauenbildung, gegen Empfängnisverhütung, wenn es auch einige zweifellos richtige Beobachtungen enthält, zum Beispiel über ungleichen Lohn für gleiche Arbeit?

Sie beginnen zunächst mit einer Hymne auf den Verfasser:

»... einer der hervorragendsten Repräsentanten der ökonomischen Lehren von Karl Marx und vielleicht sogar ... der beste Redner seines Landes.«[432] Dann folgt eine kurze Liste von Postulaten und Vorschlägen zur Verbesserung der Lage der Frau in England.

Frauenstimmrecht: ja. Öffnung der Universitäten für Frauen: ja. Freier Zugang zu allen Berufen, »von der Handlungsreisenden bis zur Lehrerin«: ja, aber mit Einschränkungen. Solche Forderungen kämen in der Regel von den Bürgerlichen, nicht »aus der Arbeiterklasse«, und drängen nicht »bis zur ökonomischen Grundlage vor«.[433]

Die Ehe, besonders in Deutschland, scheint ihnen reformbedürftig. Bebel ist in diesem Punkt wesentlich zurückhaltender. Tussy und Aveling empören sich darüber, daß ein deutscher Mann seine Frau züchtigen dürfe; daß er die alleinige Erziehungsgewalt über die Kinder habe, bis hin zur Bestimmung des Zeitpunktes, an dem sie abgestillt werden; daß er das Vermögen der Frau verwalten, über ihre Gesinnung wachen dürfe: nicht einmal einer politischen Partei könne sie ohne seine Zustimmung beitreten!

Obwohl sie die »Monogamie«, die »vollkommene harmonische und dauerhafte Verbindung von zwei Menschenleben« auf der Basis von »Liebe, Achtung und intellektueller Übereinstimmung«[434]

für die beste Form des Zusammenlebens halten, sprechen sie sich für die Abschaffung der Zivilehe aus:

»Der Vertrag zwischen Mann und Frau wird rein privater Natur sein, ohne Einmischung irgendeines öffentlichen Funktionärs ... Für Scheidungen wird es keinen Bedarf mehr geben.«[435]

Allen Formen der Hysterie und der Neigung zum Selbstmord sei schon in der Erziehung am besten vorzubeugen, wenn sich »Eltern und Kinder(n) genauso frei ... über Geschlechtsorgane unterhalten ... wie über Verdauungsorgane.« Sexualität dürfe in der Familie kein Tabuthema mehr sein. Keuschheit, »verstanden als vollständige Unterdrückung aller Instinkte, die mit der Zeugung von Kindern verbunden sind«, sei ein »Verbrechen«, sei »infam«: »Und wie bei allen Verbrechen ist der Schuldige nicht das leidende Individuum, sondern die Gesellschaft ...«[436]

Zum Schluß folgt die Vision eines neuen sozialistischen Frauenbildes:

»Sie wird ..., soweit sie geistig und körperlich gesund ist ..., ihre eine, zwei oder drei Stunden am Tag mit gesellschaftlicher Arbeit verbringen ... Hiernach wird sie Zeit haben für Kunst oder Wissenschaft, für den Unterricht und die Literatur oder für Unterhaltung ... Die Prostitution wird mit den ökonomischen Verhältnissen, die sie entstehen ließen ... verschwinden.«[437]

»The Woman Question« verpufft nahezu wirkungslos, spielt nicht einmal die erhaltenen Vorschüsse wieder ein. Kein Wunder, denn das Buch enthält außer der dezidierten Kritik an den deutschen Ehe- und Familiengesetzen wenig Neues, sondern spiegelt hauptsächlich die Gemütslage seiner Verfasser wieder: eine übertriebene Ehrfurcht vor Bebel als einem der Väter des deutschen Sozialismus, der sich in *jeder* Hinsicht patriarchalisch verhielt, auch in der »Frauenfrage«, Animositäten gegen die als »bürgerlich« diffamierte Frauenbewegung, krampfhaftes Bemühen, Sozialismus und Biologismus miteinander zu verquicken, der Versuch, die eigene Beziehung schönzureden, und ein merkwürdiges Verhältnis zur Sexualität, die mit dem Verdauungsprozeß verglichen wird. Hier spricht Aveling, der Darwinist, der Mann, der Menschen als Tier ansieht, seine Sexualität folglich als rein organische Angelegenheit, ohne Beteiligung von Verstand und Gefühlen. Ein Freibrief für jede Art von Untreue, jede Perversion bis hin zum Kindesmißbrauch. Arme Tussy. Sie wünscht sich verläßliche Liebe, wünscht sich Treue. Aveling scheint sie mit dieser Schrift regelrecht vergewaltigt zu haben. Das Ergebnis ist peinlich und bedrükkend.

Schon im Herbst 1885 denkt Tussy über eine Weihnachtsfeier für Arbeiterkinder nach und schreibt an den Vorstand der »Socialist League«:
»Wir können Kindern nicht früh genug beibringen, daß Sozialismus Glücklichsein bedeutet … Ist nicht der Sozialismus die wahre ›Neugeburt‹ und wird nicht mit seinem Licht die Dunkelheit auf Erden verschwinden?«
Sie lädt Johnny, ihren Neffen aus Frankreich, zu sich ein, versucht, wenigstens den Schein einer Familienidylle zu wahren. Gerade in der Weihnachtszeit wird ihr immer besonders deutlich bewußt, daß nun niemand von ihrer Familie mehr lebt, bis auf Laura, zu der sie eine freundliche, aber unverbindliche Beziehung hat; daß »Weihnachten ohne Kinder ein großer Fehler ist.«[438]
Sie lädt Gäste in die Wohnung auf der Great Russell Street, versucht, an die guten alten Zeiten anzuknüpfen, in denen sich der Dogberry-Club in ihrem Elternhaus traf: Marian Skinner, Clara Collett, Ernest Radford, Edward Rose als Shakespeare-Rezitatoren, Marx in der Ecke sitzend, trinkend und lachend, daneben Engels, der perfekt gekleidete Gentleman … Jetzt, im Januar 1886, lesen sie »Nora«. Doch es ist niemand von der alten Belegschaft mehr da. Alle sind fort oder mit Aveling zerstritten. Den guten Radford hat Tussy regelrecht davongejagt, indem sie einen seiner Aufsätze, es ging um die »Beziehung der Philosophie zur Religion«, gnadenlos auseinandergenommen hat. Sie hat ihn der »lächerlichen Ignoranz«, der »köstlichen Naivität« und der völligen literarischen Unkenntnis bezichtigt, hat gesagt, daß er »Philister durch Erziehung und Vorliebe« sei.[439] Das ist starker Tobak. So erhält man sich keine Freundschaften. Wenn einer von Tussys Freunden nur um ein Jota von ihren und Avelings Überzeugungen abweicht, verhält sie sich genau wie ihr Vater: sie schlägt sofort zu, regelt den Konflikt nicht persönlich, sondern durch Artikel und lange Leserbriefe in Zeitungen.
Tussy liest die Rolle der Nora, Aveling den Helmer, Shaw, wie von Tussy gewünscht, den Krogstad, May Morris, die Tochter von William Morris, Frau Linde.

»Keine Schulden!« zitiert Aveling im Brustton der Überzeugung. »Niemals Geld leihen! Es kommt etwas Unfreies und damit Unschönes in ein Heim, das auf Borgen und Schuldenmachen aufgebaut ist!«
Shaw, nur mit Mühe zum Mitmachen überredet, findet das Ganze leicht peinlich.
»Als in den achtziger Jahren Fräulein Lord's Übersetzung des ›Puppenhauses‹ erschien«, schreibt er später, »waren einige meiner sozialistischen Freunde so aufgeregt, daß sie eine private Lesung veranstalteten, in der ich für die Rolle des Krogstadt ausersehen wurde. Die Neuartigkeit dieser moralischen Studie einer Ehe erschütterte mich nicht so wie sie den Rest Europas erschütterte ... Auf jeden Fall unterhielt ich mich und aß Karamellbonbons im hinteren Wohnzimmer, während Eleanor Marx als Nora Helmer dazu brachte, auf die andere Seite der Falttüren zu starren ...«[440]
Avelings fahrlässiger Umgang mit Geld zwingt Tussy dazu, neben dem Stundengeben und Artikelschreiben jeden Auftrag anzunehmen, der sich ihr bietet. Als der irische Romancier George Moore, Verfasser sozialkritischer Romane und Novellen wie »A Modern Lover« und »Mummer's Wife«, ihr vorschlägt, Gustave Flauberts »Madame Bovary« ins Englische zu übersetzen, sagt sie sofort zu, obwohl ihre Zeit für eine derart schwierige Arbeit eigentlich gar nicht ausreicht. Die Übertragung Flauberts in eine andere Sprache sei ein Ding der Unmöglichkeit, wird sie später an Laura schreiben. Zu viele unübersetzbare Wörter. Eine Atmosphäre, die auf englisch schlicht nicht zu schildern sei. Trotzdem macht sie sich mit Begeisterung an die Arbeit. Denn sie braucht das Geld und: sie liebt das Buch. Wenn sie Fragen hat, wendet sie sich an Paul Lafargue, ihren Schwager, dessen Englisch allerdings nicht literarisch genug ist, so daß viele »Gallizismen« in der Übersetzung verbleiben.
Was fasziniert Tussy an diesem Stoff? Zuerst natürlich die Figur der Emma Bovary. In ihrer Einführung zur englischen Ausgabe schreibt sie darüber:
»Ihr Leben ist müßig, nutzlos. Und diese starke Frau fühlt, es muß etwas zu tun geben – und sie träumt. Das Leben erscheint ihr so unwirklich, daß sie Bovary heiratet und glaubt, daß sie ihn liebe ... Sie tut ihr Bestes, um diesen armen Tropf zu lieben. In der ganzen Literatur gibt es vielleicht nichts Rührenderes als ihr hoffnungslo-

ses Bemühen, eine Liebende zu sein. Und selbst nachdem sie diese Ehe gebrochen hat, wie sehnt sie sich danach, zu ihm zurückzukehren, als zu etwas Wirklichem, einer gesünderen, besseren Liebe, als sie sie gekannt hat.«

Tussy findet hier viel Identifikationsmaterial. So wie Emma von ihren Liebhabern nur benutzt worden ist – als leicht verführbare Frau »für gewisse Stunden«, die nur schön zu sein, nichts zu fordern hat, weder Gefühle noch Geld –, empfindet auch sie ihre Liebe zu Aveling als »ungesund«. Sie weiß längst, daß sie nicht aufrichtig wiedergeliebt wird, daß es wahrscheinlich nur der Name und Nachlaß von Marx ist, der sie interessant für ihn macht. Und trotzdem kann sie nicht von ihm lassen. Shaw hat in diesem Zusammenhang von »dipsomania«, von »Sucht«, von »Beziehungssucht« gesprochen.[441]

Emma ist ein klassisches Opfer des gesellschaftlichen Milieus, in das sie hineingeboren ist, von Hause aus wohlhabend, ohne die Notwendigkeit, etwas anderes zu lernen als Klavierspielen, Sticken, Tanzen, Zeichnen und Lesen. Doch das ist ihr, sie spürt es schon auf der Klosterschule, nicht genug. Sie will etwas tun, etwas erleben, die Welt verändern – aber wie? Immer mehr flüchtet sie sich in Traumwelten und Phantasien, die mit der Zeit hysterischen Charakter annehmen. Als Bovary sie im Haus ihres Vaters besucht, klagt sie über unerklärliche »Schwindelanfälle«, die vielleicht durch Seebäder geheilt werden könnten. Sie versucht, wie die junge Tussy, sich zu kasteien, indem sie sich tagelang zwingt, nichts zu essen. Tussy kennt diese Gefühle, diese Ängste ganz genau. Es ist absolut dieselbe Stimmungslage, in der sie sich selber mit Mitte Zwanzig befand, als bloße Krankenschwester und Reisebegleiterin ihres Vaters. »Es macht mich halb wahnsinnig, hier zu sitzen, während vielleicht meine letzte Chance, etwas zu tun, dahingeht. Ich habe vor, mit aller Kraft durch harte Arbeit zu versuchen, mehr und Besseres aus meinem Leben zu machen … Ich bin nicht gescheit genug, um ein rein intellektuelles Leben zu führen, aber auch nicht stumpfsinnig genug, um mich … mit Nichtstun zufriedenzugeben«, hat sie damals an ihre Schwester Jenny geschrieben.

Es sei die Lektüre, die Emma so überspannt, so verführbar gemacht hätte, schreiben die Interpretatoren des Romans, die Beschäftigung mit Ritterromanzen, Heiligenlegenden und Liebesgeschichten. Aber hat Emma Bovary nicht auch für Heldinnen der

Geschichte geschwärmt, für Maria Stuart, Jeanne d'Arc, Agnes Sorel? Steckte nicht auch in ihr, dem vermeintlichen Luxusgeschöpf, das Zeug zu einer Kämpferin, einer Revolutionärin? Es drängt sich auf, an dieser Stelle August Bebel zu zitieren, seine panische Angst vor der Verformung des weiblichen Charakters durch Lektüre. Tussy ist in »The Woman Question« nicht darauf eingegangen. Es war ihr wahrscheinlich zu dumm und zu peinlich. Aber jetzt, Monate später, macht sie durch die klare Parteinahme für Emma Bovary deutlich, was sie darüber denkt: Es ist nicht *das* Buch oder *die* Bildung, was die Frauen verrückt macht, sondern das Fehlen jeder sinnvollen Lebensperspektive. Selbst die Erziehung ihrer einzigen Tochter wird Emma Bovary abgenommen. Kaum geboren, kommt sie auch schon zu einer Amme.

In ihrem Vorwort geht Tussy ausführlich darauf ein, daß Flaubert wegen dieses Buches vor Gericht gestellt wurde. Es wurde als unmoralisch und verwerflich empfunden, als Verherrlichung ehebrecherischer sexueller Ausschweifungen.

»Es wird uns entgegengehalten werden, der Roman sei doch in seiner Essenz moralisch, der Ehebruch werde ja bestraft«, hat der Staatsanwalt im »Immoralitätsprozeß« gegen Flaubert erklärt. »Doch ich sage Ihnen, daß die unzüchtigen Stellen darin niemals durch einen moralischen Schluß ausgeglichen werden können, könnte man doch sonst alle möglichen Orgien, alle Schändlichkeiten einer Dirne beschreiben und sie dann auf dem elenden Lager eines Spitals sterben lassen.«

Flaubert wird freigesprochen. Wenn auch mit Einschränkungen. Einige Passagen müssen aus dem Buch gestrichen werden. Es gebe Grenzen, die die Literatur nicht überschreiten dürfe, sagt das Gericht. Ein Grund mehr für Tussy, sich mit dem Autor zu solidarisieren.

Sie arbeitet in fliegender Hast. Braucht für die ganze Übersetzung nur vier Monate.

»Ich habe, der Himmel sei gelobt, meine Übersetzung von Madame Bovary fertig«, schreibt sie am 23. April 1886 an Laura. »Es war ein Brocken Arbeit, kann ich Dir sagen! Es wird wohl demnächst erscheinen, und ich arbeite jetzt an einem Vorwort dazu.«[442]

Daß die Übersetzung nicht perfekt ist, ist ihr durchaus bewußt.

»Keinem Kritiker können meine Schwächen, meine Unzulänglichkeiten und Fehler schmerzlicher bewußt sein als mir«, heißt es in ihrem Vorwort. »Aber wenigstens ... habe ich weder eine Zeile, ein Wort unterdrückt noch hinzugefügt ... Ich weiß, daß meine Arbeit fehlerhaft ist. Sie ist blaß und schwach neben dem Original ... Aber ... ich bedaure es nicht, diese Arbeit getan zu haben; besser konnte ich es nicht.«

Tussy Marx' Übersetzung der »Madame Bovary« blieb jahrzehntelang die einzige englische Ausgabe des Buches. 1973 wurde sie noch einmal neu aufgelegt.

Kaum ist der Text fertig, kommen unerhörte Nachrichten aus Deutschland. Bismarck, von Tussy heftig gehaßt, hat in einer Reichstagssitzung am 31. März 1886 gesagt:

»Nun, ob Marx nicht in der Tat Mörder züchtete, das weiß ich nicht; denn soviel ich gehört habe, war der Mann, von dessen Schüssen ich die Narben noch an mir trage, doch ein Zögling Marx'.« Darauf Bebel: »Gott bewahre! Nein!« Bismarck weiter: »Nicht? Nun, Sie werden das besser kennen; ich bin darin wenig bewandert.« Allgemeines Gelächter. »Ich habe die Verbrecherstatistik nicht so genau studiert; die Herren werden genauer damit vertraut sein.«[443]

Was ist geschehen? Was sind die Hintergründe? Sie gehen zurück auf das Jahr 1866, den sogenannten »Bruderkrieg« zwischen Preußen und Österreich, in dem Österreich Schleswig-Holstein verliert, Venetien an das mit Preußen verbündete Italien fällt und Hannover, Kurhessen, Nassau und Frankfurt von Preußen annektiert werden. Es ist das Ende des Deutschen Bundes. Der Anfang von Bismarcks bedrohlicher Vormachtstellung in Westeuropa. In der Schlacht bei Königgrätz sind mehr als fünfzigtausend Menschen ums Leben gekommen. Marx und Engels sind entsetzt über dieses Gemetzel, entsetzt über die Herrschaft des »Krautjunkers«. Sie hoffen inständig, daß das Volk sich gegen Bismarck erheben wird.

»Wenn diese Gelegenheit vorübergeht, ohne benutzt zu werden«, schreibt Engels an Marx, »und wenn die Leute sich das gefallen lassen, dann können wir ruhig einpacken mit unseren revolutionären Siebensachen und uns auf die höhere Theorie werfen.«[444]

Die Ermordung Bismarcks fordern sie nicht, weder in Briefen noch in Zeitungsartikeln, sind also in keiner Hinsicht dafür verantwortlich zu machen, daß ein zweiundzwanzigjähriger Student namens Ferdinand Cohen-Blind, Stiefsohn des 48er-Revolutionärs Karl Blind, Absolvent der Landwirtschaftshochschule in Stuttgart-

Hohenheim, am 7. Mai 1866 in eleganter Kleidung auf der Berliner Prachtstraße Unter den Linden erscheint, um fünf gezielte Revolverschüsse auf ihn abzugeben. Doch der Anschlag mißlingt. Bismarck überlebt ihn dank einer kugelsicheren Weste. Ferdinand Cohen-Blind läßt sich widerstandslos verhaften und schneidet sich mit einem kleinen Taschenmesser die Halsschlagader auf. Wenige Stunden später ist er tot.

Zwei Tage nach dem Attentat schreibt Engels an Marx:

»Was ist das für eine sonderbare Geschichte mit dem blinden Cohen, der den langen Bismarck in fünf Schüssen nicht treffen kann und sich von ihm noch obendrein arrettieren läßt. Ein größerer Gefallen konnte dem Bismarck nicht getan werden.«[445]

Darauf Marx, sichtlich betroffen und berührt:

»Der Cohen war ein sehr guter (obgleich nicht besonders begabter) Junge, für den ich als alten Freund meines Musch besondre Sympathie habe ... Das Komische an der Sache ist, daß Blind nicht seinen eignen Sohn, sondern den Isaak des alten Cohen durch sein blödsinniges Fürstenmordgeschwätz auf dem Altar der Freiheit geopfert hat.«[446]

Tatsache ist: Marx kannte Ferdinand Cohen-Blind. Sein Stiefvater, Karl Blind, war ein politischer Flüchtling aus Baden, mit dem Marx in komplizierte Intrigen und Händel verwickelt war, die im einzelnen darzustellen hier zu weit führen würde. Es war einer der typischen »Kräche« in der Londoner Emigrantenszene, die alte Geschichte von den ehemaligen Kampf- und Gesinnungsgenossen, die sich im Exil dauernd in der Wolle haben. Ferdinand, leiblicher Sohn eines reichen jüdischen Kaufmanns, war nur drei Jahre älter als Edgar, genannt »Musch«, der Lieblingssohn von Karl Marx. Die beiden waren, wie wir aus dem Brief an Engels erfahren, Spielkameraden. Seit dem Tod von Edgar – Ferdinand war elf – hat Marx den Jungen nicht mehr gesehen. – Ferdinand, ein begeisterter deutscher Patriot, war vielleicht infiziert vom »Fürstenmordgeschwätz« seines Stiefvaters; ein Marxist oder Sozialist war er nicht. Das »Kapital«, dessen erster Band 1867 erschien, kann er gar nicht gelesen haben. Für seine Tat hatte er ausschließlich patriotische Motive, über die er einen Tag vorher in einem Bekennerbrief schreibt, es sei ihm bei einer Reise durch die deutschen Kleinstaaten klar geworden, »die einzige Lösung der jetzigen verwickelten Lage in Deutschland (sei) die Beseitigung Bismarcks«, wobei er, selber in London aufgewachsen, sich höchstpersönlich dafür schäme, »daß sich niemand in Deutschland findet, der den Verräter beseitigte.«[447]

So weit, so klar. Marx hatte nichts mit dem Attentat zu tun. Doch Bismarck versucht in der Reichstagssitzung vom 31. März 1886 genau diesen Verdacht zu erwecken, damit die Abgeordneten für eine Verlängerung der Sozialistengesetze stimmen: Marx ist, obwohl seit drei Jahren tot, immer noch unter uns. Er hat Mörder gezüchtet. Es werden weitere folgen. Cohen-Blind ist, wie sein geistiger Ziehvater, Jude gewesen. Die antisemitischen Hetzblätter haben über ihn geschrieben:

»Der Bismarck ist ein deutscher Mann,
drum schießt der Jud' den Bismarck an.«

Diese Diffamierung ihres Vaters durch den deutschen Reichskanzler kann Tussy nicht auf sich sitzen lassen. Sie schreibt sofort einen »offenen Brief« und schickt ihn an Dutzende englischer und deutscher Zeitungen:

»Erstens: Ferdinand Blind hat seit seinem zwölften oder dreizehnten Jahre Marx nie mehr gesehen oder gesprochen.

Zweitens: Wenn Ferdinand Blind auf Herrn von Bismarck schoß und dafür mutig in den Tod ging, so konnte er nur die deutschpatriotischen Motive haben, Deutschland vor einem Bürgerkrieg zu bewahren und die deutsche liberale … Meinung, kurz, das deutsche Bürgertum, von der Bismarckschen Vergewaltigung zu befreien. Beides Dinge, die unserem Vater höchst gleichgültig waren.

Drittens: Gleichwie Herrn von Bismarcks Lehrer und Vorbild, Louis Bonaparte und alle die anderen ›großen Männer‹ der untergehenden Kapitalherrschaft, war auch Herr von Bismarck für Marx nur eine erheiternde Figur und höchstens noch ein stellenweise recht brauchbarer unfreiwilliger Helfershelfer an der proletarischen Revolution. Marx hatte nicht das geringste Interesse daran, daß solche Leute durch einen vorzeitigen Tod vor ihrem unvermeidlichen inneren oder äußeren Sedan gerettet wurden.

Viertens: Beweist die Schauerroman-Vorstellung, als ob ein Mann wie Marx sich damit abgeben könne, ›Mörder zu züchten‹, aufs neue, wie sehr Marx recht hatte, wenn er in Herrn von Bismarck nur einen bei aller Verschlagenheit höchst bornierten preußischen Junker sah, total unfähig, irgendwelche große geschichtliche Bewegung zu begreifen.«[448]

Tussy unterschreibt diesen Brief auch im Namen von Laura, die ihrerseits nicht die geringste Ahnung von der Sache hat und sich – diesmal mit Recht – übergangen fühlt. Sie findet es unnötig und übertrieben, daß Tussy eine Kopie des Briefes an Bismarck geschickt hat, offenbar in der Hoffnung, er werde ihr antworten und sie könne sich nun persönlich mit ihm anlegen.
»Ich ... hätte es vorgezogen«, schreibt Laura an Engels, »von Bismarcks verrückter Bemerkung überhaupt keine Notiz zu nehmen. Es kommt mir irgendwie absurd vor, einen Mann wie Marx gegen einen Angriff aus diesem Lager zu verteidigen. Weder ein Bourgeois noch ein Arbeiter muß, glaube ich, darüber belehrt werden, daß Marx nie zum Mord aufgerufen oder ihn praktiziert hat ... Und wenn auch ein offener Brief an Bismarck in Ordnung sein mag, muß ich doch sagen, daß ich keinen Sinn darin sehen kann, dem Burschen eine Kopie davon zu schicken ... Ich sehe nicht ein, warum wir Beiträge für seinen großen Papierkorb liefern sollten.«[449]
Tussys eigenmächtiges Handeln führt zu einer neuen Verstimmung zwischen den Schwestern. Papa Engels dagegen ist hell begeistert von der Frechheit und Tollkühnheit seiner Kleinen:
»Euer billet-doux an Bismarck erregt großes Aufsehen in Deutschland ... Otto wird wütend sein, für dergleichen Angriffe ist er sehr empfindlich.«[450]

Etwa um dieselbe Zeit, im April 1886, kommt es zu Schwierigkeiten in der Redaktion des »Commonweal«. Aveling tritt als stellvertretender Chefredakteur zurück und gibt seine Stelle an Belfort Bax weiter, der, so Tussy, unter dem Einfluß »der Anarchisten« stehe. Auch sie selbst schreibt nun nicht mehr für dieses Blatt und trennt sich von ihrer Rubrik über die »internationale Arbeiterbewegung«, die sie bis dahin mit großem Elan betreut hat. Über die Gründe, die zu dieser Trennung geführt haben, ist nichts bekannt. Wahrscheinlich liegen sie in der Person Edward Avelings. Tussy und er haben es plötzlich eilig, London zu verlassen, und bereiten sich auf eine große Agitationsreise durch Amerika vor, die sie gemeinsam mit Wilhelm Liebknecht unternehmen wollen.
Der Zeitpunkt dazu ist denkbar günstig. Denn in Amerika, das bis dahin als politisch ruhig galt, ein Land ohne Aristokratie, ohne proletarische Tradition, ohne nennenswerte Arbeiterbewegung, ist

der Klassenkampf ausgebrochen. Am 1. Mai – der Tag soll von nun an jedes Jahr in der ganzen Welt gefeiert werden – des Jahres 1886 sind über dreihunderttausend Arbeiter in den Generalstreik getreten. In den meisten Fabriken von New York, Philadelphia, Chicago, Louisville, Saint Louis, Milwaukee und Baltimore stehen die Maschinen still. Der Grund: Man will den Achtstundentag durchsetzen, die gesetzlich reglementierte Beschränkung der Arbeitszeit auf ein dem Menschen erträgliches Maß, die Marx schon vor zwanzig Jahren im »Kapital« gefordert hatte:
»Aber in seinem maßlos blinden Trieb, seinem Werwolfsheißhunger nach Mehrarbeit, überrennt das Kapital nicht nur die moralischen, sondern auch die rein physischen Maximalschranken des Arbeitstages. Es usurpiert die Zeit für Wachstum, Entwicklung und gesunde Erhaltung des Körpers ... Es knickert ab an der Mahlzeit und einverleibt sie womöglich dem Produktionsprozeß selbst, so daß dem Arbeiter ... Speisen zugesetzt werden, wie dem Dampfkessel Kohle und der Maschinerie Talg oder Öl. Den gesunden Schlaf zur Sammlung, Erneuerung und Erfrischung der Lebenskraft reduziert es auf so viel Stunden der Erstarrung, als die Wiederbelebung eines absolut erschöpften Organismus unentbehrlich macht.«[451]
Allein in Chicago legen vierzigtausend Menschen die Arbeit nieder, die meisten davon Emigranten aus Deutschland. Doch die Unternehmer lassen sich auf einen gnadenlosen Kampf ein, schlagen zurück, mit bewaffneten Streikbrechern und mit Polizeigewalt. In einer Erntemaschinenfabrik in der Nähe der Stadt gibt es Tote. August Spies, der aus Hessen stammende Redakteur der Chicagoer »Arbeiter-Zeitung«, ruft zum Protest auf:
»Ihr habt Euch zu Tode gearbeitet; Ihr habt die Schmerzen des Hungers und des Mangels ertragen; Ihr habt den Fabrikherren Eure Kinder geopfert – kurz, Ihr seid all diese Jahre hindurch erbärmliche Sklaven gewesen. Warum? Um die unersättliche Habgier zu befriedigen, um die Truhen Eurer faulen und diebischen Herren zu füllen. Wenn Ihr sie jetzt bittet, Eure Bürde ein wenig zu erleichtern, dann senden sie ihre Bluthunde aus, um auf Euch zu schießen ...«[452]
Am 4. Mai trifft sich die protestierende Arbeiterschaft auf dem Chicagoer Haymarket. Es ist schlechtes Wetter. Die Versammlung ist nicht so gut besucht wie erwartet. Die meisten Demonstranten

sind schon wieder nach Hause gangen, als plötzlich Hundertschaften von Polizei erscheinen und die Arbeiter auseinandertreiben. Einer der Redner wird von der Tribüne gezerrt. Er versucht einzuwenden: »Aber wir sind doch friedlich?« Plötzlich explodiert eine Bombe. Wer sie geworfen hat, wird nie geklärt. Die Polizisten geraten in Panik, beginnen, wild um sich zu schießen. Vier Arbeiter und sieben Polizisten werden getötet, viele Demonstrationsteilnehmer schwer verletzt. Am nächsten Tag werden acht Arbeiterführer verhaftet und unter Mordverdacht ins Gefängnis gebracht. Zeitungen fordern, »die Anarchisten« ohne Prozeß aufzuhängen. Überall in der »zivilisierten Welt« kommt es zu Protesten, auch in England. Ein Angeklagter stirbt unter mysteriösen Umständen in seiner Zelle. Drei werden freigelassen. Gegen die übrigen vier, darunter auch August Spies und zwei weitere deutsche Genossen, wird Mordanklage erhoben, obwohl man ihnen nicht das Geringste nachweisen kann. William Morris, Parteigenosse von Tussy und Aveling, bezeichnet den Prozeß als politischen Prozeß, nennt die amerikanische Justiz »bis ins Innerste korrupt und ... eifrig damit beschäftigt, die Freiheit mit genau der gleichen rücksichtslosen Brutalität und blinden Ignoranz zu unterdrücken, von der der Zar in Rußland Gebrauch macht.«[453] Für die Avelings heißt das: auf nach Amerika, go west! Denn sie können mit Recht darauf bauen, daß man der Tochter eines Karl Marx in dieser historischen Situation viel Gehör schenken wird.

Kurz vor der Abreise hat sie endlich den Triumph, ihre englische Übersetzung von Lissagarays »Geschichte der Pariser Kommune« erscheinen zu sehen. Mehr als zehn Jahre lang hat sie immer wieder daran gearbeitet. Jetzt endlich ist es soweit. Sie schreibt das Vorwort allein. In ihrem flammenden, leicht pathetischen, aber ergreifenden Personalstil. Ohne Assistenz oder Überwachung von Aveling, das ist Ehrensache. Sie ist endlich wieder ganz sie selbst. Schließlich geht es um *ihren* ehemaligen Verlobten, den Mann, den *ihr* Vater einen der größten Chronisten des Sozialismus genannt hat.

»Lissagarays ›Geschichte der Kommune‹«, schreibt sie, »ist das einzige authentische und verläßliche Geschichtswerk über die denkwürdigste Bewegung dieser Zeit. Es ist wahr, daß Lissagaray ein Soldat der Kommune war, aber er hatte den Mut und die Ehrlichkeit, die Wahrheit zu sagen. Er hat nicht versucht, die Irrtümer sei-

ner Partei zu verstecken oder die fatalen Schwächen der Revolution zu übergehen; ... und es ist diese Unparteilichkeit, dieses vorsichtige Vermeiden jeder Behauptung, die fragwürdig sein könnte, die dieses Werk für den englischen Leser empfehlenswert macht ... Für die meisten Engländer heißt ›Kommune‹ immer noch: Plünderung, Angst und Gier, und wenn sie von den ›Greueltaten‹ der Kommunarden sprechen, haben sie vage Vorstellungen von Geiseln, die von brutalen Revolutionären ruchlos massakriert, von Häusern, die von wütenden Petroleusen niedergebrannt worden sind. Ist es nicht an der Zeit, daß die Engländer endlich die Wahrheit erfahren? Sie daran zu erinnern, daß die 65 Geiseln nicht von ›der‹ Kommune erschossen worden sind, sondern von ein paar Leuten, die über dem von Versailler Truppen entfachten Massaker verrückt wurden, daß die Truppen des Gesetzes 30 000 Männer, Frauen und Kinder erschossen haben, lange nachdem die Kämpfe beendet waren?
Aber es ist nicht nur an der Zeit, die vermeintlichen ›Greueltaten‹ der Kommune aufzuklären. Die Zeit ist reif, daß die Menschen die wahre Bedeutung der Kommune begreifen. Und diese kann in wenigen Worten zusammengefaßt werden: Die Regierung des Volkes durch das Volk. Der erste Versuch des Proletariats, sich selbst zu regieren.
Die Errichtung der Kommune bedeutete nicht den Ersatz einer Form von Klassenherrschaft durch eine andere, sondern die Zerstörung jeder Klassenherrschaft; den Ersatz der kapitalistischen Produktion durch kooperative, d. h. kommunistische; und die Teilnahme von Arbeitern aller Länder an dieser Revolution bedeutete: Internationalisierung ... von Land und Privateigentum.
Dieselben Männer, die jetzt so sehr gegen den Gebrauch von Gewalt sind, haben selber Gewalt angewendet – und was für eine Gewalt! –, um das Volk von Paris zu unterwerfen. Dieselben, die die Sozialisten als Brandstifter und Bombenleger denunzieren, haben Feuer und Schwert benutzt, um das Volk niederzudrücken.
Was war das Ergebnis dieser Massaker, dieses Abschlachtens von Tausenden von Männern, Frauen und Kindern? Ist der Sozialismus tot? Ist er im Blut des Pariser Volkes ertränkt worden? Nein! Der Sozialismus ist heute mächtiger denn je! Die bourgeoise Republik Frankreich mag dem Autokraten von Rußland die Hand schütteln, um ihn auszutilgen. Bismarck mag repressive Gesetze erlassen, das

›demokratische‹ Amerika in seinem Kielwasser fahren – und er bewegt sich doch! Und weil der Sozialismus heute eine Macht ist, weil er sogar in England ›in der Luft liegt‹, ist die Zeit gekommen, der Pariser Kommune endlich Gerechtigkeit widerfahren zu lassen; ist die Zeit gekommen, in der sogar die Feinde des Sozialismus mit Geduld, wenn nicht mit Anteilnahme diese würdige und wahre Chronik der bislang größten sozialistischen Erhebung dieses Jahrhunderts lesen sollen.«

10 Bei den Yankees und in der Hölle von London 1886–1888

31. August 1886. Endlich an Bord. Die »Sozialistische Arbeiterpartei Amerikas« hat eine offizielle Einladung geschickt, allerdings nur für Aveling und Wilhelm Liebknecht. Tussy darf als Anhängsel mitfahren. Die »Herren« übernehmen Tussys Fahrtkosten, nicht ihre Spesen.
Das Schiff heißt »City of Chicago« und startet in Liverpool. Zehn volle Tage dauert die Überfahrt auf dem Atlantik. Tussy und Aveling wohnen in einer luxuriösen Doppelkabine, die vierundzwanzig Pfund kostet. Sie genießen das ungewohnte Nichtstun, essen und trinken gut, machen die ersten Yankee-Bekanntschaften. Liebknecht, gerade sechzig geworden, kommt mit einem anderen Schiff. Auf ihn warten in Chicago und Washington schon die Spitzel, die der Berliner Polizeipräsident, Herr von Richthofen, auf ihn angesetzt hat.
Die erste Station heißt New York. Tussy ist fasziniert.
»Die Einfahrt in die Hafenbucht ist ein wundervoller Anblick«, schreibt sie an Laura, »vielleicht der schönste, den ich je gesehen habe.«[454]
Doch der Sozialismus drüben ist deutsch, sehr deutsch, hundertmal deutscher noch als in London. Ein paar deutsche Herren mit rotem Bändchen im Knopfloch begrüßen sie, schütteln Hände. Deutsche Reporter fallen wie die Wölfe über sie her. Abends gibt es ein Ständchen mit deutschem Chorgesang, deutscher Blasmusik. Danach wird, wie könnte es anders sein, deutsches Bier getrunken. Was hat soviel Deutschtum eigentlich hier zu suchen? Es ist eine Folge der politischen Verhältnisse, der Revolutionen, aber auch der allgemeinen Parole »Go West!« Die einen sind schon nach 1848 gekommen, die anderen 1878, wegen der Sozialistengesetze, die dritte, weitaus größte Gruppe schlicht, um mehr Geld zu verdienen, Arbeitslose und Bauern mit ein bißchen Abenteuerlust, Handwerker, die sich in Amerika neue Märkte erhoffen.

Schon die ersten Tage sind voller Hektik und Aktivität. Massenversammlungen in Bridgeport, Connecticut, der Hochburg der sozialistischen Arbeiterpartei, Vorträge vor Studenten und Professoren in New Haven und Yale, eine riesige Demonstration in New York, in die die Polizei eingreift. »Sozialistische Kundgebungen. Angespornt von einer Frau«, schreiben die Zeitungen. »Eine deutsch aussehende Dame mit Brille.«[455]

Am 2. Oktober 1886 beginnt die große Rundreise. Tussy und Aveling »machen«, wie die Yankees sagen, fünfunddreißig amerikanische Städte in zwölf Wochen, »von New York durch die Neuenglandstaaten, die Städte an den großen Seen und den Westen bis Kansas City«,[456] besuchen Fabriken, Zuchthäuser, Farmen, Krankenhäuser, Armenviertel, Gewerkschaftszentralen und First-Class-Hotels. Liebknecht, der eigentlich mit ihnen reisen sollte, geht auf Extra-Tour. Das Trio erweist sich als inkompatibel. Denn der Alte aus Deutschland, der ein schreckliches Englisch spricht, wird von den amerikanischen Arbeitern weder akzeptiert noch verstanden. Er spricht hauptsächlich vor deutschen Genossen, geht im Grunde auf Deutschland-Tournee. Tussy dagegen versteht es, ein amerikanisches Publikum mitzureißen, erweist sich überhaupt als der Star dieser großen Reise, wenn sie, ein Blumensträußchen am Dekolletée, aufs Podium tritt und der Masse Schlagworte wie »Agitation! Education! Organisation!« zuruft.

Chicago, wo sie am 5. November 1886 ankommen, ist der Höhepunkt der Tour. Sie haben das Zuchthaus von Cook Country besucht, in dem die verurteilten Anarchisten einsitzen. Die Presse wirft sie mit den vermeintlichen Bombenlegern in einen Topf, warnt davor, sich von »Aveling und seiner Giftbraut«[457] einwickeln zu lassen, kündigt Polizeieinsätze, die Gefahr von Randale an. Trotzdem sind alle Säle, in denen die Avelings auftreten, überfüllt. Die Emporen brechen unter der Last der Zuhörer fast zusammen. Zuerst redet Aveling. Er kann wie immer kein Ende finden. Keine seiner amerikanischen Reden ist kürzer als eine Stunde. Er redet im Grunde ziemlichen Unsinn. Es ist ein lauwarmer, unwürdiger Aufguß aus Marx' »Kapital«, was er da verzapft: »Die unterbezahlte Arbeit ist der Fluch unserer modernen Zivilisation – das ist der Kern des Problems in einer Nußschale.«[458] Dann kommt Tussy. Schön, enthusiastisch, temperamentvoll. Sie spricht viel kürzer als Aveling und schafft es doch, viel mehr Menschen zu überzeugen.

Sie spricht zuerst über die angeblichen »Anarchisten« von Chicago:
»Wenn diese Männer exekutiert werden, wäre das Mord, nichts als Mord. Ich bin keine Anarchistin, aber gerade deshalb fühle ich mich verpflichtet, das zu sagen ... Heute morgen zum Beispiel finden Sie in der ›Chicago Tribune‹ die Bemerkung, daß die ›Anarchisten von Chicago aufgehängt werden sollen‹. Das heißt, daß sie diese Männer nicht aufhängen wollen, weil sie *mordende Bombenleger,* sondern weil sie *Anarchisten* sind. Auf genau diese Bemerkung haben wir gewartet. ... Wenn diese Männer umgebracht werden sollten, dürfen wir über ihre Richter sagen, was mein Vater, Karl Marx, über die gesagt hat, die im Jahre 1871 das Volk von Paris massakriert haben: ›Sie sind schon jetzt an jenen ewigen Pranger geschmiedet, von dem alle Gebete ihrer Priester sie nicht loseisen werden.‹«
Großer Applaus. Die Frau hat recht. So haben viele, selbst die Bürgerlichen im Publikum, die Sache noch nie gesehen. Dann macht sie eine kleine Pause, zupft das zerzauste Haar zurecht, rückt die Blumen am Mieder gerade, raucht. Sie wird jetzt erklären, was Sozialismus ist. In einfachen, aber eindringlichen Worten, denn die Yankees sind nicht besonders gebildet. Viele von ihnen verwechseln »Sozialismus« mit »Anarchismus«, eine Katastrophe! Glauben, daß »Sozialismus« eine Erfindung deutscher Doktoren sei, also nichts für den richtigen Amerikaner.
»Als Erstes wird man Ihnen immer wieder sagen, daß wir Sozialisten das Privateigentum abschaffen wollen; daß wir die ›heiligen Rechte‹ des Eigentums nicht anerkennen. Aber das Gegenteil ist der Fall. Die *Kapitalisten* konfiszieren Ihren Privatbesitz, und gerade weil wir an das ›heilige Recht‹ auf Eigentum glauben, möchten wir euch wiedergeben, was sie euch abgenommen haben. Wir haben in Dr. Avelings Rede gehört, wie aller Wohlstand, alles, was wir heute ›Kapital‹ nennen, von Ihrer Hände Arbeit hervorgebracht wird, wie aus der unterbezahlten Arbeit des Volkes eine kleine privilegierte Klasse reich wird, und daß wir dem ein Ende setzen wollen, indem wir allen Privatbesitz an Land, Maschinen, Fabriken, Minen, Eisenbahnen usw. auflösen . ... Dann wird Ihnen erzählt, daß Sozialisten kein Gesetz, keine Ordnung wollen. Falsch. Wir wollen das nicht, was heutzutage ›Ordnung‹ genannt wird, da die heutige Ordnung Unordnung ist. Männer, die Millionäre sind,

und Männer, die hungern. Frauen, die ... Abertausende besitzen und Frauen, die zwischen Hunger und Prostitution wählen müssen. Das ist für uns keine Ordnung. Wir glauben nicht, daß es in Ordnung ist, wenn Menschen zehn, zwölf, vierzehn und mehr Stunden am Tag arbeiten und wenn doch am Ende ihres Lebens nur das Armenhaus auf sie wartet ... Und jetzt zum ›Gesetz‹: Wir wollen ›Gesetz‹. Aber Gesetz, das Gerechtigkeit für *alle* Männer und Frauen bedeutet. ... Manchmal werden wir auch gefragt, ob die Sozialisten nicht alle Menschen herabwürdigen und gleichmachen wollen. Wie könnten wir alle Menschen gleichmachen? Aber wenn es darum geht, Männern *und* Frauen eine Chance, sich zu entwickeln, zu geben, und das Beste aus sich zu machen – wenn das bedeutet, sie herabzuwürdigen, müssen wir uns schuldig bekennen.
Es gibt noch einen anderen Punkt, den ich berühren muß, weil wir so oft danach gefragt werden ... Ob es wahr sei, daß ›Sozialisten sich die Frauen teilen möchten‹? So eine Idee ist nur in einer Gesellschaft möglich, die Frauen als Gegenstände ansieht. Tatsächlich ist die Frau heute leider nicht viel mehr. Zu oft muß sie ihre Weiblichkeit für Brot und Geld verkaufen. Aber für den Sozialisten ist die Frau ein menschliches Wesen und kann ebensowenig gemeinschaftlich ›gehalten‹ werden wie eine sozialistische Gesellschaft die Sklaverei anerkennen würde ... Wir Sozialisten wollen gemeinsames Eigentum der Produktion und Distribution, und weil eine Frau keine Maschine ist, sondern ein menschliches Wesen, soll sie ihre Rechte und Pflichten haben wie ein Mann und von niemandem mehr wie ein Stück Eigentum ›gehalten‹ werden.«[459]
Am 19. Dezember 1886 sind sie wieder in New York, um kurze Zeit später nach England zurückzukehren. Doch obwohl diese Reise so ein fulminanter Erfolg war, obwohl Tussy unzählige Arbeiter, Frauen, Studenten, Rechtsanwälte und Ärzte für die Bewegung gewonnen hat und zuletzt sogar von der Presse geliebt und gelobt worden ist, verhält die deutsche Parteileitung sich kühl. Irgend etwas stimmt nicht. Irgend etwas scheinen sie falsch gemacht zu haben. Aber was?
Die Deutschen, an der Spitze Herr Rosenberg*, der Parteisekretär, sind beleidigt. Da haben sie Tausende von Dollars für diese

* Wilhelm Ludwig Rosenberg, deutscher Schriftsteller und Pädagoge

Rundreise ausgegeben, und die Avelings haben überall gegen das Deutschtum polemisiert. »Die Bewegung muß«, sagt Aveling in einem Interview mit der »New Yorker Volkszeitung«, »falls sie Erfolg haben will, amerikanisch werden und aus den Händen der deutschsprachigen in die der englischsprachigen Bevölkerung übergehen.«

Das ist unverschämt. Das können sich deutsche Sozialisten von zwei Engländern nicht bieten lassen. War diese ganze Reise der Avelings nicht im Grunde eine Werbeveranstaltung für die »Knights of Labour«, die »Ritter der Arbeit«, die amerikanische Variante der Arbeiterbewegung? Doch zum Glück finden die Herren aus Deutschland bald ein anderes Haar in der Suppe: Avelings leichtfertigen und verschwenderischen Umgang mit Geld.

Sie sind im Pullman-Salonwagen gefahren, haben nur in den besten Hotels übernachtet, immense Weinrechnungen gemacht, erstklassigen Champagner getrunken. Sie sind – auf Kosten englischer Literaturzeitungen – ins Theater gegangen und legen die Karten der Parteileitung zur Abrechnung vor. Sogar die Miedersträußchen und Zigaretten für Tussy wollen sie ersetzt haben. Das empört die Deutschen besonders.

»›Betrachten Sie diese Posten als berechtigte Ausgaben?‹ fragte Herr Walther wütend, und zeigte auf eine Quittung von 25 Dollar für Miedersträußchen, die benötigt worden waren, um die Schönheit von Mrs. Aveling zu heben.« So zitiert eine New Yorker Zeitung die Kontroverse. »Ihr Gatte hob an, ... eine philosophische Erklärung über den Wert floraler Dekorationen beim ›Einfangen eines Publikums‹ abzugeben, aber Herr Rosenberg ... unterbrach seinen Redeschwall mit der Bemerkung: ›Das interessiert uns nicht!‹«[460]

Tatsächlich. Aveling hat den Bogen maßlos überspannt, die Großzügigkeit seiner Gastgeber schamlos ausgebeutet, was bei seinem Charakter eigentlich niemanden überraschen durfte. Er kennt kein Taktgefühl, keine Selbstdisziplin. Bescheidenheit und Zurückhaltung sind für ihn Fremdworte. Aber – waren die paar Flaschen Champagner, die paar lumpigen Miedersträußchen wirklich so wichtig, daß man eine Haupt- und Staatsaffäre daraus machen mußte? Wäre das Problem überhaupt erst entstanden, wenn die Parteileitung sich dazu durchgerungen hätte, auch Tussy einen angemessenen Betrag für ihre Vorträge zu bezahlen, anstatt nur die Arbeit ihres Mannes zu honorieren? Ging es nicht im Grunde um etwas ganz anderes als um Geld, die vermeintliche Deutschfeindlichkeit der beiden Vortragsreisenden? Lieferte man mit diesem Gezeter, diesem moralinsauren Aufrechnen kein willkommenes Futter für die reaktionäre Presse, die natürlich sofort triumphierend verkündete:

»Das Exekutivkomitee löste seine Wechsel ein, die für dreizehn Wochen Arbeit dreizehnhundert Dollar betrugen, obwohl der Preis als recht happig für einen sozialistischen Professor angesehen wurde, der sich dazu bekannte, nur das Wohl der Armen und Entrechteten im Sinn zu haben ... Die unternehmungslustigen sozialistischen Vortragsreisenden ließen es sich angelegen sein, das Phänomen der Armut in einem First-class-Hotel in Baltimore zu studieren, und unterstützten den Weinkeller so großzügig, daß ihre Rechnung für zwei Tage zweiundvierzig Dollar betrug.«

Tussy schweigt. Die ganze Affäre ist ihr entsetzlich peinlich. Aveling dagegen verteidigt sich wortreich und fühlt sich als Opfer einer kleinbürgerlichen Intrige. Das seien richterliche Methoden, die die Partei gegen ihn anwende, schreibt er in einem Rundbrief an die Mitglieder. Lieber als vor dem Rechnungsausschuß eines Herrn Rosenberg möchte er vor dem Geschworenengericht von Chicago stehen, Seite an Seite mit den vermeintlichen Anarchisten.[461] Doch Rosenberg läßt sich durch diese pathetischen Vergleiche nicht beeindrucken und schmeißt ihm zum Schluß eine Hundert-Dollar-Note ins Gesicht.

»Nehmen Sie das, werter Genosse! Das müßte für Ihre Rückfahrt reichen! Wir sind froh, Sie nie wiederzusehen!«[462]

Die Avelings haben noch nicht ganz den Atlantik überquert, da ist die Geschichte auch schon in England angekommen. Der arme Engels hat wütende Anfragen von Parteigenossen zu beantworten, der Londoner »Evening Standard« schreibt einen langen, hämischen Bericht:

Die Sozialisten drüben in Amerika seien nach diesen mißlichen Erfahrungen fest entschlossen, »nie wieder einen Berufsagitator aus den abgenutzten Monarchien Europas zu importieren.« Der Luxus sei einfach zu kostspielig. Auf die Vorwürfe des entsetzten Exekutivkomitees habe Aveling fröhlich geantwortet: Nun, das sei englische Art, echt englisch![463] Tussy kommt bei den Presse-Angriffen relativ ungeschoren davon. Man sucht und findet die Schuld offenbar allein bei Aveling.

Dennoch verfällt sie nach dieser Reise in tiefe Depression, die sich am deutlichsten in ihrem Schweigen ausdrückt. Sie unternimmt nichts, um sich zu verteidigen, schreibt keine offenen Briefe, keine Zirkulare. Nur einer Gräfin Guillaume-Schack, Frauenrechtlerin und Arbeiterführerin aus Deutschland, macht sie im Beisein der Familie Kautsky eine Szene, weil sie Engels gegenüber geäußert hat, Aveling würde durch sein skandalöses Verhalten nicht nur den Sozialismus, sondern auch sie, Tussy, in den Schmutz ziehen.[464]
Engels verteidigt Aveling mit Feuer und Schwert und in seitenlangen Briefen, beschäftigt sich monatelang mit nichts anderem, bezeichnet die Schack, eine äußerst tüchtige Frau, als Krautjungfer und typische deutsche Klatschschwester,[465] nennt Aveling einen Märtyrer des Sozialismus, der seine wissenschaftliche Karriere der Bewegung geopfert habe, bricht mit allen, die ihn kritisieren, den Kontakt ab, und kämpft vor allem für seine Schutzbefohlene, *seine* Tussy:
»Hätte er«, schreibt er an Florence Kelley-Wischnewetzky, die amerikanische Übersetzerin seiner »Lage der Arbeiterklassen in England«, »die Partei zu beschwindeln versucht, wie hätte er das während der Reise tun können, ohne daß seine Frau darum wußte? Und in diesem Fall träfe die Anschuldigung auch auf sie zu. Und dann wird sie völlig absurd, wenigstens in meinen Augen. Ich kenne sie von Kindesbeinen an, und in den letzten siebzehn Jahren ist sie ständig unter meinen Augen gewesen. Außerdem hat Marx mir als Vermächtnis die Verpflichtung hinterlassen, seinen Kindern beizustehen, wie er es selbst getan hätte, und darauf zu achten ..., daß ihnen kein Unrecht geschieht. Und das werde ich tun ... Marx' Tochter die Arbeiterklasse beschwindeln – das ist wirklich zu stark!«[466]
Obwohl Tussy um diese Zeit viele Erfolge hat – 1886 sind »Madame Bovary« und die »Geschichte der Kommune« in ihren Übersetzungen erschienen, im Januar 1887 kommt die englische Version des »Kapital« auf den Markt und verkauft sich wider Erwarten gut, vor allem bei den bürgerlichen Mittel- und Oberschichten –, machen die Gerüchte um Aveling ihr so zu schaffen, daß sie beschließt, aus dem Leben zu gehen.
»Sie nahm wissentlich eine große Überdosis Opium«, schreibt der Schriftsteller und Arzt Havelock Ellis. »Aber mit Hilfe von viel starkem Kaffee und Auf- und Abgehen im Zimmer verlor sich die Wir-

kung des Giftes. Ich habe nie erfahren, welches besondere Ereignis in ihrem häuslichen Leben den Anlaß geboten hatte. Ihre Freunde waren bekümmert; sie waren kaum überrascht.«[467]

Ellis versucht, rein praktische Hilfe zu leisten, indem er ihr einen neuen literarischen Auftrag vermittelt, die Edition unbekannter Dramen aus elisabethanischer Zeit, deren Manuskripte in der Bodleian Library von Oxford aufbewahrt werden. Tussy nimmt gerne an, ist sofort begeistert.

»Ich bin über jede Arbeit froh, die ich bekommen und leisten kann. ›Anständige‹ Leute wollen mich nicht beschäftigen«, schreibt sie an Ellis.[468]

Obwohl Aveling nun tatsächlich auf dem Weg ist, den Ruf von Tussy und sogar Engels schwer zu schädigen – Gertrud Guillaume-Schack teilt Engels in einem förmlichen Brief mit, daß sie sein Haus nicht mehr betreten werde, solange Aveling dort ein ständiger Gast sei[469] –, stürzt Tussy sich wieder in politische Aktionen mit ihm. Die amerikanische Erfahrung hat ihr gezeigt, daß es wichtig ist, an die Basis zu gehen, daß sich der Sozialismus nicht allein durch Schriften und Pamphlete verbreiten läßt, sondern durch konkrete Überzeugungsarbeit unter den Arbeitern. Das neue Terrain, das sie sich ausgesucht haben, ist das Londoner East End, in dem seit langem unbeschreibliches Elend herrscht, nicht erst seit den Masseneinwanderungen aus Osteuropa. 1805 sind die Docks, die riesigen Warenlager, gebaut worden. Wie ganze Städte dehnen sich die endlosen Gebäudemassen am Ufer der Themse aus, gewaltige Magazine, Packöfen, Landebrücken und Kräne, riesige Keller, Quais und Landeplätze, alles, was zum Ein- und Ausladen britischer Kolonialwaren benötigt wird. Hier arbeiten Menschen nahezu aller Hautfarben für einen Hungerlohn, schleppen Fässer, Ballen und Kisten, verladen Tee, Kaffee, Zucker und Tabak, Wein, Öl, Häute und edle Hölzer, schlagen sich um die läppischen paar Shilling pro Woche, die sie hier, wenn sie Glück haben, verdienen können. Denn fast niemand ist hier fest angestellt. Fast alle arbeiten als Tagelöhner. Nur wer kräftig, ausdauernd und brutal ist, hat hier eine Chance.[470]

»Tagsüber herrscht der Höllenabgrund am Eingang der Docks«, schreibt Tussy in ihrer eindringlichen, bildhaften Sprache. »Hier drängen sich die Menschen, aus diesem oder jenem Grund aus der regulären Arbeitsarmee ausgestoßen, bar jeder Hoffnung. Am Tor der Docks vergaßen die Unglücklichen alles Menschliche und stürzten aufeinander wie die wilden Tiere. Ich sah, wie sie losstürmten, einander stießen und schlugen, um vorwärts zu kommen. Und wehe dem Geschlagenen! Blutüberströmt, zerschlagen blieb er zurück, während sein glücklicher Besieger in das Tor eintrat. Das alles, um im günstigsten Fall einige Pence zu verdienen!«[471]

Um genügend Platz für die riesigen Docks zu schaffen, sind gewachsene Wohnviertel abgerissen worden. Ersatzwohnraum gibt es nicht, nur schmutzige Elendsquartiere, schmale, kotige Gassen mit niedrigen Häusern, keine Kanalisation, am Horizont Schiffsmaste wie Schornsteine, viele Betrunkene, Dirnen und Taschendiebe, hungernde, halb verwahrloste Kinder, dazwischen Nachtasyle für die Wohnungslosen, in denen sich Bett an Bett reiht, belegt mit ausgemergelten Männern und Frauen. Man ernährt sich von Tabak, billigem Schnaps, Tee, Brot und getrocknetem Schellfisch, der sein besonderes fauliges Aroma erhält, indem man ihn zwischen Matratzen im Bett lagert.[472] Edward hält draußen, auf den Straßen und in politischen Clubs, flammende Reden. Aber Tussy geht, allein oder mit einer ihrer Freundinnen, mitten in die Hölle hinein, besucht die Armen und Ausgestoßenen, versucht, mit ihnen zu reden, ihnen zu helfen. Ob sie »zum Dank« in die »Socialist League« eintreten oder nicht, ist ihr egal.

»Manchmal wundere ich mich, wie ich mit all diesem Leid, das mich umgibt, überhaupt weiterleben kann«, schreibt sie an Laura. »Ich habe immer wieder diesen einen Raum vor Augen. Aber was heißt hier schon ›Raum‹? Ein dunkler Keller – darin liegt eine Frau auf ein bißchen Stroh, ihre Brust von Krebs halb zerfressen. Sie ist nackt, bis auf ein altes rotes Taschentuch, das über ihrer Brust liegt, und ein Stück Segeltuch über ihren Beinen. Neben ihr ein dreijähriges Kind und vier andere, das älteste gerade neun Jahre alt. Ihr Mann versucht, ein paar Pence in den Docks zu verdienen, die letzte Zuflucht der Verzweifelten, während die Kinder um Brot betteln … Was für einen Mut hat diese arme Frau, die in all ihrer Todesangst versucht, sich um ihre Kleinen zu kümmern. Wir haben sie in ein Krankenhaus gebracht. Sie wollte erst nicht wegen der ›little ones‹. Jetzt ist sie tot. Was aus den Kindern geworden ist, mag der Himmel wissen. Aber das ist nur *ein* Fall unter Tausenden und Abertausenden. So ein Besuch in den Docks kann Dich wirklich verrückt machen.«[473]

In Whitechapel, ein paar Straßen weiter, wohnen hauptsächlich osteuropäische Juden, die nach den Pogromen von 1882 geflohen sind. Viele von ihnen tragen die Kleidung und Haartracht der Orthodoxen. Man sieht hebräische Ladenschilder, kleine Talmudschulen, koschere Bäckereien, hört fast nur Jiddisch. Es riecht nach traditionellen ostjüdischen Speisen, die Tussy noch nie gesehen oder gegessen hat, eine jüdische Stadt mitten in London, faszinierend und armselig zugleich. Auch hier macht Tussy neuerdings tapfer ihre Untersuchungen, begleitet von Olive Schreiner, die sich ebenfalls brennend für das Thema interessiert; oder von Margaret Harkness, einer 1854 geborenen sozialkritischen Autorin, die unter dem Pseudonym »John Law« Romane und Novellen schreibt. »Sie sollen zur Hölle gehen«, läßt sie die Frau eines englischen Zimmermanns über die Ostjuden sagen, »warum sind sie überhaupt hergekommen? Sie sprechen kein Englisch, sie essen nicht englisch, sie ernähren sich von Abfällen, die wir nicht einmal unseren Schweinen geben würden.«[474]

Viele dieser ostjüdischen Emigranten sind Kleider- und Stiefelmacher, die im Auftrag großer Textilfabrikanten billige Konfektionswaren herstellen. Tussy, die in »The Factory Hell« noch leicht abfällig über diese »Sweater« geschrieben hat, geht nun zum ersten Mal in ihre Werkstätten, spricht mit Meistern und Angestellten. Was sie hier vorfindet, hat mit klassischer »Ausbeutung« wenig zu tun. *Alle* leben in bitterer Armut, Arbeiter *und* Sweater. Sie tragen die gleichen abgerissenen, schmutzigen Kleider, nähen und bügeln bis zu vierzehn Stunden am Tag, führen den gleichen erbitterten Existenzkampf im Exil. Für einen Mantel bekommt der Sweater einen Shilling und zwei Pence. Seinen Heimarbeitern muß er zehn Shilling die Woche geben. Ein jüdischer Stiefelmacher mit eigenem kleinen Laden, der täglich sechzehn bis siebzehn Stunden arbeitet, kann maximal zwölf Shilling täglich verdienen. Da bleibt kein Geld für ordentliche Toiletten, sauberes Trinkwasser, schöne Aufenthaltsräume, wie die Fabrikinspektoren sie in ihren Berichten an die Regierung fordern. Der Lohnschneider mag ein Sklave des Sweaters sein, der Sweater selbst aber ist ein Sklave des Unternehmers.

Sie halten eisern zusammen, Sweater und Lohnarbeiter, vereint durch die gleiche Religion, die gleiche Tradition, das gleiche Schicksal. Viele Sweater sind selbst früher Lohnarbeiter gewesen, haben ihr jämmerliches Wohnzimmer zur Werkstatt gemacht, sich Näh-

und Bügelmaschinen geliehen, Verwandte und Freunde aus dem Stedel in Rußland nachkommen lassen, die nun Musterstücke anfertigen, Knopflöcher nähen, Kleider zuschneiden. Die Geschicklichkeit und der Fleiß dieser Leute sind enorm. Die Gelassenheit, mit der sie Armut ertragen, weckt Befremden. Als es in Whitechapel zu den berühmten »Ripper«-Morden kommt, geht der englische Mob auf sie los. Das können keine englischen Christen gewesen sein, das waren *die* Juden! Da werden Geschäfte zertrümmert, Orthodoxen die Bärte abgeschnitten, Frauen und Kinder auf der Straße geschlagen. Die Polizei muß einschreiten. Die Londoner Presse ist empört über soviel Intoleranz, soviel Antisemitismus. Doch auch im englischen Handelsministerium ist man der Meinung, daß das Elend im East End und in Whitechapel hauptsächlich auf das Konto der Juden gehe:

»Diese Fremden waren vor allem deutsche und russische Juden, und es besteht kein Zweifel, daß das im Ergebnis dazu geführt hat, den Arbeitsmarkt im Londoner East End mit billigen Arbeitskräften so zu überfluten, daß Tausende von einheimischen Arbeitern an den Rand bitterster Not gebracht wurden«, schreibt ein Sachverständiger. »Die Lebensbedingungen der unglücklichen Ausländer, die verjagt wurden oder aus eigenem Entschluß hierhergekommen sind, waren in ihrer Heimat so, daß sie hier mit viel geringeren Mitteln auskommen können als unsere englischen Arbeiter.«[475]

Den Juden und Nicht-Juden in den Londoner Elendsvierteln fehlt es am elementarsten Klassenbewußtsein. Das müssen Tussy, Aveling und Engels immer wieder feststellen.

»Ist es nicht merkwürdig, daß diese Leute lieber vor Hunger sterben als sich zusammenzurotten und sich zu *nehmen*, was sie brauchen?« schreibt Tussy an Laura.[476]

Sie denkt jetzt ernsthaft an die Gründung einer radikalen Arbeiterpartei. Das Konzept der »Socialist League« mit ihren Parteiversammlungen, Exekutivkomitees, Manifesten und Zirkularen ist im Grunde immer noch viel zu abgehoben, viel zu bürokratisch und theoretisch. Es hilft niemandem. Es ändert die Gesellschaft nicht. Die Leute im East End werden mit oder ohne »Socialist League« weiterhungern. Langsam beginnt sie, die »Anarchisten« in Chicago zu verstehen, die jedes hierarchisch aufgebaute Partei- und Gewerkschaftswesen radikal ablehnen. Denn: gegen diese Massierung

von Elend hilft keine Satzung, kein Manifest. Hier sind ganz andere Methoden gefragt. Aber welche?
Tussy ist so mit diesen Grundsatzfragen beschäftigt, daß sie gelassen, beinahe teilnahmslos bleibt, als George Bernard Shaw versucht, ihren Vater vom Sockel zu stürzen. Die Mehrwerttheorie sei falsch, schlichtweg falsch, schreibt er in der renommierten »Pall Mall Gazette«.[477] Nichts als ein Irrtum, ein fataler Denkfehler. Vor allem beruhe der Sozialismus nicht auf der Mehrwerttheorie. Shaw geht die Sache mit gebührendem Respekt an. Marx bleibt für ihn trotzdem einer der größten Denker, der eine Tür in ihm aufgestoßen, sein Bewußtsein verändert habe. Er verteidigt ihn »mit Klauen und Zähnen« gegen bourgeoise Kritiker. Doch in einem Brief an Aveling schreibt er:
»Ich bin sehr erleichtert, einen freundlichen Brief von Ihnen bekommen zu haben, während die Welt noch vor Schock über meine Gotteslästerung taumelt. Wenn Sie so nett wären, mir mitzuteilen, wie ich Frau Aveling nun ins Gesicht sehen soll, wäre ich Ihnen unendlich dankbar. ... Erinnern Sie sich, daß Newton sich in bezug auf das Licht geirrt hat, daß Goethe eine falsche Theorie über die Farben aufstellte, daß Darwin das Prinzip der ›natürlichen Auslese‹ eindeutig überstrapaziert hat, und dann fragen Sie sich bitte, ob es nicht wenigstens *möglich* ist, daß Marx mit der Mehrwerttheorie falsch lag? Sogar ich habe mich zu meiner Zeit gelegentlich geirrt!«[478]
Tussy scheint von der Kontroverse nichts wissen zu wollen. Sie bleibt bemerkenswert ruhig, schreibt keinen ihrer berühmten Verteidigungsbriefe, sondern erweckt, indem sie gar keinen Kommentar abgibt, eher den Eindruck, als hätte sie plötzlich genug von dem ewigen Theoriestreit um ihren Vater, als wolle sie sich lieber auf sich selbst und ihre eigene Arbeit konzentrieren. Den Sommer des Jahres 1887 verbringt sie mit Aveling in Dodwell, einem kleinen Bauerndorf in der Nähe von Stratford-on-Avon, der Heimat ihres geliebten Shakespeare. Sie haben dort ein Cottage, ein Häuschen für Erntearbeiter, gemietet, das sie auf einer ihrer Reisen zufällig entdeckt haben, eine wunderschöne alte Bruchsteinkate mit großem Garten. Tussy fühlt sich wohl hier, sammelt wieder neue Kräfte. Zum ersten Mal seit dem Tod ihres Vaters wirken ihre Briefe an Laura wieder richtig glücklich:
»Unten haben wir eine große Küche – der Boden natürlich aus Steinplatten –, dann Spülküche und Waschküche in einem und eine

Speisekammer. Oben drei Zimmer – zwei natürlich sehr klein. Außerdem haben wir einen Viertelhektar Garten, wo wir mehr Gemüse ziehen können, als wir selbst brauchen werden. Edward geht raus und buddelt unsere Kartoffeln aus … und wir haben alles mögliche gesät … Ich kann Dir gar nicht sagen, wie einen das Landleben nach dem ganzen Rennen, Retten und Hasten in London entzückt. Es ist, wie Scott es nennt, ›*das* schöne Land‹ – englisch durch und durch, versteht sich, wie es Shakespeares Heimat wohl ansteht. Denk doch, Laura, die *Heimat Shakespeares*! Wir arbeiten zwei-, dreimal die Woche in seinem ›Geburtshaus‹ (mit Genehmigung des Bibliothekars dort), und wir haben sein Wohnhaus angeschaut und die alte Gildenkapelle … und die alte Grammar School – unverändert –, wohin er ›widerstrebend zur Schule‹ ging, und sein Grab in der Trinity Church und Ann Hathaways Cottage … Seit ich in diesem verschlafenen, kleinen Stratford bin und die Stratforder kenne, weiß ich, wo die ganzen Dogberries … herkommen. Man kann ihnen auch heutzutage hier begegnen … Ich hatte vorher keine Ahnung, wie stratfordisch Shakespeare war. Alle Blumen sind Stratforder Blumen … Du *mußt* einfach herkommen und Dir die Gegend ansehen, und Du wirst Dich in sie verlieben, wie wir es getan haben. Wir schuften ganz schön hier, obwohl wir auch eine Menge spazierengehen und faulenzen. Edward schreibt und schreibt. Hast Du gehört, daß ein Stück aus seinen ›Dregs‹ (ein kurzer Einakter) von der sehr populären … Schauspielerin Rose Norreys angenommen worden ist und demnächst inszeniert werden soll? Und daß wahrscheinlich zwei andere Stücke … demnächst angenommen werden? Dann mußt Du rüberkommen und sie anschauen. Wir sind gerade damit fertig geworden, aus unseren *Time*-Artikeln ein Buch zusammenzustellen, das Sonnenschein herausbringen soll. Wir haben eine Menge … nützliches Material hinzugefügt. Wir wollen auch eine Artikelreihe über ›Shakespeares Stratford‹ schreiben (der Grund, weshalb wir im ›Geburtshaus‹ arbeiten), und ich übersetze einige von Kiellands* wundervollen Erzählungen aus dem Norwegischen.«[479]

Das Buch, an dem die Avelings in Dodwell arbeiten, heißt »The Working-Class-Movement in America« – die Arbeiterbewegung

* Alexander Kielland (1849–1907), norwegischer Schriftsteller, von dem sich u. a. Fontande und Mann inspirieren ließen

in Amerika. Es ist jedoch eher eine Beschreibung der *Lage* der Arbeiterklasse, wie sie Engels in den 1840er Jahren für England vorgenommen hat. Über die Arbeiter*bewegung* erfährt man nur wenig.

Es ist, um es vorwegzunehmen, eines der besten Gemeinschaftswerke der Avelings, vielleicht sogar das beste überhaupt. Es erscheint auf englisch im Verlag Sonnenschein und auf deutsch in der sozialistischen Zeitung »Die Neue Zeit«,[480] findet hier wie dort ein enormes, wohl verdientes Echo.

Das Vorurteil, in Amerika gebe es keine Arbeiterfrage, weil die Geschichte der Klassengegensätze fehle, sei falsch, beginnen die Autoren. Im Gegenteil, die Klassenunterschiede seien in Amerika noch viel krasser als irgendwo in Europa:

»Es fehlt dort an jeglichen Übergangsstadien und Übergangsklassen. Es gibt keine Mittelklasse, auch nicht in geistiger Beziehung. Der wirklich gebildete und kultivierte Amerikaner ist vielleicht das liebenswürdigste Wesen der Welt. Die Sitten und Gebräuche des Durchschnittsamerikaners sind dagegen unbeschreiblich unangenehm. Jene Klasse von gewöhnlichen, aber angenehmen Leuten, ... mit denen man einen gemütlichen Abend verbringen kann, wenn sie auch nicht den Wunsch erregen, das ganze Leben mit ihnen zu verbringen, diese Klasse ist in Amerika augenscheinlich unbekannt ... Gleich unvermittelt ist der Klassengegensatz in ökonomischer Beziehung. ... Auf der einen Seite der Millionär, der erbarmungslos jede Existenz vernichtet, die ihm im Wege steht ... Auf der anderen Seite der hilflose, verhungernde Proletarier ... Die kapitalistische Produktionsweise ist in Amerika nicht aus der feudalen erwachsen, sie kam fertig herüber und mit aller ihrer Rücksichtslosigkeit verkündet sie es laut in den Straßen, daß in der amerikanischen Gesellschaft nur zwei Klassen bestehen und daß beide Feinde sind.«

Zwar verdienten die amerikanischen Arbeiter durchschnittlich deutlich mehr als die englischen. Aber sie müßten auch viel härter arbeiten, etwa dreihundertzwölf Stunden oder fünfunddreißig Tage mehr im Jahr. Wegen dieser größeren »Arbeitsintensität« und des damit verbundenen Existenzdrucks betrage die Lebenserwartung eines amerikanischen Gießers rund vierzig Jahre, die eines englischen rund fünfzig Jahre. Es gebe keinerlei Kündigungsschutz. Die Lebenshaltungskosten seien insgesamt wesentlich höher, besonders die Mieten, wobei viele Arbeiter in New York kaum

besser wohnten als die Dockarbeiter und Lohnschneider im Londoner East End.
Streik sei in vielen Fabriken verboten. Wer streike, werde vom Unternehmer auf eine schwarze Liste gesetzt und bekomme nirgendwo mehr eine Anstellung. Viele Fabrikanten erzwängen vom Arbeiter die Zusicherung, daß er keiner Arbeiterorganisation angehöre und niemals streiken werde. Die Bleiarbeiter mußten noch 1884 den »eisernen Eid« leisten:
»Ich erkläre hiermit feierlichst, daß ich nicht Mitglied irgendeiner Arbeiterorganisation bin und daß ich keiner der bestehenden Arbeiterorganisationen in Zukunft angehören werde. Für die Wahrheit dieser Erklärung verpfände ich mein Wort und meine Ehre als Mann.«
Viele Unternehmer beuteten ihre Arbeiter doppelt aus, indem sie in firmeneigenen Läden Kleidung und Lebensmittel anböten, die auf Pump gekauft werden könnten. Die entstehenden Schulden würden vom Lohn abgezogen. In einigen dieser Geschäfte würden sogar Bier und Schnaps verkauft, oft zu absurd hohen Preisen. Der Alkoholismus sei, selbst in Prohibitionsstaaten, enorm.
In Amerika gebe es viele arbeitende Frauen und eine starke Frauenbewegung. Das sehe auf den ersten Blick fortschrittlich aus, aber Frauen würden in Wirklichkeit nur so gerne beschäftigt, weil sie weniger Ärger machten.
»Wir beschäftigen nie Männer, wenn wir Frauen finden, die die Arbeit ebensogut verrichten«, zitieren sie einen Werkführer aus Fall River. »Das tun wir nicht nur, weil das billiger kommt, sondern auch, weil sie weniger Ungelegenheit durch Streiks verursachen oder durch unnötige Beschwerden …«
Die Seidenweberinnen in Connecticut müßten fünfundzwanzig Cent Strafe zahlen, wenn sie sich während der Arbeit die Hände wüschen, der Verzehr einer Scheibe Brot koste einen Dollar Strafe. Viele amerikanische Arbeiterinnen seien schwer krank. Besonders häufig seien Fehlgeburten, nervöse Beschwerden und Brustkrebs.
Mehr als fünfundzwanzig Prozent der Zigarrenmacher in New York seien Kinder im Alter von acht bis vierzehn Jahren, die selbstverständlich nie eine Schule besucht hätten oder besuchen würden.
Aus dem Bericht eines New Yorker Regierungsinspektors:
»Ich verlange Mitleid für die Kleinen! In diesen Tagen gesetzlicher Intervention, wo der Staat das Vieh vor der Peitsche des

Treibers schützt, wo er des überarbeiteten Pferdes gedenkt und es von seiner Qual befreit, ... da wäre es erbärmlich, wenn das Bedürfnis der Kindheit nach Muße zur Erholung des Körpers und nach Erziehung zur Erquickung des Geistes keine Erhörung finden sollte. ... Die Kinder haben Rechte, die der Staat verpflichtet ist zu achten. Es ist ihr Recht zu spielen und sich zu belustigen, in der Schule und auf dem Spielplatz zu sein, anstatt sich in der Fabrik zu schinden.«

Merkwürdigerweise gebe es in Amerika fast keine fiktionale Literatur über die Arbeiterklasse. Es fehlten die großen dokumentarischen Romane eines Charles Dickens, einer Margaret Harkness, eines John Mackay. Vielleicht müsse erst eine »Onkel Tom's Hütte über den Kapitalismus« geschrieben werden, damit die Welt die Leiden der amerikanischen Arbeiter zur Kenntnis nehme?

Das Thema »Amerika« läßt die Avelings in diesen Wochen nicht los. Denn inzwischen ist es so gut wie sicher, daß die »Chicagoer Anarchisten« trotz aller internationalen Proteste zum Tode verurteilt werden. Wieder in London, beteiligen sich die Avelings an Protestkundgebungen, ziehen viele Londoner Arbeitervereine auf ihre Seite, verfassen mit William Morris, Stepniak, Annie Besant und anderen eine Resolution, in der es heißt, »daß das Schicksal dieser sieben Männer ... uns englische Arbeiter tief betrifft, weil ihr Schicksal das unserer irischen Kameraden ist, und morgen unseres sein wird, wenn nicht alle Arbeiter auf beiden Seiten des Atlantiks einstimmig erklären, daß alle, die das Recht auf freie Versammlung und freie Rede unterbinden, ungesetzlich und auf eigene Gefahr handeln.«[481]

Tussy schreibt einen langen Artikel in der Zeitschrift »To-Day«,[482] nennt die zu erwartende Exekution eine »Klassen-Exekution«, sagt klar und deutlich, daß es bei der ganzen Arbeiterkundgebung in Chicago im Grunde um nichts anderes gegangen sei als den Kampf um den Achtstundentag, bezweifelt, daß der Terminus »Anarchisten« auf die Verurteilten zutreffe. Die Resolution wird an den Obersten Gerichtshof der USA, an den amerikanischen Präsidenten geschickt, umsonst. Vier der sieben Angeklagten, darunter auch August Spies, werden am 11. November 1887 hingerichtet. Sie klagen und weinen nicht. Sie gehen so aufrecht und stolz in den Tod, daß sogar die bürgerliche Presse beeindruckt ist. Einer von ihnen singt im Moment vor der Hinrichtung die Marseillaise. August

Spies ist schon von seinem Henker vermummt worden, als er in lupenreinem Englisch die Worte spricht:
»Die Zeit wird kommen, da unser Schweigen im Grabe mächtiger sein wird als unsere Reden.«[483]
Nach der Hinrichtung – die Männer werden bestialisch langsam erdrosselt – übergibt man die Leichen den Angehörigen. Am nächsten Tag findet in Chicago ein Trauerzug statt, dem über zwanzigtausend Menschen folgen. Auch in London kommt es zu schweren Unruhen, obwohl die Polizei jede Versammlung, jede öffentliche Rede untersagt hat. In die Empörung gegen die Todesurteile von Chicago mischen sich Proteste der Arbeitslosen und Demonstrationen der irischen Landliga. Fast dreihundert Menschen werden nach einem brutalen Polizeieinsatz verhaftet, über hundert zu Zwangsarbeit verurteilt. Tussy steht natürlich mitten unter den Demonstranten.
»Ich habe nie eine derartige polizeiliche Brutalität erlebt«, schreibt sie am nächsten Tag in der »Pall Mall Gazette«. »Und Deutsche und Österreicher, die wissen, wie groß die Brutalität der Polizei sein kann, haben mir dasselbe gesagt. Ich brauche Ihnen nicht zu erzählen, daß ich inmitten des Gefechtes in der Parliament Street stand und nachher ... selbst ganz hübsch in die Mangel genommen wurde. Mein Mantel und Hut wurden völlig zerfetzt ..., ich bekam vom Schlagstock eines Polizisten einen schlimmen Hieb über den Arm und wurde von einem Schlag auf den Kopf zu Boden geworfen, wo ich, wäre nicht ein kräftiger alter Ire ..., dessen Gesicht blutüberströmt war, zur Stelle gewesen, von der berittenen Polizei zertrampelt worden wäre.«[484]
Doch Tussy, schreibt Engels an Natalie Liebknecht, hat die Prügelei mit der Polizei selber angefangen. Sie sei nicht »die Angegriffene, sondern die Angreiferin« gewesen.[485]

Gegen Ende des Jahres 1887 wenden sich Tussy und Aveling wieder ihren literarischen Aktivitäten zu. Ein Stück von Aveling – die Bearbeitung einer französischen Vorlage – wird in einem kleinen Londoner Theater uraufgeführt. Tussy spielt darin die weibliche Hauptrolle, eine gewisse Jeannie. Es ist die melodramatische Geschichte einer Seemannsbraut, die nach dem vermeintlichen Seetod ihres Geliebten einen alten Mann heiratet. Nach vielen Jahren kommt der Seemann unerwartet zurück. Für Jeannie beginnt ein leidenschaftlicher Konflikt zwischen Liebe und Treue. Doch die Treue siegt. Jeannie bleibt bei ihrem ungeliebten, aber gutherzigen Mann. Dem Seemann bleibt nichts anderes übrig, als ihr zu entsagen und mit gebrochenem Herzen auf die Weltmeere zu entschwinden.

Tussy war wahrscheinlich glücklich, wieder Theater spielen zu dürfen, wenn ihr auch klar gewesen sein muß, daß das Stück ihres Edward nichts taugte. Es war verlogen und unglaubwürdig, eine Ansammlung von Klischees. Ausgerechnet Aveling, der kein sexuelles Abenteuer ausließ, mußte das Loblied der ehelichen Treue singen! Sie identifiziert sich nicht mit dem Stück, aber sie spielt es trotzdem, fühlt sich betreten und unsicher, hat Angst vor neuem Gerede, neuen Skandalen. Nicht zu Unrecht, denn die allgemeine Empörung über Aveling hat in diesem Jahr immer weitere Kreise gezogen. Morris, der Maler, Romancier und Parteifreund, hat ihn kürzlich einen »Hund« genannt,[486] der das Ansehen der Bewegung schädige, und selbst Engels hat an einen deutschen Sozialisten in Amerika geschrieben:

»Der Junge hat all sein Pech mitverschuldet durch seine totale Unkenntnis der Welt, der Menschen und der Geschäfte ... Ich habe ihn aber aufgerüttelt, und Tussy wird den Rest besorgen. Der Junge ist sehr talentvoll und brauchbar, dabei gushing* wie ein Backfisch, und es juckt ihm immer in den Fingern, eine Dummheit zu machen. Nun, ich erinnere mich noch der Zeit, wo ich ein ähnlicher Esel war.«[487]

Die Rezensionen der Theateraufführung sind erwartungsgemäß miserabel. Tussy hat als Jeannie nicht überzeugt. Man konnte ihr ihre Angst und Beklommenheit ansehen, anhören. »So klein das Theater auch war, sie war oft selbst in der Nähe der Bühne unhörbar und schien auch nicht einen Augenblick zu begreifen, daß sie von jedermann, der weiter als ein paar Meter entfernt saß, gehört werden sollte«, schreibt der Kritiker des »Dramatic Review«. »Einige ihrer Sätze wurden gut gesprochen, aber sie machte weder die reuige Ehefrau ... noch die treue Gattin glaubhaft.«[488]

Im Dezember 1887 hält Aveling einen großen pathetischen Vortrag über den englischen Dichter und Philosophen Percy B. Shelley, der 1822 mit erst dreißig Jahren gestorben war, den »genialen

* schwärmerisch

und unvergleichlichen«, den Marx und Engels als Wegbereiter des Sozialismus bezeichnet hatten. Shaw, der im Publikum sitzt, findet den Vortrag entsetzlich und schreibt bissige Kritiken darüber. Diesmal ist Tussy beleidigt. Und zwar gründlich. Seine Angriffe gegen ihren Vater hat sie ihm durchgehen lassen. Die Kritik an Aveling verzeiht sie ihm nicht.

»Ja, diese gesellschaftliche Verrufserklärung war recht gemein«, schreibt sie ihm am 16. Dezember 1887. »Aber ich gewöhne mich so daran, boykottiert zu werden, daß es mir nicht mehr neu ist. Ich wundere mich jetzt viel mehr darüber, wenn ich *nicht* boykottiert werde. Sie besuchen uns jetzt nie, und ich habe mich manchmal gefragt, ob Sie uns nicht auch boykottieren.«[489]

Sie wird wieder traurig, verliert wieder den Lebensmut. Vielleicht ist auch der endlos lange Londoner Winter mit daran schuld, der ihr, seitdem sie aus Amerika zurück ist, besonders erdrückend vorkommt. Sie hat New England im Frühherbst gesehen, die großen lichtdurchfluteten Ebenen, den Indian Summer. Jetzt herrscht wieder der Londoner Smog, und auch ihre Seele verdüstert sich.

»Sie war eine jener, die leben sollten«, schreibt sie nach dem Selbstmord einer Freundin an Dollie Radford. »Aber alles geht verkehrt zu, und in solchen Zeiten übermannt uns die Traurigkeit des Lebens so schmerzlich, daß wir sie fast nicht ertragen können.«[490]

Im Frühjahr und Sommer 1888 verbringen Aveling und sie wieder viel Zeit in dem Bauernhäuschen bei Stratford. Ihre Stimmung wird etwas besser. Sie kann wieder arbeiten, übersetzt in wenigen Wochen Ibsens Drama »Ein Volksfeind« ins Englische, das wort- und personenreiche Stück über einen engagierten Kur- und Badearzt, der einen Umweltskandal bei der städtischen Wasserversorgung aufdeckt und den Kampf gegen Kapital und Korruption aufnimmt. Schon im Jahr davor hat sie Norwegisch gelernt. Es ist ihr leicht von der Hand gegangen. Sie ist extrem sprachbegabt, ähnlich wie Engels. Ibsen und seine kritischen Sozialdramen begeistern sie so sehr, daß sie vor der fremden skandinavischen Sprache nicht zurückschreckt. Für die Übersetzung bekommt sie fünf Pence pro Seite, insgesamt fünf Pfund, also fast gar nichts. Der Text erscheint mit einem Vorwort von Havelock Ellis. Über die Qualität dieser Arbeit streiten sich die Geister. Die einen sind froh, Ibsen nun endlich auf englisch lesen zu können. Die anderen, darunter George Bernard Shaw, finden die Sprache zu schwer, zu gedrechselt, zu wenig bühnentauglich. Tussy hatte keine Gelegenheit, Korrektur zu lesen. Es haben sich Fehler eingeschlichen. Man spürt die Hast, in der das Ganze entstanden ist. Tussy, die über die Leiden der ausgebeuteten Arbeiter schreibt, verdient selber nicht mehr als ein jüdischer Lohnschneider, eine hungernde Heimarbeiterin im Londoner East End. Für das bißchen Geld, was sie für die Übersetzung eines ganzen Dramas bekommt, würde ein Sweater nicht einmal fünf Mäntel nähen. Trotzdem macht sie die Lage der Schriftsteller, der Übersetzer nie zu ihrem Thema, sondern schreibt – wieder zusammen mit Aveling – lieber einen Aufsatz über »Shelleys Sozialismus«, der 1888 in der »Neuen Zeit« erscheint und großes Befremden auslöst. »Sein Ziel war im Grunde die heutige Sozialdemokratie«, heißt es darin, eine grobe Vereinfachung.[491]

Im August 1888 gehen die Avelings wieder auf Amerika-Tour, diesmal zusammen mit Engels, der bester Stimmung ist:

»Ich bin seit gestern auf einer kleinen Spritztour nach Amerika unterwegs«, schreibt er an einen Verwandten. »Wir sind eine fidele Gesellschaft ... Wir haben hübsche Kajüten, die Beköstigung ist vortrefflich, dazu amerikanisches Lagerbier, das gar nicht übel ist, ein langes Verdeck, um sich darauf herumzutreiben, nicht zu viel Passagiere.«[492]

Die Reise dient nicht der politischen Agitation, sondern, von New York bis nach Kanada führend, hauptsächlich der touristischen Neugier, dem Vergnügen. Aveling will in Amerika für seine Stücke werben. Doch der Plan mißlingt. Es gibt keine einzige wichtige Erstaufführung, keine einzige große Rezension. Die intellektuelle Oberschicht der Vereinigten Staaten, die die Avelings in ihrem Buch über die amerikanische Arbeiterklasse so sehr gepriesen hatten, scheint von dem kleinen Dramatiker aus England nichts wissen zu wollen. Es gibt auch keine Begegnungen mit Politikern oder Arbeiterführern. Der Kontakt zur deutschsprachigen Arbeiterbewegung wird nach den Skandalen von 1886 vorsichtshalber streng gemieden.

Eine nutzlose Reise also? In politischer und literarischer Hinsicht gewiß. Sogar Engels, der Fan Edward Avelings, beginnt langsam einzusehen, daß er sich in der Einschätzung seines Talentes getäuscht hat, daß die großen, von ihm vorausgesagten Erfolge in London, Amerika und Australien ausbleiben werden, daß Tussy – man mag darum herumreden, soviel man will – mit einem Blender

zusammenlebt, daß es eigentlich nur noch darum gehen kann, sie und vor allem den Nachruhm von Marx vor weiteren Torheiten dieses Mannes zu schützen.
Tussy selbst allerdings genießt die Reise, die Freiheit von allen Verpflichtungen, die frische Luft. Beinahe zum ersten Mal, seitdem sie erwachsen ist, kann sie auf Reisen etwas anderes wahrnehmen als Politik, als soziale Mißstände, hat sie Augen für Landschaften, Städte und Menschen, über die sie in beeindruckenden Briefen an Laura berichtet.
»Der General«, schreibt sie am 11. September 1888 aus dem kanadischen Slattsburgh, »wird Dir sicher geschrieben haben, was für eine ›lovely time‹ (wie die Yankees sich ausdrücken) wir überall gehabt haben, besonders in den schönen Städten an den Niagara-Fällen. Von Niagara sind wir mit dem Schiff bis zum Ontario-See gefahren und von da nach Toronto. Ich habe oft gehört, daß an den Seen ›rauhes‹ Wetter sein soll. Aber ich konnte mir nicht vorstellen, *wie* rauh es sein würde. Wir zitterten vor Kälte, als wenn wir den Kanal überqueren würden, und jedem von uns wurde schlecht. Von Toronto – ein seltsamer Ort, wo alle Leute englisch aussehen und das nichts von der Eile und Hektik einer amerikanischen Stadt hat – fuhren wir weiter über den St. Lawrence … nach Montreal. Der St. Lawrence ist ein wunderbarer Fluß, von dem wir uns in Europa keine Vorstellung machen, überall von Inseln durchsetzt, einige sehr groß, andere winzige runde Dinger, mit Bäumen bestanden. In diesem sogenannten ›Land der tausend Inseln‹ haben vor allem reiche Kalifornier, aber auch Millionäre aus den ganzen Staaten, ihre Sommerhäuser, und nachts sind diese Häuser von Hunderten chinesischer Lampen erleuchtet, was einen sehr merkwürdigen und sehr schönen Eindruck gibt. Fast alle Leute sprechen Französisch, fast alle Geschäfte haben französische Namen, und mit Ausnahme der einzigen großen Geschäftsstraße und des Westends, die englisch sind, ist es die unordentlichste, schmutzigste Stadt, die ich je gesehen habe. Die Häuser – alle aus Holz, ohne eine Spur von Anstrich – scheinen nur dazu gebaut, um gleich wieder auseinanderzufallen … Aber die Stadt liegt wunderschön am St. Lawrence, und am Horizont siehst Du auf die weißen und grünen Berggipfel des Montreal-Gebirges.«[493]
Wieder in London, nehmen die Dinge ihren gewohnten Lauf. Edward geht weitgehend seiner eigenen Wege, Tussy verbringt ihre

Nächte allein, schreibend und brütend. Am letzten Abend des Jahres 1888 schreibt sie an Laura:

»Ich kann das alte Jahr nicht zu Ende gehen und das neue nicht anfangen lassen, ohne Dir zu schreiben, daß wir hoffen, es möge für Dich und für Paul ein glückliches sein. Ich hatte enorm viele Briefe zu schreiben, und nun ist es Zeit, zum Silvesterfest zu Pumps zu gehen ... Hier ist alles wie immer. Engels hat sich seit unserer Amerika-Tour enorm verjüngt ... Alle deutschen Flüchtlinge sind bei ihm ..., sehr zum Mißfallen von Pumps. Morgen fährt Edward nach Cornwall zu einigen Freunden, die mich unbedingt auch sehen wollen. Aber ich mache mir nichts aus reichen Leuten, obwohl ich fürchte, daß ich mitfahren muß. Ich habe eine Entschuldigung, weil ich nächsten Mittwoch nach Oxford will, um die einzige Abschrift des elisabethanischen Stückes zu sehen, das ich ediere. Wenn ich nach Cornwall fahre, werde ich ein bißchen Zeit haben, Dir ausführlicher zu schreiben, wie die Dinge hier stehen. Sie bewegen sich – aber langsam! Unsere Liebe für Euch beide und die besten aller guten Wünsche – Deine Dich liebende Tussy.«[494]

11 Ich bin eine Jüdin! 1889–1891

Das Jahr 1889 markiert eine Wende in der englischen Arbeiterbewegung. Waren die alten »Trade Unions« noch weitgehend unpolitisch, an theoretischen Fragestellungen völlig desinteressiert und nach dem Prinzip der »self-help« nur auf konkrete Verbesserungen am Arbeitsplatz bedacht, so beginnen die Arbeiter sich nun immer mehr zu politisieren. Im August 1888 ist die schottische »Labour Party« gegründet worden. Drei Monate später hat in London ein internationales Gewerkschaftstreffen stattgefunden. Dabei wird der »Gründungskongreß der Zweiten Sozialistischen Internationalen« beschlossen, der am 14. Juli 1889, dem hundertsten Jahrestag der Erstürmung der Bastille, in Paris stattfinden soll.

Es sind sicher weniger die Personen als die Verhältnisse, die diese plötzliche Politisierung bewirkt haben: der anhaltende Schock über die Hinrichtungen von Chicago, die Armut der englischen Landbevölkerung, die nicht enden wollenden Unruhen in Irland und die Arbeitslosigkeit in den Londoner Slums. In dieser Stimmung, bei diesen notleidenden, zutiefst frustrierten Menschen fallen sozialistische Versprechungen auf fruchtbaren Boden, egal, von wem oder wie sie vorgetragen werden. Sogar die tief religiösen Lohnarbeiter in den jüdischen Elendsvierteln lassen sich von den neuen Ideen anstecken.

»Brüder im Exil«, ruft der jiddische Dichter Pinkas in Israel Zangwills Roman »Children of the Ghetto«, »die Stunde ist gekommen, um die Ausbeuter zu Boden zu werfen ... Unser großer Lehrer Moses war der erste Sozialist. Die Gesetzgebung des Alten Testaments, das Landgesetz ..., die zärtliche Sorgfalt für die Armen, die Unterordnung der Rechte der Besitzenden unter die Interessen der Arbeiter, das alles ist der reine Sozialismus ... Mit einem Wort, Sozialismus ist Judentum und Judentum ist Sozialismus. Und Karl Marx und Lassalle, die Gründer des Sozialismus, waren Juden. Das Judentum kümmert sich nicht um die nächste Welt, es sagt: ›Iß, trink und sei zufrieden und danke dem Herrn, deinem Gotte, der dich aus Ägypten, dem Land deiner Knechtschaft, geführt hat.‹ Aber wir haben nichts zu essen, wir haben nichts zu trinken, wir sind noch immer in dem Lande der Knechtschaft. Meine Brüder, wie können wir denn das Judentum halten in einem Lande, wo kein Sozialismus ist? … Behaltet nicht eure Reichtümer für euch selbst, verbreitet sie! Mästet euch nicht von der Arbeit der Armen, sondern teilt sie! Eßt nicht das Brot, das andere verdient haben, sondern verdient es euch selbst! Ja, Brüder, die einzigen echten Juden in England sind die Sozialisten; Gebetriemen, Gebetbücher, das ist lauter Unsinn. Arbeitet für den Sozialismus, das ist dem Allmächtigen lieb. Der Messias wird ein Sozialist sein … So und nur so werdet ihr aus der Knechtschaft erlöst werden, werdet ihr aus Lasttieren Menschen, aus Sklaven freie Bürger, aus falschen Juden echte Juden werden! … So und nur so wird Judäa die Welt bedekken, wie das Wasser das Meer bedeckt!«[495]

Tussy kennt Israel Zangwill, den 1864 geborenen Sohn des jüdischen East End, Kind russischer Einwanderer, Absolvent einer freien jüdischen Schule, Dramatiker, Essayist, Romancier, Zionist, einen Mann, dessen Muttersprache das Jiddische ist und der sie offensichtlich tief beeindruckt. Er ist, genau wie sie, fanatischer Ibsen-Anhänger. In einem Club von Theaterfreunden hat sie ihn zum erstenmal getroffen. Wenn sie im East End etwas erreichen wolle, müsse sie Jiddisch sprechen, macht er ihr klar. Denn Jiddisch sei die lingua franca des Ghetto, das verbindende, traditionsstiftende Idiom, in dem sich alle diese Einwanderer aus Rußland, Polen, Litauen, Holland und Deutschland verständigten. Jiddisch ist auch die Sprache der sozialistischen Zeitungen, die seit Mitte der achtziger Jahre im East End erscheinen, der »Arbaiter Fraint«, die »Fraye Welt«, der »Poilishe Yidel« und »Die Tsukunft«, alle mit leicht anarchistischer Tendenz, denn die Handwerker aus den osteuropäischen Stedeln sind extrem individualistisch, skeptisch gegenüber allen Organisationen, die nichts mit der jüdischen Tradition zu tun haben, vor allem gegenüber dem englischen Schulwesen:

»Aufgaben!« schnaubte Malka in Zangwills großem Ghetto-Roman. »Zu was nutzen Aufgaben? In der gottlosen Schule lernen sie ja nur Englisch und nicht Jüdisch. Ich habe mein ganzes Leben lang nur Hebräisch lesen und schreiben können … Die Lehrer sind eine Bande von Abtrünnigen, die verbotene Sachen essen, aber die gute Jiddischkeit geht zugrunde …«[496]

So tut Tussy, was Zangwill und andere ihr raten. Sie lernt die altertümliche, fremde und doch vertraute Sprache, die Sprache ihrer Vorfahren, den Dialekt, den die Mutter von Marx zeitlebens nicht abgelegt hat:

»Meine letzte linguistische Erwerbung ist Jiddisch«, erzählt sie einer Besucherin aus Rußland. »Ich halte sogar Vorträge auf jiddisch und benutze dabei die deutsche Grammatik, so daß mein Publikum mich besser verstehen kann.«[497]

Das Ganze ist übrigens auch eine politische Entscheidung. Denn die Londoner jüdische Bourgeoisie, angeführt von dem aus Deutschland stammenden Oberrabbiner Dr. Hermann Adler, die reichen Bankiers, Kaufleute und Börsenmakler hassen das Jiddische. Es ist die Sprache der »Rückständigen«, »Ungebildeten«, die sich nicht assimilieren wollen, die Sprache des Proletariats. Ein Grund mehr für Tussy, sie gründlich zu lernen. Sie »liege ihr im Blut«, sagt sie der russischen Besucherin. Im April 1889 bezeichnet sie sich ihrer Schwester Laura gegenüber zum ersten Mal als »eine Jüdin«.[498]

Am 7. Juli 1889, eine Woche vor Eröffnung des internationalen Kongresses, treffen die Avelings in Paris ein. Aveling als Korrespondent für eine sozialistische Zeitung und Delegierter eines »Radikalen-Clubs«, Tussy als offizielle Übersetzerin aus dem Englischen und Französischen ins Deutsche und umgekehrt. Sie ist außerdem Mitglied eines ständigen Kongreßausschusses und hat sich die Finger an Einladungen wund geschrieben. Über fünfhundert Briefe an Gewerkschafter in England, Irland und Schottland, zum erstenmal mit Hilfe eines »Schreibklaviers«, einer Schreibmaschine also, die sie sich nach langem Zögern angeschafft hat, damit die Genossen nicht länger mit ihrer krakligen Schrift vorliebnehmen müssen.

Schon im Vorfeld hat es großen Ärger gegeben. Denn nicht nur die Marxisten und Sozialisten, auch die »Possibilisten«, eine von der französischen Arbeiterpartei abgespaltene Gruppierung, planen zum 14. Juli einen Kongreß. Außerdem gibt es endlose Debatten über die Frage, ob man die »Anarchisten« zulassen solle oder nicht. Tatsächlich finden zwei konkurrierende Kongresse statt, der kleinere, »possibilistische« in der Rue Lancry, der größere, »marxisti-

sche« in der Salle Pétrelle, die an diesem Tag ganz mit rotem Tuch ausgeschlagen und mit roten Fahnen geschmückt ist. Hinter den Rednerpulten, an der Stirnwand, prangt ein riesiges Transparent, auf dem in goldenen Lettern die Schlußworte des »Kommunistischen Manifestes« stehen:
»Proletarier aller Länder, vereinigt Euch!«
Es sind große Tage für Tussy. Jeder kennt sie. Fast jeder verneigt sich vor ihr. Über vierhundert Delegierte aus den USA und vierundzwanzig europäischen Ländern sind gekommen, um über den Stand der Bewegung in ihrer Heimat zu berichten, aus Deutschland, der wie immer stärksten Fraktion, allein einundachtzig. Es sind Männer wie Bebel, Liebknecht und Bernstein darunter, alles alte Bekannte von Tussy, aber auch eine kleine, zarte, rothaarige Frau, die sie noch nie gesehen hat. Ihr Name ist Clara Zetkin.
Sie ist als Vertreterin der Berliner Arbeiterinnen gekommen, lebt aber zur Zeit in Paris. Sie sieht blaß und krank aus, ein Eindruck, der sofort verfliegt, wenn sie anfängt zu reden. Man sagt, sie habe gerade eine Tuberkulose hinter sich. Ihr Lebensgefährte, dessen Namen sie trägt, ist vor kurzem an Rückenmarksschwindsucht gestorben. Er hieß Ossip Zetkin, ein berühmter russischer Revolutionär, Vater ihrer beiden kleinen Söhne Maxim und Kostja.
Nach langen Debatten über den konkurrierenden Kongreß der Possibilisten werden endlich die zahlreichen Anträge diskutiert. Es ist viel Zeit mit Streiten vergangen. Es kommt Unwillen auf. Trotzdem beschließt der Kongreß mit großer Mehrheit, sich politisch für folgende Ziele einzusetzen:
Abschaffung der stehenden Heere und allgemeine Volksbewaffnung; Verbot der Arbeit für Kinder unter vierzehn Jahren; Verbot der Nachtarbeit für Frauen und Minderjährige; ein obligatorischer Ruhetag pro Woche; gesetzliche Einführung des Achtstundentages und internationale Kundgebungen zum ersten Mai, dem Jahrestag des Massakers auf dem Haymarket von Chicago.[499]
Die Vereinigung der jüdischen Gewerkschaften in New York hat ihren eigenen Delegierten, einen Mann namens Miller, entsandt. Dieser Miller erzählt den Europäern erstaunliche Dinge. Eine jüdische Arbeiterbewegung gebe es in New York schon viel länger als in London, nämlich seit sechs oder sieben Jahren, seit Beginn der Masseneinwanderung aus Rußland: Vereinigungen jüdischer Hemdenmacher, Schriftsetzer, Schneider und Knickerbockerhersteller,

jüdischer Matratzenmacher, Seidenhandweber usw., ja sogar eine Union jüdischer Choristen und Schauspieler, die seit langem erkannt hätten, »daß die Kunst … ihre privilegierte Stellung verloren hat; daß in der gegenwärtigen kapitalistischen Gesellschaft die Künstler bezahlte Sklaven sind wie alle anderen Arbeiter; und daß sie ihren Feind nur besiegen können, indem sie sich in die Reihen des kämpfenden Proletariates stellen.«[500]

»Bravo!« ruft die Mehrzahl der Delegierten. »Bravo!« ruft wahrscheinlich auch Tussy, wenn auch mit leicht melancholischem, nachdenklichem Unterton. Undenkbar, daß sie bei diesem Vortrag *nicht* an die Schrift ihres Vaters »Zur Judenfrage« gedacht haben sollte, vielleicht auch an das Pamphlet »Herr Vogt« mit seinen obszönen Angriffen auf den Chefredakteur des »Daily Telegraph«, Moses Joseph Levy.

In der »Judenfrage« kommen nur zwei Typen von Juden vor: der rückständige, einer »chimärischen« Religion verbundene »Sabbatjude«, der, obwohl nicht integrationswillig und im selbstgewählten Ghetto lebend, staatsbürgerliche Gleichberechtigung für sich reklamiert; und der jüdische Ausbeuter, der Kapitalist, der nur *einen* Gott für sich anerkennt: das Kapital und den Schacher. Den jüdischen Handwerker, den Hausierer, den Proletarier ignoriert Marx – obwohl es ihn zur Zeit der Entstehung der Schrift durchaus gegeben hat, auch in Deutschland: Der Vater von Eduard Bernstein zum Beispiel war ein jüdischer Lokomotivführer in Berlin –, aber auch der jüdische Künstler, der Intellektuelle, der Philosoph kommen nicht vor, Männer wie Heine, Börne oder Offenbach, mit denen Marx im Pariser Exil täglich umging.

Daß er Heine in Wirklichkeit geliebt und geschätzt hat, ist eine andere Sache. Man weiß es aus vielen privaten brieflichen Äußerungen. Im programmatischen Aufsatz »Zur Judenfrage« aber negiert er das jüdische Künstlertum und den jüdischen Intellekt und behauptet statt dessen:

»Was in der jüdischen Religion abstrakt liegt, die Verachtung der Theorie, der Kunst, der Geschichte, … das ist der *wirkliche bewußte* Standpunkt, die Tugend des Geldmenschen. …

Wir erkennen also im Judentum ein allgemeines *gegenwärtiges antisoziales* Element, welches durch die geschichtliche Entwicklung … auf seine jetzige Höhe getrieben wurde, auf eine Höhe, auf welcher es sich notwendig auflösen muß.«[501]

Das heißt konkret: das Judentum kann keinen Künstler, keinen Historiker, keinen Theoretiker hervorbringen und im Grunde auch keinen echten Sozialisten – mit einer einzigen Ausnahme, Karl Marx, der es aber für sich ablehnt, Jude zu sein und seine Herkunft verdrängt hat.

Es gibt viele Stimmen, die diese Schrift anders interpretieren, als *nicht* antisemitisch, ja sogar als progressiv. Es gibt meterweise Literatur über den »sogenannten« Marxschen Antisemitismus, der in Wirklichkeit nur *Atheismus* und Anti-*Kapitalismus* sei. Doch es geht hier nicht darum, diese Stimmen zu würdigen und zu zitieren. Es geht um den *Eindruck*, den die Abhandlung auf Tussy, die Tochter, gemacht hat, und der muß – jenseits aller späteren Theoriebildung – niederschmetternd gewesen sein, einen schweren Loyalitätskonflikt, schlimme Verwirrungen ausgelöst haben. Wie bewältigt sie diese Verwirrungen? Welche Mittel und Wege findet sie, auf ihre jüdische Herkunft stolz zu sein und den Vater trotzdem zu lieben? Indem sie die Juden zum Sozialismus bekehrt, sie von der »Religion« ihres Vaters überzeugt, sich mit jüdischen Proletariern, jüdischen Künstlern anfreundet, mit Menschen, die weder »orthodox« noch dem »Schacher« verfallen sind. Mit genau denen, die ihr Vater »vergessen« hat, vielleicht, weil er es »nicht besser wußte«, denn die Masseneinwanderung jüdischer Flüchtlinge aus dem Osten begann ja erst in den achtziger Jahren, also nach seinem Tod. Auch *ihn* hätte dieses Elend nicht unberührt gelassen. Auch *er* hätte sich auf ihre Seite geschlagen. Diese Entschuldigung *muß* sie für ihn gelten lassen. Sonst könnte sie ihn nicht mehr lieben. Sonst würde sie verrückt.

Am 19. Juli 1889, einen Tag vor Ende des großen Kongresses, »ergreift unter lebhaftem Beifall das Wort über die Frage der Frauenarbeit die Bürgerin Zetkin.« Sie wirkt erst schüchtern und unsicher, denn sie hat noch nie vor so vielen bedeutenden Menschen, bedeutenden Männern, gesprochen. Unter den über vierhundert Delegierten aus allen Ländern sind nicht einmal zehn Frauen, ein grandioses Mißverhältnis. Doch je länger die Herren ihr aufmerksam zuhören, um so mehr gewinnt sie an Selbstbewußtsein.

»Es ist ... nicht zu verwundern, daß die reaktionären Elemente eine reaktionäre Auffassung haben über die Frauenarbeit«, sagt sie mit klarer Stimme. »Im höchsten Grade überraschend aber ist es, daß man auch im sozialistischen Lager einer irrtümlichen Auffassung begegnet, indem man die Abschaffung der Frauenarbeit ver-

langt.« Frauenarbeit sei eine wirtschaftliche Notwendigkeit, da die Rolle der Frau in der häuslichen Produktion quasi bedeutungslos geworden sei durch die Einführung maschinell gefertigter Massenartikel. »Die mechanische Produktion, welche der Muskelkraft und qualifizierten Arbeit entraten kann, machte es möglich, auf einem großen Arbeitsgebiete Frauen einzustellen.« Es sei nicht die Frauenarbeit, die die Löhne der Männer herabdrücke, sondern die Ausbeutung der Frau durch den Kapitalisten. »Will man die Frauen zu freien menschlichen Wesen, zu gleichberechtigten Mitgliedern der Gesellschaft machen ..., nun so braucht man die Frauenarbeit weder abzuschaffen noch zu beschränken, außer in gewissen, ganz vereinzelten Ausnahmefällen ... Wenn man Verbot oder Beschränkung der Frauenarbeit auf Grund der aus ihr erwachsenden Konkurrenz fordert, dann ist es ebenso logisch begründet, Abschaffung der Maschinen und Wiederherstellung des mittelalterlichen Zunftrechtes zu fordern ...« Von der »bürgerlichen Frauenbewegung« erwarte sie nichts. »Dieses Gebäude ist auf Sand gebaut und hat keine reelle Grundlage.« Sie erkennt die Existenzberechtigung einer Frauen- und Emanzipationsbewegung nicht an. Ja, sie erkennt nicht einmal die Existenz einer »Frauenfrage« an, obwohl ihr Vortrag genau so überschrieben ist. »Wir erwarten unsere volle Emanzipation weder von der Zulassung der Frau zu dem, was man freie Gewerbe nennt, und von einem dem männlichen gleichen Unterricht ... noch von der Gewährung politischer Rechte ... Das Stimmrecht ohne ökonomische Freiheit ist nicht mehr und nicht weniger als ein Wechsel, der keinen Kurs hat ... Die Emanzipation der Frau wie die des ganzen Menschengeschlechtes wird ausschließlich das Werk der Emanzipation der Arbeit vom Kapital sein.«
Lebhafter Beifall, der sich wiederholt, »nachdem die Bürgerin Aveling diese Auseinandersetzungen ins Englische und Französische übersetzt hat.«[502]
Der Vortrag von Clara Zetkin ist klar und gut strukturiert, kurz, knapp und scheinbar spontan überzeugend, wesentlich besser als die verworrene »Woman Question«-Abhandlung der Avelings. Und trotzdem ist er so anmaßend wie falsch, oder zumindest das Produkt gründlichen Selbstbetrugs und gelungener Verdrängung. Denn wer hätte besser wissen müssen als Clara Zetkin, daß es sehr wohl eine dringende »Frauenfrage« gab, die mit der »Klassenfrage« nichts, aber rein gar nichts zu tun hatte? Daß auch Sozialisten

schreckliche Machos sein können, ihr verstorbener Lebensgefährte Ossip Zetkin zum Beispiel, der die Geldsorgen, die Kindererziehung, den chaotischen Haushalt allein ihr aufbürdete, um sich selbst der Weltrevolution widmen zu können?

»So lange wir nicht genügend Beschäftigung haben, um jemand bezahlen zu können, der mir wenigstens die gröbsten Haus- und Kinderarbeiten abnimmt, wird meine Zeit und Kraft fast ausschließlich von den Kindern aufgebraucht«, schrieb sie an Kautsky. »Am Tage komme ich nie eine Minute zur Ruhe, und abends bin ich gewöhnlich müde und zerschlagen wie ein abgerackerter Droschkengaul.«[503] Oder: »Ich bin Hofschneider, -koch, Wäscherin, etc., kurz ›Mädchen für alles‹. Dazu kommen noch die beiden Pipitschlinge, die mir keine ruhige Minute lassen. Wollte ich mich in den Charakter Louise Michels* vertiefen, so mußte ich No I die Nase putzen, hatte ich mich zum Schreiben gesetzt, so hieß es No II füttern. Dazu noch die Misere eines Bohèmelebens.«[504]

Claras Tuberkulose – eine Klassenfrage? Oder das Produkt männlicher Rücksichtslosigkeit, der tief eingefleischten Überzeugung eines männlichen Revolutionärs, daß nur *er* ein Recht auf geistige Entfaltung habe und die Frau die Pflicht, ihm zu dienen und für ihn zu leiden? Als er krank wird, »erlaubt« er ihr endlich, für verschiedene Zeitungen zu schreiben. Mit ihrem Verdienst rettet sie die Familie vor dem Ruin und kann sogar eine Haushaltshilfe, eine ehemalige Kommunardin, einstellen. Doch das ist keine Emanzipation, keine Gleichberechtigung. Das ist das schiere Gebot einer akuten Notlage. Niemand darf an den schwerkranken Zetkin heran außer Clara. Sie hält Nachtwache bei ihm, wird zur Krankenschwester. Erst nach seinem Tod kann sie aufleben, sich entwickeln. Und diese Frau will den Delegierten des Kongresses weismachen, daß die »Frauenfrage« eine »Klassenfrage« sei?

Tussy übersetzt diesen Vortrag mit Emphase. Das ist der Standpunkt der marxistischen Orthodoxie. Das ist eins zu eins ihre Meinung. Ganz im Gegensatz zu den Ausführungen von Saverio Merlino, Italiener, Delegierter des Zirkels »Eisen und Feuer« aus dem ägyptischen Alexandria, der dem Kongreß in perfektem Französisch erklärt, warum der Marxismus alter Schule ausgedient habe und die Ära des *Anarchismus* angebrochen sei:

* Mitkämpferin der Pariser Kommune

»Die echten Anarchisten«, so beginnt er, »sind Anarchisten sowohl im Prinzip als auch in der Tat. ... Die Anarchisten werden Übeltäter (malfattori) genannt, und sie weisen diese Verleumdung nicht zurück, indem sie es vorziehen, die Hand lieber den kleinen als den großen Dieben zu drücken, welche die Gewalt innehaben und das Land ruinieren. In Folge dessen werden sie mißhandelt, verfolgt und bestraft wie Übeltäter; ... wenn es sich dagegen um die parlamentarischen Sozialisten handelt, so zieht die Regierung Samthandschuhe an.« Die Anarchisten glaubten im Gegensatz zu den parlamentarischen Sozialisten nicht daran, daß das Ziel einer gesellschaftlichen Revolution in der Eroberung der politischen Gewalt und der Produktionsmittel durch die Arbeiterklasse bestehen könne. »Sie sind überzeugt, daß eine solche geschichtliche Entwicklung in eine andere Klassenherrschaft entarten würde. Das Übergewicht der herrschenden Klasse von heute würde ersetzt durch das Übergewicht der Arbeiterklasse. Aber die Regierung kann nicht allen nach Wunsch sein. Wenn morgen die Revolution die Gewalt in die Hände der Arbeiterklasse legte, so würde sich diese ganze Änderung darauf beschränken, daß die Chefs sich aus den Arbeitern rekrutierten statt aus den Bourgeois.«
Hier wird Merlino vom Vorsitzenden ermahnt, unterbrochen, nachdem seine Rede schon mehrmals durch Gelächter und Zwischenrufe gestört worden ist. Doch der gutaussehende, schlanke, drahtige Mann mit dem pechschwarzen Schnäuzer und den blitzenden Augen läßt sich nicht irritieren, sondern setzt zum Rundumschlag gegen den Hauptgegenstand des Kongresses, den Achtstundentag, den gesetzlichen Arbeiterschutz an:
»Die Regierungen wollen *auch* Reformen, aber Sozialisten dürfen nicht in die Fußstapfen der Regierungen treten. Sich zum Vorkämpfer der Arbeitergesetzgebung machen, ist eine antisozialistische, eine Bourgeois-Arbeit ... Wenn sie den Weg der Reformen antreten, arbeiten sie darauf hin, ihre Sache zu verderben, die übrigens schon in sich den Keim der Korruption und des Ruines trägt. Der Sozialismus wird mehr und mehr zeigen, daß er unfähig ist, die Emanzipation der Menschheit zu verwirklichen; sein Tod wird daher nicht zu beklagen sein.«[505]
Das ist ungeheuerlich. Das ist Blasphemie. Das ist ein Dolchstoß in das Herz der deutschen Delegierten. Nur einige Franzosen und Engländer wagen, zu applaudieren, während die Anarchisten unter

den Italienern fordern, Tussy möge die Rede sogleich übersetzen, und zwar vollständig, sonst gebe es Krach, worauf die »Bürgerin Aveling« süffisant bemerkt, »daß Merlino fließend Englisch und Deutsch spreche, daher sei es das einfachste, daß er selbst seine Rede in diese Sprachen übersetze.« Dies geschieht.[506]
Nach den letzten Sitzungen ziehen die Delegierten einträchtig zum Friedhof Père Lachaise und legen einen riesigen Kranz auf dem Massengrab der Kommunarden nieder. Er ist mit schwarzen Atlasschleifen geschmückt und besteht ganz aus blühenden Immortellen. An den Gräbern Heines und Börnes spricht Wilhelm Liebknecht ein paar Gedenkworte auf diese »Märtyrer der Freiheit und des Kosmopolitismus«.

Ende Juli 1889 sind die Avelings wieder in London, ein paar Tage zu spät, um die große Demonstration der Gasarbeiter mitzuerleben, die gerade im Hyde-Park stattgefunden hat, eine imposante, friedliche Kundgebung, eher Freudenfest als Protest. Denn die achtzigtausend Mitarbeiter der rivalisierenden Londoner Gas-Companies haben nach langem Streik den Achtstundentag durchsetzen können, müssen nun nicht mehr vom Morgen bis in die Nacht an den Retortenöfen stehen, in den giftigen Dämpfen, die beim Entkoken von Steinkohle entweichen, in Rauch, Staub und Dunst, bei Temperaturen bis sechsundachtzig Grad. Die Fabrikherren haben versprochen, den Lohn nicht zu senken, ja sogar eine bescheidene Lohn*erhöhung* zugesichert. Denn ein weiterer Streik würde bedeuten: keine Beleuchtung der großen Straßen, Plätze und Brücken mehr, nächtliche Dunkelheit in den Theatern, kompletter Gasausfall in den Häusern der Reichen, in denen vor kurzem Gasherde und Gasbadeöfen installiert worden sind, einen Rückfall ins Mittelalter sozusagen, Verhältnisse wie in den Slums des Londoner East End.
Tussy ist tief enttäuscht, daß dieser Streik ohne sie stattgefunden hat. Um so eifriger stürzt sie sich nun sofort in den Aufstand der Dockarbeiter, der am 15. August 1889 beginnt. Zuerst sind nur viertausend Männer beteiligt. Ein paar Tage später schon hunderttausend.
Am 3. September haben hundertachtzigtausend Docker die Arbeit niedergelegt, so daß im Hafen das Chaos ausbricht. Hunderte von Schiffen warten auf ihre Abfertigung, Lebensmittel verfaulen und

verderben, der Handel im ganzen Land droht zu stagnieren, da die Warenlieferungen aus dem Hafen von London ausbleiben. John Burns und Tom Man, beide Mitglieder der Gruppe um Tussy und Aveling, führen die Streikenden an. Tussy sitzt im Büro, macht die Organisationsarbeit, sammelt dreißigtausend Pfund Sterling Spenden ein, die von Sozialisten aus aller Welt, sogar aus Australien, geschickt werden, stellt Verpflegungsbons für die Frauen der Ausständigen aus, tröstet, ermutigt, gibt Direktiven.

Die Docker, diese Ärmsten der Armen, fordern mehr Lohn: sechs Pence die Stunde, das sind zwei Schilling pro Tag; mehr materielle Sicherheit, die Abschaffung des tradierten Systems der »Arbeitspächter«; sie wollen fest angestellt werden, richtige Arbeitsverträge haben, nicht mehr Morgen für Morgen vor den Toren der Lagerhäuser stehen und sich um das bißchen Geld, das dort zu verdienen ist, prügeln müssen. Niemand hat mit diesem Aufruhr gerechnet. Denn die Docker sind ungelernt, größtenteils Analphabeten. Daß sie sich jemals zusammenraufen und organisieren, eine »New Union«, eine neue Gewerkschaft, bilden würden, hat keiner der großen Dockgesellschafter für möglich gehalten.

Es werden verschiedene Angebote gemacht, die John Burns sämtlich ablehnt. Keine Almosen für den Docker, sondern den Sixpence! Dabei bleibt er. Tussy spricht mehrmals im Hyde Park, vor allem zu den Frauen. Ihre Reden, die mitten ins Herz dieser Notleidenden treffen, machen großen Eindruck.

»Bemerkenswert, die Augen der Frauen, an sie gefesselt, als sie über das Elend in den Wohnungen der Docker sprach. Liebenswert, wie sie ihren schwarzbehandschuhten Finger gegen die Unterdrücker richtete, und eindrucksvoll, die herzlichen Beifallsrufe zu hören, mit denen ihre glänzende Rede aufgenommen wurde«, schreibt der »Labour Elector«. [507]

Als die Lage in London so dramatisch wird, daß der Generalstreik auszubrechen droht, gehen der Oberbürgermeister und ein Kardinal auf die Streikenden zu und vermitteln. Am Ende erhalten dreißigtausend der hundertachtzigtausend Dockarbeiter die geforderte Lohnerhöhung, gesonderte Bezahlung von Überstunden und Garantie einer täglichen Mindestarbeitszeit. Kein weltbewegender Erfolg, aber immerhin ein Fortschritt.

»Der Dockstrike war grandios«, schreibt Engels an den nach Amerika emigrierten Sozialisten Sorge. »Tussy hat schwer mitgearbeitet, der Neid auf die Stellung, die sie sich dadurch gemacht, bricht schon an verschiedenen Ecken hervor ... Wenn nur Marx noch lebte, um das sehen zu können!«[508]

Tussy hält sich jetzt fast nur noch im East End auf. Ihre literarischen Arbeiten ruhen. Sie schreibt in diesem Jahr keinen größeren Aufsatz, keine größere Übersetzung, scheint sich endgültig der Politik an der Basis verschrieben zu haben.

»Seit dem Dockstreik ist Tussy eine richtige East-Enderin geworden«, berichtet der stolze Engels an Laura. »Sie organisiert Trade Unions und unterstützt Streiks – am letzten Sonntag haben wir sie überhaupt nicht gesehen, da sie morgens und abends Reden zu halten hatte. Diese neuen Trade Unions ungelernter Arbeiter und Arbeiterinnen unterscheiden sich völlig von den alten Organisationen der Arbeiteraristokratie und können nicht auf dieselben konservativen Wege geraten; sie sind zu arm, zu wacklig und zu sehr aus unbeständigen Elementen zusammengesetzt, denn jeder dieser ungelernten Leute kann jeden Tag seine Tätigkeit wechseln. Und sie sind unter ganz anderen Voraussetzungen organisiert – alle führenden Männer und Frauen sind Sozialisten und noch dazu sozialistische Agitatoren. In ihnen sehe ich hier den wirklichen Anfang der Bewegung.«[509]

Nach diesem ersten fulminanten Erfolg als Gewerkschaftsführerin – »was Tussy leistet, ist ja unglaublich, sie kann mit jedem Mann konkurrieren«,[510] schreibt Natalie Liebknecht an Engels – ist sie in ihren Aktivitäten nicht mehr zu bremsen und stürzt sich nun doch auf das heikle Thema der »Frauenfrage«. In Silvertown, einem kleinen Nest im äußersten Osten Londons, sind die Arbeiterinnen einer Gummifabrik in den Ausstand gegangen, junge Frauen und Mädchen vor allem, Mütter und Kinder. Sie wollen endlich den gleichen Lohn wie die Männer haben, fordern bessere Bezahlung der Akkordarbeit, besondere Feiertagszulagen, vielleicht auch, eine geradezu unvorstellbare Utopie, Schutzfristen für Schwangere und Stillende. Das ist etwas Neues. Das ist eine Zäsur in der englischen Arbeiterbewegung. Es hat zwar einige kleine Frauengewerkschaften gegeben, aber noch nie haben sich Mädchen und Frauen in so großer Zahl organisiert. Wie sollten sie auch, solange die klassischen Trade Unions ihre Aufnahme ablehnen. Erst in diesem Jahr – 1889 – wird diese eherne Regel auf dem Gewerkschaftskongreß von Dundee modifiziert.

Tussy fährt hin, redet mit den Frauen, übernimmt die Führung. Clara Zetkin kommt zu Besuch und ist fassungslos. Könnte es vielleicht sein, daß sie sich getäuscht hat, daß Frauensolidarität doch etwas bewirken kann, daß Frauen sich notfalls gegen die Männer verbünden *müssen*, auch wenn es die eigenen Parteigenossen sind?

»Madame Zetkin war gestern mit ihren beiden Jungen bei mir«, schreibt Laura an Engels. »Sie brachte mir Neuigkeiten von Tussy, von deren Agitationsarbeit sie sehr begeistert ist, besonders, wie sie auf Tische und Stühle steigt, um die Frauen von Silvertown anzufeuern.«[511]

Doch der Streik zieht sich hin, dauert den ganzen Herbst, bis in den Winter hinein, insgesamt über zehn Wochen. Jeden Morgen fährt Tussy nach Silvertown, redet bei Wind und Wetter, wird langsam müde. Denn diesmal kommen keine Spenden von Sozialisten aus aller Welt, keine Solidaritätsbriefe von den anderen Gewerkschaften. Es sind ja nur Frauen, die streiken. Sollen sie doch ausgesperrt werden, sollen sie doch zurück nach Hause gehen, zurück an den Herd. Sie machen die Männer zu Tausenden arbeitslos und drücken die Löhne.

Schließlich muß Engels sich einschalten. Er wacht wie ein Schutzpatron über seine Tussy, noch immer. Als die Geschäftsführung der Gummifabrik damit droht, Arbeiterinnen aus einer Tochterfirma in Frankreich zu »importieren«, schickt er verzweifelte Briefe an französische Sozialisten:

»Wir bitten Sie, alles in Ihrer Macht Stehende zu tun, um zu verhindern, daß französische Arbeiter die Arbeitsplätze der Streikenden in Silvertown einnehmen ... und an das Klassenbewußtsein Ihrer Arbeiterinnen zu appellieren. Es wäre schrecklich, wenn durch die Ankunft französischer blacklegs* der Widerstand der Streikenden gebrochen würde. Das hätte einen Wiederausbruch des alten nationalen Hasses zur Folge ... Seit vier Monaten sind die Arbeiter des Londoner Ostens nicht nur mit Leib und Seele in die Bewegung eingetreten, sondern sie haben auch ihren Kameraden aus allen Ländern ein Beispiel an Disziplin, Opfermut, Kühnheit und Ausdauer gegeben, dem nur das Verhalten der von Preußen belagerten Pariser gleichkommt. Stellen Sie sich nun vor, welche Wir-

* Streikbrecher

kung das hätte, wenn sich mitten in diesem Kampf französische Arbeiterinnen fänden, die unter der Fahne der englischen Bourgeoisie kämpfen!«[512]

Doch der Appell verhallt. Die Arbeiterinnen, von niemandem unterstützt, können sich nicht durchsetzen. Viele verlieren ihre Stellungen, wissen nicht, wie sie den Winter überleben sollen. Tussy ermutigt sie, eine Frauengewerkschaft zu gründen. Sie will sich eigentlich nicht in der Frauenbewegung engagieren, kann aber nicht verhindern, daß diese Arbeiterinnen sie lieben, zu ihr aufschauen, sie fast zärtlich »our mother« nennen. Im Dezember 1889 ist sie die wichtigste Figur innerhalb der englischen Frauengewerkschaftsbewegung, »Sekretärin der Frauensektion der Gasarbeiter *und* der Gummi-Arbeiterinnen von Silvertown«,[513] eine feministische Führerin wider Willen.

In ihrem Privatleben findet sie in dieser Zeit keine Ruhe. Nach der Gräfin Schack hat sich nun auch Margaret Harkness, die Chronistin des Londoner East End, von ihr distanziert, weil sie einem Mann wie Aveling nie mehr begegnen möchte. Doch genau wie die Gräfin Schack schreibt Margaret Harkness deshalb nicht an Tussy, sondern an Engels:

»Einen ähnlichen Brief«, erinnert sich Eduard Bernstein, »erhielt er … von der feingebildeten englischen Sozialistin, die unter dem Pseudonym John Law die Lebensverhältnisse der Weißnäherinnen in Manchester, das Wesen und Treiben der Heilsarmee im Eastend von London und ähnliche soziale Zustände und Erscheinungen in Erzählungsform anschaulich geschildert hatte. Beide, Miss Harkness sowie Frau Schack, weigerten sich jedoch hartnäckig, Engels die näheren Gründe anzugeben, warum sie Aveling zu meiden wünschten.«[514]

Engels denkt keine Sekunde darüber nach, was Margaret Harkness zu diesem Schritt, diesem radikalen Bruch bewegt haben könnte, sondern diffamiert sie als Spießerin und alte Klatschtante. Er schreibt an Laura:

»Wir haben eine neue Mutter Schack in Miss Harkness. Aber diesmal haben wir sie festgenagelt. Sie wird schon sehen, mit wem sie es zu tun hat.«[515]

Was Engels für Weibergezänk hält, hat für Tussy schon mehr Gewicht. Denn Margaret Harkness ist eine gute Freundin, eine spannende Gesprächspartnerin gewesen, eine Kombattantin bei der Arbeit in den Londoner Slums. Außerdem ist sie eine wichtige realistische Schriftstellerin, deren Romane in diesen Jahren viel Beachtung finden.

Nach ihrem grandiosen Erstlingserfolg »A City Girl« aus dem Jahr 1887 sind nacheinander die Bücher »Out of Work«, »Captain Lobe« und »A Manchester Shirtmaker« erschienen, die alle vier im Londoner East End spielen und mehr dokumentarischen als fiktionalen Charakter haben. »Out of Work« ist die Geschichte eines nach London eingewanderten Schreiners, der in den Teufelskreis der Arbeitslosigkeit gerät, sich als Docker versucht, an Demonstrationen teilnimmt, im Arbeitshaus und im Gefängnis landet und nach seiner Entlassung auf der Straße verhungert. In »Captain Lobe« beschreibt sie die karitative Arbeit der Heilsarmee, der »Salvation Army«; »A Manchester Shirtmaker« schließlich handelt von einer jungen Witwe, die nach dem Tod ihres Mannes als Hemdennäherin bei einem Sweater arbeitet, ihr vor Hunger schreiendes Kind mit Opiaten zum Schweigen bringt und es versehentlich dabei tötet. Sie wird wahnsinnig, begeht im Irrenhaus Selbstmord.[516] Lauter schreckliche, aber realistische Geschichten, die den guten Engels fürchterlich auf die Palme bringen. Das ist Zynismus! Das ist Verspottung des Proletariats! Es kann und darf einfach nicht sein, daß die Armen ihre Not derart willenlos hinnehmen!

»Im ›City Girl‹«, schreibt er in seinem berühmten »Realismus«-Brief an Margaret Harkness, »erscheint die Arbeiterklasse als eine passive Masse, die unfähig ist, sich selbst zu helfen und nicht einmal danach zu streben versucht, sich selbst zu helfen. Alle Versuche, sie aus ihrem stumpfen Elend herauszuziehen, kommen von außen, von oben. War dies nun eine zutreffende Schilderung um 1800 oder 1810 ..., so kann sie als solche nicht im Jahre 1887 einem Manne erscheinen, der fast fünfzig Jahre lang die Ehre gehabt hat, an den meisten Kämpfen des streitbaren Proletariats teilzunehmen.«[517]

Er, der »Mann« Friedrich Engels, empfiehlt der »Frau« Margaret Harkness, sich bei dem »Mann« Honoré de Balzac weiterzubilden, ein Rat, den er schon ihrer Kollegin Minna Kautsky gegeben hat. Frauen, gibt er in diesem Brief zu verstehen, fehlt eben doch der nötige Tiefblick. Sie sehen, echt weiblich, nur die Äußerlichkeiten, nur die Fassade, ohne an die Wurzel der sozialen Mißstände zu

gehen. Außerdem faßt er die Bücher von Margaret Harkness mit Recht als Kritik an der sozialistischen Agitation im Londoner East End auf, deren Zersplitterung der Autorin lächerlich vorkommt. Da hält sie es eher mit der Heilsarmee, der es bei aller Schlichtheit und Frömmigkeit nur darum gehe, zu helfen.
Engels ist also ganz froh, Margaret Harkness los zu sein. Tussy dagegen hat wieder eine ihrer besten und klügsten Freundinnen verloren.

Der Sturz Bismarcks durch den jungen Kaiser Wilhelm II. wird von den Sozialisten in ganz Europa mit Jubel begrüßt. Die deutschen Sozialdemokraten erringen im Februar 1890 enorme Wahlerfolge. Die »Sozialistengesetze« werden ersatzlos abgeschafft. Viele der emigrierten Schriftsteller und Journalisten können wieder nach Hause zurückkehren oder zumindest gefahrlos durch Deutschland reisen. Im Herbst veranstaltet die nunmehr legale »Sozialdemokratische Partei« ihren ersten großen Parteitag in Halle, zu dem auch Tussy eingeladen wird, als Tochter von Marx und als Vertreterin der Gasarbeiter von London. Doch laut Protokoll des Parteitages wagt sie es nicht, auch nur einmal den Mund aufzumachen, bringt keine Anträge ein, beteiligt sich nicht an den Diskussionen. Was ist los? Hat sie die Courage verloren? Nein. Sie fühlt sich hier einfach nicht wohl. In Paris wurde gelacht und geschrien. Es ging hoch her. Es flogen die Fetzen. Hier aber herrscht der berühmte deutsche Ernst. Es herrscht »die Tagesordnung«.
»Tussy war … ganz entzückt von den Delegierten, aber nicht besonders von der Fraktion, worunter vielerlei Philister«, schreibt Engels an Sorge.[518]
In ihrer neuen Funktion als Gewerkschaftssekretärin ist sie in diesem Jahr ständig unterwegs: Im April besucht sie die Gasarbeiter in Northampton, im September den Trade Union Congress in Liverpool, im Oktober die Tagung der »Parti Ouvrier«, der französischen Arbeiterpartei, in Lille.
Politischer Höhepunkt dieses Jahres aber sind die riesigen Arbeiterdemonstrationen zum ersten Mai, die mit Millionen von Teilnehmern weltweit, von Rußland bis Argentinien, stattfinden. Auch in London kommt es zu einer gewaltigen Kundgebung, angeführt von Tussy. Rund dreihunderttausend Arbeiterinnen und Arbeiter bewegen sich vom Themse-Ufer in den Hyde Park. Neben Tussy

treten Aveling, Bernstein, Stepniak und Lafargue als Redner auf. Sie sprechen über die Toten von Chicago, den Achtstundentag, den Sieg der Arbeiterklasse. Für Engels erfüllt sich ein Traum, an den er schon nicht mehr geglaubt hat:
»Ich kann Dir versichern, ich sah ein paar Zoll größer aus, als ich von dem alten wackligen Güterwagen herabstieg, der als Tribüne diente – nachdem ich zum ersten Mal seit vierzig Jahren wieder die unmißverständliche Stimme des englischen Proletariats gehört hatte«, schreibt er an Laura.[519]
Unter den Demonstranten sind viele jüdische Handwerker aus dem East End, die sich nun endlich entschlossen haben, sich mit den nicht-jüdischen Sozialisten zusammenzutun und gegen ihre elenden Arbeitsbedingungen zu protestieren, die Zangwill in einem seiner Bücher plastisch beschreibt:
»Am Fenster … stand der kahle, hölzerne Tisch, an dem Arbeiter – Mann, Frau und Lehrjunge – saßen und stichelten. Die fertige Arbeit – ein wirrer Haufen von Pelzmützen, Boas, Kragen und Verbrämungen – hing über der schmutzigen Verkleidung, die sich zwischen der Tür und der Nische befand … Über allem lag eine Spur von Pelz. Die Luft war von einem feinen Flaum erfüllt – Millionen Härchen schwebten im Zimmer, bedeckten alles, drangen unbemerkt in alles ein, krochen unter die Kleider der Arbeiter …, krochen in ihre Lungen …, krochen in ihr Essen und Trinken und machten sie krank … drangen sogar in das Trinkwasser in dem Zinnschaff mit dem hölzernen Deckel, und überzogen Rebbezin, die Hauskatze, mit einem fremden Fell. In diesem Zimmer nun, solchen Lebensodem einatmend, saßen sie … und beugten sich über Boas, in denen bezaubernde junge Damen Schlittschuh laufen würden: stich, stich, ging es von acht bis zwei und von drei bis acht …, bis ihre Augenlider nicht länger offen bleiben wollten und sie sich … auf einen Haufen fertiger Arbeit niederlegten; stich, stich ging es winters und sommers …, wobei sie um neun Uhr früh ein haariges Butterbrot verschlangen … Wenn dann die Dämmerung kam, wurde in dem überfüllten Zimmer Gas angezündet, und das machte … die zähe Luft noch dicker, manchmal schlich sich auch der gelbe Nebel herein, um seine feuchten Dünste beizusteuern.«[520]
Im April sind die jüdischen Stiefel- und Schuhmacher auf die Straße gegangen, wenig später folgen die jüdischen Schneider.

»Die Forderungen dieser armen Gehilfen (denen von vierundzwanzig Stunden nur sechs gehörten, und die nur durch die Mithilfe ihrer Weiber und kleinen Kinder ein Pfund pro Woche verdienen konnten) waren mäßig genug«, schreibt Israel Zangwill. »Sie forderten eine Arbeitszeit von acht Uhr früh bis sechs Uhr abends, eine Stunde Ruhepause für das Mittagessen und eine halbe Stunde zum Vesper; außerdem sollten die Regierungslieferanten für den Mantel eines Polizisten zwei Schilling zahlen, statt eines Schilling und neun Pence ... Ihre Absichten waren vollkommen friedlich. Alle Gesichter trugen den Stempel der Klugheit und Krankheit: die schmutzige Blässe wurde von dem Blitzen der Augen und der Zähne belebt. Ihr Rücken war gebeugt, ihre Brust schmal, die Arme schlaff. An diesem Abend kamen sie zu Hunderten in die Vereinshalle.«[521]

Im Herbst des Jahres 1890 kommt es wieder zu heftigen antisemitischen Ausschreitungen in Rußland, die eine zweite große Flucht- und Emigrationswelle, diesmal bis nach Israel, zur Folge haben. Auch in dem ohnehin schon hoffnungslos überfüllten Londoner East End suchen wieder Tausende armer osteuropäischer Juden Zuflucht, was zu einer Verschärfung der katastrophalen sozialen Verhältnisse führt. Mehrere jüdische Sozialistenführer beschließen, das Thema öffentlich zu machen und auf einer großen Versammlung zu protestieren: gegen die Pogrome in Rußland, gegen die Verhältnisse im East End, gegen das unerklärliche Schweigen der englischen Regierung, der bürgerlichen Presse und der Kirchen.

Für die Kundgebung, die am ersten November stattfinden soll, ist eine Versammlungshalle in der Mile End Road angemietet worden. Die Polizei ist verständigt, die Ordnungsbehörden sind informiert, es ist alles legal. Als Tussy im Oktober gebeten wird, eine Rede zu halten, ist sie begeistert:

»Lieber Genosse, ich bin sehr glücklich, auf der Versammlung am ersten November sprechen zu dürfen, um so mehr, als mein Vater ein Jude war.«[522]

Doch es gibt Widerstände gegen die Versammlung. Weder von der Kirche noch von der Regierung, sondern von einer Seite, von der man es am wenigsten erwartet hätte: dem Londoner Oberrabiner Dr. Hermann Adler.

»Es gibt unglücklicherweise«, sagt er in der Synagoge auf der Princess Street, die hauptsächlich von reichen, assimilierten Juden besucht wird, »einige Leute unter den Slumbewohnern im East End, die durch Armut, Unwissenheit und Unzufriedenheit mit ihrem harten Los den Verführungen böser Charaktere erlegen sind und sich von ihrer heiligen Religion abwenden, die anarchistische und revolutionäre Clubs frequentieren und von den pestartigen Doktrinen dort verseucht sind. Sie müssen es als Ihre Pflicht ansehen, Ihre Arbeiter von diesen bösen Einflüssen fernzuhalten, und Sie müssen danach streben, sie zu befreien, bevor sie dieser Verführungsgefahr erliegen.«[523]

Diese Worte wirken. Der Eigentümer der Halle schickt den Veranstaltern ein Telegramm, in dem es heißt: »Versammlung abgesagt. Dr. Adler verurteilt Ihre Aktion.«[524]

Das sorgt nun erst recht für Aufruhr. Über tausend jüdische Demonstranten finden sich vor den verschlossenen Türen ein, wollen das Meeting im Freien abhalten. Unter den Rednern sind Aveling, Tussy, Morris, Kropotkin und Stepniak. Die beiden letzteren halten ihre Ansprachen auf russisch. Star des Meetings ist wieder einmal Tussy, die, Hand in Hand mit Aveling, eine improvisierte Bühne besteigt und gegen die Intoleranz Hermann Adlers protestiert. Dieser Mann sei ein Feind seines eigenen Volkes![525]

In diesem Jahr, 1890, geschieht dank Tussys unablässiger Überzeugungsarbeit das bis dahin schier Undenkbare: Engels, der wie Marx sein Leben lang Antisemit gewesen ist und keine Gelegenheit ausgelassen hat, über Juden und vermeintlich jüdische Eigenschaften zu spotten, korrigiert sein Verhältnis zum Judentum und erklärt:

»Der Antisemitismus ist das Merkzeichen einer zurückgebliebenen Kultur und findet sich deshalb auch nur in Preußen und Österreich respektive Rußland. Wenn man hier in England oder in Amerika Antisemitismus treiben wollte, so würde man einfach ausgelacht ... Der Antisemitismus ... *kennt* nicht einmal die Juden, die er niederschreit. Sonst würde er wissen, daß hier in England und Amerika, dank den osteuropäischen Antisemiten, es Tausende und aber Tausende *jüdischer Proletarier* gibt; und zwar sind diese jüdischen Arbeiter die am schlimmsten ausgebeuteten und die allerelendsten. Wir haben hier in England in den letzten zwölf Monaten *drei* Streiks jüdischer Arbeiter gehabt, und da sollen wir Antisemitismus treiben als Kampf gegen das Kapital? Außerdem verdanken wir den Juden zuviel. Von Heine und Börne zu schweigen, war Marx von

stockjüdischem Blut; Lassalle war Jude. Viele unserer besten Leute sind Juden. Mein Freund Victor Adler, der jetzt seine Hingebung für die Sache des Proletariats im Gefängnis ... abbüßt, Eduard Bernstein, der Redakteur des Londoner ›Sozialdemokrat‹, Paul Singer, einer unserer besten Reichstagsmänner – Leute, auf deren Freundschaft ich stolz bin, alles Juden! Bin ich doch selbst von der ›Gartenlaube‹ zum Juden gemacht worden, allerdings, wenn ich wählen müßte, dann lieber Jude als ›Herr von‹!«[526]
Damit ist alles gesagt. Von jetzt ab keine antisemitischen Hetztiraden mehr, nicht einmal gegen den verblichenen Todfeind, Ferdinand Lassalle, keine Tabuisierung der Tatsache, daß Marx Jude war, Schluß mit der pauschalen Gleichsetzung von »Judentum« und »Kapital«, dem verhängnisvollen Vermächtnis der Marx-Schrift »Zur Judenfrage«, die Antisemiten jeder politischen Couleur so viel Zündstoff geliefert hat, vom russischen Revolutionär bis zum deutsch-nationalen Domprediger.

Während Tussy sich für die Ärmsten der Armen einsetzt, von Kongreß zu Kongreß, von Streik zu Streik fährt, hat sie selber kaum Geld genug für das tägliche Leben. Edward habe immer noch die Hoffnung, ein großer Bühnenautor zu werden und schreibe »gutes, schlechtes und belangloses Zeug«, doch mit Hoffnungen könne man keine Rechnungen bezahlen, schreibt sie im Dezember 1890 an Laura. Sie selbst mache »Tagelöhnerübersetzungen« für ein neues Magazin, tippe für Geld anderer Leute Buchmanuskripte ab, einen neuen Roman von Olive Schreiner zum Beispiel. Bei diesem Kampf um die nackte Existenz bleibe »wirklich keine Zeit, Betrachtungen darüber anzustellen, ob sich das Leben lohnt oder ein Erzunfug ist.«[527]
Am 4. November 1890 ist Lenchen Demuth gestorben. Sie ist siebzig Jahre alt geworden. Sie hatte Darmkrebs. Fast vierzig Jahre lang war sie Dienstmädchen in Tussys Elternhaus. Die Jahre nach dem Tod von Karl Marx hat sie bei Engels verbracht. Tussy hat diese Frau, diese Bauerntochter aus dem Hunsrück, abgöttisch geliebt. Sie hat ihr alles gegeben, was ihre Mutter, die Aristokratin, ihr nicht geben konnte: Zärtlichkeit, Wärme, Geborgenheit, praktische Lebensweisheit. Sie hat für Ordnung gesorgt, wenn ihre Mutter an den chaotischen Verhältnissen zu verzweifeln drohte. Hat gekocht, gebacken, Kinder gehütet, Gemüse gezogen, ja sogar hit-

zige Diskussionen mit Sozialisten geführt, die über ihren Scharfsinn und Witz oft überrascht waren.

»Mohr sagte immer über Helena«, schreibt Tussy nach ihrem Tod an Wilhelm Liebknecht, »daß sie bei einer vernünftigen Ordnung der Gesellschaft für diese genauso wertvoll gewesen wäre, als sie es im kleinen für uns war. Sie war ein echtes Talent der Organisation und Wirtschaftsführung, und er sagte, ihre ›Demut, Wehmut, Hochmut‹ könnte das Universum lenken.«[528]

Lenchen vermacht alles, was sie hat – es kann nicht viel sein – ihrem einzigen Sohn, Frederick Demuth, der inzwischen ein erwachsener Mann von neununddreißig Jahren ist, vier Jahre älter als Tussy.

»Ich vermache alle meine Gelder, Effekten und sonstiges Eigentum an Frederick Lewis Demuth ... und da ich körperlich zu schwach bin, meinen Namen zu unterschreiben, habe ich das Gegenwärtige mit meinem Zeichen gezeichnet«, schreibt sie wenige Stunden vor ihrem Tod in ihr Testament.[529]

Dann wird Frederick gerufen. Er gibt Engels, seinem vermeintlichen Vater, die Hand, spricht ihm sein Beileid aus, macht keine Vorwürfe, verlangt keine Aussprache, nimmt Tussy, die völlig verzweifelt ist, stumm in den Arm. Doch Engels, der sonst so Gütige, Warmherzige, Unfehlbare, verhält sich kühl, sieht Frederick kaum ins Gesicht, findet für ihn, der doch seine Mutter verloren hat, keine Worte des Trostes.

»Freddy hat sich in jeder Hinsicht bewundernswürdig verhalten«, schreibt Tussy an Laura, »und Engels' Gereiztheit ihm gegenüber ist so ungerecht wie verständlich. Ich nehme an, niemand von uns würde gern seiner Vergangenheit in Fleisch und Blut begegnen. Es stimmt, ich habe Freddy gegenüber jedesmal Schuldgefühle oder das Gefühl, Unrecht getan zu haben. Was für ein Leben dieser Mann gehabt hat! Wenn ich ihn davon erzählen höre, fühle ich mich ungeheuer elend und beschämt.«[530]

Sie kennt die Wahrheit noch nicht. Auch beim Ordnen des Nachlasses ist sie nicht darauf gestoßen. Engels, Marx und ihre Mutter haben wahrscheinlich alle Hinweise vernichtet. Es war unrecht, wie sie mit Frederick umgegangen sind. Nur das spürt Tussy. Mußten sie ihn unbedingt abschieben, ins finsterste East End, wo er bei Pflegeeltern wie durch ein Wunder überlebt hat? Wäre in dem großen, gastfreundlichen Haus der Familie Marx nicht auch für ihn ein

Platz gewesen? Tussy, die selbst soviel Aufmerksamkeit, soviel Liebe erfahren hat, meint, eine alte Schuld wiedergutmachen zu müssen. Doch nicht sie ist diejenige, die sich schuldig gemacht hat. Frederick hat das Handwerk eines Büchsenmachers gelernt, ist im Selbststudium Mechaniker, schließlich sogar Ingenieur geworden, ein ordentlicher, fleißiger Mann von tadellosem Ruf, der sich sogar für Politik interessiert und in mehreren Arbeitervereinen engagiert ist. Er sieht merkwürdig aus. Eine Mischung aus Bürger und Proletarier. Groß, schlank, gut gewachsen, mit Gesichtszügen, die Tussy unglaublich vertraut vorkommen, ärmlich, aber peinlich sauber gekleidet, irgendwie unsicher in seinem ganzen Auftreten, seinen Bewegungen, seiner Sprache, der man die Herkunft aus dem East End deutlich anmerkt. Er hat krause, blauschwarze Haare, wie Tussy. Zu seiner einfachen Arbeitskleidung trägt er eine Melone. Seine Frau, die Tussy nicht kennt, soll ein Scheusal sein. Sie betrügt ihn, kümmert sich nicht um den Haushalt, bringt sein Geld durch. Dieser Mann scheint das Unglück geradezu magisch anzuziehen. Tussy, die ihn seit dem Tod seiner Mutter nur noch »Freddy« nennt, meint, ihn beschützen zu müssen, vor allem gegen Engels, den sie plötzlich in einem ganz anderen Licht sieht.
Denn das arme Lenchen ist noch nicht ganz unter der Erde – sie wird auf dem Friedhof von Highgate, im Familiengrab der Marxens, beigesetzt –, da verlangt Engels schon nach einer neuen Hauswirtschafterin, einer neuen Perle, die diesmal auch intellektuelle Qualitäten haben soll, denn er wird bald siebzig und braucht eine Sekretärin, eine rechte Hand.
Freunde in Wien haben ihm eingeflüstert, wer »die Richtige« für ihn sei: Louise Kautsky, die Frau von Karl Kautsky, eine Journalistin mit feministischen Ambitionen, die gerade eine Ausbildung zur Hebamme macht, weil ihr Karl sich seit einiger Zeit von ihr abgewandt hat und mit einer anderen Louise, Tochter eines Wiener Konditormeisters, herumflirtet. Für die Frau muß nun etwas getan werden. Man empfiehlt sie an Engels. Aber auch *sie* soll etwas für die hilfreichen Sozialisten tun: der Partei den Nachlaß von Marx sichern, der sich leider Gottes in den Händen von Tussy befindet, so daß man für jede Edition, jede Recherche ihre Erlaubnis braucht und nicht einmal eine vernünftige Biographie über ihn schreiben kann. Hinter dieser Intrige stecken vor allem Bebel und Adler, die mit Louise Kautsky frank und frei darüber reden, daß sie sie als

Agentin, als Spionin einsetzen wollen, ein Ansinnen, auf das sie bereitwillig eingeht.

»Ich habe Louise geraten, vor allen Dingen ein paar Monate dort zu bleiben, sich alles anzusehen und dann ganz offen und ohne Hehl mit Engels sich zu verständigen«, schreibt Bebel an Adler. »Ich hatte … den Eindruck, als läge Tussy nicht sehr viel daran, wenn Louise dort bliebe …«[531]

Doch zunächst muß Louise nach London geschafft werden. Dazu braucht sie Fahrgeld. Engels gibt Aveling den Betrag in bar und beauftragt ihn, ihr einen Scheck zu schicken, was bedeutet, den Bock zum Gärtner zu machen. Denn nun ist das Geld futsch, und der Scheck nicht gedeckt. Engels amüsiert sich darüber, findet das komisch.

»Es ist die Unordnung der literarischen Bohème bei Aveling, die zu dergleichen führt, wenn die Bohème sich darauf erpicht, ein Bankkonto zu haben. ›So jung und schon a Böhm‹, kann man da auch sagen. Übrigens melden sich beide soeben zum Essen bei uns an, und da kann ich ihm den Kopf waschen wegen dieser Bummelei.«[532]

Als Louise schließlich in London ist, kann Engels sein Glück über ihre Tüchtigkeit kaum in Worte fassen.

»Sie ist eine ganz prächtige Frau, und Kautsky muß nicht bei Trost gewesen sein, als er sich von ihr trennte.«[533]

Über ihren künftigen Aufgabenkreis schreibt er echt sozialistisch:

»Eigentliche Hausarbeit soll und darf sie gar nicht tun – schon der Mägde wegen, die sie dann nicht für eine volle lady ansehen würden. Sie hat nur zu dirigieren und zu beaufsichtigen. Daneben übernimmt sie das Sekretariat bei mir, ich diktiere ihr oder gebe ihr Sachen zum Abschreiben, so daß ich meine Augen schonen kann, und dann treibe ich allerlei mit ihr, zunächst Chemie, dann Französisch, sie wünscht auch Latein, und dem kann abgeholfen werden.«[534]

Tussy ist skeptisch und verstimmt, und zwar mit Recht. Das alles ist unglaublich schnell, quasi über Nacht gegangen. Man riecht förmlich die böse Absicht, die Intrige, die sie zwar noch nicht richtig durchschaut, aber vorausahnt. Engels ist leicht beeinflußbar, besonders von Frauen. Jahrelang hat er Pumps für die Beste der Welt gehalten, danach Lenchen, jetzt also Louise. Ein Siebzigjähriger und eine Dreißigjährige unter einem Dach. Es ist peinlich. Wenn das resolute Lenchen Demuth noch lebte, wäre das nie passiert. Tussy ist nicht, wie Bebel und Adler ihr unterstellen, eifersüchtig auf Louise, jedenfalls noch nicht. Sie findet die Wienerin sympathisch und interessant, ist empört, wie die männlichen Genossen über sie verfügen.

»Bebel und die anderen haben ihr gesagt, es wäre ihre Pflicht gegenüber der Partei, in Wien aufzuhören«, schreibt sie an Laura. »Das kann man wohl kaum fair finden. Sie kam so gut voran in Wien, und die ganze Karriere zu opfern, ist ja keine Kleinigkeit. Von einem Mann würde das niemand verlangen. Sie ist noch so jung, gerade erst dreißig. Es ist irgendwie nicht recht, sie einzusperren und ihr jede Chance auf ein erfüllteres und glücklicheres Leben zu verwehren.«[535]

Zum siebzigsten Geburtstag von Engels soll Tussy einen Artikel für die »Sozialdemokratische Monatsschrift« schreiben, die in Wien von Victor Adler redigiert wird. Sie nimmt an. Und nimmt Rache. Was sie schreibt, ist im Grunde genommen ein Skandal. Engels erscheint in ihrem Aufsatz nicht als eigenständige Person mit einem großen literarisch-politischen Oeuvre, sondern wie ein Anhängsel, wie ein Schatten von Marx, den sie bei dieser Gelegenheit lobt, daß sich die Balken biegen. Kein Wort über Engels' Bücher, seine Edition der Marx-Schriften – nur seine immensen Sprachkenntnisse und sein jugendliches Aussehen werden lobend erwähnt:

»Um eine Biographie von Marx und Engels zu schreiben – denn das Leben und das Lebenswerk dieser zwei Männer sind so ineinander verwoben, daß sie unmöglich getrennt werden können –, wäre es nicht nur nötig, eine Geschichte der Entwicklung des Sozialismus ›von der Utopie zur Wissenschaft‹ zu schreiben, sondern auch eine Geschichte der ganzen Arbeiterbewegung nahezu eines halben Jahrhunderts. Denn diese zwei Männer waren nie bloß geistige Führer, theoretische Lehrer, Philosophen, welche isoliert und abseits vom Arbeits- und Alltagsleben standen. Sie waren immer Kämpfer, standen stets im Vordertreffen des Kampfes, ebensowohl Soldaten als Generalstäbler der Revolution ... Eine meiner ersten Erinnerungen ist die Ankunft von Briefen aus Manchester. Die beiden schrieben einander beinahe täglich, und ich erinnere mich noch, wie oft Mohr ... zu den Briefen sprach, als wäre der Schreiber zugegen: ›Nein, so ist's nun doch nicht‹; ›da hast Du recht‹ etc. etc. Aber am besten erinnere ich mich daran, wie Mohr manchmal über die Briefe von Engels lachte, daß ihm die Tränen über die Wangen liefen ... Täglich während der nächsten zehn Jahre kam Engels zu meinem Vater, häufig gingen sie miteinander spazieren, und ebensooft blieben sie daheim und gingen in meines Vaters Zimmer auf und ab; jeder auf seiner Seite des Zimmers und jeder höhlte seine besonderen Löcher in seinem eigenen Winkel aus, wo sie mit einem seltsamen Schwung sich auf den Absätzen umdrehten. Hier diskutierten sie über mehr Dinge, als sich die Philosophie der meisten Menschen träumen läßt, und nicht selten gingen sie auch lange schweigend nebeneinander auf und ab. Oder aber jeder sprach von dem, was ihn gerade hauptsächlich beschäftigte. Bis sie sich gegenüberstanden und mit lautem Lachen einander gestanden, daß sie die letzte halbe Stunde ganz entgegengesetzte Pläne erwogen hatten ...

Engels ist nun ein Siebziger, aber er trägt seine dreimal zwanzig Jahre und zehn Jahre dazu sehr leicht. Er ist ebenso körperlich als geistig aufrecht. Er trägt seine sechs Fuß und noch etwas darüber so leicht, daß man ihn gar nicht für so groß halten würde. Er trägt einen Vollbart, der eine seltsame seitliche Richtung hat und nun beginnt grau zu werden. Seine Haare sind hingegen braun ohne einen grauen Strich darin, wenigstens hat eine genaue Untersuchung kein graues Haar zu entdecken vermocht. Selbst was seine Haare betrifft, ist er jünger als die meisten von uns. ... Er ist tatsächlich der jüngste Mann, den ich kenne. Und soweit ich mich erinnern kann, ist er in den letzten zwanzig Jahren nicht älter geworden. ... Immer wieder wurde mein Vater als eine sardonische, zynische Art Jupiter geschildert, stets bereit den Donnerkeil gleicherweise gegen Freund und Feind zu schleudern. Wer aber jemals ... in seine schönen braunen Augen gesehen hat, welche durchdringend und zugleich so sanft waren, so voll Humor und Güte; wer jemals sein ansteckendes und herzerfreuendes Lachen gehört, der weiß, daß der höhnende kalte Jupiter nur eine Gestalt der puren Einbildung ist.«[536]

12 Arbeitskämpfe 1891–1893

1891. Die Arbeitskämpfe in England dauern an, werden zur Massenbewegung, zur Mode. Anfang Januar streiken die schottischen Eisenbahner, Mitte Juni die englischen Brikett-Macher. Die Gasarbeiter treffen sich im Mai zu Konferenzen in Dublin und bestimmen Tussy als ihre Vertreterin auf dem Zweiten Kongreß der Sozialistischen Internationale, der im August in Brüssel stattfinden soll. »Tussy«, schreibt Engels stolz an Natalie Liebknecht, »steht im nicht ganz unverdienten Ruf, die Union der Gasarbeiter und Taglöhner zu dirigieren, und war vorvorige Woche auf acht Tage im Norden von England zur Agitation. Es sind aber auch ganz famose Kerle, diese Gasarbeiter, und ihre Union ist weitaus die fortgeschrittenste von allen; dabei verstehen sie die Agitation auf gesetzlichem Wege so gut, daß sie vor eineinhalb Jahren in Leeds in zwei förmlichen Schlachten, erst mit der Polizei, dann mit der Polizei und den Dragonern, den Sieg erfochten und den Stadtrat, dem die Gasanstalt gehört, zur Kapitulation gezwungen haben. Als alter Soldat kann ich dem Kommandanten in diesen Schlachten, Will Thorne, der Generalsekretär der Union ist, das Zeugnis ausstellen, daß ich weder an seinen strategischen noch an seinen taktischen Dispositionen das Geringste auszusetzen finde.«[537]

Er hat das Gefühl, daß *seine* Tussy, *seine* Wahltochter wieder »rundherum zufrieden« ist, und zwar in durchaus wörtlichem Sinne. Dem alten Marx-Freund Max Oppenheim, der Tussy noch aus dem Jahr 1876 kennt, als sie als magersüchtiges Nervenbündel mit ihrem Vater von Karlsbad nach Prag reiste, meint er versichern zu müssen, sie sei jetzt »sehr glücklich verheiratet und recht rund geworden.«[538] Wie schön für Tussy! Was für ein Happy-End! In Wirklichkeit scheint sie sich, von Kongreß zu Kongreß reisend, nur zu betäuben. Wobei sie auf jedem dieser Kongresse Angst haben muß, daß Aveling neue Skandale, neue Gerüchte provoziert, die ein monatelanges Nachspiel in der bürgerlichen Presse haben.

In Brüssel zum Beispiel erzählt ein gewisser Ferdinand Gilles, Schriftsteller deutscher Herkunft, Mitglied der »Social Democratic Federation« in London, den anwesenden Journalisten und Delegierten, Aveling sei überhaupt nicht der »Schwiegersohn von Karl Marx«, sondern gehe mit diesem Schild um den Hals nur hausieren, um sich als Mitglied der »heiligen Familie« ausgeben zu können, als international verehrter Bewahrer und Gralshüter des unverfälschten Sozialismus. Marx hätte diesem Burschen, wenn er ihn kennengelernt hätte, nicht einmal die Hand, geschweige die seiner Tochter gegeben. Aveling sei ein hinterhältiger Bigamist, der seine Frau und drei kleine Kinder habe sitzenlassen und sich seitdem nie mehr um sie gekümmert habe.[539]

Eine Lügengeschichte. Jedenfalls zum großen Teil. Aveling ist zwar wirklich nicht mit Tussy »verheiratet«, hat aber keine drei kleinen Kinder zurückgelassen. Er hat überhaupt keine Kinder. Er hat seine erste Frau, Isabell Frank, auch nicht ins Elend gestürzt. Sie lebt mit einem netten kleinen Vermögen irgendwo in der Provinz und wird ihn später zu ihrem Alleinerben machen.

Und trotzdem. Das Gerücht sitzt. Denn daß Aveling ein unsympathischer Patron ist, finden alle, auch seine politischen Freunde. Man braucht ihn schließlich nur anzusehen, ihn nur reden zu hören. Dieses schmierige Pathos. Diese aufgesetzte Weltschmerzattitüde. Tussy und Aveling werden das Kongreßthema Nummer eins, über das man hinter vorgehaltener Hand leidenschaftlicher diskutiert als über Militarismus, Antisemitismus und Frauenarbeit, die drei Hauptthemen des Brüsseler Treffens.

Tussy, Vertreterin von über hunderttausend Gasarbeitern und Tagelöhnern, die einzige Frau unter den englischen Delegierten, hat einen langen Bericht vorbereitet, den sie auf Englisch, Deutsch und Französisch vorträgt.[540]

Die Gasarbeiter seien seit 1889 organisiert, beginnt sie. Sie hätten als erste englische Gewerkschaft den Achtstundentag erstritten, nähmen als eine der ersten auch Frauen auf, die, so ihre Erfahrung, aufgrund mangelnder Schulbildung, mangelnden Interesses und der Doppelbelastung durch Haus- und Fabrikarbeit politisch noch schwerer zu organisieren seien als Männer. »Selbst der größte Teil der Arbeiter betrachtet die Frau noch als Haustier, als persönliches Eigentum«, sagt sie wörtlich. Das sind neue Töne, neue Einsichten. Denn laut Zetkin und Bebel gibt es ja gar kein Problem zwi-

schen Mann und Frau, sondern nur zwischen Arbeiterinnen und Kapitalisten.
In einem zweiten Teil geht sie auf den Stand des Sozialismus in England ein. »Wir möchten uns nicht anmaßen, im Namen einer britischen Arbeiterpartei zu sprechen. Leider existiert bis jetzt noch keine solche Partei.« Aber der Sozialismus breite sich aus, gewinne immer mehr Anhänger, selbst unter den Landarbeitern. »Zu der Armut und Unwissenheit dieser Männer und Frauen kommt noch ihre Isolierung und die schreckliche Abhängigkeit vom Pfarrer und Grundbesitzer.« Es gebe viele kleine sozialistische Fraktionen, die zum Teil etwas Intolerantes, Sektiererisches hätten. Die »Social Democratic Federation«, über die sie kein böses oder gehässiges Wort verliert, sei die größte von ihnen, gefolgt von den Fabiern, die die intellektuelle Mittelschicht repräsentierten.
Dann verliert sie sich in theoretischen Einzelfragen: Föderationsgedanke, englischer Streik- und Freiheitsbegriff, Gewerkschaften früher und heute, Sozialismus in England und auf dem Kontinent. Der Bericht wird langweilig, akademisch, ufert aus. Kein Wort über die tatsächlichen Arbeitsbedingungen der Gasarbeiter, die chronischen Leuchtgasvergiftungen, die Lähmungen, Lungen- und Gehirnblutungen, die schweren, durch Amoniak hervorgerufenen Augenkrankheiten, die Unfälle beim Bedienen von Dampfkesseln, die Gefahr, unter Bergen von Kohle verschüttet zu werden. Der Bericht ist unplastisch, quasi wirkungslos. Als einzige Frau unter so vielen männlichen Theoretikern und Dogmatikern hat sie wohl Angst, nicht ernst genommen zu werden, wenn sie in Beispielen und plastischen Beschreibungen auf die Lebensrealität der Gasarbeiter eingeht.
Damit tut sie sich Unrecht, stellt ihr eigenes Licht gewaltig unter den Scheffel. Denn ein Blick in ihre Korrespondenz aus dieser Zeit macht sofort deutlich, wie *praktisch* sie ihre Arbeit für die Gasarbeitergewerkschaft anging, wie *konkret* sie sich um den einzelnen Arbeiter und sein Schicksal bemühte. Im Januar schreibt sie an die amerikanische »Federation of Labor«, es sei dringend notwendig, in jedem Land »internationale Sekretäre« einzusetzen, die verhinderten, »daß unfaire Arbeit aus einem Land ins andere gebracht wird, d. h., daß Arbeiter, die die Hintergründe des Arbeitskampfes in einem bestimmten Land nicht kennen, von den Kapitalisten in dieses Land importiert werden, um die Löhne zu drücken oder die

Arbeitszeit zu verlängern.«[541] Im Juni berichtet sie derselben Organisation über die Lage der englischen Brikett-Macher, die schon seit acht Wochen im Streik seien. Die Fabrikherren hätten ihnen höhere Löhne zugesagt, sobald die Brikett-Preise stiegen. Nun *seien* die Brikett-Preise gestiegen, die Löhne aber wären niedriger als zehn Jahre vorher. Tussy bittet die amerikanischen Genossen um Hilfe, um Spenden. Ausländische Beiträge in die Streikkassen seien ein Zeichen der internationalen Solidarität, gegen nationalistische Engstirnigkeit und Ausländerhaß, die auf einer Insel wie England leider immer noch verbreitet seien, sogar unter »Genossen«.[542]

Von diesen Aktionen erwähnt sie nichts auf dem Brüsseler Kongreß. Eigentlich schade. Denn ohne es selbst zu wollen oder zu bemerken, bringt sie sich langsam aber sicher in den Ruf, nur die Thesen ihres verstorbenen Vaters nachzubeten, dessen Porträt wie eine Heilandsdarstellung an der Wand hängt.

Als Tussy und Aveling nach London zurückkommen, besteht ihre erste Amtshandlung darin, Ferdinand Gilles, den Denunzianten, zu besuchen, und ihm »zwei herzhafte Faustschläge« ins Gesicht zu verpassen. Engels ist von diesem Vorgehen hell begeistert und verlangt von Liebknecht, Kautsky und Bebel, daß sie in ihren Zeitungen darüber berichten. Als sie ablehnen, ist er beleidigt.[543]

Was ist sonst noch über den Brüsseler Kongreß zu berichten? Eigentlich nicht viel. Abraham Cahan, Delegierter der jüdischen Arbeiter von New York, Schriftsteller, Journalist, 1882 aus Vilna nach Amerika eingewandert, beantragt, daß die »Stellung der Arbeiter zur Judenfrage« diskutiert werde. »Er stehe hier nicht als Jude, sondern als Arbeiter«, heißt es im Kongreßbericht. »Für uns Sozialisten gibt es so wenig eine Juden-, als eine Militärfrage, aber die Gegenwart zwingt uns, zu der einen wie der anderen Stellung zu nehmen. Gestern habe der Kongreß den streikenden Schreinern in London seine Sympathie bekundet, heute möge er dasselbe den jüdischen Brüdern gegenüber tun, die beständig im Streik, beständig verfolgt und gehetzt seien. Man habe die Juden zu einer besonderen Klasse gemacht, und nun gelte es, diesen Klassenkampf durchzuführen. Zu dem Zwecke verlangten die jüdischen Arbeiter Platz in der Sozialdemokratie, um gemeinsam den großen Kampf für die Befreiung der Menschheit zu führen.«

Nach dieser Rede bleibt es ruhig unter den Delegierten. Verdächtig ruhig. Keine Bravo-Rufe wie noch vor zwei Jahren auf dem

Kongreß in Paris, als Miller über die jüdische Gewerkschaftsbewegung in Amerika berichtet hatte. Der Antisemitismus, vor gut zehn Jahren von Osteuropa und Deutschland ausgegangen, scheint jetzt auch Brüssel, scheint die sozialistischen Delegierten erreicht zu haben.

»Wie wir früher«, läßt sich schließlich Volders, der belgische Vorsitzende, herab zu erklären, »unsere Sympathien für die verfolgten russischen Revolutionäre bekundeten, so jetzt für die verfolgten russischen Juden. Der Antisemitismus ist eine Erscheinung, die ihre Wurzeln ausschließlich in den bürgerlichen Parteien und seine Erklärung unter anderem auch darin findet, daß die jüdischen Ausbeuter die pfiffigeren Ausbeuter sind. Für die jüdischen Unterdrückten gibt es nur ein Mittel der Befreiung: Eintritt in die Reihen des Sozialismus.« Er empfiehlt die terminologische Schönheitskorrektur, künftig nicht mehr von »Proletariern aller Länder«, sondern von »Proletariern aller Länder *und Rassen«* zu sprechen. Zur Abstimmung aufgefordert, beschließt der Kongreß mehrheitlich, »unter Verurteilung der antisemitischen ... Hetzereien, welche nur ein Manöver der Kapitalistenklasse sind zu dem Zweck, die Arbeiter zu spalten ... eine Erörterung des von den amerikanischen Genossen jüdischer Zunge beantragten Punktes ... für überflüssig« zu erklären und »geht zur Tagesordnung über.«[544]

Tussy – so sagt es zumindest das Kongreßprotokoll – erhebt keinen Protest, stellt sich nicht hinter Cahan, den sie noch kurz vorher in den Arm genommen hat mit den Worten: »Wir Juden haben eine besondere Pflicht, für die Arbeiterklasse zu wirken.«[545] Wahrscheinlich hat sie Angst vor der männlichen Mehrheit, vor der entsetzlichen, aber offenkundigen Tatsache, daß auch Sozialisten Antisemiten seien können, daß sie den jüdischen Brüdern in Amerika nicht bereit sind zu helfen, daß das Gedankengut ihres Vaters prächtige Früchte trägt, auch wenn Engels sich formell davon distanziert hat.

Eine ähnliche, ja fast identische Erfahrung macht sie am nächsten Tag, als die wenigen weiblichen Delegierten folgenden Antrag einbringen:

»Der Kongreß möge beschließen, die sozialistischen Parteien aller Länder aufzufordern, in ihren Programmen dem Streben für völlige Gleichstellung beider Geschlechter bestimmten Ausdruck zu geben und zunächst ganz besonders zu fordern ..., der Frau auf zivilrechtlichem wie politischem Gebiete dieselben Rechte wie dem Manne zu gewähren.«

Darauf der deutsche Sozialdemokrat Paul Singer, einer von Tussys engsten Vertrauten auf diesem Kongreß:

»Wir brauchen nicht zu betonen, daß wir nicht den beschränkten Standpunkt der Frauenrechtlerinnen einnehmen, die sich damit begnügen, für eine Handvoll Bourgeois-Frauen Zulassung zu einzelnen Berufen wie Medizin, Advokatur etc. zu erlangen.« Davon abgesehen, unterstütze er – wenn auch zähneknirschend – den Antrag. Themen wie gleiche Bildungs- und Berufschancen für Frauen werden also wieder einmal unter den Teppich gekehrt, wieder als »bürgerlich« diffamiert. Ein Belgier namens Vandervelden meint sogar ergänzen zu müssen, »daß es die erste Pflicht der Frau sei, dem Hause zu leben.« Es erhebt sich leises Gemurmel, schwacher Widerspruch. Danach wird der Antrag der weiblichen Delegierten angenommen.[546]

In diesem Jahr, 1891, nimmt Tussy jede sich bietende Gelegenheit wahr, sich zur »Frauenfrage« und zur »Judenfrage« zu äußern, und entfernt sich damit erheblich von den in Brüssel verkündeten Doktrinen. Schon im März hat sie die Arbeit mit Israel Zangwill, dem jüdischen Romancier, wieder aufgenommen und eine Ibsen-Persiflage, »Das reparierte Puppenhaus«, mit ihm geschrieben. Es ist, aus ihrer Sicht, keine Distanzierung von Ibsen, im Gegenteil: In London ist eine hysterische Ibsen-Diskussion ausgebrochen. Ein Theaterkritiker namens Archer feiert »Nora« als Heldin, als Vorkämpferin der Frauenemanzipation. Ein Journalist des »Daily Telegraph« meint dagegen, Ideale wie »Schicklichkeit« und »Familie« würden durch ein Stück wie »Nora« bedroht. Walter Besant, Ex-Mann der Freidenkerin Annie, macht sich sogar die Mühe, eine »Nora«-Fortsetzung zu schreiben: Nachdem Nora das »Puppenhaus« böswillig verlassen hat, beginnt ihr Mann aus Verzweiflung zu trinken, der Sohn wird – in die Fußstapfen seiner Mutter tretend – Urkundenfälscher, die Tochter begeht Selbstmord.[547]

Tussy und Zangwill schreiben eine andere, scheinbar ironische Version: Nachdem Helmer sich mit Nora ausgesprochen, ihr das Unmoralische ihrer Handlungen erklärt hat, erlaubt er ihr großzügig, bei ihm zu bleiben. Eine Frau, so hieß es ja auch in Brüssel, gehört ins Haus, gehört zu den Kindern. Natürlich ist die Beziehung nicht mehr die alte. Nach den Schulden und Urkundenfälschungen, die

Nora, wenn auch angeblich, um ihm zu helfen, gemacht hat, ist ein vertrauliches Zusammenleben nicht mehr möglich. Man wahrt den Schein, spielt die heile Familie. Geschlechtsverkehr findet ab sofort nicht mehr statt.[548]

Tussy findet die Sache komisch, hat ihren Spaß beim Schreiben. Doch Zangwill, so ist zu befürchten, meint es ganz ernst. Zwar liebt und verehrt er Ibsen als »erfrischendes Anregungsmittel«, als »Idealisten«. Doch im gleichen Atemzug wettert er gegen Unmoral auf der englischen Bühne, gegen Possen, komische Opern und Revuen, in denen hübsche junge Mädchen in engen Trikots auftreten. Das »gemeine Tändeln mit geschlechtlichen Dingen« sei von Übel. Er wolle im Theater keine »Symphonien des Schlüpfrigen«, sondern »gesunde und männliche Anschauung … des Lebens« sehen.[549]

Auch die Ehe, für Tussy eine eher fragwürdige Institution – man denke an ihre Kampfschrift »Die Frauenfrage« –, ist für ihn, den strenggläubigen Juden, unantastbar und heilig, kein Gegenstand, über den man literarische Witze macht, sondern, er sagt es ganz deutlich, eine Einrichtung zur »Sicherung der Rasse«. An Liebesehen, ja an die Liebe überhaupt, glaubt er nicht; auch nicht daran, daß sie glücklicher seien als Vernunftehen. Für ihn ist das Schadchen, der jiddische Heiratsvermittler, ein weiser Mann, der, auch in der nichtjüdischen Welt eingeführt, der Menschheit viel Unglück ersparen könnte:

»Vielleicht«, sagt er in seiner Essay-Sammlung »Ohne Vorurteil«, »waren die Alten weiser: Bei ihnen hatte die Frau kein Wahlrecht, sie wanderte willenlos aus den Händen des Vaters in die Hände des Gatten. Als die Römer ihren Begriff vom Ehevertrag zwischen Mann und Frau anstatt zwischen Vater und Schwiegersohn entwikkelten, begann der Verdruß. Die befreite Frau entfaltete Seele und Gefühl, und als das römische Gesetz die Welt eroberte, verbreitete es überall die Saat der Romantik … Liebelose Ehen können Glück hervorbringen, wenn auch nicht verzückte Schwärmerei; andererseits sind Liebesheiraten mitunter weder im Interesse des Einzelmenschen noch der Rasse. Immerhin dienen sie dazu, der Kunst Nahrung zu geben.«[550]

Was ist hier geschehen? Wie kann Tussy sich mit diesen ultrakonservativen Positionen identifizieren? Liegt vielleicht ein Mißverständnis vor? Hat sie mit Zangwill gar nicht über seinen Ehe-

und Liebesbegriff, sein Ideal eines »anständigen«, »männlichen« Theaters gesprochen?
Wahrscheinlich nicht. Wahrscheinlich hat sie sich nur von spontaner Begeisterung hinreißen lassen, für den genialen, realistischen Romancier, den Chronisten des Londoner East End, den Sozialisten, den Juden. »Wir Juden müssen zusammenhalten«: Sie solidarisiert sich mit jedem Juden, der ihr begegnet, mit Adler und Singer, die große Probleme mit ihrer jüdischen Herkunft haben; mit Eduard Bernstein, der seine Religion schon lange nicht mehr praktiziert; mit Cahan und Miller, die sich als »Sozialisten jüdischer Zunge sehen«, also auch mit Zangwill.
Tussy, so berichtet der jüdische Journalist Max Beer, der sie im Juni 1894 interviewte,[551] sah im Juden nur den Verfolgten, den sozial Geächteten, den Vertreter eines Volkes, dessen Erbe ihr Vater in sich auslöschen wollte. »Ich bin die einzige aus meiner Familie, die sich zu den Juden hingezogen fühlt, und besonders zu den sozial Unterdrückten«, zitiert er sie wörtlich. »Ich habe meine glücklichsten Momente, wenn ich im East End unter jüdischen Arbeitern bin.« Von der jüdischen Religion wußte sie so gut wie nichts; auch nichts von der ostjüdischen Tradition, dem Chassidismus. Diese Seite des Judentums war ihr, der überzeugten Atheistin, so fremd, so unbekannt, daß sie vermutlich gar nicht erst auf die Idee kam, Israel Zangwills Auffassung von Liebe und Ehe anders als ironisch, nämlich vor dem Hintergrund seiner orthodox-jüdischen Erziehung zu sehen.
Im September 1891, einen Monat nach dem Brüsseler Kongreß, auf dem die Juden so zynisch ausgegrenzt worden waren, erscheint in der von Kautsky herausgegebenen »Neuen Zeit« der Roman einer jungen jüdischen Schriftstellerin aus London. Er heißt »Ruben Sachs«. Seine Übersetzerin ist Tussy.[552] Die Autorin, Amy Levy, hat sich zwei Jahre vorher mit erst achtundzwanzig Jahren umgebracht.
Wer war Amy Levy? In welcher Beziehung stand Tussy zu ihr? Auch dazu hat Beer sie ausführlich befragt:
»Sie gehörte zu einer Mittelklassefamilie und lebte in Bloomsbury, nicht weit vom British Museum«, sagte ihm Tussy. »Wir trafen uns dort oft. Ich arbeitete an meinen Ibsen-Übersetzungen und sie an denen deutscher Gedichte, Lenau, Heine und andere. Sie hatte eine besondere Vorliebe für Lenau, den Dichter der Melancholie

und der menschlichen Befreiung, aber noch mehr für Heine, die sublimierte Essenz des jüdischen Genius. Es gibt eine Menge englischer Schriftsteller, die versucht haben, Heines Lieder zu übersetzen. Amy war die beste. Sie zeigte mir viele Übersetzungen, von denen aber nur eine einzige gedruckt wurde.«

Amy Levy sah Tussy ähnlich wie eine Zwillingsschwester. Das gleiche schwarze, krause, ungebändigte Haar, das gleiche starke Profil, die gleichen großen, ausdrucksvollen Augen. Die beiden liebten sich sehr. Es entstand eine Art Symbiose. In Amys leidenschaftlicher Begeisterung für Heinrich Heine erkannte Tussy ein Stück ihres Vaters wieder, für den Heine ebenfalls einer der größten Dichter war. Amy hatte in Cambridge Literatur studiert und schon mit zwanzig einen Gedichtband, eine Verteidigung der Frau des Sokrates, der Xanthippe, herausgebracht. Es folgten weitere Gedichtbände und sozialkritische Novellen, darunter »Miss Meredith«, die Geschichte einer jüdischen Gouvernante. In allen diesen Werken zeigt sich ein ausgeprägter Hang zur Melancholie:

Als die Welt zum ersten Mal dunkel wurde,
rief ich nach Gott. Doch er kam nicht.
Als die Not mich bedrückte, mich müde machte,
rief ich nach Liebe. Doch sie kam nicht.
Als mein Unglück immer größer, immer schlimmer wurde,
habe ich nur noch nach Dir, oh Tod, gerufen![553]

Ruben Sachs ist der Stolz seiner reichen jüdischen Familie, die in einer Villa am Lancaster Gate lebt. Er gehört der Londoner Oberschicht an, ist kein Kind des East End. Er hat an Elite-Universitäten Jura studiert, viele Stipendien und Preise erhalten.

»Die Tatsache, daß er ein Jude war, hatte sich ihm dabei nicht hinderlich erwiesen«, übersetzt Tussy. »Er fand viele nützliche Freunde, und es gelang ihm, bis zu einem gewissen Grade jene Eigentümlichkeiten loszuwerden, die einem jeden innerhalb der jüdischen Gemeinde geborenen und erzogenen Menschen anzuhaften pflegen.«

Schon mit fünfundzwanzig kandidiert er für das britische Unterhaus, für die Tories. Er will Karriere machen, will in die große Politik wie einst Benjamin Disraeli. Seine Mutter sieht ihn als Wertpapier, als Investition.

»›Er wird nie verhungern‹, pflegte seine Mutter zu sagen, wobei sie mit dem behaglichen Bewußtsein, das eine sichere Kapitalanlage verleiht, die Achseln zuckte. ›Er muß Geld heiraten, aber auf Ruben kann man sich verlassen, er handelt nicht unüberlegt.‹«
Da er von schwacher Gesundheit und übernervös ist, schickt man ihn nach dem Studium erst einmal auf eine Seereise.
»Mehr als die Hälfte meiner nervösen Patienten rekrutieren sich aus den Reihen der Juden«, sagt der behandelnde Arzt. »Sie zahlen die Strafe für eine zu hohe Zivilisation.«
Der Roman ist eine liebevoll-kritische Innensicht auf die Londoner jüdische Bourgeoisie, die stellenweise an die Drehbücher eines Woody Allen erinnert. Da wird der Hang reicher jüdischer Frauen, teuren Schmuck zu tragen, aufs Korn genommen, der »philisterhafte Prunk« der Salons, die Neigung älterer Jüdinnen zum Dickwerden, die häßlichen Spuren, die das Jiddische hinterläßt, wenn man versucht, es krampfhaft zu unterdrücken.
Ruben jedoch ist ein Sympathieträger, sprachgewandt, poetisch, von seiner Arbeit besessen, neugierig, vielseitig interessiert und bei aller Weltläufigkeit stolz auf seine jüdische Herkunft.
»Er trug elegante Kleider, die jedoch die Tatsache nicht zu verhüllen vermochten, daß er schlecht gewachsen und seine Bewegungen ungeschickt waren; es waren unverkennbar die Gestalt und die Bewegungen eines Juden. ... Das ganze Antlitz trug einen zerstreuten, träumerischen ... Ausdruck, eigentümlich orientalisch und nicht frei von Melancholie.«
Er ist verliebt in Judith, offenbar das Alter ego der Autorin, eine entfernte Verwandte von Ruben, die von portugiesischen Kaufleuten abstammt und »zum alten Adel der jüdischen Gemeinde« zählt. Als ihr Vater in Geldnot gerät, wird sie von den Leuningers, einer Maklerfamilie, aufgenommen und erhält eine typisch englische höhere Mädchenerziehung, mit »französischen und deutschen Gouvernanten« und »teuren Musikstunden ..., von denen so viel Wesens gemacht wird und die doch so absolut nutzlos sind.«
Sie fühlt sich unausgefüllt, bittet darum, einen Beruf lernen zu dürfen. Aber die Leuningers bestehen darauf, daß sie heiratet, und zwar einen Juden. Teile der Großfamilie gehen in die reformierte Synagoge in Upper Berkeley, andere in die orthodoxe in Bayswater, wieder andere in die sephardische in der Bryanston Street, je nach regionaler Herkunft und Überzeugung. Die Jugend zeigt durch-

weg das Verlangen, »den kleinen Ententeich ihres Stammes mit dem großen und tiefen Wasser der wirklichen Gesellschaft zu vertauschen.« Aber unter den Älteren herrscht ein Kastengeist, der an Intoleranz grenzt.

Amy Levy macht sich ungeniert über die Geschäftsmethoden der Männer lustig, über den Bankier, der »nie die Grenze gesetzlicher Ehrlichkeit« überschreitet, aber doch, wo er kann, seinen Vorteil wahrnimmt, den Arzt, »der mit großem Erfolg die Kunst des schmerzlosen Zahnausziehens« ausübt und ein wichtiges Buch über die »Krankheiten des Gaumens« schreibt. Leo, der Musiker und kritische Geist der Familie, geißelt diesen Materialismus mit Worten, die auch von Marx stammen könnten:

»Das Korn, der Wein und das Öl, die Vervielfältigung der Nachkommenschaft und die Unterwerfung feindlicher Stämme – sie haben von jeher mehr Anziehungskraft für uns gehabt als die Harfe und die Krone einer vergeistigten Existenz.«

Ruben, der Titelheld, vertritt eine andere Position. Er identifiziert sich mit seiner jüdischen Herkunft, spricht von den vielen Verfolgungen, denen sein Volk ausgesetzt war, von der Enthaltsamkeit, der Selbstachtung und dem Fleiß, mit denen es sich den Respekt anderer Völker verdient habe. Während Leo, wiederum Marx zitierend, die Ansicht vertritt, daß das Judentum in der modernen Welt nur noch eine Chance habe, die seiner Selbstauflösung, insistiert Ruben:

»Wenn wir wirklich als Rasse aussterben sollten, so werden wir sicherlich schwerer sterben als du denkst ... Der seltsame, kräftige Instinkt, der uns so lange zusammengehalten hat, ist nicht so leicht auszurotten. Er wird sich geltend machen, wo man es am wenigsten erwartet. Der Jude wird sich immer zum Juden hingezogen fühlen, mit welchem Namen er sich immer nennen mag. Wenn alle Vorurteile ausstürben, wenn alle Meinungsverschiedenheiten aufhörten, ja, wenn die ganze Welt ... nur einen Gedanken dächte und eine Sprache spräche, selbst dann würden jene unerklärlichen Mysterien bleiben: Wahlverwandtschaft und Liebe.«

Ruben wagt es nicht, Judith zu heiraten, denn der Clan, der eine reiche Frau für ihn sucht, ist dagegen. Judith, die seine Liebe erwidert, reagiert mit Verzweiflung, stürzt sich in einen Zustand von Selbsthaß und Depression, in dem man die Autorin, aber auch die junge Tussy wiedererkennt:

»Ruhig? War sie jemals ruhig gewesen, außer in jener falschen Ruhe, welche durch Betäubungsmittel erzeugt wird? Sie erschrak vor sich selbst, ... vor den wilden fremdartigen Gedanken und Gefühlen, welche in ihr nach Herrschaft rangen. Es gibt nichts Furchtbareres und Tragischeres als diese Unerfahrenheit eines Weibes über seine eigene Natur, seine Kräfte und seine Leidenschaften. ›Verflucht seist du, o Herr, mein Gott, der du die Grausamkeit gehabt hast, mich zum Weibe zu machen‹, hatte sie als kleines Mädchen gebetet. Und ihr ganzes Leben hindurch hatte sie nicht aufgehört, dieses Gebet – und nur dieses – zu beten.«
Immer und immer wieder liest sie, von Opiaten berauscht, Mignons Lied aus Goethes »Wilhelm Meister«, in dessen letzter Strophe es heißt:

Ein jeder sucht im Arm des Freundes Ruh
Dort kann die Brust in Klagen sich ergießen
Allein ein Schwur drückt mir die Lippen zu
Und nur ein Gott vermag sie aufzuschließen.

Sie heiratet einen ungeliebten Mann, einen reichen, englischen Nicht-Juden, der ihr zuliebe zum Judentum konvertiert und ihr allen Luxus dieser Welt bietet. Doch sie bleibt depressiv und verstört, sehnt sich nach Ruben, der rasante politische Karriere macht, bis er, noch nicht einmal dreißig, nach einem Herzanfall stirbt.
Dieses Buch wurde nach seinem Erscheinen so heftig gelobt wie verdammt. Englische Kritiker würdigten die realistische Darstellung jüdischer Sitten und Charaktere, die, so die Autorin, Teil der englischen Gesellschaft seien und deshalb weder trivialisiert noch romantisiert werden dürften, jüdische Kritiker empfanden den Roman als Nestbeschmutzung und nannten ihn sogar antisemitisch.
»Viele Leute in diesem Buch werden ›Juden‹ genannt, nur damit die Autorin schlechte Dinge über sie sagen kann«,[554] schrieb der »American Hebrew«.
Was Amy Levy von ihrer eigenen Familie zu hören bekam, ist nicht bekannt. Wahrscheinlich nichts sonderlich Schmeichelhaftes und Aufbauendes. Englische Zeitungen schrieben, sie hätte kaum noch auf die Straße, kaum noch in die Synagoge gehen können. Der geballte Zorn der gesamten jüdischen High Society Londons sei ihr entgegengeschlagen. Eine Übertreibung, meint Tussy, die sie noch

nach dem Erscheinen des Buches gesehen und gesprochen hat. Und bestimmt nicht der Auslöser für ihren Selbstmord.

»Amy war immer sehr zerbrechlich, oft depressiv«, sagte sie zu Max Beer, »und wie ihr Liebling Lenau hoffnungsloser Melancholie verfallen – das unfehlbare Symptom nervöser Erschöpfung. Das Schreiben des Romans ... muß ihre letzten Kräfte aufgezehrt haben, und ließ ihren Geist wie entblößt zurück. Es war ihr Schwanengesang. Sie war erst achtundzwanzig, als sie uns verließ.«[555]

Über den Roman selbst sagte Tussy, die sich in der »Neuen Zeit« leider jedes Kommentars, jeder Einführung enthielt:

»Ihr ›Ruben Sachs‹ war eine Überraschung und Offenbarung selbst für jene, die sie zu kennen glaubten. Wir alle wußten, daß sie großes Wissen, gute Beobachtungsgabe, lebhaften Verstand und immense Sprachmeisterschaft besaß. Aber die Stimmung des feinen Humors, der natürlichen Lebendigkeit und der anhaltenden Kraft, die zu einer ausgereiften englischen Novelle gehören und die sie in ›Ruben Sachs‹ voll entfaltet hat, hätten wir nicht von ihr erwartet. Ihre Beschreibung des Lebens einer jüdischen Mittelklasse-Familie in London, mit dem erfolgreichen alten Sachs als Bankier, Ruben als jungem Tory und den Leuningers als angehenden Künstlern, Sozialisten und Zionisten: das waren Themen, die ihrer Feder würdig waren. Und die Randfiguren! ... Sephardische Juden, hochkultiviert, vornehm bis in die Fingerspitzen, aber arm, und dann das andere Extrem: anonyme Juden, kleine Geschäftsleute in ihren Wäschereien in Dalstone oder Hackney, die sich fremd fühlten unter den Sachsens und Leuningers – was für eine Rassemischung wir Juden doch sind!«

In England ist dieser Roman heute vergessen. Und auch in Deutschland fand er – trotz Tussys liebevoller Übersetzung, einer Art posthumen Freundschaftsdienstes an der Autorin – wenig Resonanz. Es ist sogar zu befürchten, daß er von vielen, die ihn oberflächlich gelesen haben, als Bestätigung des eigenen »sozialistischen Antisemitismus«, als weiterer Beleg für die alte Karl-Marx-These, daß Judentum mit »Ausbeutung« und »Kapital« gleichzusetzen sei, empfunden wurde.

Unterdessen gehen die Arbeitskämpfe in England weiter. Am 29. Februar 1892 treten dreihundertzwanzigtausend Bergarbeiter in den Ausstand. Auch sie reklamieren für sich den Achtstunden-

tag, der in Durham, einer traditionsreichen Kohleregion, bisher nur zum Schein realisiert wurde, und zwar auf Kosten der Kinder: »Sie arbeiteten, behaupteten sie, nur sechs Stunden, ... aber daß die Jungen elf Stunden arbeiten müssen, war allem Anschein nach ihrer Betrachtung nicht wert«, schreibt Tussy im Berliner »Sozialpolitischen Centralblatt«.[556]
In Nordengland streiken die Baumwollarbeiter und die Maschinenbauer. Die Gründe scheinen Außenstehenden reichlich bizarr, wie ein Ausfluß mittelalterlichen Zunftdenkens. Sie wollten, schreibt Tussy, die Fabrikherren daran hindern, Arbeiter, die nicht gewerkschaftlich organisiert seien, einzustellen. Das wirke reichlich intolerant und sektiererisch. Auch in Deutschland habe man für diese Streiks wenig Sympathie. Doch in Wirklichkeit, erklärt Tussy ihren deutschen Lesern, gehe es auch hier um Verhinderung »unfairer Arbeit«, um Manipulation der Löhne und Arbeitszeiten durch Nicht-Gewerkschafter. Diese arbeiteten siebzig bis achtzig Stunden pro Woche für das gleiche Geld, das die Organisierten für fünfzig Stunden verlangten. Ein krasses Mißverhältnis, über das die Presse schwiege.[557]
Im Mai 1892 fährt Tussy im Auftrag der deutschen Sozialdemokraten ins schottische Cumnock, um dort vor deutschen Grubenarbeitern zu sprechen. Auch sie sind – gewerkschaftlich nicht organisiert – von den Bergwerksbesitzern »importiert« worden, damit sie die Löhne der schottischen Grubenarbeiter drücken. Tussy redet vor den deutschen »Landsleuten« – und überzeugt sie. Sie reisen entweder wieder ab oder versprechen, sich mit den Schotten zu solidarisieren.
Doch das alles ist ein mühsames, frustrierendes Geschäft. Tussy hat mit vielen Mißerfolgen zu kämpfen. Im März 1892 hat das britische Unterhaus einen Antrag zur Durchsetzung des Achtstundentages in den Bergwerken abgelehnt. Es bestehe »kein allgemeines Verlangen danach«, ist die Erklärung. Als die Bergarbeiter von Durham im Oktober 1892 darüber abstimmen, ob sie den Antrag wiederholen sollen oder nicht, stimmen achtundzwanzigtausend dagegen und nur zwölftausend dafür. Tussy glaubt, daß sie von der reinen Not zu dieser Entscheidung getrieben werden, von der panischen Angst, ihre kleine, elende Existenz zu verlieren, die rußige Kate, den kümmerlichen Garten, das kleine Zubrot, das die Kinder nach Hause bringen, die Gewißheit, mit vierzig an Tuberkulose zu sterben.

»Ich weiß nicht, wie irgend jemand, der nur christlichen Glauben hat, den Anblick all dieses Elends ertragen kann und nicht wahnsinnig wird«, schreibt sie an Dollie Radford. »Wenn ich keinen Glauben an den Menschen und das irdische Leben hätte, könnte ich nicht leben.« [558]

Auch Freddy Demuth ist so ein armer Wicht, einer von den ewig Geschlagenen, Ausgebeuteten und Unterdrückten, die immer auf der Schattenseite des Lebens stehen. Tussy hat ihn seit Helenes Tod tief in ihr Herz geschlossen. Sie mag diesen bescheidenen Arbeiter, der niemals klagt, niemals unzufrieden ist, der sie manchmal in ihrer Wohnung besuchen kommt, um ihr von seinen kleinen und doch so großen Sorgen zu erzählen. Er ist nicht gebildet, hat keinen Shakespeare gelesen, wahrscheinlich nicht einmal das »Kapital«. Und doch ist da eine Art Urvertrauen, ein tiefes Verständnis zwischen den beiden, als ob sie längst ahnten oder sogar wüßten, daß sie Geschwister sind, glücklich, sich nach so langer Zeit endlich gefunden zu haben.

Im Februar 1892 hat ihn seine Frau endgültig verlassen. Er lebt jetzt mit seinem kleinen Jungen allein. Sie habe, schreibt Tussy an Laura, »nicht nur fast alles mitgenommen, was Freddy selbst gehörte … sondern, was das Schlimmste war, die ganzen vierundzwanzig Pfund, die seine Arbeitskollegen ihm anvertraut hatten. Dieses Geld gehörte zu einem kleinen Wohltätigkeitsfonds, den sie haben – und am Samstag muß er über das Geld Rechenschaft ablegen.«[559]

Freddy hat Angst. Vor der Reaktion der Kollegen, vor der Schande, als Betrüger angesehen zu werden, vielleicht sogar vor dem Gericht und der Polizei. Er bittet Laura und Tussy, ihm auszuhelfen. Doch die sind selber ständig in Geldnot, können nichts für ihn tun. An Engels, dem es ein leichtes wäre, wagen sie sich aus verständlichen Gründen nicht zu wenden. Da bleibt, meint Tussy, nur eine Möglichkeit. Er muß sich als Sohn von Marx zu erkennen geben, seinen Anteil am Erbe beanspruchen, das zwar nicht aus großen Vermögenswerten besteht, aber doch aus Urheberrechten und Tantiemen, die ihn gegenüber seiner Bank kreditwürdig machen könnten. Laura und ihr Mann Paul haben offenbar nichts dagegen einzuwenden. Doch Longuet, der Ehemann der verstorbenen Jenny, stellt sich quer. Nur so ist es jedenfalls zu interpretieren, wenn Tussy im Juli 1892 an Laura schreibt:

»Freddy hat wieder und wieder an Longuet geschrieben, doch der antwortet nicht einmal auf seine Briefe, und deshalb bat mich Freddy, ob ich nicht versuchen könnte, Paul dazu zu bringen, daß er die Sache vor die Vormünder bringt. Natürlich habe ich Longuet diese ganzen Fakten nicht alle erzählt, denn Freddy möchte nicht, daß es irgend jemand erfährt – vor allem Engels nicht.«[560]

Dieser Brief ist merkwürdigerweise nie richtig beachtet worden. Als so unerschütterlich, so einwandfrei »wahr« galt die später von Louise Kautsky verbreitete These, Tussy (und damit auch Laura) habe erst nach dem Tod von Engels, also 1895, erfahren, daß Freddy nicht der Sohn von Engels, sondern der von Marx ist; sie habe sich gegen diese Erkenntnis heftig gewehrt, da sie »aus ihrem Vater einen Götzen machen wollte«, und sei schließlich weinend in Louise Kautskys Armen zusammengebrochen.[561]

Daß diese Darstellung, für die es im übrigen keine Zeugen gibt, falsch ist, ist leicht zu durchschauen. Als vermeintlicher Sohn von Engels wäre Freddy mit seinen Geldnöten nicht zu Tussy und Laura gegangen, sondern zu seinem Erzeuger. Doch Tussy, Laura und er selbst wußten zu dieser Zeit längst, daß er ein Marx-Sohn war, so sicher, daß sie sogar ein Vormundschaftsgericht anrufen wollten. Die schiere äußere Ähnlichkeit hätte dazu nicht ausgereicht. Sie müssen Beweise in der Hand gehabt haben. Aber welche? Hatte Tussy bei ihrer Sichtung des Nachlasses entsprechende Briefe oder Dokumente gefunden? Hatte Helene, zu der sie in innigem Vertrauensverhältnis stand, ihr vor ihrem Tod das Geheimnis verraten?

Wie auch immer: Tussy hat das dringende Gefühl, die Sache in Ordnung bringen zu müssen. Auch hier wieder stellvertretend für ihren verstorbenen Vater, der Freddy nie gewollt, nie zu ihm gestanden hat. »Kann sein, daß ich sehr sentimental bin«, schreibt sie an Laura, »aber ich komme nicht darum herum, daß Freddy sein ganzes Leben lang viel Ungerechtigkeit erfahren hat. Geht es nicht seltsam zu, daß wir, wenn man den Tatsachen ins Auge blickt, selten alle die schönen Dinge praktizieren, die wir – anderen predigen?«[562]

Das ist ein deutlicher Tadel an die Adresse des Vaters, ein leiser Zweifel an seiner Glaubwürdigkeit und Integrität, das genaue Gegenteil von dem »Götzenkult«, den Louise Kautsky ihr zu unterstellen versucht hat.

Louise selbst macht unterdessen ihrem Auftrag als Intrigantin und Doppelagentin alle Ehre und schleimt sich nach Kräften bei Engels ein. Sie kommandiert die Köchinnen, sorgt dafür, daß nur Delikatessen auf den Tisch kommen – seine Lieblingsspeise ist »Wildbraten, auf walisische Art zubereitet« –, füllt ständig die Alkoholvorräte auf und versetzt Engels in einen Zustand seliger Dauertrunkenheit. Der ist begeistert, absolut hingerissen, fühlt sich noch einmal wie Mitte zwanzig.
»Sie haben gar keine Vorstellung davon, was das Frauchen wieder für einen Übermut entwickelt«, schreibt er an Julie Bebel. »Sie sollten einmal da sein, wenn wir unseren Frühschoppen Pilsener Bier vertilgen, was da für Unsinn und Gelächter getrieben wird. Ich freue mich, daß ich diese jugendlichen Torheiten noch so mitmachen kann ... Und ich kann Louise gar nicht genug dafür danken, daß sie alles tut, um meine alte rheinische Heiterkeit nicht einrosten zu lassen.«[563]
In Wirklichkeit erfüllt Louise ihre Aufgaben als Sekretärin und Assistentin höchst mangelhaft. Ihr Englisch ist nach zwei Jahren immer noch eine Katastrophe, primitiv im Satzbau, falsch in der Orthographie, hölzern und absolut treu-deutsch im Ausdruck. Sie *kann* keine englischen Briefe für Engels schreiben, allenfalls an den Metzger oder den Kohlenhändler. Bei seinen politischen Freunden hätte er sich unsterblich damit blamiert. Doch auch ihr Deutsch läßt nicht gerade auf sprühenden Intellekt schließen. Es ist das Deutsch einer ehemaligen Hebamme, nicht das der Feministin und Journalistin, die sie vorgibt zu sein. Kein Wunder, daß ihrem Zeitungsprojekt, der »Wiener Arbeiterinnen-Zeitung«, an dem Tussy und Laura eifrig als Autorinnen mitwirken, kein langes Leben beschieden ist. Es erscheinen seit Herbst 1891 einige wenige Nummern, dann verschwindet das Blatt von der Bildfläche.
Engels merkt nicht, wie er von Louise eingewickelt wird, denn er hat im Grunde herzlich wenig Erfahrungen mit Frauen. Ein paar Prostituierte in Paris, Mary und Lizzy, die beiden irischen Fabrikmädchen, deren Nichte, die füllige, ewig beschwipste Pumps – das war alles. Alle Frauen, mit denen er längere Zeit unter einem Dach gelebt hat, sind eher Haushälterinnen als Partnerinnen gewesen. Louise Kautsky ist wahrscheinlich die erste, die wenigstens lesen und schreiben kann.

Im Mai 1892 kommen Bebel und Singer, die beiden Chefs der deutschen Sozialdemokratie, zu Besuch in die Villa am Regent's Park, um dort persönlich nach dem Rechten zu sehen. Sie wollen die Marx-Manuskripte für die Partei sichern. Die große, immens vielseitige Privatbibliothek mit vielen wertvollen Erst- und Originalausgaben, darunter Heine-Gedichte mit persönlichen Widmungen, die nach dem Tod von Karl Marx in die Hände von Engels übergegangen ist, haben sie bereits dem künftigen Zugriff von Tussy entzogen, und zwar so gründlich, daß sie sie nicht einmal mehr im British Museum einsehen kann:

»Auf der Rückreise von London erfuhr ich«, schreibt Bebel im Dezember 1890 an Engels, »Du habest Deine Bibliothek dem British Museum für den Fall Deines Ablebens vermacht. Nun wünschen wir selbstverständlich den Augenblick, wo Deine Bibliothek herrenlos wird, noch recht, recht lange hinausgeschoben; aber als vernünftiger Mensch denkt man doch an solche Eventualitäten ... und da möchte ich Dich denn doch fragen: Willst Du diese Entscheidung nicht rückgängig machen und die Bibliothek der deutschen Bewegung zukommen lassen? ... Deine Bibliothek ist ein Unikum, in Deutschland würde sie großen Nutzen schaffen, im British Museum käme sie nur ganz exklusiven Kreisen zu statten.«[564]

Engels zeigt Bebel die Marx-Manuskripte, sein absolutes Heiligtum, zu dem nicht einmal mehr Tussy direkten Zugang hat, seitdem sie in seinem Haus unter Verschluß liegen.

»Ich verrate auch Dir kein Geheimnis«, schreibt Bebel später an Tussy, »daß ... ein großer Teil meiner Zeit während meines letztjährigen Aufenthaltes in London der Durchsicht von Papieren von General und Deinem Vater gewidmet war, aus denen ich brauchbares Material für die Geschichte der Partei zu erlangen suchte und in beschränktem Maße gefunden habe, da das Meiste sich für die Veröffentlichung nicht eignet. Wenn nun dieses ganze Material in besserer Ordnung wohlgesichtet vorliegt, so ist dieses nur Louise zu verdanken, die diese Arbeit mit Geschick gemacht hat.«[565]

Auch Louise darf sich also an den Manuskripten zu schaffen machen, was Tussy um diese Zeit weder argwöhnt noch ahnt. Sie ist voller Vertrauen. Sie mag Louise. Sie freundet sich sogar herzlich mit ihr an, schreibt ihr von Kongressen und Vortragsreisen lange Briefe.[566] Sie freut sich für Engels, daß er so zufrieden mit ihr ist und unter ihrem Regiment noch einmal aufblüht.

»General ... geht es großartig«, schreibt sie an Laura. »Louise versteht es ausgezeichnet mit ihm, und er ist glücklich wie ein Schuljunge.«[567]

Kaum ist Bebel, damals zweiundfünfzig Jahre alt, ein gertenschlanker, vollbärtiger, eleganter Herr in schmalen karierten Hosen, langem Gehrock und blanken Stiefeln, in London angekommen, fängt er eine heftige Affäre mit Louise an, wozu die weitläufige Villa mit ihren vielen Mädchen- und Gästezimmern reichlich Gelegenheit bietet. Engels merkt nichts davon. Denn er ist ständig betrunken.

»Der General ist jetzt gut beieinander«, schreibt Tussy an Laura, »doch das kommt von der Freude über die Anwesenheit von Bebel und vom Bier und vom Maiwein. Doch wenn diese ganzen Festivitäten vorüber sind, bleibt die Reaktion garantiert nicht aus.«[568]

Tussy hat recht. Schon im August, drei Monate später, geht es Engels gesundheitlich so schlecht wie seit langem nicht mehr. Er hat Atembeschwerden und Leberschmerzen, kann kaum noch laufen. Er könne, schreibt er selber an Bebel, »keine andere Ursache herausfinden«, als daß er »seit vorigem Herbst dem Alkohol mit größerer Freiheit zugesprochen habe als seit längeren Jahren.«[569]

Auch Bebel, der sich mit dem Trinken zurückgehalten hat, um seine kostbare Manneskraft für Louise zu erhalten, ist genau dieser Meinung und schreibt zurück:

»Du solltest aber doch nun endlich dem Alkohol Valet sagen; das bist Du nicht nur Dir, das bist Du uns allen, speziell der Partei, schuldig.«[570]

Im Juli nimmt Louise »Urlaub« von ihren Sekretärinnenpflichten und fährt zu ihrer Mutter und ihren Schwestern nach Wien. Dort bekommt sie schon im August Besuch von Bebel, der es vor Sehnsucht nach ihr nicht mehr aushalten kann. In seinen Briefen an Engels nennt er sie nur noch »die Hexe«, »das Frauchen« oder »unsere Louise«:

»Du bist wirklich ein Glückspilz, daß Du in Deinen alten Tagen noch so ein Prachtweibchen um Dich hast.«[571]

Angeblich ist er nach Wien gefahren, um Victor Adler zu helfen, dem es finanziell sehr schlechtgehen soll. Doch in Wirklichkeit verbringt er jede freie Minute mit Louise:

»Ich habe mich pflichtschuldigst auch nach den ›Menschinnen‹ umgesehen – wie das vom Verfasser der ›Frau‹ nicht anders zu erwarten ist –, aber da muß ich Dir im tiefsten Vertrauen erklären, es kommt doch keine über unsere Hexe. Ich habe mich in Wien noch mehr in sie verliebt, als ich es vorher schon war, und am liebsten ließe ich sie gar nicht mehr fort ... Ein ganz besonderes Vergnügen hat es mir bereitet, sie in der Versammlung ... sprechen zu hören; beachtet man, daß sie ganz ohne Vorbereitung das Wort zu nehmen gezwungen wurde, so war ihre Geistesgegenwart geradezu überraschend zu nennen. Am liebsten wäre ich ihr am Schlusse vor versammeltem Kriegsvolk um den Hals gefallen und hätte sie abgeküßt. Ich hab's aber später nicht daran fehlen lassen. Dies wieder entre nous.«[572]

Nach dem Liebessommer in Wien nimmt Bebel seine Hexe ins Reisegepäck und fährt mit ihr nach Berlin. Sie ist blond, wohlgerundet, zweiunddreißig Jahre alt und übrigens ganz versessen auf Babys.

»Wenn man ihr nur zu einem verhelfen könnte«, schreibt Bebel vieldeutig an Engels.[573]

In Berlin wartet bereits Ehefrau Julie auf das holde Paar. Sie ahnt nichts, vertraut Louise und ihrem August vollkommen. »Pflegen Sie ihn nur recht gut, damit er die Strapazen der vielen Vergnügen, die ihn erwarten, bestehen kann«, hatte sie vor dem London-Besuch an Louise geschrieben. »Vor allem, bewahren Sie ihn vor Süßigkeiten, die sind ihm am gefährlichsten, und schwere Getränke soll er auch nicht haben, auch nicht starken Kaffee und Tee. Im übrigen muß ich ihn seinem Schicksal überlassen.«[574]

Julie Bebel ist zu dieser Zeit neunundvierzig, Tochter eines Leipziger Arbeiters, eine resolute, fröhliche, lebenskluge Frau, die, so Tussy an Laura, mehr für die »Bewegung« getan habe als Bebel selbst.[575] 1869 ist ihre einzige Tochter, Frieda, geboren worden. Sie hat gegen den Willen ihres Vaters Abitur gemacht und in Zürich, wo sich die Universitäten den Frauen geöffnet haben, ein Medizinstudium begonnen. Jetzt ist sie mit dem sozialistischen Arzt Dr. Ferdinand Simon verheiratet. Ihr Studium setzt sie in der Ehe nicht mehr fort.

Während ihrer Kindheit ist Bebel immer wieder verhaftet worden, wegen »Verbreitung staatsgefährdender Lehren«, »Majestätsbeleidigung«, »Hochverrat« usw. Insgesamt fünf Jahre hat er bis zu ihrem Abitur im Gefängnis gesessen. Seine Frau wurde alleinerziehende Mutter wider Willen. Sie löste, das sagen selbst politische

Gegner, ihre Aufgaben grandios, führte das Geschäft, einen Drechslerbetrieb, nahm als Zuhörerin an Reichstagssitzungen teil, erledigte Korrespondenz, vermittelte politische Geheiminformationen und verwaltete lange Zeit die Solidaritätskasse, in die die Spenden für Opfer des Sozialistengesetzes eingezahlt wurden.[576]
»Eine liebevollere, hingebendere, allezeit opferbereitere Frau hätte ich nicht finden können«, schreibt Bebel scheinheilig in seinem Buch »Aus meinem Leben«. »Leistete ich, was ich geleistet habe, so war dieses in erster Linie nur durch ihre unermüdliche Pflege und Hilfsbereitschaft möglich.«
Doch auch als Mutter hat Julie Bebel schwere Zeiten durchgemacht. Tochter Frieda, durch die dauernden Verhaftungen ihres Vaters schwer traumatisiert, wurde schon als Kind depressiv und litt unter Wahnvorstellungen. Mit neunzehn mußte sie zu einer längeren Kur in eine Nervenklinik im Schwarzwald. Die schizophrenen Anwandlungen werden sie später immer wieder heimsuchen und wie ein Damokles-Schwert über der ganzen Familie schweben.[577]
Daß Bebel seine solidarische Frau schamlos betrogen hat, war kein schöner Zug von dem großen Kenner der Frauenseele, vom Verfasser der »Frau im Sozialismus«, dem Verfechter eines treudeutschen Ehe- und Familienideals, der meinte, Mädchen vor Lektüre und höherer Bildung bewahren zu müssen, damit sie nicht das gleiche Schicksal erleiden wie seine Tochter Frieda.
Doch das alles wäre letztlich seine Privatangelegenheit und die seiner männlichen und weiblichen Biographen, die sich in seltener Einmütigkeit darauf verständigt haben, die Sache totzuschweigen, weil sie dem Ansehen des großen Parteiführers geschadet hätte[578] – wenn nicht der Nachlaß von Marx davon betroffen gewesen wäre, der enorme Bestand an Manuskripten, Briefen, Artikeln und Vortragsexzerpten, den Engels bis auf kleine Restbestände August Bebel und seiner Louise überließ, ohne die gesetzlichen Ansprüche der Töchter gebührend zu achten. Bis Tussy der Sache auf die Spur kommt, die Intrige durchschaut, werden noch einige Monate vergehen. Dann wird sie den Kampf gegen Bebel, Louise und sogar gegen Engels aufnehmen, einen berechtigten und begründeten Kampf, auch wenn die drei noch so oft versuchen werden, sie als paranoid hinzustellen. Denn es geht um das Erbe und Andenken ihres Vaters, für das sie sich persönlich und politisch verantwortlich fühlt.

13 Das lange Sterben des Generals 1893–1895

Am 13. Januar 1893 ist die Geburtsstunde der ersten großen englischen Arbeiterpartei, der »Independent Labour Party«. George Bernard Shaw und Edward Aveling sind bei den Gründungsfeierlichkeiten in Bradford dabei. Tussy fehlt. Sie steht den englischen Glasarbeitern zur Seite, die zu Tausenden von den Arbeitgebern ausgesperrt worden sind.

»Bei diesem Kampf«, schreibt sie an Laura, »geht es um Leben und Tod der ganzen Glashüttenindustrie. Er wird sich unvermeidlich Monate hinziehen. Wie der Ausgang aussehen wird, weiß der Himmel – und, wie Edward sagt: der Himmel ist immer so wenig mitteilsam.«[579]

Obwohl Aveling mit seinem »eigentümlichen Marxismus«[580] eher am Rande der neuen Partei steht, gelingt es ihm, eine gewisse Position in ihr einzunehmen. Er ist ein glänzender Agitator. Er kennt die Facetten der englischen Arbeiterbewegung seit vielen Jahren. Diese Vorzüge will sich die Parteiführung zunutze machen. Gleich nach der Gründungskonferenz schickt sie ihn auf Vortragsreise durch das Black Country, das englische Ruhrgebiet, wo er die Arbeiter in »schwarzer Apathie« vorfindet, die ihm »schwärzer … als Kohle und Eisen« vorkommt.

Tussy wird kein Parteimitglied, sondern beobachtet die Aktivitäten Edwards mit einer gewissen Skepsis. Vielleicht will sie die Entwicklung der neuen Organisation erst noch abwarten. Vielleicht befürchtet sie, daß das Ganze eine politische Eintagsfliege sein könnte wie ihre eigene Partei, die »Socialist League«, die sich inzwischen wegen anarchistischer Tendenzen aufgelöst hat. Sie selbst ist in dieser Zeit nicht partei-, sondern gewerkschaftspolitisch aktiv, eine unabhängige, gefragte sozialistische Rednerin, die viele hundert Vorträge im Jahr hält und der die Stimmbänder vor Anstrengung manchmal den Dienst versagen.

Am 17. März 1893 spricht sie vor der Socialist Society im schottischen Aberdeen über eins ihrer Lieblingsthemen, die Pariser Kommune. Doch sie verweilt diesmal nicht bei den Ereignissen in Frankreich selbst, sondern spricht über das Schicksal der geflohenen Kommunarden im englischen Exil, das ihr als unmittelbarer Zeitzeugin bestens bekannt ist:

»Einige von Ihnen werden sich sicher noch an die geradezu verzweifelte Wut der ganzen Mittelklasse gegen die Kommune erinnern. Und es wird Ihnen seltsam erscheinen, wenn ich Ihnen ins Gedächtnis rufe, daß – ganz ernsthaft – der Vorschlag gemacht wurde, man solle die Kommunarden, die nach England geflüchtet waren, den Ärzten und Krankenhäusern übergeben, damit dort Vivisektionen an ihnen gemacht werden könnten. Dieser Vorschlag drückt in seiner ungeheuerlichen Brutalität die wahren Gefühle der ›besseren Gesellschaft‹ aus. Doch am traurigsten ist die Tatsache, daß in England auch die Arbeiter, mit wenigen Ausnahmen, genau solche erbitterten Feinde der Kommune waren wie ihre Ausbeuter.«[581]

Damit ist Tussy bei einem heiklen Thema, das ihr in dieser Zeit immer mehr auf der Seele liegt, einem dunklen Kapitel in der englischen sozialistischen Bewegung: der Mangel an internationaler Solidarität, das Mißtrauen gegen alles Französische und alles Deutsche, die Angst, von billigen jüdischen Arbeitskräften überrollt zu werden, die sich in nicht nur latentem Antisemitismus äußert. Schon seit langem arbeitet Tussy an einer Geschichte der englischen Arbeiterbewegung, die allerdings erst 1895 – und zwar auf deutsch – erscheinen wird. Sie macht intensive historische Studien, versucht, das Phänomen proletarischer Fremdenfeindlichkeit nicht nur beschreibend, sondern analytisch zu begreifen. Da sie in England für diese Untersuchungen keinen Verleger findet, schickt sie die ersten Vorarbeiten an die »Neue Zeit«, die von Karl Kautsky herausgegebene sozialistische Zeitschrift in Stuttgart. Dort erscheint im Jahrgang 1893 einer ihrer interessantesten, literarisch gelungensten Aufsätze, eine historisch blendend recherchierte Abhandlung über den »bösen Maitag« von 1517:

»Es war gegen Ende April, und die Stadt London befand sich in ungewohnter Aufregung. Denn nicht nur war der erste Mai vor der Tür – jener Tag, der zwar der Jugend Vergnügen, dem gesetzten, friedliebenden Bürger jedoch stets so manche Unbehaglichkeit mit sich brachte –, sondern es schwirrten auch allerlei Gerüchte durch die Stadt, unheimliche Vorahnungen, leise Drohungen. Man sagte, daß die so oft … angedrohte Erhebung nun wirklich stattfinden würde, diese so oft versuchte, aber noch niemals zu erfolgreicher Ausführung gebrachte Erhebung gegen die überseeischen Ausländer, jene verderbenbringenden Fremden, die die Stadt, ja das ganze Königreich England … ›zu schmerzlicher Unterdrückung‹ aller echten Engländer überschwemmten. Jetzt aber, sagte das Gerücht, würde man sich … von all diesen Ausländern befreien; sie sollten einfach niedergemacht, und diejenigen, die solchem summarischen Verfahren entgingen, wieder eingeschifft werden nach den Ländern, von denen sie gekommen waren.«

Die »Ausländer«, von denen Tussy hier spricht, sind keine Juden, sondern flandrische Weber, französische Bergarbeiter, hugenottische Mechaniker und italienische Kaufleute, vor Jahrhunderten von englischen Königen angeworben oder von Kriegen und religiösem Fanatismus vertrieben. Gegen diese Fremden richtet sich der ganze Haß der englischen Gilden und Zünfte. Es ist ihnen verboten, mit Geflügel zu handeln oder Käse zu verkaufen, es sei denn, an Reichsfremde. »Ihr sollt keinem Fremden gestatten, … daß er die Freiheiten dieses Handwerks genieße«, zitiert sie aus spätmittelalterlichen Eidesformeln.

Doch dieser Haß hat seine Wurzeln in der Not, in der Existenzangst:

»Die Zeit war aus den Fugen gegangen. Das Elend des Volkes nahm täglich zu; in den Städten wurden Handwerksmeister, Gesellen und Lehrlinge durch ›labourers‹ – Tagelöhner – ersetzt, während auf dem Lande die Schafe dabei waren, die Menschen zu verschlingen, oder vielmehr, was noch schlimmer, sie in die Städte zu treiben. Fast fortwährend herrschten Teuerung und Krankheiten. Manche Städte wurden schon öde und leer …, die Hauptstraßen waren mit viel Unreinlichkeit und Schmutz gefüllt; die Zahl der arbeitslosen Landstreicher und kräftigen Bettler nahm rasch zu, und selbst in der Stadt London, einer der Blüten der Welt in Bezug auf weltlichen Reichtum, fingen die Armen an, von Tür zu Tür zu betteln oder öffentlich bettelnd auf den Straßen zu sitzen. Das Volk indessen, das an solches Elend nicht gewöhnt war, murrte laut, und während einige von der empörenden Behandlung sprachen, welche die Reichen den Armen zuteil werden ließen, erfaßte die große Masse einen ganz zufälligen Umstand, um die Notlage zu erklären:

es war alles die Schuld des Ausländers, des Fremden, wenn es britischen Männern und Frauen an Kleidung und Nahrung fehlte.«
In der Nacht zum 1. Mai 1517 rotten sich über zweitausend Londoner Lehrlinge und Arbeitslose zusammen, stürmen die Viertel, in denen flandrische und französische Handwerker wohnen, zünden Häuser an, plündern Geschäfte, Werkstätten und Kirchen. Vor den Häusern italienischer Kaufleute bauen sich grölende Horden auf, rufen »Tod den Ausländern«, werfen Scheiben ein, versetzen ganz London in Angst und Schrecken. Wie viele Tote es in dieser »bösen Mainacht« gegeben hat, ist nie gezählt worden. Immerhin: die Anführer werden polizeilich verfolgt und vor Gericht gestellt. Mindestens zwanzig werden zum Tode verurteilt, darunter auch viele Unschuldige, was dem Fremdenhaß neue Nahrung gibt.
Dieser Aufsatz wäre eine eindrucksvolle Parabel, die noch heute von beklemmender Aktualität sein könnte, wenn er nicht einen unpassenden, pathetischen Schluß hätte: eine Lobeshymne auf die sozialistischen Maifeiern im Londoner Hyde Park, die wie ein Stück simpelster sozialistischer Parteipropaganda klingt:
»Sie versammeln sich nicht, um dem ›Fremden‹, dem ›Ausländer‹ den Krieg anzusagen, sondern um zu erklären, daß es für den Arbeiter keinen ›Fremden‹ und keinen ›Ausländer‹ gibt; um zu verkünden, daß für sie die Arbeiter aller Länder Brüder sind und ihr einziger Feind die Kapitalisten aller Länder.«
Tussy spricht hier wider besseres Wissen, wider ihre eigene, leidvolle Erfahrung mit der Ausländerfeindlichkeit englischer Arbeiter, nimmt der dichten Erzählung ihre Dramatik und Glaubwürdigkeit. Hat Aveling ihr zu diesem Schluß geraten? Will sie sich selbst »die Bewegung«, »die Arbeiter« schönreden, weil sie immer noch nicht öffentlich eingestehen kann, was sie doch selbst so oft erlebt hat, daß der Marxismus kein Allheilmittel gegen Vorurteile und Aggressionen, gegen Xenophobie, Antisemitismus und Konkurrenzdenken ist?
Ihr japanischer Biograph Chushichi Tsuzuki hat einmal gesagt, sie habe sich als sozialistische Schriftstellerin nicht durchsetzen können, da sie »geistig zu unstabil« gewesen sei, »um die notwendige Fähigkeit zu entwickeln, die Ergebnisse ihrer Untersuchungen zu einem einheitlichen Ganzen zusammenzufügen«[582], ein im Grunde frauenfeindliches Urteil, das das alte Klischee von der mangelnden Gestaltungskraft des weiblichen Geistes wieder aufgreift.

Tsuzuki vergißt, daß Tussy im Gegensatz etwa zu Bernstein und Kautsky keinerlei Schul- und Universitätsbildung hatte; daß ihr niemand gezeigt hatte, wie man einen Aufsatz, eine Abhandlung stringent anlegt; daß das Fundament ihres Wissens aus mehr oder weniger willkürlich zusammengewürfelter Lektüre bestand, die ihr Vater und Engels ihr vorgelegt hatten; daß niemand ihre Texte wohlwollend kritisch kommentierte, in diesem Fall auch der Redakteur, Karl Kautsky, nicht, der sie entweder abdruckte, wie sie waren, oder Passagen eigenmächtig strich, änderte oder ergänzte, so daß es nie zu einem konstruktiven Dialog kam. Eigentlich schade. Denn ein Aufsatz wie »Der böse Maitag« zeigt neben fundierten historischen Kenntnissen soviel Stilsicherheit, soviel Gefühl für Spannung und Dramaturgie, daß man sich mehr solcher Texte von ihr gewünscht hätte.

Am 3. Mai 1893 beschließt das britische Unterhaus den Achtstundentag für die englischen Bergarbeiter, für Tussy keineswegs nur ein Grund zum Jubeln, denn der klare Feind-Freund-Gegensatz beginnt nun zu bröckeln, die Regierung erweist sich als fortschrittlicher als die Bergleute selbst, die noch im vergangenen Herbst mehrheitlich gegen den Achtstundentag gestimmt haben. Kein Wunder, daß in den eigenen Reihen kritische Stimmen laut werden. Es ist vor allem Eduard Bernstein, der sich in vielen theoretischen Abhandlungen die Frage stellt, ob der alte, kämpferische Marxismus nicht revidiert werden müsse:
»Die Zuspitzung der gesamten Verhältnisse hat sich nicht in der Weise vollzogen, wie sie das ›Manifest‹ schildert«, schreibt er in einem seiner Texte, die später unter dem Dachbegriff »Revisionismus« bekannt werden sollten. »Es ist nicht nur nutzlos, es ist auch die größte Torheit, sich dies zu verheimlichen. ... Politisch sehen wir das Privilegium der kapitalistischen Bourgeoisie ... Schritt für Schritt demokratischen Einrichtungen weichen. ... Fabrikgesetzgebung, die Demokratisierung der Gemeindeverwaltungen ..., die Befreiung des Gewerkschafts- und Genossenschaftswesens von allen gesetzlichen Hemmungen ... kennzeichnen diese Stufe der Entwicklung.«[583] Man müsse aufhören, an den alten, liebgewordenen Antagonismen festzuhalten. Das bürgerliche und das sozialistische Lager müßten sich annähern. Zu glauben, daß nur eine »Katastrophe«, die gewaltsame Expropriation der Bourgeoi-

sie durch das Proletariat, die Gesellschaft umwälzen könne, sei infantil.

Inzwischen macht Engels, assistiert von Bebel und Louise Kautsky, sein Testament. Er fragt Tussy, die er beinahe täglich sieht, nicht um Rat, macht auch in seinen Briefen an Laura keinerlei Andeutungen darüber. Als Testamentsvollstrecker bestimmt er Bernstein, Louise Kautsky und Samuel Moore. Der SPD vermacht er ein Legat von tausend Pfund. Weitere dreitausend Pfund sollen an Pumps gehen. Die gesamte Hausbibliothek – mit den Büchern von Marx – wird dem Partei-Archiv überschrieben, ein klarer Rechtsbruch. »Ich vermache alle Bücher ... und alle meine Urheberrechte ... August Bebel und Paul Singer«, heißt es wörtlich. Auch seine Manuskripte sollen – zu Händen von Bebel – dem Partei-Archiv übergeben werden. Das Haus mit sämtlichen Einrichtungsgegenständen soll an die »Hexe« gehen, an Louise Kautsky. Sie erbt auch ein Viertel des restlichen Vermögens; die anderen Dreiviertel sind für Tussy, Laura und die Kinder von Jenny bestimmt.
Über das Herzstück, die Marx-Manuskripte, die ihm von Tussy nach dem Tod ihres Vaters zur Verwahrung anvertraut worden sind, verfügt Engels:
»Ich bestimme, daß alle Manuskripte literarischer Natur in der Handschrift meines verstorbenen Freundes Karl Marx und alle von ihm geschriebenen oder an ihn gerichteten Familienbriefe, die zum Zeitpunkt meines Todes in meinem Besitz sind ..., von meinen Testamentsvollstreckern an Eleanor Marx-Aveling ... gegeben werden.«[584] Ein gutes Jahr später, im November 1894, ergänzt er diese Bestimmung: »Alle Papiere in der Handschrift von Karl Marx, mit Ausnahme seiner Briefe an mich, sowie alle an ihn gerichteten Briefe, mit Ausnahme meiner Briefe an ihn, sind an Eleanor Marx-Aveling zurückzugeben.« Doch er macht, quasi im gleichen Atemzug, die seltsame Einschränkung, daß diese Verfügung »lediglich seine Wünsche« ausdrücke und »seine Testamentsvollstrecker in keiner Weise rechtlich binden« solle.[585]
Karl Kautsky, der 1885 im Verein mit Eduard Bernstein die deutsche Ausgabe von »Das Elend der Philosophie« besorgt hatte, hat später mit Recht reklamiert, daß die Werke von Marx und Engels eine feste gedankliche Einheit bilden, die auseinanderzureißen ein schwerer Fehler war:

»Nichts wäre leichter gewesen, als diesen Nachlaß ungeteilt zu erhalten. Es bedurfte dazu nur eines Abkommens mit den Marxschen Erben, seinen Töchtern Laura und Eleonore ... Diese hätten sicher keine Einwendungen dagegen erhoben, wenn der gesamte literarische Nachlaß einem Trifolium vermacht wurde, bestehend aus Tussy und zwei erprobten Marxisten. ... Bernstein und ich hatten uns in engster Gemeinschaft zum Marxismus durchgerungen, den wir damals besser beherrschten, als sonst einer der deutschsprechenden Marxisten unserer Generation. Wir ergänzten uns in glücklichster Weise. Engels schätzte Bernstein höher als politischen Schriftsteller, und er hatte vielleicht recht. Andererseits fühlte ich mich Bernstein in Bezug auf historisches und naturwissenschaftliches Wissen, aber auch in Bezug auf theoretischen Sinn überlegen ... Neidlos und harmonisch hatten wir aufs Beste miteinander gearbeitet, uns auch vortrefflich mit Tussy verstanden. Ich erwartete daher, daß zur Herausgabe des gesamten Nachlasses auch wir beide im Verein mit Tussy bestimmt würden.«[586]

Was stand hinter der Entscheidung, den Nachlaß zu teilen? Schiere Unüberlegtheit? Raffiniertes Kalkül? Warum hat Engels sich über diese immens wichtige Frage nicht mit Tussy oder Experten wie Kautsky und Bernstein beraten? Ein wesentlicher Aspekt war der psychologische Einfluß von Bebel und Louise Kautsky, die wohl insgeheim darauf spekulierten, als namentlich eingesetzte Testamentsvollstrecker von Engels Tussy die Marx-Manuskripte einfach nicht zurückzugeben und sie sehr wohl dem Partei-Archiv zuzuführen, wozu ihnen der merkwürdige Zusatz im Testament scheinbar freie Hand ließ. Bei dieser Prozedur wollten sie sich von Außenstehenden nicht ins Handwerk pfuschen lassen, besonders nicht von Kautsky und Bernstein, die ihnen aus verschiedenen Gründen suspekt waren: Kautsky als geschiedener Mann von Louise, Bernstein als Nestbeschmutzer und »Revisionist«. Daß beide entschieden auf der Seite von Tussy standen, die man als Editorin und Nachlaßverwalterin auszuschalten wünschte, sprach zusätzlich gegen sie. So kam es zu einer der katastrophalsten Fehlentscheidungen in der Geschichte des Marxismus. Denn hätte man Tussy, Bernstein und Kautsky die Edition übergeben, die Welt hätte wahrscheinlich nicht bis heute auf eine zuverlässige Gesamtausgabe der Schriften von Marx und Engels warten müssen, wie es de facto der Fall ist.[587] Mit ihrem Fleiß und ihrer Begeisterung für die Sache wäre es ihnen sicher gelungen, den Nachlaß editorisch zu erschließen, bevor er durch die kriegsbedingte Zerstreuung nach Berlin*, Moskau** und Amsterdam*** und die Spaltung der Bewegung in einen kommunistischen und einen sozialdemokratischen Flügel zum zweiten und dritten Mal zerrissen werden sollte, was nicht nur zu massiver Behinderung der Forschung, sondern auch zu regelrechten Fehlern und Lücken in der Marx-Rezeption führte. Es dauerte Jahrzehnte, bis die Frage der Autorschaft wichtiger Texte zuverlässig geklärt werden konnte. So ging die von Engels stammende Artikelserie »Revolution und Konterrevolution in Deutschland« zunächst als Marx-Schrift in die Geschichte ein. Der extrem antirussische Marx mit seinen kritischen Aufsätzen über den Krimkrieg oder den Panslawismus blieb bis in die sechziger Jahre des zwanzigsten Jahrhunderts unbekannt. Wer weiß, ob die rechtzeitige Übersetzung dieser Schriften aus dem Englischen ins Russische und ins Deutsche den russischen Marx-Enthusiasmus nicht empfindlich gestört hätte, um von weiterreichenden historischen Konsequenzen erst gar nicht zu reden.

Im August 1893 findet der dritte Kongreß der Zweiten Internationale in Zürich statt, auf dem, wie üblich, viel geredet und wenig erreicht wird. Zuerst geht es um die auf jedem Kongreß durchgekaute Dauerfrage: Ausschluß oder Zulassung der Anarchisten. Sodann wird heftig darüber diskutiert, wie sich die Sozialdemokratie im Falle des Kriegsausbruchs zu verhalten hat, ein sehr naheliegendes politisches Thema, denn das deutsche Heer ist gerade um sechzigtausend Mann verstärkt worden, Rußland und Frankreich haben eine Militärkonvention abgeschlossen, zwischen China und Japan bahnen sich schwere Konflikte an, und die Engländer spekulieren auf die südafrikanische Burenrepublik Transvaal. Doch die Frage ist, dank der heiligen Lehren, schnell vom Tisch. Nach Aufhebung der Klassenherrschaft werde der Krieg zwangsläufig verschwinden. Der Sturz des Kapitalismus werde den Weltfrieden bringen. Amen. Immerhin wird für die Frauen einiges erreicht, wozu nicht zuletzt George Bernard Shaw beiträgt, der als Vertreter der englischen Fabier die Anträge der weiblichen Delegierten unterstützt und sogar

* Partei-Archiv
** Institut für Marxismus/Leninismus
*** Internationales Institut für Sozialgeschichte

noch verschärft: achtstündiger Maximalarbeitstag für erwachsene Frauen, sechsstündiger für Mädchen unter achtzehn Jahren, Verbot der Arbeit in gesundheitsschädlichen Betrieben, Einstellung von weiblichen Fabrikinspektoren, insgesamt sechswöchiger Mutterschutz vor und nach einer Niederkunft. Das sind natürlich nur Wunschvorstellungen, die politisch noch durchgesetzt werden müssen. Der Antrag, auch die Forderung »gleicher Lohn für gleiche Arbeit« mit ins Programm aufzunehmen, wird von den Männern mehrheitlich abgelehnt.

Am Rand des Kongresses geht es eher lustig zu, besonders für Tussy, die unter den jüdischen Genossen aus England und Amerika viele Freunde findet. Man zieht singend und skandierend durch die Stadt, macht bei herrlichem Wetter Lustfahrten über den Zürichsee. »Die Sonne schien, das Wasser blitzte, die Flaggen wehten, die Pfropfen knallten«, schreibt die »Neue Zürcher Zeitung«. »Auf der Ufenau taten die Herrschaften genau wie eine Gesellschaft von ›Ausbeutern‹ ...: Sie rissen die halbreifen Haselnüsse herunter, schmückten sich die Hüte mit Vogelbeersträußen ... Sie tranken den Wein des Klosters von Einsiedeln ... und aßen dazu das Brot und den helvetischen Käse des wackern Wirtes Peter Beck.«[588]

Tussy ist, wie üblich, Simultanübersetzerin, Louise Kautsky vertritt die Arbeiterinnen aus Wien. Ihr Ex-Mann Karl hat seine neue Louise, geborene Ronsperger, mitgebracht, auch sie eine hübsche, verführerische Frau, die, so Tussy, »wie eine deutsche Kopie von Pumps« aussieht. Doch sie ist klüger, als es den Anschein hat, mischt sich leidenschaftlich in die politische Diskussion ein und wird sofort eine gute Freundin von Clara Zetkin. Vor Ärger über die gleichnamige Konkurrentin zeigt Louise, die Erste, allen, die es wissen oder nicht wissen wollen, daß sie die Geliebte von August Bebel ist, gibt ungeniert Küßchen, hält Händchen, tauscht verliebte Blicke aus, obwohl seine Frau und seine Tochter, letztere im dritten Monat schwanger, diesmal dabei sind. Tussy findet das ziemlich geschmacklos, denn sie mag beide, Frieda und Julie Bebel. Auch Clara Zetkin, bestimmt keine Spießerin, ist empört. So sind diesmal nicht Tussy und Aveling, sondern Bebel und Louise das zentrale Klatschthema des Kongresses.

Am letzten Tag tritt, für die Delegierten völlig überraschend, Friedrich Engels auf und wird mit tosendem Beifall begrüßt. Natürlich muß er sich wieder als Handlanger von Marx darstellen, als Teil einer unlösbaren geistigen Symbiose, die durch den Tod allenfalls enger geworden ist. Die Sozialisten erwarten das einfach von ihm. Er muß diese Rolle spielen bis zum bitteren Ende, so sehr er auch manchmal dagegen aufbegehrt.

»Der unerwartet glänzende Empfang, den Sie mir bereitet haben«, sagt der so Sprachbegabte in auffallend stockendem Englisch, Französisch und Deutsch, »... ich nehme ihn an nicht für meine Person, sondern als Mitarbeiter des großen Mannes, dessen Bild dort oben hängt. Gerade fünfzig Jahre ist es her, als Marx und ich in die Bewegung eintraten ... Von kleinen Sekten damals hat sich der Sozialismus seither zu einer gewaltigen Partei entwickelt, welche die ganze offizielle Welt erzittern läßt. Marx ist gestorben, aber wenn er jetzt noch lebte, so wäre nicht *ein* Mann in Europa und Amerika, der mit solchem gerechten Stolz zurückblicken könnte auf seine Lebensarbeit ... In diesem Sinne müssen wir fortfahren ... Wir müssen die Diskussion zulassen, um nicht zur Sekte zu werden, aber der gemeinsame Standpunkt muß gewahrt bleiben ... Auf Ersuchen des Büros erkläre ich den Kongreß für geschlossen. Hoch lebe das internationale Proletariat!« [589]

Nochmals Hochrufe, Jubel. Nur Tussy jubelt nicht mit. Ihr sind bei Engels' Ansprache die Tränen gekommen. Zum Schluß singen alle Anwesenden stehend die Marseillaise.

Zwischen den Sitzungen haben Tussy und Kautsky lange über den Nachlaß von Marx gesprochen. Es müsse mindestens ein Brief von Heinrich Heine darunter sein, meint Tussy. Heine und ihr Vater seien im Pariser Exil eng befreundet gewesen und hätten einander mehrmals geschrieben.

Wieder in Stuttgart, kommt Kautsky auf die Sache zurück und bittet Tussy um die Abdruckgenehmigung für die »Neue Zeit«. Doch nun muß sie sich an Engels und Louise Kautsky wenden, die den Nachlaß bewachen. Es kommt zum Wortwechsel. Sie rücken den Brief nicht heraus, geben ihn Tussy nicht einmal zu lesen.

»Zu meinem Bedauern erwiderte sie mir«, schreibt Kautsky an Engels, »sie wäre ganz gern bereit, mir den Brief zu übermitteln, aber sie könne ... ohne Deine Zustimmung nicht verfügen.«[590] Worauf Engels, absolut wahrheitswidrig, antwortet: »Was den Heine-Brief angeht, so sagt mir Tussy, sie habe Dir gegenüber auch Lauras Einwilligung sich vorbehalten. Ich habe Tussy die letzte Zeit ... fast gar nicht ... gesehen, sie sind beide kolossal beschäftigt und fast keinen Sonntag zu sehn gewesen wegen Meetings.«[591]

Immerhin überläßt man ihr die Briefe von Lassalle an Marx, nicht etwa im Vorgriff auf das Testament, sondern um sie später wieder zurückzufordern. Sie soll sie auf der Schreibmaschine abschreiben, eine Arbeit, der sich Louise nicht unterziehen mag, da sie unfähig ist, die Lassallsche Handschrift zu lesen und sich vermutlich auch in der sozialistischen Terminologie zu wenig auskennt. Die Kosten für diese Abschrift trägt die Partei in Berlin. Geplant ist eine Teiledition des Briefwechsels, die erst viel später, 1902, erscheinen wird.[592] Tussy wird das nicht mehr erleben.

Sie hat nun zum ersten Mal Gelegenheit, sich ausführlich mit der Persönlichkeit Ferdinand Lassalles auseinanderzusetzen, den sie nur einmal, als sie noch ein kleines Kind war, gesehen hat und über den so unendlich viel geflucht und gelästert wurde. Was sie da liest, ist sensationell, tief beeindruckend und bewegend, der »Gedankenaustausch der markantesten Geister des deutschen Sozialismus«, wie ein späterer Herausgeber schreiben wird.[593] Es sind weniger Briefe, als lange, ökonomische und politische Abhandlungen, denen das leicht Schmuddelige, Männerbündische der Marx-Engels-Korrespondenz völlig fehlt.

»Mein lieber Marx«, schreibt Lassalle im Oktober 1849 aus dem Düsseldorfer Gefängnis, »... jeder in Deutschland lebende rote Demokrat erfährt doch nur einmal, was es auf sich hat, ein Roter zu sein. Er wird abgesetzt oder gefangengenommen oder brotlos gemacht oder vernichtet. Wir aber werden im eigentlichsten Sinne des Wortes verstümmelt. Heute schneidet man uns eine Nase ab, morgen ein Ohr, übermorgen ein Bein ..., und vor allem schneiden uns die Herren Richter ... von allem Lebensproviante ab! ... Das ist sehr ehrenvoll, für einen Dichter der Poesie des Leidens ein höchst interessanter Stoff, ein neues Christusgeschick, ... aber es ist sehr anstrengend!«[594]

Doch es geht nicht nur um Politik in diesen Briefen, um die deutsche Revolution, das russische Zarenregime oder den Krimkrieg. Lassalle erkundigt sich teilnahmsvoll nach Ehefrau Jenny, nach den Kindern, nach Tussy selbst, kondoliert zum Tod des kleinen Edgar, fragt nach den alten Freunden im fernen London:

»Ach! Ihr seid nicht exiliert, ich bin es! Denn ihr seid doch viele der alten Kampf- und Gesinnungsgenossen in einer Stadt zusammen!

Aber ich lebe nun jetzt alle diese Jahre hindurch so ganz allein, ganz vereinsamt von den früheren Waffenbrüdern, der Letzte der Mohikaner ...«[595]
Als Marx, wie so oft tief beleidigt, dem »Jüdchen« nicht mehr antwortet, schreibt Lassalle nach London:
»... und muß ich Dir wirklich sagen, daß, so fremd mir sonst Sentimentalität ist, mich dies geschmerzt hat, denn ich ... weihe Dir noch immer dieselbe Liebe und Achtung wie früher. Du aber scheinst mich vergessen zu haben, was nicht allzu gerecht ist.«[596]

Im Herbst 1893 erscheint ein gewisser Ludwig Freyberger im Hause Engels, ein junger Arzt mit sozialistischen Ambitionen, der Tussy auf den ersten Blick unsympathisch ist. Es ist leicht zu erkennen, daß er mit Louise verkuppelt werden soll. Denn jetzt, wo die ganze sozialistische Welt von der Affäre mit Bebel weiß, muß eine Lösung gefunden werden, und zwar schnell. Es darf um nichts in der Welt der Eindruck entstehen, als hätten Engels, Bebel und Louise ein Komplott geschmiedet, um Tussy um den Nachlaß ihres Vaters zu betrügen.
Freyberger ist noch keine drei Monate in London, da wird schon die Hochzeitsanzeige verschickt. Es gibt keine Feier, keine Vorankündigung. Tussy, die bis dahin geglaubt hat, Louises Freundin zu sein, fühlt sich übergangen. Ob dieser Schritt nicht reichlich unüberlegt sei, schreibt sie an Louise. Sie kenne den Bräutigam doch kaum. Er sei fünf Jahre jünger als sie, ein Mann ohne Lebenserfahrung. Und was sei mit Zürich? Mit ihrer heißen, öffentlich demonstrierten Liebe zu Bebel?
Darauf Louise in ihrem hölzernen, fehlerhaften, kaum verständlichen Englisch:
»Was Du über Zürich schreibst, machte mich lächeln. Ich weiß am besten, wie meine Freunde versucht haben, sich in mein Leben einzumischen ... Ich habe wieder und wieder gehört, was über mich geredet wurde ... All dieser ›Klatsch‹ zeigte mir, daß ich diesen Schritt unternehmen muß ... Ich habe Ludwig ... alles ... über mein früheres Leben erzählt ... Ich bin jetzt glücklich und hoffe, daß wir es bleiben werden. Ich bin so unabhängig wie vorher.«[597]
Doch Tussy traut dem Braten nicht. Sie ist nicht nur mißtrauisch gegenüber dem »neuen Bräutigam«, von dessen »tiefem Scharfsinn und glänzendem Witz« sie nicht viel hält,[598] sondern beginnt auch

langsam aber sicher zu ahnen, was das nunmehr zum Quartett erweiterte Trio mit ihr vorhat:
»Sollte General etwas zustoßen, sagten die Bernsteins«, schreibt sie an Laura, »ist Freyberger durchaus in der Lage, alles, was er kann, an sich zu bringen und es zu verkaufen! Denn Du mußt wissen, Freyberger ist ganz einfach ein Antisemit, obgleich ich meinen jüdischen Kopf dagegen wette, daß er ein Jude ist, und er hat mit der Bewegung nichts zu tun ... Sam Moore ... schien auch Bedenken zu haben ... Er sagte mir, er würde eine Gelegenheit suchen, mit General zu sprechen, ... um alle Manuskripte sicherzustellen ... Mohrs Manuskripte sind Sachen, auf die wir mit größter Sorgfalt achten müssen.«[599]
Als die junge Frau pünktlich nach der Hochzeit schwanger wird – Bebel hat ihr also doch noch, wenn auch nur indirekt, zu einem Baby verholfen –, denkt sie gar nicht daran, mit ihrem Mann einen eigenen Hausstand zu gründen, sondern bleibt in der Villa am Regent's Park wohnen. Allerdings, gibt sie dem »General« zu verstehen, müsse man umziehen. Das alte Haus sei für eine Familie nicht geräumig genug. Tussy ist empört. Das Haus sei zwanzig Jahre lang gut genug gewesen, habe viele Gäste beherbergt, und nun dieser hektische Umzug. Wozu? Auch neue Möbel, verlange Louise, müßten angeschafft werden. Will sie den alten »General« etwa nur ausnehmen? Sucht sie nur eine Gelegenheit, alles um- und auszuräumen, um einen besseren Überblick über die Marx-Manuskripte zu bekommen, nach deren Wert auf dem Autographenmarkt sich der junge Ehemann verdächtig ausführlich erkundigt?[600]
»Ich weiß nur, daß man uns dem General entfremdet«, schreibt sie an Laura. »Nicht, daß ich konkrete Gründe dafür angeben könnte, aber Du weißt, man spürt manchmal tausend Kleinigkeiten, die man gar nicht beschreiben kann.«[601]
Freyberger, Louise und Bebel stehen jetzt kurz vor ihrem Ziel. Engels ist ein mißtrauischer alter Mann geworden, der zuviel Alkohol trinkt, einen Schlaganfall erlitten hat und unter chronischen Halsschmerzen leidet. Es kommen kaum noch, wie früher, Gäste ins Haus. Der schmierige Freyberger und die dominante Louise halten jeden, der ihn beeinflussen könnte, von ihm fern. Ihre charmante, überfreundliche Art hat Louise, jetzt, wo sie sicher ist, daß sie Haupterbin wird, endgültig aufgegeben. Sie kommandiert ihn herum, erklärt ihm, daß er dieses oder jenes nicht mehr tun könne,

weist ihn bei jeder Gelegenheit auf sein Alter hin, sperrt ihn regelrecht ein. Als Tussy ihn einmal für Sekunden allein spricht, kommt sie wie von der Tarantel gestochen angerannt und schreit ihn an, es sei »zum Verrücktwerden, daß er ganz das Gedächtnis verliert und sich nicht einmal fünf Minuten erinnern« könne, »wenn sie ihm doch eben sagte, daß sie nur oben in der Stube ist.«[602] Offenbar hat sie Angst, Tussy könnte auf das leidige Thema zu sprechen kommen: das Schicksal des Nachlasses. Doch bevor dies geschieht, führt sie den endgültigen Bruch mit ihr herbei und bezichtigt sie, Intimitäten über ihr Verhältnis zu Bebel ausgeplaudert zu haben.

»Liebe Tussy«, schreibt sie am 15. September 1894, diesmal auf deutsch, »ich teile Dir hiermit mit, was ich aus sehr glaubwürdiger Quelle über den Vertrauensbruch, dessen Du Dich mir gegenüber schuldig gemacht, erfahren. Liebknecht hat Deine Herzensergüsse Singer mitgeteilt, und dieser hat selbstverständlich die Sache Bebel erzählt, dessen Funktion Du auch weißt. Über die Sache selbst will ich kein Wort verlieren, nur das eine möchte ich sagen, daß ich alles Vertrauen zu einem intimen Verkehr verloren habe. Mit Gruß, Louise Freyberger.«[603]

Diese Vorwürfe sind völlig aus der Luft gegriffen, da von Adler bis Zetkin alle um die Affäre wissen und Louise selbst alles getan hat, um sie publik zu machen. Trotzdem hat Tussy das Gefühl, sich verteidigen zu müssen, und bittet Liebknecht und Singer um eine Art Leumundszeugnis, das sie postwendend bekommt: Sie habe nicht geplaudert, nichts weitergegeben, bestätigen beide, die Sache sei auch so »leider ziemlich bekannt«.[604]

Nun meldet sich auch Bebel, inzwischen Großvater geworden, zu Wort, wobei sein Brief, eines ehemaligen Drechslers würdig, es verdient, wörtlich zitiert zu werden:

»Es ist richtig, daß ich Louise geschrieben, Du habest Liebknecht gegenüber Mitteilungen von unseren früheren Besprechungen gemacht. Ich hatte Singer so verstanden, der mir Mitte Juli auf der Fahrt nach Stuttgart mitteilte, daß Liebknecht ihm zwei Tage zuvor Mitteilungen gemacht, daß er mein früheres Verhältnis zu Louise ja kenne und ihm weiter mitgeteilt habe eine Reihe von Äußerungen, die Du über Freyberger und Deine Stellung zu ihm gemacht. Da nun meines Wissens niemand in London von Dir jenes Verhältnis kannte und alles in Verbindung mit Dir erzählt wurde, kam ich ganz naturgemäß zu der Ansicht, daß Liebknecht diese

Kenntnis nur von Dir haben konnte. Und Singer, der heute bei mir war und mir seine Unterhaltung mit Liebknecht erzählt ..., sagte ja selbst, daß Liebknecht nicht gesagt, daß er seine Kenntnis bezüglich Louise und mir von Dir habe, daß er aber nach der Art wie Liebknecht erzählte und Deinen Äußerungen über Freyberger ... auch des Glaubens gewesen sei, daß Liebknecht seine Mitteilungen nur von Dir gehabt habe. Daß ich von diesen Nachrichten, die Singer ... mir erzählte, ... nicht erbaut war, kannst Du Dir wohl denken. Es verstand sich auch ganz von selbst, daß ich Louise davon unterrichtete ... Im übrigen werde ich mich an das Geschwätz, daß, wie es scheint, von der Z.* und noch anderen ausgegangen ist, nicht mehr kehren, da die Angelegenheiten für die Nächstbeteiligten, die sie allein angehen, erledigt sind. Mögen männliche und weibliche Klatschbasen hinter meinem Rücken schwätzen, was sie wollen. Ich hoffe, Louise denkt wie ich.«[605]

Nun sind die Fronten geklärt, die Säbel gezückt. Tussy und Bebel sind von nun an Feinde. Zwar entschuldigt er sich pro forma für seinen Verdacht, doch diese Entschuldigung ist ihm ganze anderthalb Zeilen wert, während seine Unterstellungen mehrere Seiten füllen. Zum Schluß macht er Andeutungen über das Schicksal des Nachlasses, die Tussy in ihren schlimmsten Befürchtungen bestätigen müssen:

»Du kannst ruhig sein, Louise wird nie das Geringste tun oder zulassen, was Deine Interessen ... schädigt; andererseits ist ganz unmöglich und undenkbar, daß General etwas täte, das wider Dich und Laura ginge. Ich meine, wenn Du über irgend etwas im Zweifel bist eben bezüglich der Anordnungen des Generals für die Zukunft, es nur besser wäre, Du erbätest Dir von General selbst Auskunft ... Die Ordnung des etwaigen literarischen Nachlasses für künftig gelangt in Hände, *denen Du volles Vertrauen schenken mußt* ... Mit herzlichem Gruß, Dein August.«[606]

Diese Formulierung bringt Tussy in Rage. »Du erinnerst Dich, daß Bebel schrieb, daß sich die Manuskripte ›in guten Händen befinden‹«, schreibt sie an Laura. »Wenn Außenstehende darüber Bescheid wissen, müßten wir es ebenfalls wissen ... Die Manuskripte, besonders die Privatbriefe, sind unsere Sache; sie gehören *uns* – nicht einmal Engels.«[607]

* Gemeint ist Clara Zetkin

Was hat August Bebel eigentlich gegen Tussy, die sich, wie Liebknecht bestätigt, sehr diskret verhalten, die sein Buch »Die Frau im Sozialismus« in England bekannt gemacht hat und immer und überall nur Gutes über ihn verbreitet? Er hat vermutlich eine gehörige Portion Angst vor ihr, denn sie erinnert ihn fatal an seine Tochter Frieda. Der geht es nach der Geburt ihres Sohnes Werner schlecht, sehr schlecht, sie hat Wochenbettdepressionen und Wahnvorstellungen und befindet sich in einer geschlossenen Anstalt am Bodensee. Tussy und Frieda mögen sich, das weiß Bebel. Haben sie vielleicht in Zürich über ihn gesprochen? Hat der neue Ausbruch ihrer Krankheit etwas mit ihm und seinem Verhältnis zu Louise zu tun? Tussy hat den gleichen intellektuellen Ehrgeiz, die gleiche innere Energie wie Frieda. Von Tussy wird erzählt, daß sie als Kind eine »wilde Hummel« gewesen, mit Begeisterung in die Turnschule gegangen sei, sich auf der Straße mit Jungen geprügelt habe. Auch Frieda wollte, damals, als sie noch in Dresden wohnten, in einen Turnverein eintreten. Doch man hat sie nicht aufgenommen, weil sie ein Mädchen war.

Frieda ist krank, ist verrückt, hat versucht, sich umzubringen. Es soll Bebel nicht unterstellt werden, daß er Tussy dasselbe wünscht. Aber daß ihn die Parallelen zwischen den beiden Frauen tief verunsichern, liegt auf der Hand.

Im Oktober 1894, einen Monat vor Louises Niederkunft, zieht Engels mit dem Ehepaar Freyberger und allen Dienstboten um, ein paar Häuser weiter, auf die Regent's Park Road Nr. 41, in eine noch größere, noch elegantere Villa, die mit vollständig neuem Mobiliar ausgestattet wird. Tussy gerät langsam in Panik, bittet Laura in verzweifelten Briefen, sofort zu kommen.

»Bei allem, was man General schuldig ist, können wir uns nicht alles gefallen lassen. Du bist die einzige Person, vor der sich Louise fürchtet, Du allein könntest helfen. Wenn Du nicht willst, daß die Freybergers die einzigen literarischen Nachlaßverwalter sind, mußt Du handeln, und zwar auf der Stelle.«[608]

Auch Aveling, sonst ein eher träger Korrespondent, schließt sich an. »Komm! Komm! Komm!« schreibt er an Laura. »Du machst Dir keine Vorstellung von der *unmittelbaren* Dringlichkeit. Der General ist in einer so gefährlichen Stimmung. Er wird keinerlei Einmischung dulden, außer von Euch beiden Frauen, denen er das Recht einräumen muß, Rechenschaft über die Papiere Eures Vaters zu verlangen. Ihr müßt diese Forderung stellen und ohne Umschweife Euren Beweggrund nennen; daß Ihr nämlich den Freybergers nicht traut. Glaub mir – es ist der einzige Weg, die Manuskripte zu retten.«[609]

Doch Laura kommt nicht, scheint den Ernst der Lage nicht zu erkennen, glaubt anscheinend, was, dank Bebel und Louise, so viele annehmen: daß Tussy unter Verfolgungswahn leidet und hysterisch ist.

Im Frühjahr 1894 hat man Aveling aus der Labour Party ausgeschlossen. Sein Gastspiel hat kaum vierzehn Monate gedauert. Als formellen Grund gibt man Unstimmigkeiten während der letzten Mai-Demonstration an. Als einer der Hauptorganisatoren der großen Kundgebung im Hyde Park habe er nicht dafür gesorgt, daß die Labour Party eine eigene Bühne bekommen habe. Doch es gibt noch andere Gründe, politische und persönliche. Im Januar hat er auf einer Konferenz in Manchester gefordert, daß die britische Monarchie abgeschafft werden soll. Das ging zu weit. Selbst für einen Linken. Die Genossen wollen sich ihre Queen Victoria nicht nehmen lassen. Außerdem liegen schon wieder Gerüchte über Avelings seltsames Sexualleben in der Luft ...

Es fällt Louise nun leicht, Unwahrheiten über die Avelings zu verbreiten. Sie seien aus allen sozialistischen Parteien Englands hinausgeflogen, schreibt sie nach Deutschland. Auch der »General«, also Engels, erteile ihnen demnächst Hausverbot.[610]

Der Plan geht auf. Tussy verliert jetzt die Nerven. Sie hat kaum noch die Kraft, ihre Vorträge zu halten. Sie wird vollständig von ihrer Angst um die Manuskripte beherrscht. Leider tut Engels nichts, um ihr diese Angst zu nehmen, im Gegenteil. Im November läßt er eine knappe Notiz in den »Vorwärts« setzen, daß der vierte Band des »Kapital« von Karl Marx nicht erscheinen werde. Tussy hat, wie sie glaubwürdig versichert, nicht die leiseste Ahnung davon. Er hat überhaupt nicht mit ihr darüber gesprochen.

»Nun hat der General ... wieder und wieder gesagt ..., daß der vierte Band ihm vergleichsweise wenig Schwierigkeiten bereiten würde, da er weit fortgeschrittener sei als der dritte ...«, schreibt sie an Laura. »Und nun erfahren wir plötzlich – durch eine öffentliche Bekanntmachung und nicht durch eine private Mitteilung an Dich und mich, ... daß die Daten unzureichend seien und Engels ihn nicht herausgeben will.«[611]

Offenbar hat man ihr nicht einmal das Manuskript, in welchem Zustand es auch immer sein mochte, zu lesen gegeben; ein grober, unverständlicher Affront gegenüber Tussy, die sich um die Übersetzung der beiden ersten Bände ins Englische so verdient gemacht hat.

Am 14. November 1894 läßt Engels sich endlich dazu herab, Laura und Tussy über seine Pläne zu unterrichten:

»Meine lieben Mädels!

Ich muß wegen meines Testaments einige Worte an Euch richten. Erstens werdet Ihr feststellen, daß ich mir erlaubt habe, über alle meine Bücher, einschließlich der nach Mohrs Tod von Euch erhaltenen, zugunsten der deutschen Partei zu verfügen. Diese Bücher stellen in ihrer Gesamtheit eine so einzigartige und zugleich so vollständige Bibliothek für die Geschichte ... des modernen Sozialismus ... dar, daß es schade wäre, sie wieder auseinanderzureißen. Sie zusammenzuhalten und gleichzeitig denen zur Verfügung zu stellen, die sie benutzen möchten, ist ein schon vor langer Zeit geäußerter Wunsch Bebels und anderer Führer der deutschen Sozialistischen Partei ...«[612]

Kein Wort davon, daß auch Tussy eine eingeführte sozialistische Autorin ist, daß sie die Bücher *braucht*, vom rechtlichen und moralischen Anspruch ganz abgesehen. Engels' eigenmächtiger Schritt bedeutet eine brutale Enteignung der Marx-Töchter. Er macht nicht einmal den Kompromißvorschlag, ihnen wenigstens die literarischen und philosophischen Titel zurückzugeben, die seltenen Ausgaben von Shakespeare, Heine und Hegel, mit denen »die deutsche Partei« kaum etwas anfangen kann.

»Die nächste Sache«, fährt Engels fort, »ist nun die Veröffentlichung von Lassalles Briefen an Mohr. Tussy hat sie auf der Maschine abgeschrieben, sie liegen in meinem Schreibtisch, aber infolge des Umzugs bin ich nicht in der Lage gewesen, sie auch nur anzurühren. Das bedeutet Anmerkungen, das Nachschlagen längst vergangener Fakten sowie Durchsicht meines eigenen alten Briefwechsels mit Mohr – und ein diplomatisch geschriebenes Vorwort.«[613]

Das heißt konkret: Tussy hat sich die mühselige Arbeit der Entzifferung – hier von »Abschreiben« zu sprechen, ist fast schon bösartig – ganz umsonst gemacht. Hunderte von Briefen liegen, praktisch druckfertig, im Schreibtisch von Engels, ohne daß etwas mit ihnen geschieht. Kommt hier die alte Abneigung gegen das »Jüdchen« wieder zum Vorschein oder ist es eine neue, von Bebel ersonnene Schikane gegenüber Tussy, der er den Ruhm einer Mitherausgeberschaft einfach nicht gönnt?

»Dann zu Band IV«, schreibt Engels weiter. »Davon gibt es nur ein *sehr* unfertiges Manuskript ... Ich selbst kann mich nicht wieder an die Entzifferung machen und das Ganze diktieren, wie ich es mit Band zwei und Band drei getan habe. Meine Augen würden völlig versagen, noch ehe ich die Hälfte durch hätte. Ich habe das schon vor Jahren festgestellt und einen anderen Ausweg gesucht. Ich glaubte, es würde nützlich sein, ein oder zwei intelligente Leute der jüngeren Generation an die Entzifferung von Mohrs Handschrift zu gewöhnen. Ich dachte an Kautsky und Bernstein. Kautsky war damals noch in London ... Ich fragte ihn und er willigte ein ... Er fing an. Dann fuhr er weg von London, nahm ein Heft mit, und ich hörte jahrelang nichts mehr davon. Er war zu sehr mit der Neuen Zeit beschäftigt, und darum ließ ich mir das Manuskript und das, was schon entziffert war, zurückschikken ... Auch Bernstein ist nicht nur sehr beschäftigt, er ist sogar überlastet, er hat bis jetzt seine Neurasthenie* noch nicht ganz überwunden.«[614]

Zunächst das Hauptargument: Engels' schlechte Augen. Er ist vierundsiebzig Jahre alt. Die Entzifferung der Marxschen Hieroglyphen wäre in der Tat ein mühsames Geschäft für den Greis, der er vorgibt zu sein. Andererseits kann niemand die Handschrift von Marx so gut lesen wie er. Und außerdem berichtet er in diesem Brief voller Stolz, daß er noch immer »die Arbeit von zwei Vierzigjährigen« leiste, umfangreiche Korrespondenz führe, »die Bewegung« in Europa und Amerika verfolge und regelmäßig »sieben Tageszeitungen und zweiundzwanzig Wochenzeitschriften« lese, manche davon in Sprachen, »die er sich erst anzueignen im Begriffe« sei.

Auch das zweite Argument, daß Kautsky und Bernstein aus der Edition ausgestiegen seien, der eine aus Arbeits-, der andere aus Krankheitsgründen, scheint nur vorgeschoben. Richtig ist, daß Kautsky als Herausgeber regelrecht vor die Tür gesetzt worden ist, daß Engels ihm ausdrücklich verboten hat, mit der Transkription

* eine Depression, unter der Bernstein zeitweilig litt

weiterzumachen.[615] Der Grund: seine Scheidung von Louise. Engels verschweigt in diesem Brief an die Marx-Töchter, daß er einfach keine Lust mehr hat, das »Kapital« herauszugeben, daß er nicht länger das Appendix und der Handlanger von Karl Marx sein möchte, zumal er für diese Sisyphus-Arbeit nur wenig gelobt wird. Schon über den dritten Band, »Der Gesamtprozeß der kapitalistischen Produktion«, der gerade bei Meissner erschienen ist, hat Eduard Bernstein in der »Neuen Zeit« kritisch geschrieben, er sei nur ein »Rohbau« des komplizierten Gedankengebäudes, das Marx zu errichten gedacht hätte.[616]

Als Tussy von den vermeintlichen Schwierigkeiten erfährt, ist sie sofort bereit, einzuspringen. *Sie* wolle das Werk entziffern, sich um die Herausgabe kümmern, schlägt sie vor. Engels gerät nun in ernsthafte Argumentationsnöte.

»Ich bin durchaus bereit und werde mich freuen, ihr zu helfen, wenn sie es auf sich nehmen will, das Originalmanuskript abzuschreiben«, versichert er Laura.[617]

Doch dazu kommt es nicht mehr. Das Manuskript wird Tussy einfach nicht ausgehändigt, jedenfalls nicht mehr zu seinen Lebzeiten. Da Tussy jetzt kurz vor einem Nervenzusammenbruch steht, fühlt Aveling sich verpflichtet, ihr den Rücken zu stärken. Er ist gerade aus dem Krankenhaus entlassen worden, wo man ihn zweimal an einem riesigen Nierenabszeß operiert hat. Trotzdem rafft er sich am ersten Weihnachtstag des Jahres 1894 auf und macht, ohne Tussy, einen Besuch bei Engels. Er wird freundlich empfangen, bleibt zum Essen, man plaudert. Aveling zieht wie zufällig einen Brief aus der Tasche, den Laura an Tussy geschrieben hat und der die Fragen der Schwestern noch einmal zusammenfaßt, gipfelnd in der einen, zentralen: Was wird mit den Manuskripten? Engels, schon leicht alkoholisiert, zeigt sich auskunftsfreudig. Er gibt, schreibt Aveling an Laura, »die überaus gelassene, würdevolle Erklärung, daß Marx' Manuskripte und Papiere *selbstverständlich* für seine Töchter sicher aufbewahrt würden und ausschließlich für sie bestimmt seien. Das war alles klar und deutlich ... Doch nun ahnet und vermutet. Und denkt fein nach ... Man bedenke dabei, daß ich nach dem Essen mit dem General um die Wette schlief, und derweil ich wettschlief, hatte der männliche Freyberger Zeit, ihn auf seine Seite zu ziehen und die weibliche Freyberger in Tränen aufgelöst zu selbigem Zwecke herunterzuholen. Jedenfalls, als ich in aller Unschuld wieder erschien, sagte der General in seinem militärischsten Tonfall: ›Zeig mir den Brief von Laura noch mal.‹ Welchselbiges ich tat. Dann brach der Sturm los. Da gab es eine Verschwörung ..., man hätte Dich genötigt, das hier zu schreiben ..., Du und Eleanor mißtrautet ihm – ob Ihr eine gesetzliche Verfügung wolltet ... Das alles stammelnd und unter großen Gewissensqualen und viel Auf- und Abgehen und mehr oder minder erfolgreichem Umschiffen der Möbel. Ich sagte, es hätte keinen Zweck, mich zusammenzustauchen. Ich wäre bloß der Bote, und er müßte die Sache mit Euch beiden Frauen klären.«[618]

Jetzt endlich entschließt sich auch Tussy, ihn aufzusuchen und führt das längst überfällige persönliche Gespräch mit ihm, das sie aus Angst und Loyalität bisher immer vermieden hat. Dabei zieht sie ihre letzte Trumpfkarte aus der Tasche, den Brief von Bebel.

Engels ist peinlich berührt. Sein bis dahin kühler, ja feindseliger Tonfall verändert sich. Er streitet nicht ab, daß es eine Liaison, vielleicht sogar ein Komplott zwischen Louise und Bebel gibt oder gegeben hat und beeilt sich, Tussy zu versichern, was er schon Aveling zugesagt hat: daß die Manuskripte und Briefe alle an sie zurückgingen, mit Ausnahme der Marx-Briefe an ihn und seiner Antworten. Tussy denkt über diese Einschränkung, die ihr ganz logisch vorkommt, nicht weiter nach und fängt an, sich wieder zu beruhigen. Jedenfalls fürs erste. Das alte Einvernehmen zwischen Engels und ihr scheint wiederhergestellt.[619] Sie ahnt nicht, daß er, kaum daß sie zur Tür hinaus ist, schon wieder unter Druck gesetzt wird, daß Bebel ihm, von Louise alarmiert, fast drohend schreibt:

»Gibst Du einmal Eure erschienenen Arbeiten heraus, dann solltest Du auch weitergehen und die Marxschen Manuskripte veröffentlichen, die Du noch im Besitz hast und die aus irgendwelchem Grunde seinerzeit nicht veröffentlicht wurden.«[620]

Tussy kann jetzt endlich wieder in Ruhe arbeiten, platzt fast vor Aktivität, ist wieder ganz die Alte. 1895 übersetzt sie ein Buch des russischen Revolutionärs Georgi Plechanow – »Anarchismus und Sozialismus« – aus dem Französischen ins Englische, schreibt für eine in Petersburg erscheinende Monatsschrift »Briefe aus England« mit Buchbesprechungen und vermischten politischen Notizen, verfaßt für ein deutsches Volkslexikon einen Essay über

die Arbeiterbewegung in England,[621] der, mit Vorwort von Liebknecht, auch als Einzelbroschüre erscheint und veröffentlicht die ersten Vorarbeiten zu ihrer geplanten Marx-Biographie: »Karl Marx – lose Blätter«.[622]
Der Essay über die Arbeiterbewegung ist eine enorm dichte, materialreiche Schrift, die einen größeren Rahmen verdient hätte. Sie beginnt mit dem Zeitalter Heinrichs I., der Kolonien flämischer Weber ins Land zog und führt über den Bauernaufstand von 1381 und die Hinrichtung Thomas Morus bis zur Einführung von Seidenspinn- und Webmaschinen am Anfang des sechzehnten Jahrhunderts. Sie dokumentiert die Anfänge der Kinderarbeit, die Entstehung der Trade Unions, die Gründung der Ersten Internationale, das Wirken von Marx in England, den Kampf um gesetzliche Beschränkung der Arbeitszeit bis hin zu den jüngsten Streikbewegungen.
Der Aufsatz »Karl Marx – lose Blätter« besteht hauptsächlich aus Kindheitserinnerungen, die von späteren Marx-Biographen immer wieder zitiert werden, Ausschnitten aus den Hans-Röckle-Geschichten, Schilderungen der sonntäglichen Ausflüge, der Picknicks in der Heide, der scheinbar ernsthaften politischen Diskussionen, auf die Karl Marx sich mit seiner noch nicht sechsjährigen Tochter einließ. Jeder in der Familie, erzählt Tussy, hatte seinen Spitznamen. Ihr Vater war der Mohr, ihre Mutter die Möhme, Helene die Nimmy, sie selbst der Zwerg Alberich, Miss Lilliput und zuletzt Tussy. Und die, fügt sie leicht schmunzelnd hinzu, sei sie noch heute …
Die Arbeit an diesem Aufsatz muß sie melancholisch gestimmt haben, gerade jetzt, wo die alte Harmonie immer mehr auseinanderbricht und das Haus von Engels ihr kein zweites Zuhause mehr ist wie früher. Daran kann auch die Aussprache, die scheinbare Wiederannäherung nichts ändern. Denn solange Louise und Freyberger im Haus sind, fühlt Tussy sich überflüssig und unerwünscht.
»Heute vor zwölf Jahren starb Mohr«, schreibt sie an Wilhelm Liebknecht, »und ich glaube, ich vermisse ihn und meine Mutter und Jenny mehr als damals, als wir sie verloren.«[623]

Engels ist jetzt schwer krank geworden. Er hat Speiseröhren- und Kehlkopfkrebs, den er selbst für Angina hält. Aber Tussy weiß besser, wie es um ihn steht, denn sie hat ihre Erfahrungen mit Krebskranken. Jetzt gibt es keine bösen Briefe, keine Szenen mehr. Tussy und Aveling wollen ihn nur noch schonen. Der Kampf um den Nachlaß hat nicht nur Tussy stark angegriffen. Er scheint auch den Lebenswillen von Engels gebrochen zu haben. Denn im Grunde ist er treu und loyal, unfähig, der Tochter seines besten Freundes etwas Böses zu tun. Karl Marx habe ihm das »Vermächtnis und die Verpflichtung hinterlassen, seinen Kindern beizustehen, wie er es selbst getan hätte, und darauf zu achten …, daß ihnen kein Unrecht geschieht«, hat er vor sieben Jahren an Florence Kelley-Wischnewetzky geschrieben. Doch das Problem ist: Er fühlt sich auch Bebel, Louise und »der Partei« eng verbunden, kann sich in diesem Loyalitätskonflikt nicht entscheiden. Das macht ihn krank und verzweifelt. Es ist, möchte man beinahe sagen, sein Todesurteil. Zum Schluß kann der einst so eloquente Mann kaum noch sprechen, wenn auch sein Verstand bis zum letzten Tag wach und klar bleibt.

Im Juni 1895 kommt Laura zu Besuch, nicht, um über den Nachlaß zu streiten, sondern um Engels noch ein letztes Mal zu sehen. Sie fahren zusammen nach Eastbourne, einen seiner Lieblingsplätze. Tussy und Aveling schließen sich an. Louise läßt sie glücklicherweise in Ruhe, denn sie ist mit ihrer kleinen Tochter beschäftigt, einem kränklichen Kind, das viel Pflege braucht. Noch Anfang Juli macht sich Engels Hoffnung auf Heilung, versucht, witzig zu sein, schreibt selbstironische Briefe an *seine* Tussy wie früher:

»Bis Sonntag ging es mir ganz gut, dann aber hatte ich zwei böse Nächte und Tage, teils vielleicht wegen des von der Seeluft beschleunigten Ausscheidungsprozesses, der in meinem Halse vor sich geht, aber hauptsächlich durch die nachlassende Wirkung der schmerzbetäubenden Mittel, die ich nun seit etwa acht Wochen täglich und in zunehmenden Mengen angewandt habe. Andererseits habe ich einige schwache Seiten meines launischen Appetits herausgefunden und nehme lait de poule* mit Brandy, Eierrahmspeise mit Kompott, Austern bis zu neun täglich usw.«[624]

Am 5. August 1895 geht es mit Engels zu Ende. Louise gibt Tussy keine Nachricht, hält sie bewußt von ihm fern. Sie sollen sich nicht mehr sehen, sich nicht mehr aussprechen. Wer weiß, was da alles

* geschlagenes Eigelb mit Zucker

noch auf den Tisch kommen könnte, vielleicht gar eine Testamentsänderung. Am späten Abend des 5. August erhält Tussy einen auf deutsch geschriebenen Brief von Louise, den ersten seit dem schweren Zerwürfnis vor einem Jahr:

»Liebe Tussy, der liebe alte General ist heute um zehn Uhr dreißig friedlich und schmerzlos eingeschlafen. Ich ging aus dem Zimmer, um mich für die Nachtwache umzuziehen, war nicht sechs Minuten fort, wie ich wiederkam, war alles vorbei. Deine Louise.«[625]

14 Sie ist bereit zu gehen 1895–1898

Nachdem die Asche von Engels vor der Küste von Eastbourne ins Meer versenkt worden ist, stürzt sich Tussy sofort in ihre neue Lebensaufgabe, die Edition des väterlichen Nachlasses.

»Vor ein paar Tagen habe ich an Laura geschrieben«, schreibt sie am 22. August 1895 an Kautsky, »daß die Herausgabe des vierten Bandes von Mohrs ›Kapital‹ eine der wichtigsten Verpflichtungen ist, die wir zu erfüllen haben. Und ich habe hinzugefügt, daß ich persönlich das Gefühl habe, es wäre die beste Lösung, wenn Du die angefangene Arbeit fortsetzt. Ich sehe keinen anderen, der dafür in Frage käme. Ede* kann Dir vielleicht helfen ... Wärst Du dazu bereit? ... Es gibt natürlich keinen Grund zur Eile. Momentan können wir die Manuskripte nicht einmal aus dem Haus am Regent's Park herausholen, und dann wird das Ordnen einige Zeit brauchen ...«[626]

Kautsky sagt sofort zu, glücklich, nach der langen Zäsur, die Engels ihm aufgezwungen hat, endlich weitermachen zu können. Tussy ist sehr erleichtert. Sie hat nun nicht länger das Gefühl, ganz allein kämpfen zu müssen, allenfalls unterstützt von dem schwerkranken Aveling und der nur mäßig hilfreichen Laura.

»Ich spüre so stark diese schreckliche Verantwortung, die auf mir liegt«, schreibt sie mit Blick auf das Marx-Bild künftiger Generationen am 28. August. »Ganz abgesehen davon, daß ich Laura und Jennys Kindern auch *rechtlich* für Mohrs Nachlaß verantwortlich bin.«[627]

Louise Freyberger schikaniert Tussy unterdessen, wo sie nur kann und tut alles, um die Übergabe der Manuskripte zu verzögern. Sie stellt immer wieder neue Bedingungen, setzt komplizierte Empfangsquittungen auf, zieht ihre Anwälte zu Rat, und verlangt, daß Tussy jeden Penny, den sie von Engels bekommen hat, an sie zurückzahlt, obwohl der »General« in seinem Testament ausdrück-

* Eduard Bernstein

lich vermerkt hat, alles, was er Tussy jemals geliehen habe, sei als Geschenk zu betrachten. Die Lassalle-Briefe behauptet Louise nicht finden zu können oder gar nicht zu haben:

»Die Briefe sind zuletzt in Deinen Händen gewesen, als Du sie abgeschrieben hast, und es war klar, daß sie in der Vorwärts-Buchhandlung gedruckt werden sollten. Sie können also nicht unter den Manuskripten und Briefen sein, die schon 1892 in Ordnung gebracht wurden.«[628]

Tussy bekommt diese Briefe nie zurück und wird um die Früchte ihrer mühseligen Arbeit betrogen. Irgendwann gibt sie den Kampf darum auf.

Am 28. August 1895 wird das Testament von Engels eröffnet. Tussy erfährt, daß sie einige tausend Pfund erbt und aus ihren finanziellen Kalamitäten befreit ist. Bebel findet, daß Engels der Partei viel zuwenig und Tussy viel zuviel Geld vermacht habe. Er schreibt tief beleidigt an Adler:

»Eine Verringerung des Geldbetrages, der in private Hände fällt, würde niemand ein Unrecht zugefügt haben. Mit Ausnahme dessen, was Louise erhält, wird das Geld ... bald verschwendet sein, und von diesem Geld wird der Menschheit genauso wenig Nutzen erwachsen wie von den vielen tausenden Pfunden, die bereits in dieselben Hände gewandert sind.«[629]

Er grübelt immer noch, wie er es anstellen könnte, Tussy die Kontrolle über den Nachlaß zu entziehen, was sich als komplizierter erweist als erwartet, da die von Engels bestellten Rechtsberater, Moore und Crosse, in englischer Fairness und Redlichkeit darauf achten, daß alles seine gesetzliche Ordnung hat. »Wie es mit dem Nachlaß wird ..., darüber kann ich Dir augenblicklich noch nicht schreiben«, schreibt Bebel leicht frustriert an Adler. »Nachher muß aber allerlei geordnet werden: Die Übernahme und Verwaltung der Marx-Engels-Bibliothek ... für die Partei ..., die Frage der Herausgabe des Nachlasses von General. Letztere steht wieder in inniger Beziehung zu der Herausgabe des Nachlasses von Marx, da einfach der eine Nachlaß nicht herausgegeben werden kann ohne den anderen, über den Marxschen Nachlaß verfügt aber Tussy ...«[630]

Im September 1895 sind die Manuskripte endlich wieder in ihren Händen, was konkret heißt: die Handschriften der Bücher, Artikel und Vorträge, die Familienbriefe und die Briefe *an* Marx, mit

Ausnahme der auf Seite geschafften Lassalle-Korrespondenz und des gesamten Briefwechsels zwischen Marx und Engels, also der eigentlichen Herzstücke des Nachlasses, ohne die jede biographische und historische Forschung Fragment bleiben muß.

Tussy legt nun ungeheure Aktivität an den Tag und veröffentlicht Stück für Stück Unbekanntes aus der Hinterlassenschaft ihres Vaters, als erstes den Heine-Brief vom 21. September 1844, dessen Abdruck Engels seinerzeit nicht gestattet hatte:

»Liebster Marx!

Ich leide wieder an meinem fatalen Augenübel und nur mit Mühe kritzle ich Ihnen diese Zeilen. Indessen, was ich Ihnen Wichtiges zu sagen, kann ich Ihnen Anfang nächsten Monats mündlich sagen, denn ich bereite mich zur Abreise* beängstigt durch einen Wink von oben – ich habe nicht Lust, auf mich fahnden zu lassen, meine Beine haben kein Talent, eiserne Ringe zu tragen.

Mein Buch (Wintermärchen) ist gedruckt, wird aber erst in zehn bis vierzehn Tagen hier ausgegeben, damit nicht gleich Lärm geschlagen wird. Die Aushängebogen ... schicke ich Ihnen heute ... in dreifacher Absicht. Nämlich, erstens, damit Sie sich damit amüsieren, zweitens, damit Sie schon gleich Anstalten treffen können, für das Buch in der deutschen Presse zu wirken, und drittens, damit Sie, wenn Sie es ratsam erachten, im Vorwärts das erste aus dem neuen Gedichte abdrucken lassen können ... Den Anfang des Buches bringe ich Ihnen nach Paris mit, der nur aus Romanzen und Balladen besteht, die Ihrer Frau gefallen werden. (Sie herzlich von mir zu grüßen, ist meine freundlichste Bitte; ich freue mich darauf, sie bald wieder zu sehen. Ich hoffe, der nächste Winter wird minder melancholisch für uns sein wie der vorige).

Von dem großen Gedichte macht jetzt Campe noch einen besonderen Abdruck, worin die Censur einige Stellen gestrichen ... Den Nationalen habe ich darin aufs Entschiedenste den Fehdehandschuh hingeworfen ...

Leben Sie wohl, teurer Freund, und entschuldigen Sie mein verworrenes Gekritzel, ... aber wir brauchen ja wenige Zeichen, um uns zu verstehen! Herzinnigst – Heinrich Heine.«[631]

Der Brief erscheint in der Oktobernummer der »Neuen Zeit«, begleitet von einer einleitenden biographischen Notiz aus der Feder

* von Hamburg nach Paris

von Tussy. Sie erzählt, wie Heine und Marx sich 1843 in Paris kennengelernt, wie sie gemeinsam für die »Deutsch-Französischen Jahrbücher« gearbeitet, sich miteinander angefreundet haben:
»Es gab eine Zeit, wo Heine tagaus, tagein bei Marxens vorsprach, um ihnen seine Verse vorzulesen und das Urteil der beiden jungen Leute einzuholen. Ein Gedichtchen von acht Zeilen konnten Heine und Marx zusammen unzählige Male durchgehen, beständig das eine oder andere Wort diskutierend und so lange arbeitend und feilend, bis alles glatt und jede Spur von Arbeit und Feile aus dem Gedicht beseitigt war. Dabei hieß es aber sehr geduldig sein, denn Heine war krankhaft empfindlich für jede Kritik. Er kam mitunter buchstäblich weinend zu Marx, weil irgendein obskurer Literat in einem Blatt ihn angegriffen. Marx wußte sich dann nicht anders zu helfen, als ihn zu seiner Frau zu schicken, deren Witz und Liebenswürdigkeit den verzweifelten Poeten bald zur Raison brachten. Aber nicht immer kam Heine Hilfe suchend, mitunter auch Hilfe bringend. Ein Fall wurde in der Marxschen Familie besonders gut in Erinnerung gehalten: Die kleine Jenny Marx, ein Säugling von einigen Monaten, wurde eines Tages von heftigen Krämpfen befallen, die das Kind zu töten drohten. Marx, seine Frau und ihre treue Gehilfin und Freundin, Helene Demuth, standen verzweifelnd und ratlos um die Kleine herum. Da kam Heine, sah sie an und sagte: ›Das Kind muß in ein Bad!‹ Mit eigener Hand richtete er das Bad her, legte das Kind hinein und rettete, wie Marx sagte, Jennys Leben ... Marx war ein großer Verehrer Heines. Er liebte den Dichter ebenso sehr wie seine Werke und urteilte auf das Nachsichtigste über seine politischen Schwächen. Dichter, erklärte er, seien sonderbare Käuze, die man ihrer Wege wandeln lassen müsse. Man dürfe sie nicht mit dem Maßstäbe gewöhnlicher ... Menschen messen.«
Mit der für sie typischen Akribie geht sie beinahe täglich ins British Museum, um sich über den »Journalisten« Karl Marx kundig zu machen, der der Öffentlichkeit bis dahin fast völlig unbekannt geblieben ist. Von 1851 bis 1862 hat er viele hundert Artikel geschrieben, für die Breslauer »Neue Oder-Zeitung«, die »Wiener Presse«, die englische »Free Press«, das »People's Paper«, vor allem aber für die »New York Daily Tribune«, seinen Hauptarbeit- und Geldgeber in den turbulenten ersten Exiljahren.
Es ist eine unglaubliche Arbeit, die Artikel zu sammeln oder auch

nur zu sichten. Nicht alle Zeitungen sind vollständig im British Museum vorhanden, viele Artikel namentlich nicht gezeichnet, andere gekürzt, geändert oder zensiert. Leider fehlt Tussy das wichtigste Instrument zur Erschließung der Texte, die Korrespondenz zwischen Marx und Engels, die fest verschlossen in einer schweren Holzkiste liegt. Den Schlüssel hat die unvermeidliche Louise. So bleibt es Tussy bis zu ihrem Lebensende verborgen, daß viele unter dem Namen »Marx« erschienene Artikel in Wirklichkeit von Friedrich Engels stammen, der um diese Zeit wesentlich besser Englisch sprach und schrieb als ihr Vater und dem auch das journalistische Schreiben leichter von der Hand ging.

»Was nun die New York Tribune betrifft, so mußt Du mir jetzt, wo ich mit der Ökonomie die Hände voll habe, helfen«, schreibt Marx am 14. August 1851. »Schreibe eine Reihe von Artikeln über Germanien, von 1848 an. Jeistreich und ungeniert.«[632]

Das war der Beginn der großen Fortsetzungsserie »Revolution und Konterrevolution in Deutschland«, die von Oktober 1851 bis Oktober 1852 in neunzehn Folgen erscheinen sollte, ohne daß Marx auch nur einen einzigen dieser Artikel selbst verfaßt hätte.

Tussy sitzt also einem fatalen historischen Irrtum auf, wird das Opfer der Intrigen von Bebel und Louise Freyberger. »Unter den Artikeln für die New York Tribune finde ich ... achtzehn Beiträge* über ›Revolution und Konterrevolution in Deutschland‹, die eine wirklich unschätzbar wertvolle historische Arbeit sind«, schreibt sie im September 1895 an Kautsky. »Ich kann Dir nicht sagen, wie schön diese Artikel geschrieben sind – sie sind der Schlüssel zu Papas Beitrag zur Geschichte Deutschlands.«[633]

Sie veröffentlicht die Texte als Buch im Londoner Verlag Sonnenschein und bittet Kautsky, sie ins Deutsche zu übertragen. Der sagt ihr zwar zu, bringt aber die deutsche Version erst 1913 heraus, fünfzehn Jahre nach ihrem Tod, zu diesem Zeitpunkt immer noch der Meinung, daß es sich um ein lange übersehenes Frühwerk von Karl Marx handle.[634] Das Buch, das übrigens nicht frei von Antisemitismen ist – es enthält haßerfüllte Attacken auf die jüdischen Geldverleiher, Schankwirte und Hausierer in Rußland, deren Muttersprache »ein gräßlich verdorbenes Deutsch« sei[635] –, beschreibt die Geschichte der deutschen Revolution vom Vormärz bis zu den

* in Wirklichkeit neunzehn

Kölner Kommunistenprozessen. Es beginnt mit einem halb pathetischen, halb selbstironischen Introitus auf die »großen Männer« der Revolution, in dem Engels die Sprache von Marx so perfekt nachahmt, daß nicht einmal Tussy die Fälschung durchschaut hat:
»Der erste Akt des revolutionären Dramas auf dem europäischen Kontinent ist zu Ende. Die ›Mächte der Vergangenheit‹, der Sturm von 1848, sind wieder ›Mächte der Gegenwart‹, und die mehr oder weniger populären Eintagsherrscher, provisorischen Regenten, Triumvirn, Diktatoren ... mit ihrem Gefolge von Abgeordneten, Zivilkommissaren, Militärkommissaren, Präfekten, Richtern, Generalen, Offizieren und Soldaten, sind an fremde Küsten verschlagen und ›über See verschickt‹, nach England oder Amerika, um dort neue Regierungen ..., europäische Komitees, Zentralkomitees, nationale Komitees zu bilden und ihr Kommen in Proklamationen anzukündigen, nicht minder feierlich als die eines weniger imaginären Potentaten.«
Nach dem Tod von Engels ist Tussy sofort in die »Social Democratic Federation«, die Partei Hyndmans, eingetreten und hat sich mit dem ehemaligen Widersacher versöhnt. Hyndman ist glücklich, sie wieder bei sich zu haben. Denn so wenig er ihren Mann mag, so sehr schätzt er sie, als Persönlichkeit wie als Politikerin.
»Ihre ... Arbeitskraft war unerschöpflich«, schreibt er in seinen Erinnerungen, »und da sie alle wichtigen europäischen Sprachen sprach und über die Einzelheiten der Bewegung in allen Ländern genau informiert war, ... war sie besonders wertvoll für die Sache.«[636]
Er schickt sie auf Vortragsreisen nach Burnley und Schottland, läßt sie Gedenkreden auf Friedrich Engels halten, betraut sie mit Vorbereitungen für den vierten Kongreß der Zweiten Sozialistischen Internationale, der 1896 in London stattfinden soll. Als auch Aveling wieder in die Partei eintreten will, reagiert er zurückhaltend. Das gesamte Exekutivkomitee hat Bedenken, will ihn nicht haben. Es gibt viele Gründe dafür. Finanzielle und vor allem persönliche. Doch da man das alles nicht aussprechen kann, ohne Tussy und den Namen Marx zu beleidigen, werden fadenscheinige Argumente benutzt, die bewährte Methode. Man wirft Aveling vor, er habe seine guten Beziehungen zur deutschen Bewegung mißbraucht, um das Verhältnis zwischen der SPD und der Partei Hyndmans zu stören, was de facto Unsinn ist, da Hyndman selbst ausge-

prägt deutschfeindliche Politik macht. Die Sache wird, wie üblich, in Parteizeitungen breitgetreten. Kautsky, Bernstein und Liebknecht setzen sich für Aveling ein. Am Ende bleibt Hyndman nichts anderes übrig, als ihn wieder aufzunehmen, wenn auch zähneknirschend.

Immerhin, er bewährt sich, erweist sich als brauchbar. Als im Oktober 1895 Teile der englischen Arbeiterbewegung an das Unterhaus appellieren, Gesetze zur Begrenzung der Einwanderung zu erlassen, organisiert er mit Tussy, Kropotkin und Stepniak eine Protestveranstaltung im Londoner East End, auf der Tussy erklärt:

»Juden! Die englischen Antisemiten haben es so weit gebracht, daß die Arbeiterorganisation die Regierung auffordert, Englands Grenzen für die armen Ausländer zu verschließen, das heißt vor allem: für die Juden! Ihr dürft nicht länger stillhalten! Ihr müßt zu Tausenden zu unserer Versammlung kommen!«[637]

Während Tussy beginnt, weltweit nach Briefen ihres Vaters zu suchen und Aufrufe in alle sozialistischen Zeitungen setzt, hören die Schikanen von Bebel und den Freybergers nicht auf. Am 4. Oktober 1895 schickt Ludwig Freyberger einen knappen, unverschämten Brief, in dem er sie auffordert, »jene Gegenstände, die ihr gehörten«, sofort abzuholen, da sie sonst in ein Lagerhaus kämen.[638] Es sind Engels' alte Erinnerungsstücke an die Familie Marx: der Lehnstuhl, in dem der Freund gesessen hat, als er starb, sein liebster Zeitungsständer, gerahmte Fotos, Briefe und Kinderzeichnungen der drei Mädchen.Wenig später erscheint im »Vorwärts« die »sehr kühle und sachlich unrichtige Mitteilung«, das Archiv der SPD in Berlin habe siebenundzwanzig Bücherkisten aus dem Nachlaß von Engels erhalten. Tussy ist »mehr als überrascht ..., daß Bebel und Singer Mohr nicht einmal erwähnt hätten.« Es hätte sich doch wohl gehört, wenigstens »zu sagen, daß gut die Hälfte der siebenundzwanzig Kisten die bewundernswerte Bibliothek von Marx enthielten, die der deutschen Partei von Marx' Kindern ... übermacht worden seien.« Durch die Notiz werde der unrichtige Eindruck erweckt, daß Louise Freyberger die Bücher der deutschen Partei »geschenkt« hätte.[639]

Am 16. Oktober 1895 macht Tussy mit erst vierzig Jahren ihr Testament. Einige Biographen haben in diesem Schritt ein Indiz dafür gesehen, daß der Selbstmordgedanke schon lange in ihr gereift sei.

Doch in den Quellen gibt es gerade jetzt keine Anzeichen für Depression, ganz im Gegenteil: Tussy ist voller Pläne, hat gute Freunde, ist politisch aktiv. Auch ihr Verhältnis zu Aveling scheint sich, allen Gerüchten zum Trotz, stabilisiert zu haben. Aveling unterstützt sie bei der Edition der journalistischen Arbeiten ihres Vaters, die nun sukzessive unter ihrer beider Namen herausgegeben werden.
Sie muß andere Gründe gehabt haben, ihr Testament zu machen, über die man natürlich nur spekulieren kann: Streitigkeiten mit dem Schwager Charles Longuet in Paris, das Gezerre um den Nachlaß, die Sorge, daß sie wie ihre Schwester Jenny früh an Krebs sterben könnte, ohne die Frage des Erbes geklärt zu haben.
Tussy ernennt Aveling zu ihrem alleinigen Testamentsvollstrecker, das heißt: sie vertraut ihm vollkommen. Die Tantiemen aus den Werken ihres Vaters sollen nach ihrem Tod an die Kinder von Jenny gehen. Ihr ganzes Vermögen überschreibt sie Aveling, den sie in diesem Testament nur »my husband«, »meinen Ehemann« nennt. Für den Fall, daß er vor ihr sterben sollte, macht sie Bernstein zu ihrem Bevollmächtigten.[640]
Seit Beginn ihrer Beziehung im Jahr 1883 sind Tussy und Aveling immer wieder umgezogen. Sie haben in kleinen, bescheidenen Wohnungen in der Londoner Innenstadt gelebt, spartanisch, ja fast kleinbürgerlich eingerichtet. Doch zuletzt hat das Geld selbst dafür nicht mehr gereicht. Sie mußten aufs Land ziehen, nach Orpington in Kent, in einen einfachen Gasthof, eine bessere Absteige. Von dem Bauernhäuschen bei Stratford ist schon nach einem Jahr keine Rede mehr gewesen. Zwei schöne Sommer in der Heimat Shakespeares, eine romantische Illusion, die schnell zerplatzt ist. Ein richtiges Zuhause haben sie in all diesen Jahren nie gefunden.
Jetzt, nachdem Tussy von Engels geerbt hat, soll das anders werden. Sie kann sich ein Haus kaufen, etwas, was ihr gehört. Die Zeiten des ewigen Herumvagabundierens werden vorbei sein. Sie wird ein eigenes Arbeitszimmer haben, Haustiere, einen kleinen Garten, ein Zimmer für Gäste. Ihre Schwester wird zu Besuch kommen können. Sie wird Freunde empfangen. Sie malt sich die schönsten bürgerlichen Idyllen aus und ist glücklich.
Nach langem Suchen findet sie im Oktober 1895 ein Häuschen in Sydenham, einem Vorort von London, der mit Zug und Pferdebus relativ umständlich zu erreichen ist. Die Straße heißt »Jew's walk«, »Judenweg«. Edward sagt, das sei der einzige Grund, warum sie

das Haus unbedingt haben wollte. Sie hat ihn nicht gefragt, alles allein bezahlt, ihn mit ihrem Entschluß einfach überrollt, eigentlich nicht ganz fair, denn er ist kein Provinzler, kein Landmensch. Macht er sich jetzt etwa leise über sie lustig?
Tussy merkt nichts davon. Selbstzweifel trüben sie nicht.
»Ich bin stolz wie nur eine Jüdin auf mein Haus am Jew's Walk«, schreibt sie unbekümmert an Laura. »Erdgeschoß: Großes Zimmer ..., Esszimmer, Küche, Spülküche, Speisekammer, Kohlenkeller und Weinkeller, Schränke und große Diele; eine bequeme Treppe: Schlafzimmer-Gästezimmer, Mädchenzimmer, Badezimmer und *mein Arbeitszimmer!!!* Überall haben wir elektrisches Licht, das, da wir in der Nähe des Crystal Palace sind, weit billiger ist als Gas, obwohl auch Gas da ist und ich einen Gasherd habe und Gaskamine in den meisten anderen Räumen.«[641]
Hier will sie nun endlich zur Ruhe kommen. Hier ist ihre Höhle, »The Den«, wie sie das Häuschen nennt. Doch Edward, das zeigt sich schon bald, liebt es nicht besonders. Er sei weder ein Jude noch eine Höhle, sondern ein gottverdammter Non-Konformist, schreibt er grimmig an Kautsky.[642] Er paßt einfach nicht hierher, fühlt sich in der Falle, sucht, wie am Anfang ihrer Beziehung, oft das Weite, fährt häufig nach London, kommt nachts nicht zurück. So erreicht Tussy das Gegenteil von dem, was sie sich erhofft hat. Sie hat nun zwar endlich ihr behagliches Nest, aber sie ist allein.
Es wird November, es wird Dezember. Weihnachten – das erste Mal ohne Engels – steht vor der Tür. Es wird finster und nebelig. Tussy bekommt wieder ihre Winterdepression. Doch jetzt gibt es kein British Museum, in das sie flüchten könnte, kein Theater, keinen Pub in der Nähe wie in London. Selbst gute Freunde scheuen um diese Jahreszeit den weiten Weg und finden immer neue Gründe, um nicht kommen zu müssen: Familie, Arbeit, Krankheiten, das scheußliche Wetter.
Laura ist immer noch nicht da gewesen. Sie hat einfach keine Lust. Mit dem Geld von Engels hat sie sich ein Schlößchen in Dravéil bei Paris zugelegt, lebt jetzt wie eine Prinzessin. Tussy wohnt ihr, nach allem, was sie gehört hat, viel zu kleinbürgerlich.
Ausgerechnet jetzt kommt Stepniak alias Kravcinskij ums Leben. Noch vor ein paar Wochen haben sie zusammen im East End demonstriert. Jetzt ist er tot. Er war vierundvierzig Jahre alt, vier Jahre älter als Tussy. Eine Eisenbahn habe ihn überrollt, schreiben die

Zeitungen. War es Selbstmord? Mord? Ein tragischer Unfall? Es ist zwölf Jahre her, daß Tussy sein Buch über das »unterirdische Rußland« rezensiert hat. Einzelne Passagen stehen ihr noch wie gestern vor Augen:
»Hunderte und Aberhunderte dieser Söhne der privilegierten Stände gehen unter das Volk, um ihm das Evangelium des Sozialismus zu verkünden, welcher die Zerstörung der Klassenvorrechte ... zum Ziel hat. Jeder neue Prozeß setzt nur ihren Heroismus und ihre geschichtliche Mission deutlicher ins Licht. Die russische Regierung nimmt ihre Zuflucht zu extremen Repressionsmaßregeln. Sie unterwirft ganz Rußland dem Belagerungszustande; sie bedeckt es mit Galgen und zwingt ... die ... Propagandisten, die mörderischen Waffen zu ergreifen und den terroristischen Kampf ... zu beginnen.«[643]
Und noch etwas anderes hat er in diesem Buch geschrieben:
»Die Unterjochung der Frau ist nur durch die Liebe möglich.« Gilt das auch für sie?
Hat sie sich durch die Liebe, durch Aveling »unterjochen« lassen? Wäre sie mit Stepniak, Shaw oder Lissagaray freier und glücklicher gewesen? Hätte sie jetzt Kinder, eine richtige Familie, anstatt Abend für Abend auf ihren Edward zu warten, der sie immer öfter, ohne irgend etwas zu sagen, allein läßt?
Sie weiß nicht, was sie der Witwe Tröstendes sagen soll. Sie ist ja selber so traurig.
»Die schmerzlichste Wahrheit ist die, daß wir einander nicht wirklich helfen können und daß jeder seinen Kummer allein tragen muß«, schreibt sie schließlich.[644]
Doch schon zu Beginn des Jahres 1896 sind diese Stimmungen wieder verflogen wie Gespenster. Das waren nur Alpträume. Das Leben muß weitergehen. Sie hat schließlich die Verantwortung für den Marxschen Nachlaß. Louise Freyberger hat nun endlich das Manuskript des vierten Bandes vom »Kapital« herausgerückt, eine Sammlung von »gewissen Notizen, die der Herausgeber auszuarbeiten hat«,[645] ein Materialwust, teils englisch, teils deutsch, teils in allen möglichen anderen Sprachen, genauso schwer zu entziffern und zu durchforsten wie die Manuskripte zu Band zwei und drei.
Kautsky sollte jetzt eigentlich sofort nach London kommen. Aber er kommt nicht. Wird, wie er schreibt, von Familienpflichten festgehalten, von seinen redaktionellen Arbeiten für die »Neue Zeit«.

Ist das Manuskript überhaupt edierbar? Werden sie beide dieser Aufgabe gewachsen sein und in welchem Zeitraum? Wie soll Kautsky überhaupt jemals damit fertig werden, wenn der Text in London liegt, er aber in Stuttgart wohnt, wenn Tussy sich weigert, das Manuskript nach Deutschland zu schicken, weil sie Angst hat, es könne unterwegs verlorengehen?

Lauter Fragen, über die in Ruhe nachgedacht werden müßte. Doch dazu ist Tussy viel zu ungeduldig, viel zu hektisch. Vielleicht hat sie Angst, daß Bebel ihr, wie auch immer, zuvorkommt. Vielleicht spürt sie, daß ihr nicht mehr viel Zeit bleibt. Kautsky hat das vollständige Manuskript noch gar nicht gesehen, da tritt sie auch schon in Verhandlungen mit Verleger Meissner, der bereits Band eins, zwei und drei publiziert hat und an den sie, wie sie glaubt, vertraglich gebunden ist.

Meissner sagt zu. Auch er, ohne den Text gelesen zu haben, in blindem Vertrauen auf den Namen Marx, der für Qualität bürgt. Doch seine Bedingungen sind halsabschneiderisch, »enorm vorteilhaft für ihn selbst«.[646] Kautsky soll praktisch kein Honorar bekommen. Das kann nicht angehen. Tussy erregt sich, konsultiert Rechtsanwälte, kämpft. Zehn Prozent für die beiden Herausgeber, oder das Buch erscheint überhaupt nicht! Die Verhandlungen, die sie in scharfem Ton führt, setzen ihr zu, machen aber auch Spaß. Darüber vergeht Monat um Monat. Um das Manuskript kümmert sich niemand. Tussy erwähnt es schließlich nicht mehr. Sie hat einfach zuviel im Kopf. Es wird zu ihren Lebzeiten nicht mehr erscheinen. Erst 1905, sieben Jahre nach ihrem Tod, bringt Kautsky die erste Lieferung unter dem Titel »Theorien über den Mehrwert« heraus. Rosa Luxemburg wird sie im »Vorwärts« enthusiastisch rezensieren.[647]

Ende Mai 1896 erscheint Tussys alter Freund Wilhelm Liebknecht in London, um Vorträge vor englischen Arbeitern zu halten. Er ist siebzig Jahre alt, der Veteran unter den deutschsprachigen Vertretern der Bewegung. Tussy hat ihn inständig gebeten, zu kommen, denn in England machen sich starke antideutsche Aggressionen bemerkbar, leider auch unter ihrer eigenen Klientel, den Dockern im East End.

Am 3. Januar 1896 hat Kaiser Wilhelm II., übrigens ein Enkel der englischen Königin Victoria, seine berühmte Depesche verschickt,

in der er dem südafrikanischen Buren-Führer »Ohm Krüger« zur Zurückschlagung englischer Siedler in Transvaal gratuliert. Das hat erhebliche Verstimmung in England hervorgerufen, denn die Engländer betrachten Transvaal als Teil ihres Empire. Queen Victoria ist, wie man heute sagen würde, »not amused«. Der zerknirschte Enkel sieht sich gezwungen, sich zu entschuldigen. Trotzdem kommt es zu einem deutsch-britischen Flottenwettrüsten. Es riecht nach Krieg. Deutsche Matrosen werden von englischen Dockern angepöbelt und umgekehrt, deutsche Geschäfte im Londoner East End geschlossen, politische Clubs, in denen Deutsche verkehren, stellen aus Angst vor Übergriffen ihre Arbeit ein. Nun soll Liebknecht, der würdige alte Mann, vermitteln. An der politischen Weltlage wird er nichts ändern können. Aber die Arbeiter sollen ihm wenigstens zuhören.
Er kommt, spricht und siegt, erledigt seine Mission mit Bravour, reist »so frisch wie eine Lerche« und so englisch wie ein »englischer Landedelmann«[648] aussehend von London aus quer durch das Land: nach Southampton, Bristol, Oxford, Glasgow, Edinburgh, Bradford und Manchester. Fast überall wird er mit großem Enthusiasmus empfangen. Die Zuhörer, nicht nur die deutschen, stehen auf, werfen Hüte und Taschentücher. Ein paar Anarchisten versuchen, die Versammlungen zu stören, werden aber von kräftigen Bodyguards in die Flucht geschlagen.
Am 6. Juni 1896 ist seine große England-Tournee zu Ende. Die krönende Abschlußveranstaltung findet mitten im Londoner East End statt, in einem brechend vollen Saal, vor hauptsächlich ostjüdischem Publikum. Tussy und Aveling stehen dem Veteranen zur Seite, halten Begrüßungsansprachen. »Ein brillanter Erfolg«, schreibt Tussy an Laura. Doch am nächsten Tag heißt es im »Labour Leader«:
»Dr. Aveling sah sich mit tragischem Blick um, woher der verfluchte Luftzug kam; Frau Aveling, schwarzhaarig, glühend vor Gesundheit und lächelnd, schlug den Kragen seiner Jacke hoch. Dann erhob sich ihr Mann und verlas seine Rede, worauf er sich mit dem Ausdruck tiefen Weltschmerzes wieder hinsetzte.«[649]
Aveling, 1849 geboren, geht jetzt auf die Fünfzig zu. Er ist ein schwerkranker, physisch kaum noch belastbarer Mann, leidet an chronischer Nierenentzündung und Abszessen im Lendenbereich, die trotz Operationen immer wieder aufbrechen. Bei politischen

Kundgebungen schleppt er sich mühsam aufs Podium, wird von Tussy gestützt, sieht wie der Tod aus. Die einen finden ihn schlichtweg abstoßend, die anderen nur noch erbärmlich. Ein Wunder, wie es die allseits beliebte Tussy immer noch mit ihm aushält.

Seit dem Umzug nach Sydenham ist er absolut unausstehlich geworden. Von seinem Witz, mit dem er sich früher manchmal Sympathien verschafft hat, ist nicht mehr viel zu merken. Er ist immer unzufrieden und schlecht gelaunt, demütigt Tussy, wo er nur kann, am liebsten in Gegenwart anderer. Ein junger sozialistischer Schriftsteller, Aaron Rosebury, geht einmal mit den beiden in einen Pub. Aveling bestellt sich reichlich zu essen und zu trinken, hat aber, wie sich beim Bezahlen herausstellt, kein Geld. Unverschämt wie gewöhnlich bittet er Rosebury, ihm auszuhelfen. Doch der zögert. Aveling ist das größte Pumpgenie von ganz London. Nie bezahlt er seine Schulden. Das weiß jeder. Das sagt sogar Shaw. Da legt Aveling ihm die Hand auf den Arm und sagt, er könne ganz ruhig sein, er werde sein Geld ganz bestimmt zurückbekommen, wenn nicht von ihm, dann von »Tussy«.

Er spricht diesen Namen irgendwie bösartig aus, mit einem hämischen Grinsen, das ihn nicht schöner macht.

»Eleanor wurde rot, versuchte zu lächeln und erklärte, daß ihre Eltern sie immer so genannt hätten«, erinnert sich Rosebury. »Sie war offensichtlich verletzt.«

Später tritt Rosebury in Briefwechsel mit Tussy und fragt sie rundheraus, warum sie Aveling, der sie derartig schlecht behandle, nicht verließe?

»Ich kann das nicht«, antwortet Tussy. »Es würde ihn ruinieren und mir nicht helfen ... Mein Vater sagte immer, daß ich eher ein Junge als ein Mädchen wäre. Es war Edward, der das Weibliche in mir geweckt hat.« [650]

Auf dem Höhepunkt seiner Midlife- oder besser gesagt Endlife-Crisis hat Aveling sich eine Jüngere, eine Schauspielerin genommen, Eva Frye, gerade mal knapp über Zwanzig. Sie ist blond und blauäugig, äußerlich das totale Gegenteil von Tussy. Er hat sie bei den Proben zu einem seiner Theaterstücke kennengelernt und wohnt bei ihr, wenn er Tussy in der »Höhle« allein läßt. Wahrscheinlich bleibt er überhaupt nur noch mit Tussy zusammen, weil sie einen großen Namen trägt und weil sie geerbt hat.

Tussy weiß nichts und sieht nichts, obwohl viele Freunde sie warnen. Ihr Vertrauen in Aveling sei schon fast »kriminell«, findet Hyndman.[651] Doch sie tröstet und beruhigt sich damit, daß es ja immer noch geistige Gemeinsamkeiten gibt. Im nächsten Jahr, 1897, wollen sie »The Eastern Question« zusammen herausbringen, eine Sammlung von journalistischen Artikeln über den Krim-Krieg. Dann steht »Value, Price and Profit« auf dem Programm, das »Kapital« in volkstümlicher Kurzform. Sie sind ein gutes Herausgeberteam! Sie sind bekannt und erfolgreich! Ihre Symbiose ist doch durch einen kleinen Seitensprung nicht zu erschüttern?

Doch das schleichende Gift der Angst und der Demütigung beginnt jetzt zu wirken. Stärker noch als Chloral und als Opium, das sie immer noch nimmt, um nachts schlafen zu können. Sie wird unsicher, fühlt sich klein, beginnt Fehler zu machen, auch bei öffentlichen Auftritten. Auf dem vierten Kongreß der Zweiten Sozialistischen Internationale, der im Sommer 1896 in London stattfindet, bekommt sie zum ersten Mal eine katastrophal schlechte Presse, in England und Deutschland genauso wie in Frankreich und in der Schweiz.

»Singer lobt die politische Aktion als ›eines der wichtigsten Mittel‹ zur Befreiung der Arbeiterklasse – Frau Aveling ›übersetzt‹: ›*das* wichtigste Mittel‹; ihre erste Übersetzung – ihre erste Fälschung«, schreibt die Berliner Zeitschrift »Der Sozialist«. Tussy und Aveling befänden sich auf einem »Triumphmarsch durch die englischen Organisationen, der im wesentlichen darin« bestehe, »daß sie von einer zur anderen gehen, bis ihnen nach vollständiger Abwirtschaftung wieder einmal zum soundsovielten Male der Stuhl vor die Tür gesetzt« werde. 1884 unter Protest aus der »Social Democratic Federation« ausgetreten, hätten sie sich mit Hyndman wieder vereint und bellten die »Independent Labour Party« an »wie Hunde den Mond«.[652]

Das ist starker Tobak. Diese Kritik aus den eigenen Reihen geht an die Substanz. Doch es soll noch schlimmer kommen. Noch viel schlimmer. Der französische Anarchist Augustin Hamon wirft ihr Unverschämtheit, Ungenauigkeit, Zynismus, Gewissenlosigkeit und Mangel an simpelsten Umgangsformen vor, besonders bei der Behandlung politischer Gegner. Sie habe ganze Sätze, ja Diskussionen, die ihr nicht paßten, »zerschnitten, zerstückelt, verändert, entstellt«, habe in einem unbelauschten Moment zu ihm gesagt: »Alle Anarchisten sind Idioten.« Hamon führt dieses Verhalten auf ihre Herkunft zurück. »Die Herren Adler und Singer, Madame Aveling etc. sind Juden, und Taktlosigkeit ist eine der Eigenschaften der jüdischen Rasse.« [653] Tussy, die sich so leidenschaftlich für die Juden einsetzt, wird nun zum ersten Mal selbst wegen ihres Judentums angegriffen.

Nach diesem Kongreß, dem letzten, an dem sie teilnehmen wird, geht sie sofort wieder an ihre editorische Arbeit. Sie will jetzt weitere Texte aus der »New York Daily Tribune« herausgeben, »The Eastern Question«[654]: Marx in seinem Verhältnis zu Rußland und der Türkei. Die meisten dieser Artikel aus den Jahren 1853 bis 1856 stammen, anders als »Revolution und Konterrevolution«, wirklich von ihm. Er hat sie aus Überzeugung, ja aus Begeisterung geschrieben, nicht als »Zeitungsschmierer«, sondern als engagierter Beobachter, dem der Kampf zwischen den beiden Großmächten keine Ruhe läßt. Es geht um den Krim-Krieg, den Konflikt zwischen orthodoxem Christentum und Islam, um die Eroberungslust des russischen Zaren Nikolaus, der Konstantinopel, den Balkan und ganz Europa unter seine Macht bringen will. – So sieht es Marx. Seine Sympathien sind klar verteilt. Er ist gegen Rußland und für die Türkei:

»Sie hat die Forderungen ihres Erbfeindes zurückgewiesen, nicht mit Prahlerei, sondern mit tiefem, angemessenem Ernst und mit Würde.«[655]

Wie kam es eigentlich zu diesem Krieg? Die Leser von 1897 haben es vielleicht schon vergessen? – In Palästina, damals türkisch, gibt es heftige Religionskämpfe. Orthodoxe und römisch-katholische Christen können sich nicht einigen, wem die Heiligtümer gehören. Beide fühlen sich als *die* Repräsentanz des Weltchristentums, ein Konflikt, in den Zar Nikolaus sich einmischt. Er spielt, so Marx, den »Befreier der unterdrückten Ostkirche«,[656] packt die Gelegenheit beim Schopf, die Türkei, in deren südslawischen Territorien mehr als zehn Millionen orthodoxer Christen leben, neu aufzuteilen und besetzt die Balkanländer. Für Marx eine brutale Usurpation, ein politischer Rechtsbruch: Zar Nikolaus habe den Balkan »überrannt und in seinen Besitz genommen, besteuert und regiert, geplündert und ... aufgefressen«,[657] während sich die Westmächte zu »lächerlichen« Krisensitzungen in Wien träfen.[658]

Doch die Türkei macht kurzen Prozeß und erklärt Rußland den Krieg. Nun müssen die Westmächte Farbe bekennen. Frankreich und England stellen sich hinter die Türkei, die Österreicher mischen sich auf dem Balkan ein, nur Preußen, diese »in der Mitte zusammengeschnürte Wurst«, bleibt neutral. Die Kämpfe, von Marx enthusiastisch begrüßt, spielen sich hauptsächlich auf der Krim ab. Zwei Jahre lang wird die Festung Sewastopol beschossen, belagert. Tausende Eingeschlossener sterben an Hunger und Epidemien. Ein Überlebender wird später darüber berichten. Er ist Offizier in Sewastopol gewesen. Er heißt Leo Tolstoi. Im September 1855 fällt die Festung. Zar Nikolaus ist inzwischen gestorben. Sein Sohn, Alexander II., will den Frieden, der im Januar 1856 in Paris besiegelt wird. Rußland muß die Balkanländer wieder abgeben. Die »russische Gefahr« scheint zunächst gebannt.

Daß Marx Partei ergreift, ist zu erwarten gewesen. Er ist kein »normaler«, trockener Journalist, der bloß berichtet, Ereignisse aufzählt. Die Redaktion *will* ihn polemisch, *will* ihn als Agitator. Aber will sie ihn auch als fanatischen Russenhasser?

Marx nennt die Russen eine »barbarische Rasse«, »selbst halbasiatisch in … Anlage, Sitten, Traditionen und Einrichtungen«,[659] fürchtet, diese »riesenhafte Macht« werde ganz Europa erobern, »von Danzig oder … Stettin bis nach Triest«, werde Ungarn, Preußen und Galizien annektieren, »die letzte Verwirklichung des slawischen Reiches, von dem … fanatische panslawistische Philosophen geträumt haben.«[660] Dieser »Panslawismus«, die »Eroberung Europas durch die Kosaken«,[661] eine »politische Drohung«, von »800 000 Bajonetten«[662] unterstützt, werde, so Marx, »all das vernichten, was tausend Jahre Geschichte geschaffen haben«, werde »Ungarn, die Türkei und einen großen Teil Deutschlands von der Landkarte auslöschen.« Kein Wort über die Größe der russischen Kultur, über Architektur, Musik, Literatur, über Leo Tolstoi. Er fürchtet den »Panslawismus« wie der Christ den Teufel oder das kleine Kind den bösen schwarzen Mann:

»Es gibt eine drollige Geschichte über zwei … Naturforscher, die einen Bären untersuchen wollten; der eine, der niemals zuvor so ein Tier gesehen hatte, fragte, ob es wohl Junge werfe oder Eier lege? Worauf der andere, der wohl besser bescheid wußte, antwortete: ›Das Tier ist zu allem fähig.‹ – Der russische Bär wird sicher zu allem fähig sein, solange er weiß, daß die anderen Tiere … zu nichts fähig sind.«[663]

Tussy sieht diese Texte nicht im mindesten kritisch. Das sind auch ihre Ansichten. Ja, so sind sie, die Russen. Natürlich nicht Stepniak,

Kropotkin oder Sassulitsch. Das sind Geistesverwandte, die Rußland zu einem demokratischen, sozialistischen Land machen wollten, was sie als ausschließliches Verdienst von Karl Marx wertet. Seit 1856 habe sich viel in Rußland geändert: Zar Alexander sei umgebracht worden, die Leibeigenen befreit, die Kirche in weiten Teilen entmachtet. »Etwas jedoch ist konstant ... geblieben«, schreibt sie gemeinsam mit Aveling in ihrem Vorwort, »die Expansionspolitik der russischen Regierung. Die Methoden mögen sich wandeln, die russische Politik ist die gleiche geblieben. ... Heute ist die russische Regierung ... wie in den 50er Jahren der größte Feind jedes Fortschritts, das größte Bollwerk der Reaktion.«
Obwohl sie enorme Mühe hatte, das Buch zusammenzustellen – viele Artikel waren anonym erschienen, andere lagen in mehreren Fassungen vor, so daß Korrespondenzen mit englischen und amerikanischen Bibliotheken notwendig waren –, stößt es allgemein nur auf wenig Begeisterung. Kautsky und Bernstein meinen, es sei nicht mehr zeitgemäß. Viele Einzelheiten interessierten den Leser nicht mehr, besonders nicht in Deutschland. Sie schlagen Kürzungen vor, möchten die schlimmsten Polemiken glätten. Um die Übersetzung drücken sie sich. Erst 1960 erscheint das Buch auf deutsch.
Hyndman sagt klar heraus, was sie sich verkneifen:
»Es war meiner Ansicht nach seines Autors nicht wert, und bevor ich mich zwingen mußte, das zu sagen, zog ich es vor, zu schweigen. Tussy war ... sehr wütend und erklärte, meine Weigerung habe teilweise mit meiner Faulheit, teilweise mit meiner Unfähigkeit, das Buch zu würdigen, zu tun. Ich bewunderte ihre töchterliche Hingebung so sehr, daß ich ihr erlaubte, das letzte Wort zu behalten.«[664]
Sie wird jetzt immer hektischer, immer unkritischer, will am liebsten alles, was den Namen »Marx« trägt, sofort auf den Markt bringen. In jedem Brief, den Kautsky und Bernstein von ihr bekommen, teilt sie mit, daß sie schon wieder neue Manuskripte, neue Artikel entdeckt habe, eine Serie über geheime diplomatische Beziehungen zwischen Rußland und England im 18. Jahrhundert,[665] über das Leben des englischen Außenministers Lord Palmerston,[666] einen Vortrag über »Lohn, Preis und Profit«,[667] gehalten vor dem Generalrat der Ersten Internationale. Immer trägt sie sich sofort mit Editions- oder gar Übersetzungsplänen. Zum Inhalt, zur Qualität äußert sie sich kaum, sondern beschränkt sich auf pauschale

Bewertungen wie »bewundernswert«, »großartig« oder »wichtig«. Bernstein und Kautsky brummen allmählich die Köpfe. Soviel Marx können und wollen sie gar nicht herausgeben. Sie haben Familie, haben noch anderes zu tun, ein Argument, das Tussy nicht akzeptiert. Als Bernstein ihr eine Übersetzungsprobe von »Lohn, Preis und Profit« schickt, meint sie kühl, er müsse diese Arbeit schon »mit Liebe« machen. Wenn es ihm nur »um Geld« ginge, solle er es besser lassen.[668]

Noch immer trägt sie sich mit dem Gedanken an eine Marx-Biographie, ein Projekt, dem sich allerdings viele Hindernisse in den Weg stellen. Engels hat den Nachlaß in furchtbare Unordnung gebracht. In einem Brief an Laura beklagt sich Tussy, daß er Gedrucktes und Handschriftliches wild miteinander vermischt habe. Weit davon entfernt, mit Louise Kautsky System in die Sache zu bringen, habe er Briefe zerstückelt und in getrennte Schachteln verpackt, nach Datum oder Empfängern geordnet, je nach Laune.[669] Tussy steht also wahrlich vor einem Trümmerhaufen. Sie hätte fachkundige Hilfe gebraucht, die sie aber nicht bezahlen kann. Denn Avelings Schulden fressen allmählich ihr Geld auf ...

Dazu kommt, daß ihr das Herzstück noch immer fehlt: die Marx-Engels-Korrespondenz, die von Louise bewacht wird. Zwar hat sie inzwischen herausgefunden, daß man ihr die Briefe gar nicht verweigern *darf*, daß Engels' Testament in diesem Punkt ungültig ist, jedenfalls nach englischem Recht. »Das Gericht hat erneut erklärt, daß ein Brief Eigentum dessen, der ihn *geschrieben* hat, nicht desjenigen, an den er *gerichtet* ist«, schreibt sie an Laura.[670] Sie will an Bebel schreiben, Einsicht *verlangen*. Sie will wenigstens Kopien der Briefe haben, denn die ständen ihr zu.[671] Doch ob sie ihm wirklich geschrieben hat, ist nicht bekannt. Es scheint, daß sie ihren großen Plan schließlich aufgibt, vor den Schwierigkeiten kapituliert.

»Marx als Gesamtpersönlichkeit kann nur richtig erfaßt werden, wenn man seine *verschiedenen* Seiten beleuchtet«, schreibt sie an Kautsky. »Er war nicht nur, wie Engels, *intellektuell* vielseitig. Nicht nur die Wissenschaft lag ihm am Herzen – sondern auch die Kunst und die Literatur. Mohrs große Sympathie mit jeder Art von ›Arbeit‹ war so enorm, daß es viele Autoren brauchte, um ihn darzustellen. Ich kann nur verzweifeln, wenn ich daran denke, wie schwer es sein wird, alle diese losen Fäden zu sammeln und in ein Ganzes zu verweben. Aber es muß getan werden.«[672]

Hätte Marx überhaupt gewollt, daß sie über ihn schreibt? Über seine Eltern, seine jüdischen Vorfahren, seine Liebe zu Jenny, über den *Privatmenschen?* Als sie sich im Juli 1897 endlich entschließt, einen Jugendbrief in der »Neuen Zeit« abdrucken zu lassen, hat sie fast das Gefühl, sich dafür entschuldigen zu müssen:

»Ich gebe Dir Recht, daß ... es unsere Pflicht ist, Mohr der Welt so zu zeigen, wie er wirklich war«, schreibt sie an Kautsky. »Gleichzeitig ... ist es sehr schmerzlich für mich, weil ich weiß – und niemand weiß das so gut wie ich – wie Mohr es *haßte,* sein Privatleben in die Öffentlichkeit gezerrt zu sehen. Er war völlig frei von kleinlicher Eitelkeit, und öffentliche Auftritte waren ihm ein Greuel. Während ich also spüre, daß der Brief publiziert werden sollte, fühle ich mich andererseits wie eine Verräterin, wenn ich ihn der Welt übergebe.«[673]

Ende 1896 wird Tussy schwer krank. Sie hält ihre Krankheit für Grippe, hat furchtbare Kopf-, Rücken- und Halsschmerzen, kann nicht mehr sprechen und essen, nimmt nur noch Fleischbrühe zu sich, wird wieder mager. Laura hat Angst, daß sie wieder ihre Depressionen bekommt. Wenn sie hungert, ist das immer ein ernstes Signal. Auch ihre Briefe klingen besorgniserregend, ja bedrohlich:

»Weißt Du, liebe Laura, während ich auf der einen Seite traurig bin, daß Du Dir Sorgen gemacht hast, bin ich auf der anderen auch froh, daß es jemanden auf der Welt gibt, dem ich so viel bedeute, daß er sich Sorgen um mich macht ... Ich schreibe Dir am Heiligabend. Ich erinnere mich noch an die Zeiten, als ihr beide, Jenny und Du, Puppen für mich ausstaffiert habt, an Zeiten, als noch Weihnachtsbäume da waren. Weihnachten ist eine dumme und traurige Zeit, wenn keine Kinder da sind.«[674]

Kaum ist der Winter vorbei, geht es ihr besser. Auch das ist bekannt. Auch das war schon immer so. Seitdem sie siebzehn oder achtzehn ist, eigentlich jedes Jahr. Doch diesmal wirkt ihre Aktivität, ihre Energie fast beängstigend: Sie gibt Sprachkurse für Mitglieder der »Social Democratic Federation«, schreibt internationale Notizen für die Parteizeitung »Justice«, hält Vorträge über die Verbrechen der Engländer in Indien und Südafrika, reist nach Holland, spricht vor niederländischen Studenten, nimmt Kontakte zur Verwandtschaft ihres Vaters auf.

Das ist viel. Zuviel. Als Aveling sie im Sommer scheinbar überraschend verlässt, um für immer mit Eva Frye zu leben, brechen ihre Kräfte zusammen. Sie will nur noch eins: Aveling zurückhaben. Von Stolz oder Selbstbewußtsein keine Spur.

»Natürlich auch diesen Morgen keine Zeile!« schreibt sie an Freddy. »Ich habe heute morgen noch einmal an Edward geschrieben. Kein Zweifel, er ist schwach. Aber man kann vierzehn Jahre seines Lebens nicht auswischen, als seien sie nicht gewesen.«[675]

Noch vor einem halben Jahr, am 28. November 1896, hat sie ihr Testament zu seinen Gunsten geändert. Die Honorare aus den Werken von Marx sollen nun ausschließlich ihm zufließen, nicht mehr den Kindern von Jenny.[676] Das Haus soll auf ihn überschrieben werden. Sie will ihn behalten, ihn an sich binden. Dazu ist ihr offenbar jedes Mittel recht. Selbst der Bruch mit der eigenen Familie.

Am ersten September 1897 ist er plötzlich wieder da, »höchst beleidigt, daß ich nicht gleich in seine Arme stürzte«, berichtet sie Freddy. »Er hat soweit kein Wort der Entschuldigung und … Erklärung vorgebracht. Ich habe daher … gesagt, daß wir die geschäftliche Sachlage besprechen müssen – und daß ich die Behandlung, der ich unterworfen worden sei, nie vergessen würde.«

Doch die »Entschuldigung«, die »Erklärung« soll noch kommen: Er hat am 8. Juni 1897 geheiratet! Eva Frye, seine junge Geliebte! Er hat sich vor dem Standesbeamten in Chelsea als »Alec Nelson«, so sein »Künstlername«, ausgegeben, und erklärt Tussy ernsthaft, zu dieser Ehe gezwungen worden zu sein, durch wen und weshalb, wird nirgendwo präzisiert.

»Wie Aveling Eleanor überzeugte, diese verrückte Geschichte zu glauben, hat nie jemand begreifen können«,[677] schreibt Hyndman später.

Tussy ist in einem schrecklichen Dilemma. Offenbar wird sie von Aveling unter Druck gesetzt.

»Ich bin so allein und ich stehe vor der fürchterlichsten Situation: äußerster Ruin – alles, bis auf den letzten Pfennig, oder äußerste Schande vor aller Welt«, schreibt sie an Freddy. »Es ist entsetzlich. Schlimmer, als selbst ich es mir vorstellte … Also, lieber, lieber Freddy, komme! Ich bin gebrochen. Deine Tussy.«[678]

Freddy fährt noch am gleichen Abend nach Sydenham. Er liebt seine Halbschwester abgöttisch. Er will Aveling zur Rede stellen,

ihn auffordern, daß er sofort Tussys Haus verläßt. Ihm gehört hier nichts. Noch nichts. Erst nach ihrem Tod wird er alles erben. Tussy muß unbedingt ihr Testament ändern. Das sagt auch ihr Anwalt, Sir Arthur Crosse.
Doch als Freddy kommt, hat Tussy schon wieder klein beigegeben. Sie *kann* ihm nicht alles erzählen, selbst ihm nicht, es ist alles zu schrecklich. Traurig und ohne etwas erreicht zu haben, geht er wieder fort. Aveling bleibt. Es herrscht Frieden in Sydenham. Womit Aveling Tussy erpreßt hat und wie es ihm gelungen ist, sie wieder zu besänftigen – vielleicht durch Sex? –, wird nie geklärt werden. Sie weiß jetzt, daß er ein Urkundenfälscher und Bigamist ist, dem, käme die Sache heraus, das Gefängnis drohte. Trotzdem tut sie so, als sei nichts gewesen, sondern fährt mit ihm, zum Erstaunen aller, in die zweiten Flitterwochen. Sie besuchen Laura und Paul in Dravéil bei Paris auf ihrem Schloß: dreißig Zimmer, ein Atelier, ein Billard-Raum, ein Haus für den Gärtner, eine Orangerie, diverse große Volieren und Gewächshäuser, Blumen, Obst und Gemüse jeder Art, ein prächtiger Park, Schweine, Ferkel, Kaninchen, Hühner, ein Lamm …
»Alles in allem glaube ich nicht, daß ich meine kleine Höhle mit diesem Palast vertauschen möchte«, meint Tussy zu Kautsky.[679] Sie sehnt sich nach Hause, nach Sydenham, nach der traulichen Zweisamkeit mit ihrem Edward.
Laura, ihre eigene Schwester, merkt nichts von einer Krise. »Sie waren unzertrennlich, und mit keinem Wort, keiner Andeutung hat sie mich wissen lassen, daß es auch nur die geringste Mißstimmung zwischen ihnen gab«, schreibt sie später an Bernstein. »Sie war wie Milch und Honig zu ihm.«[680]
Zurück in London, nehmen sie die politische Arbeit wieder auf, schreiben für den »Vorwärts«, unterstützen die streikenden Maschinenbauer, engagieren sich bei den Wahlen zum Londoner Schulausschuß, für den Aveling kandidiert, ergreifen Partei für den französisch-jüdischen Offizier Alfred Dreyfus, der wegen Verrats militärischer Geheimnisse an die Deutschen auf die Teufelsinseln deportiert worden ist, obwohl seine Unschuld klar auf der Hand liegt.
Das ist ein Justizskandal! Das ist Antisemitismus übelster Sorte!
»Es ist nicht erfreulich, daß die einzige klare, ehrliche Stimme, die erklungen ist, nicht von einem aus unserer Partei, sondern von

Zola* kam!« schreibt Tussy an Natalie Liebknecht. »Es ist eine Schande, daß keiner unserer französischen ›Sozialisten‹ gewagt hat, das zu tun, was Library**, Edward und ich in Amerika taten – das heißt: pure Gerechtigkeit fordern, selbst für den Gegner. Was spielt es für eine Rolle, ob Dreyfus ›sympathisch‹ ist oder nicht? Die einzige Frage ist: Hatte er selbst nach dem geltenden Recht einen fairen Prozeß?«[681]

In solchen Briefen wirkt sie so selbstbewußt und energisch wie immer. Keine Spur depressiv, mit Edward absolut glücklich. »Edward sagt«, »Edward meint«, heißt es in jedem Abschnitt. Den guten Freunden geht es genau wie Laura. Sie merken nichts. Doch vielleicht sind sie einfach betriebsblind. Denn William Collison, Führer der streikenden Maschinenbauer, erlebt sie ganz anders. Er trifft sie eines Abends auf der Chancery Lane und erschrickt. Das ist nicht die Tussy Marx, die er kennt, souverän, leidenschaftlich und überzeugend. Das ist eine resignierte, alte, ja gebrochene Frau, die wie ein Schatten ihrer selbst auf ihn zugeht und ihn mit flüsternder Stimme beschwört, nur ja standhaft zu bleiben und sich von den Arbeitgebern nicht einschüchtern zu lassen:

»Ich sagte wenig, als wir im windigen Halbdunkel an der Ecke … standen und ich die verblühte Schönheit ihres Gesichts, die hoffnungslosen Augen und den Kummer bemerkte, der sich tief in die Linien um ihren Mund eingegraben hatte.«[682]

Aveling hat sich bei Vorträgen im Freien eine Lungenentzündung geholt und muß jetzt nach Hastings-on-Sea zur Erholung. Tussy bezahlt alles, sorgt sich schrecklich um ihn. Er sei nur noch ein Skelett, Haut und Knochen, schreibt sie an Laura. Auch der Nierenabszeß sei wieder aufgebrochen. Der Arzt habe ihr geraten, seine Familie zu benachrichtigen, was sie, da er mit allen zerstritten sei, natürlich nicht täte. Sie verrät ihr nicht, daß der Alptraum noch längst nicht vorbei ist, daß täglich neue immense Geldforderungen auf sie zukommen, Arztrechnungen, Hotelrechnungen, alte Schulden, wahrscheinlich auch Erpressungen von Eva Frye und noch Schlimmeres.

* Am 13. 1. 1898 hatte Émile Zola seinen berühmten Artikel »J'accuse«, einen offenen Brief an den französischen Staatspräsidenten, veröffentlicht und damit eine Wiederaufnahme des Gerichtsverfahrens erzwungen.
** Wilhelm Liebknecht

Nur Freddy gegenüber macht sie manchmal vorsichtige Andeutungen. Der verschmähte und verkannte uneheliche Sohn ihres Vaters ist der einzige, den sie jetzt ins Vertrauen zieht:
»Ja – ich habe zuweilen dasselbe Gefühl wie Du, Freddy, daß nichts mit uns je recht gehen will. Ich meine Dich und mich. Natürlich, die arme Jenny hatte ihren vollbemessenen Anteil Sorge und Kummer, und Laura hat ihre Kinder verloren. Aber Jenny war so glücklich zu sterben, und so traurig das für ihre Kinder war, so gibt es Zeiten, wo ich das für ein Glück halte. Ich hätte Jenny nicht wünschen mögen, das durchzuleben, was ich durchlebt habe. Ich glaube nicht, daß Du und ich besonders schlechte Leute gewesen sind – und doch ... sieht es wirklich so aus, als bekämen wir allein die ganze Strafe ... Du weißt, was vorliegt, und ich sage Dir, was ich jetzt keinem anderen sagen würde. Ich würde es meiner lieben alten Nimmy erzählt haben – aber da ich sie nicht habe, habe ich nur Dich ... Du hast Deinen Jungen. Ich habe nichts – und ich sehe nichts, wofür es sich lohnt zu leben.«
Doch es ist immer dasselbe. Freddy kommt, er will helfen, sie weist ihn zurück. Wirft ihm vor, daß er Aveling nicht richtig verstehe:
»Ich sehe ... mehr und mehr ein, daß unrecht Handeln einfach eine moralische Krankheit ist und daß die moralisch Gesunden (wie Du) nicht in der Lage sind, den Zustand der moralisch Kranken zu beurteilen. ... Es gibt Leute, denen ... ein gewisser moralischer Sinn fehlt, wie andere taub sind oder schlecht sehen können ... Und ich fange an zu begreifen, daß man ebensowenig berechtigt ist, die eine Krankheit zu tadeln wie die andere. Wir müssen uns bemühen, sie zu kurieren, und wenn keine Heilung möglich ist, unser Bestes tun ... Es gibt ein französisches Sprichwort, verstehen bedeute vergeben. Vieles Leiden hat mich verstehen gelehrt – und so brauche ich nicht erst zu vergeben. Ich kann nur lieben.«[683]
Tussy hat jetzt ihre politische Tätigkeit aufgegeben, um sich ganz ihrem armen Patienten widmen zu können, der am 9. Februar 1898 in einem Londoner Universitätshospital an der Niere operiert wird. Sie hält keine Vorträge, schreibt keine Aufsätze mehr, kümmert sich nicht mehr um den Nachlaß ihres Vaters. Edward ist jetzt wichtiger als alles andere. Sogar wichtiger als Marx.
Auf dem Flur vor dem Krankenzimmer, wo sie Tag und Nacht Wache hält, trifft sie die Hyndmans, die gekommen sind, um Aveling zu besuchen. Herr Hyndman geht zu dem Patienten hinein, seine

Frau überredet Tussy zu einem Spaziergang, was schwer genug ist, denn sie weigert sich standhaft, von seiner Seite zu weichen, da sie Angst hat, er könne jeden Moment sterben. Als sie endlich draußen auf der Straße sind, fängt sie plötzlich an, bitterlich zu weinen. Sie könne nicht mehr. Sie sei vollständig am Ende. Sie halte dieses ganze Leid nicht mehr aus. Frau Hyndman beschwört sie, Aveling zu verlassen. Sie könne bei ihnen wohnen, essen, arbeiten, so lange sie wolle. Tussy sagt, ja, das werde sie tun, wenn nur ihr Edward erst wieder gesund sei.[684]

Später ist keine Rede mehr davon. Überglücklich, daß er die Operation überstanden hat, reist sie mit ihm zur Erholung nach Margate, versorgt seine Wunde, vertreibt ihm die Zeit, liest ihm vor, fährt ihn täglich im Rollstuhl spazieren. Tussy, die alte Krankenpflegerin ihres Vaters. Da ist sie wieder.

»Mit der Hartnäckigkeit ihrer Rasse stand sie zu ihrem Mann«, schreibt Hyndman.[685]

In ihren Briefen wechseln nun Selbstmordankündigungen und Zukunftspläne einander ab. Während sie Freddy schreibt, sie sei »bereit zu gehen und würde es mit Freuden tun«, quält sie sich gleichzeitig durch eine dicke Shakespeare-Biographie, die sie für die »Neue Zeit« rezensieren will, und gibt Kautsky detaillierte biographische Informationen über Friedrich Engels. Erschreckend, ja schmerzlich zu lesen sind die Brüche, die Stimmungswechsel. Eben noch plaudert sie fröhlich über Mary und Lizzy, Engels' irische Lebensgefährtinnen, da schreibt sie plötzlich, es sei alles so »unsagbar traurig« und sie sehne sich nach den guten alten Zeiten mit Lenchen Demuth.[686]

Ihr Geist fängt nun an, sich zu verwirren. Sie fühlt sich von ihren besten Freunden verraten, vor allem von Eduard Bernstein, der, wie sie meint, den heiligen Lehren untreu geworden ist, Marx absichtlich falsch übersetzt, unter dem Einfluß der Fabier steht und hinter ihrem Rücken in der Marx-Engels-Korrespondenz schnüffelt, um sie für ein eigenes Projekt, eine große Engels-Biographie, zu mißbrauchen. Soll sie das dulden? Soll sie einen Rechtsanwalt einschalten? Sie bittet Kautsky, sofort nach London zu kommen, damit er den treulosen Freund wieder zur Vernunft bringe.[687] Doch Kautsky, der das für reichlich übertrieben hält, bleibt zu Hause.

Ihre Sehnsucht nach einem Kind nimmt jetzt wahnhafte Züge an. Sie küßt immer wieder die Fotos der drei kleinen Kautsky-Jungen,

schickt dem Baby ihrer Freundin Edith Lanchester eine teure Armbanduhr, schreibt ihm lange, ernsthafte Briefe. An Edith selbst schreibt sie:
»Oh! Ich bin so verliebt in ihn wie noch nie, und ich bin eifersüchtig auf Dich, bitte versteh das! Ich denke, mein liebes kleines Affenschweinchen ist viel zu gut für Dich. – Aber Spaß beiseite, liebe Edith. Ich glaube wirklich, so ein süßes kleines Menschlein sein Eigen nennen zu können, ist etwas Wunderbares, eine Gnade! ... Wenn Du hörst, daß in Battersea ein Baby gestohlen wurde, wundere Dich nicht und versuche nicht, es zu finden!«[688]
Edith Lanchester ist auch diejenige, der sie am 29. März 1898 mitteilt, daß sie sich umbringen wird:
»Ich bin *vollkommen* erschöpft und kann nicht ausgehen. ... Ich möchte am liebsten – nur, damit Du es weißt. Ich frage mich oft, warum man mit diesen schrecklichen Leiden immer so weitermacht. Natürlich sage ich nichts davon meinem armen Edward, aber ich denke oft, daß es viel einfacher wäre, ein Ende zu machen. Weißt Du, ich habe kein Kleines, so wie Du – für immer, Deine Eleanor.«[689]
Am Vormittag des 31. März 1898 – sie ist dreiundvierzig Jahre alt – setzt sie ihren Entschluß in die Tat um. Angeblich ist ein Brief, der ihr morgens gebracht worden ist, der Auslöser. Ihre Freunde und Biographen vermuten, daß er etwas Ungeheuerliches enthalten habe, etwas, was alles Bisherige in den Schatten stellte, wahrscheinlich die Nachricht von Avelings Ehe mit Eva Frye. Doch das kann nicht sein. Das weiß sie schon lange. Er sei ja, hat sie zu Hyndman gesagt, zu dieser Heirat gezwungen worden. Ist es ein Brief von einem Freund, der ihr helfen, die Augen öffnen will? Oder von einem Feind, der versucht, ihr den Todesstoß zu versetzen? Kommt er vielleicht von den Anarchisten? Von August Bebel? Von Louise Freyberger? Geht es um Avelings Verbrechen an Kindern? Um den Leumund von Marx? Um Gerüchte, die mit Freddy in Zusammenhang stehen?
Es wird nie geklärt werden, da Aveling diesen Brief später an sich genommen und vernichtet hat. Samuel Moore, Tussys alter Rechtsberater, inzwischen Richter in den afrikanischen Kolonien, findet den Inhalt auch gar nicht so wichtig:
»Sie hatte ein leicht erregbares Nervensystem, manchmal schon fast hysterisch«, schreibt er an Bernstein. »Es ist möglich, daß die

schwere Aufgabe, Dr. Aveling während seiner langen Krankheit zu pflegen, sie, zusammen mit vielen anderen Schwierigkeiten, mit denen sie zu kämpfen hatte, an den Rand der nervösen Erschöpfung gebracht hat, und als sie dann in die ›Höhle‹ zurückkehrte, bedurfte es nur eines kleinen zusätzlichen Kummers (Liebeskummer oder sonstiger), um sie den fatalen Entschluß fällen zu lassen, sich umzubringen. Nach allem, was man mir erzählt, scheint sie Aveling während seiner Krankheit so verbunden gewesen zu sein, daß es für mich kaum so aussieht, als hätte es schwerwiegende Auseinandersetzungen zwischen ihnen gegeben. Aber Sie werden das sicher besser wissen als ich, da ich die letzten zwölf Monate in Afrika war ...«[690]

Sie liest den Brief, legt ihn zur Seite und ruft Gertrude Gentry, ihr Hausmädchen. Sie solle sofort in die Apotheke gehen. Sie solle Gift holen.

»Bitte, der Überbringerin Chloroform und eine kleine Quantität Blausäure für einen Hund zu geben, E. A.«, steht auf einem Zettel, den sie ihr mitgibt. Wer ihn geschrieben hat, weiß man nicht. Tussy selbst oder Aveling – beides ist möglich. Sie haben eine fast identische Handschrift, und sie haben die gleichen Initialen. Aveling ist Arzt. Er darf also Rezepte ausstellen. Gertrude kommt mit dem Chloroform und der Blausäure wieder nach Hause und bringt ein Giftbuch mit, in das einer von beiden sich einträgt: Sydenham, den 31. März 1898. Chloroform und Blausäure erhalten. E. A. ...

Aveling wird es jetzt langsam ungemütlich. Er verlässt das Haus, sucht das Weite. In London geht er wie zufällig ins Büro der Partei, um später Zeugen zu haben. Danach besucht er seine »Ehefrau« Eva Frye.

Tussy trifft unterdessen weitere Vorkehrungen. Sie ist vollkommen ruhig, handelt absolut planmäßig. Zuerst schreibt sie einen Brief an ihren Anwalt, Sir Arthur Crosse, dem sie das Schriftstück, das ihr am Morgen gebracht worden ist, beilegt. Dann schickt sie eine knappe Nachricht an ihre Schwester:

»Meine liebe Laura!

Ich ermächtige Dich hiermit, alle Papiere durchzusehen und für alle Manuskripte, Briefe usw. von Mohr Sorge zu tragen. Ich möchte, daß meine eigenen Briefe vernichtet werden ... Einige Kleinigkeiten, die ich besitze, Bücher und andere Sachen, sollen bitte an Dollie Radford, ... Olive Schreiner, ... Gine und Ede Bernstein,

Karl Kautsky, an den lieben Liebknecht und Singer und meinen guten Freund William Thorne gegeben werden. Tussy.«[691]
Kein Abschiedsgruß, keine Begründung, keine Entschuldigung. Es klingt alles ganz geschäftsmäßig, ganz überlegt. Laura ist über den vernünftigen Ton geradezu entsetzt.
Als nächstes schreibt Tussy einen Brief an Edward Aveling:
»Lieber, jetzt wird bald alles vorüber sein. Mein letztes Wort an Dich ist dasselbe, das ich während all dieser langen traurigen Jahre gesagt habe: Liebe.«[692]
Dann nimmt sie ein Bad, kleidet sich in Weiß, schluckt eine große Dosis Blausäure, läßt das Chloroform unberührt und legt sich ins Bett. Die Wirkung kommt schnell. Sie schläft bald ein, muß nicht stundenlang leiden wie Emma Bovary, ihre einstige Heldin, deren Selbstmord sie anscheinend nachinszeniert. Als das Hausmädchen gegen elf Uhr hereinkommt, um die Betten zu machen, ist Tussy bewußtlos. Ein Arzt, der sofort gerufen wird, kann nur noch ihren Tod feststellen.

Epilog

Edward Aveling kehrt am 31. März 1898 gegen fünf Uhr von London nach Sydenham zurück. Als eine Nachbarin ihm aufgeregt entgegenläuft, fragt er sie: »Ist es vorbei?« Er versucht, die Briefe, die Tussy hinterlassen hat, zu beseitigen, wird aber von der Polizei daran gehindert. Er weigert sich, die Tote noch einmal zu sehen und geht am nächsten Tag zu einem Cricket-Spiel. Bei der amtlichen Leichenschau am 2. April kann er dem Richter das Alter von Tussy nicht angeben. Er meint, so ungefähr um die Vierzig. Auf die Frage, ob sie am 31. März Streit gehabt hätten, antwortet er: »Nicht im geringsten.« Sie sei »von krankhafter Gemütsart« gewesen. Die Geschworenen kommen zu dem Ergebnis: »Selbstmord im Zustand zeitweiliger Bewußtseinstrübung.«[693] An der Trauerfeier, die am 5. April auf dem Friedhof von Waterloo stattfindet, nehmen Sozialisten aus dem In- und Ausland teil. Es herrscht Empörung und Fassungslosigkeit. Aveling hält eine lange, melodramatische Rede. Laura ist nicht nach London gekommen. Tussys Schwäger, Charles Longuet und Paul Lafargue, gehen nach der Einäscherung mit Aveling in einen Pub. Es gelingt ihm, wahrscheinlich durch Bestechung, Tussys Rechtsanwalt Arthur Crosse ihre Briefe zu entlokken. So wird das letzte Geheimnis nie aufgedeckt. Aveling erbt den Rest von Tussys Vermögen und zieht endgültig zu Eva Frye. Die Marx-Handschriften gehen in den Besitz von Laura über, die sich 1911 ebenfalls umbringen wird. Aveling gibt noch die Broschüre »Value, Price and Profit« heraus und gedenkt im Vorwort scheinbar liebevoll der Toten. Ein Prozeß wegen Beihilfe zum Selbstmord wird ihm nicht gemacht, obwohl Kautsky und besonders Bernstein darauf drängen. Er wird nicht einmal wegen Urkundenfälschung angezeigt. Die »Bewegung« fürchtet ängstlich um ihren Ruf und beschränkt sich darauf, ihn künftig zu boykottieren. Im Juli bricht seine Operationsnarbe an der Niere wieder auf. Edward Aveling stirbt am 2. August 1898 in seinem Arbeitszimmer.

Stimmen zu Tussys Tod

»Die arme Tussy! Was muß sie gelitten haben, bis sie, dieses riesenstarke Wesen, zusammenbrach! Daß Aveling ihr Mörder, darüber ist nur eine Stimme, um so mehr ärgert's mich, daß in der Parteipresse noch Reklame für ihn gemacht wird. Um Tussys Willen habe ich mich stets bemüht, den Lumpen so milde als möglich zu beurteilen, das ist jetzt nicht nur unnötig, sondern auch unmöglich. Nach den jüngsten Mitteilungen ... hat Aveling sie nicht nur durch seine Lumpereien in den Tod getrieben, sondern auch gewußt, daß sie in den Tod geht, und sie nicht gehindert. In seiner Gegenwart schickte sie das Mädchen um das Gift, in seiner Gegenwart bestätigte sie in dem Giftbuch den Empfang des Giftes. Dann geht Aveling, der bisher den Totkranken posiert, fort, bleibt den ganzen Tag aus, und als er abends heimkehrt, kommt ihm eine Dame aus der Nachbarschaft entgegen, die ihn schonend vorbereiten will und ihm sagt: ›Oh, Mrs. Aveling is very ill!‹ Und er sofort: ›Is she dead? Is it all over?‹ Leider wird der Lump auch noch die Früchte seines Verbrechens genießen. Er ist Universalerbe Tussys, ja sogar Herausgeber des Marxschen Nachlasses! ... Singer fürchtet den Skandal; auch ich; aber der Skandal wird noch viel größer, wenn wir die Sache vertuschen ... Und soll der Mörder Tussys wirklich straflos ausgehen? Welches Partei-Interesse gebietet das?«

(Karl Kautsky)[694]

»Ich bin total herunter – die Aufregung, die Hetzerei, der Ingrimm, der mich keine Nacht ruhig schlafen läßt, geben mir den Rest. Es ist die erschütterndste, empörendste Tragödie, die man sich denken kann. Man weiß, daß man bei Tussys großer Verblendung nichts ändern konnte, und doch macht man sich die bittersten Vorwürfe, daß man nicht das Seinige getan, den Schuft früher unmöglich zu machen ... So ein Schurke! Nach Mitteilung von Mr. Crosse ... ist von dem Geld, das der General Tussy hinterlassen, um ihr Leben gegen Sorgen zu sichern, kaum noch ein Viertel da! So hat der Bursche gewirtschaftet. Wieviel davon als Schweigegeld verausgabt wurde, um seine Schandtaten mit Frauen oder Kindern zu bemänteln, weiß ich nicht, es muß aber sehr viel gewesen sein. Bei der Bestattungsfeier wurden mir von Genossen verschiedene Fälle mit Namensnennung erzählt. Es herrschte eine Wut und Er-

bitterung, von der man sich keine Ahnung macht … Wäre nicht die Parteirücksicht da, ich glaube, die Leute hätten den Aveling zerrissen.«
(Eduard Bernstein)[695]

»Wie war es möglich, daß diese geradlinige, hochkultivierte, scharfsinnige Frau, dieses strahlende, heitere, vitale Naturell zu dem Entschluß getrieben werden konnte, daß das Leben nicht länger zu ertragen sei? Sie hatte kein Recht zu sterben. Es war noch so viel zu tun, und sie selbst war die Treuhänderin der großen Sache, der ihr Vater und sie ihr Leben verschrieben hatten. Eleanor Marx war für uns das Verbindungsglied zwischen dem Sozialismus von gestern und von heute.«
(Henry M. Hyndman)[696]

»Aber die Hauptsache – was ist's mit dem Nachlaß? Sie hatte, wie ich glaube, viele von Marx's Briefen noch in Händen? Wird gesorgt, daß Edward sie nicht vergreißlert und damit revolvert? Überhaupt die Nachlaßsache ist eine Partie honteuse der Partei …«
(Victor Adler)[697]

»In ihren letzten Zeilen an Aveling versichert sie, ihn immer zu lieben, und aus allen Briefen, die sie während der Krankheit des Monsters geschrieben hat, spricht die größte Zuneigung zu ihm. Tussys Schwäche ihm gegenüber war unbegreiflich und unverzeihlich. … Ich kann mich des bitteren Gefühls nicht erwehren, daß sie zu gut zu ihm war und manchmal ungerecht zu denjenigen, die ihr Glück im Sinn hatten.«
(Laura Lafargue)[698]

»Wissen Sie, Doktor, daß ich mich töten würde, wenn sich Louis durch eine wirklich schlechte Handlungsweise um seine Ehre brächte? … Wenn ich den Glauben an ihn verlöre, dann würde mein eigenes Leben Schiffbruch leiden. Ich würde nach Cornwall zurückkehren und sterben.«
(George B. Shaw)[699]

Danksagung

Ich danke dem Internationaal Instituut voor Sociale Geschiedenis, Amsterdam; dem Archiv der Sozialen Demokratie in der Friedrich-Ebert-Stiftung, Bonn; dem Russischen Zentrum für die Aufbewahrung und Erforschung von Dokumenten der neuesten Geschichte, Moskau; dem British Museum, London; der Bibliothek des Westdeutschen Rundfunks, des Anglistischen Seminars sowie der Bibliotheca Germania Judaica, Köln, für freundliche Unterstützung.

Anmerkungen

1 Brief vom 3.6 1854. MEW, Bd. 28, S. 363
2 Zit. nach Ruprecht 1884, S. 9
3 Zit. nach Tsuzuki 1981, S. 17
4 Zit. nach Wheen 2001, S. 206
5 Zit. nach Bauer 1989, S. 520
6 Zit. nach Wheen 2001, S. 187
7 Zit. nach Wheen 2001, S. 191 ff.
8 Jenny Marx an Karl Marx, 17. 8. 1850. Zit. nach Gielkens 1999, S. 250 ff.
9 Jenny Marx, in: Mohr und General 1970, S. 216
10 Hygiene des Kindesalters, Tübingen 1882, S. 544
11 Zit. nach Blumenberg 1996, S. 115
12 Zit. nach Schack 1989, S. 36
13 Zit. nach Wheen 2001, S. 218
14 Sutton 1876, S. 32
15 Zit. nach Schack 1989, S. 37
16 Brief vom 24. 4. 1852. MEW, Bd. 28, S. 24
17 Zit. nach Mohr und General 1970, S. 98
18 Zit. nach Mohr und General 1970, S. 271 ff.
19 Brief vom 22. 7. 1854. MEW, Bd. 28, S. 377
20 Brief vom 21. 6. 1854. MEW, Bd. 28, S. 371
21 New York Daily Tribune, 15. 11. 1853
22 Zur Cholera in London vgl. Winkle 1997, S. 194 ff.
23 Brief vom 13. 9. 1854. MEW, Bd. 28, S. 391
24 Wheen 2001, S. 183
25 »Die englische Bourgeoisie«, New York Daily Tribune, 1. 8. 1854
26 Neue Oder-Zeitung, 22. 1. 1855
27 Brief vom 12. 1. 1855. MEW, Bd. 28, S. 422
28 MEW, Bd. 28, S. 415
29 Dohrn 1904, Bd. II, S. 103
30 Zusammengefaßt nach Loudon 1992, S. 173 ff.
31 Dohrn 1904, S. 31 ff.
32 MEW, Bd. 28, S. 423
33 23. 4. 1857. MEW, Bd. 29, S. 130
34 Eleanor Marx-Aveling, Die Frauenfrage, hrsg. von Ingeborg Nödinger, Frankfurt/M. 1983, S. 30
35 3. 3. 1855. MEW, Bd. 28, S. 436
36 Zit. nach Schack 1989, S. 160 f.
37 Zit. nach Mayer 1921, S. 57 f.
38 30. 1. 1855 und 2. 2. 1855. MEW, Bd. 28, S. 426 u. 432
39 30. 3. 1855. MEW, Bd. 28, S. 442
40 Zit. nach Schack 1989, S. 160
41 Jenny Marx an Wilhelm von Florencourt am 10. 8. 1855. Zit. nach: Beiträge zur Geschichte der Arbeiterbewegung, H. 6/1976, S. 102
42 Zit. nach Mohr und General, S. 117 f.
43 8. 3. 1855. MEW, Bd. 28, S. 436
44 Zit. nach Worobjowa 1988, S. 22
45 Jenny Marx an einen Verwandten. Zit. nach Kiehnbaum 1987, S. 56
46 Zit. nach Worobjowa 1988, S. 24
47 MEW, Bd. 16, S. 3 f.
48 New York Daily Tribune, 5. 5. 1856
49 Zit. nach Schwerin von Krosigk 1975, S. 42

50 21. 6. 1856. MEW, Bd. 29, S. 532 ff.
51 Zit. nach Schröder 1989, S. 25
52 Zit. nach Künzli 1966, S. 59
53 Zit. nach Rapp 1970, S. 177
54 An Wilhelm von Florencourt, 4. 10. 1856. Zit. nach Schwerin von Krosigk 1975, S. 97
55 Jenny Marx Ende 1862 an Bertha Markheim. Zit. nach Andréas 1962, S. 177
56 Jenny Marx an Ernestine Liebknecht, 13. 10. 1863. Zit. nach Schröder 1987, S. 45
57 Mohr und General 1970, S. 222 f.
58 Zit. nach Wheen 2001, S. 266
59 Marx an Engels, 23. 4. 1857. MEW, Bd. 29, S. 129
60 Mohr und General 1970, S. 229 f.
61 Zit. nach Dornemann 1975, S. 199
62 Zit. nach Schröder 1987, S. 58 f.
63 New York Daily Tribune, 22. 4. 1857
64 22. 5. 1857. MEW, Bd. 29, S. 138
65 Schack 1989, S. 43
66 8. 7. 1857. MEW, Bd. 29, S. 150
67 11. 7. 1857. MEW, Bd. 29, S. 151
68 Jenny Marx an Ernestine Liebknecht, Brief vom 2. 11. 1863. Zit. nach Schröder 1987, S. 54
69 Zit. nach Dornemann 1975, S. 199 f.
70 Brief vom 1. 9. 1863. Zit. nach Meier 1981, S. 44
71 Lafargue 1966, S. 88
72 Brief vom 4. 4. 1864. Zit. nach Gielkens 1999, S. 129
73 Vgl. Hans Peter Bleuel, Ferdinand Lassalle, München 1979, S. 34
74 So z. B. an Sophie Gontzeff: »... ein Volk, welches älter ist als alle Fürsten und Edelleute ..., vom ersten zivilisatorischen Volke, welches in der Geschichte auftritt, und von den alten Königen Syriens.« Zit. nach Lassalle 1962, S. 248
75 Ebda., S. 247
76 Zit. nach Silberner 1977, S. 136 f.
77 New York Daily Tribune, 6. 6. 1859 (MEW, Bd. 13, S. 335 f.)
78 Mohr und General 1970, S. 266
79 Marx 1971, S. 201
80 Brief vom 25. 9. 1846. Zit. nach Gielkens 1999, S. 136
81 Brief vom 16. 3. 1859. Zit. nach Gielkens 1999, S. 160
82 Zusammengefaßt nach Eberhard-Metzger/Ries 1996, S. 71 ff.
83 23. 11. 1860. MEW, Bd. 30, S. 113
84 Vgl. Weitershaus 1976, S. 72
85 Zum Konflikt Marx/Liebknecht s. Blumenberg 1996, S. 130 f.
86 5. 12. 1860. MEW, Bd. 30, S. 121
87 16. 3. 1861. MEW, Bd. 30, S. 685
88 Zit. nach Gielkens 1999, S. 36
89 Marx an Nanette Philips, 24. 3. 1861. Zit. nach Gielkens 1999, S. 166
90 12. 4. 1861. MEW, Bd. 30, S. 690
91 April 1861. MEW, Bd. 30, S. 697 f.
92 Zit. nach Gielkens 1999, S. 172
93 Zit. nach Peters 1984, S. 144
94 Ebda., S. 334
95 Mohr und General 1970, S. 248 f.
96 Ebda.
97 Bestand Moskau, Nachlaß Eleanor Marx

98 Geschrieben Ende Dezember 1863. Bestand Moskau, Nachlaß Eleanor Marx
99 MEW, Bd. 15, S. 576f.
100 Kreyenberg 1872, S. 26
101 MEW, Bd. 10, S. 648
102 Vgl. Worobjowa 1988, S. 36
103 MEW, Bd.1, S. 97
104 Rheinische Zeitung Nr. 130, 10. 5. 1842 = MEW, Bd. 1, S. 49
105 Lucas 1998, S. 43
106 Zit. nach Schröder 1989, S. 85
107 Brief vom 24. 12. 1862. MEW, Bd. 30, S. 303
108 Brief vom 7. 1. 1863. MEW, Bd. 30, S. 309
109 Brief vom 8. 1. 1863. MEW, Bd. 30, S. 310
110 Brief vom 13. 1. 1863. MEW, Bd. 30, S. 312
111 Brief vom 24. 1. 1863. MEW, Bd. 30, S. 315
112 Brief vom 28. 1. 1863. MEW, Bd. 30, S. 319
113 Brief vom 24. 1. 1863. MEW, Bd. 30, S. 315
114 Mohr und General 1970, S. 231
115 Brief vom 27. 12. 1863. Zit. nach Gielkens 1999, S. 63
116 Zit. nach Peters 1984, S. 150
117 Brief vom 16. 7. 1864. Zit. nach Schröder 1989, S. 60f.
118 Marx an Engels, 7. 8. 1866. MEW, Bd. 31, S. 147
119 Der Vorbote, politische und sozialökonomische Zeitschrift, Zentralorgan der Sektionsgruppe deutscher Sprache der IAA, Genf 1867, S. 155f.
120 Brief vom 13. 8. 1866. MEW, Bd. 31, S. 518
121 Brief vom 19. 3. 1866. Zit. nach Meier 1981, S. 5
122 Brief vom 26. 4. 1867. Zit. nach Meier 1981, S. 22
123 Zit. nach Worobjowa 1988, S. 25
124 Brief vom 3. 7. 1865. MEW, Bd. 31, S. 477
125 Brief an Laura, 29. 12. 1868. Bestand Moskau, Nachlaß Eleanor Marx
126 Brief vom 10. 4. 1868. MEW, Bd. 32, S. 56f.
127 Brief vom 25. 6. 1868. MEW, Bd. 32, S. 104
128 Brief vom 12. 8. 1869. MEW, Bd. 32, S. 362
129 MEW, Bd. 1, S. 280
130 Zit. nach Bleuel 1981, S. 102
131 Briefe vom 22. 6. 1869, 25. 7. 1869, 30. 7. 1869. MEW, Bd. 32, S. 324, 349, 354
132 Engels an Marx, Brief vom 22. 6. 1869. MEW, Bd. 32, S. 324
133 Brief vom 20. 7. 1869, Nachlaß Eleanor Marx. Bestand Moskau (handschriftl. Kopie)
134 Zit. nach Worobjowa 1988, S. 55
135 Marx an Engels, 26. 6. 1868. MEW, Bd. 32, S. 105
136 Die englische Regierung und die eingekerkerten Fenier. MEW, Bd. 16, S. 401ff.
137 Brief vom 30. 10. 1869. Zit. nach Andréas 1962, S. 202
138 An Francois Lafargue, 10. 7. 1869. MEW, Bd. 32, S. 623
139 Brief vom 31. 3. 1869. Bestand Moskau
140 Ebda.
141 Lafargue 1966, S. 32 u. 48
142 In seiner Schrift »Der achtzehnte Brumaire des Louis Bonaparte«
143 Jenny jr. an Kugelmann, 8. 5. 1870. Zit. nach Andréas 1962, S. 199
144 25. 9. 1869. MEW, Bd. 32, S. 632
145 17. 1. 1870. MEW, Bd. 32, S. 705
146 Engels an Marx, 31. 7. 1870. Zit. nach Wheen 2001, S. 383

147 »Zweite Adresse der Internationalen über den Krieg«, 9. 9. 1870
148 Geschichte der Kommune von 1871. Zit. nach der deutschen Ausgabe: »Der Pariser Kommune-Aufstand«, Berlin 1931, S. 81
149 Zit. nach Worobjowa 1988, S. 98
150 Marx an Kugelmann, 12. 4. 1871. MEW Bd. 33, S. 205
151 Geschichte der Kommune, S. 156
152 Zit. nach Wheen 2001, S. 362
153 Jenny Marx (Tochter) an Laura Lafargue, Brief vom 18. 4. 1871. Zit. nach Meier 1981, S. 99
154 Geschichte der Kommune, S. 355 ff.
155 24. 5. 1871. Zit nach Meier 1981, S. 101 ff.
156 Pall Mall Gazette, 20. 7. 1871
157 29. 12. 1871. MEW, Bd. 33, S. 692
158 23. 1. 1872. MEW, Bd. 33, S. 697
159 Lorenzo 1923, S. 201
160 An Friedrich-Anton Sorge, 12. 9. 1874. MEW, Bd. 33, S. 641 f.
161 An Ludwig Kugelmann, 5. 12. 1868. Zit. nach Jokostra 1970, S. 52
162 26. 5. 1872. Zit. nach Liebknecht 1964, S. 169 f.
163 1. 5. 1872. Zit. nach Meier 1981, S. 110
164 11. 3. 1872. Zit. nach Engels/Lafargue 1952, Bd. I, S. 37,
165 Juli 1870. Zit. nach Meier 1981, S. 73
166 28. 2. 1872. MEW, Bd. 33, S. 411
167 Zit. nach Draper 1990, S. 296
168 An César de Paepe, 28. 5. 1872. Zit. nach Wheen 2001, S. 409
169 An Friedrich-Anton Sorge, Brief vom 12. 9. 1874. MEW, Bd. 33, S. 642
170 Programm der blanquistischen Kommuneflüchtlinge = MEW, Bd. 18, S. 528
171 Das biographische Material über Lissagaray ist spärlich. Die einzige bisher erschienene Biographie (René Bidouze: Lissagaray, la plume et l'épée, Paris 1991) basiert nur auf gedrucktem, nicht auf handschriftlichem Material wie etwa unveröffentlichten Briefen.
172 Zit. nach Jokostra 1970, S. 236 f.
173 Geschichte der Kommune, S. 31 und S. 107
174 Geschichte der Kommune, S. 213
175 Ebda., S. 219
176 Ebda., S. 284
177 Zit. nach Andréas 1962, S. 270
178 Brief vom 7. 11. 1872. Zit. nach Meier 1981, S. 112 f.
179 Bestand Amsterdam, Marx-Engels-Nachlaß, o. D.
180 Jenny sr. an Tussy, ebda.
181 Ebda.
182 Ebda.
183 Ebda.
184 Briefe vom 26. 5. 1873 und 31. 5. 1873. MEW, Bd. 33, S. 26 und 31
185 Bestand Amsterdam, Marx-Engels-Nachlaß, o. D.
186 Bestand Moskau, Nachlaß Eleanor Marx
187 Ebda.
188 Bestand Amsterdam, Marx-Engels-Nachlaß, o. D.
189 Ebda.
190 Ebda.
191 Ebda.
192 Ebda.
193 Ebda.
194 An Danielson, 12. 8. 1873. MEW, Bd. 33, S. 600
195 Brief vom 31. 5. 1873. Bestand Amsterdam, Marx-Engels-Nachlaß

196 »I'm not going to sacrifice me and Lissa for them«. Brief an Jenny (Schwester) vom 9. 5. 1873. Bestand Moskau, Nachlaß Eleanor Marx
197 Lt. Kapp 1972, Bd. I, S. 162
198 Bestand Moskau, Nachlaß Eleanor Marx, Brief vom 23. 3. 1874
199 Vgl. Kapp 1972, Bd. I, S. 150
200 Bestand Amsterdam, Marx-Engels-Nachlaß, o. D.
201 Bestand Moskau, Nachlaß Eleanor Marx, o. D.
202 Bestand Amsterdam, Marx-Engels-Nachlaß, o. D.
203 Ebda., o. D.
204 Ebda., o. D.
205 Wheen 2001, S. 422
206 7. 12. 1873. MEW, Bd. 33, S. 99
207 30. 11. 1873. MEW, Bd. 33, S. 96
208 5. 9. 1874. Zit. nach Meier 1981, S. 115
209 14. 8. 1987. MEW, Bd. 33, S. 110
210 Vgl. dazu Kolbe 1994, S. 17–37, und Lewak 1927
211 Zit. nach Kisch 1968, S. 57 f.
212 5. 9. 1874. Zit. nach Meier 1981, S. 115
213 Vgl. dazu Graetz 1977
214 In seiner Schrift »Herr Vogt«, z. B.: »Levy aber, der Eigentümer der papiernen Zentralkloake, versteht sich nicht nur auf Chemie, sondern sogar auf Alchimie. Nachdem er den sozialen Unrat Londons in Zeitungsartikel verwandelt hat, verwandelt er die Zeitungsartikel in Kupfer und schließlich das Kupfer in Gold. Auf dem Tor, das zur papiernen Zentralkloake führt, sind die Worte eingeschrieben: ›Hier darf Gestank gemacht werden!‹ oder wie Byron es poetisch schön übersetzt hat: ›Wanderer, stop and piss!‹ … Levy will durchaus zur angelsächsischen Rasse zählen. Wenigstens einmal jeden Monat greift er daher die unenglische Politik des Herrn Disraeli an … Aber was nützt es dem Levy, den Herrn Disrali anzugreifen, da Mutter Natur seinen Stammbaum in tollster Frakturschrift ihm mitten ins Gesicht geschrieben hat …« (MEW, Bd. 14, S. 599 f.)
215 Brief an Friedrich Adolph Sorge. Zit. nach Tschubinski 1973, S. 70
216 Brief vom 28. 8. 1877. Zit. nach Liebknecht 1964, S. 238
217 Zit. nach Blos 1914, S. 163
218 Brief vom 23. 10. 1874. Zit. nach Liebknecht 1964, S. 417
219 Brief vom 12. 10. 1874. Zit. nach Liebknecht 1964, S. 416. Weitere Briefe Lissagarays an Liebknecht finden sich im Wilhelm Liebknecht-Nachlaß, Moskau (1. 5. 1878; 4. 10. 1890)
220 Brief vom 13. 10. 1874. Zit. nach Liebknecht 1964, S. 415 f.
221 Vgl. dazu Tussys Brief an Liebknecht vom 20. 11. 1874, in: Liebknecht 1964, S. 420
222 Brief vom 23. 10. 1874. Zit. nach Liebknecht 1964, S. 417 ff.
223 Vgl. dazu Herrmann 1986
224 Original auf französisch. Brief vom 10. 6. 1875. Bestand Moskau, Nachlaß Eleanor Marx
225 Brief vom 25. 10. 1875. MEW, Bd. 33, S. 519
226 Zit. nach Schack 1989, S. 306 f.
227 Brief vom 26. 5. 1872. Zit. nach Liebknecht 1964, S. 169
228 Brief vom 19. 8. 1876. MEW, Bd. 34, S. 24
229 Brief vom 6. 9. 1876. ebda., S. 196
230 Zu Max Oppenheim s. Gemkow 2000
231 Brief vom 23. 9. 1876. MEW, Bd. 34, S. 203 f.
232 Brief vom 30. 9. 1876. MEW, Bd. 34, S. 206
233 Brief vom 6. 11. 1876. MEW, Bd. 34, S. 223

234 Brief vom 11. 4. 1877. MEW, Bd. 34, S. 263 f.
235 Briefe vom 21. 4. 1877 und 26. 5. 1877. MEW, Bd. 34, S. 267 f. und 277
236 Brief vom 25. 11. 1876. MEW, Bd. 34, S. 522
237 Vgl. dazu Martin 2000, S. 165–182
238 Brief vom 14. 2. 1877 an Ida Pauli. MEW, Bd. 34, S. 252 f.
239 Zit. nach Schack 1989, S. 317 ff.
240 Mill/Taylor 1976, S. 148 f.
241 In: Delius 1878, S. 417 ff.
242 In: The New Shakespeare Society's Transactions 1875–1876, London, S. 332 ff.
243 Brief vom 20. 1. 1877 an Friedrich Adolph Sorge. MEW, Bd. 34, S. 524
244 Brief vom 21. 1. 1877. MEW, Bd. 34, S. 245
245 Brief vom 17. 8. 1877. MEW, Bd. 34, S. 71
246 Zit. nach Worobjowa 1988, S. 143
247 Shaw 1971, S. 59
248 Zit. nach Pearson 1965, S. 81
249 Brief vom 20. 1. 1877. MEW, Bd. 34, S. 524
250 Brief vom 8. 6. 1878. MEW, Bd. 34, S. 527
251 Bestand Amsterdam, Marx-Engels-Nachlaß, o. D.
252 Blos 1914, Bd. 1, S. 245
253 Brief vom 30. 10. 1878. Zit. nach Liebknecht 1964, S. 258
254 Brief vom November 1880. Zit. nach Liebknecht 1964, S. 425 ff.
255 Brief vom 25. 8. 1897. MEW, Bd. 34, S. 96
256 Zit. nach Tsuzuki 1981, S. 59
257 Bernstein 1918, S. 172
258 Ebda.
259 Ebda.
260 Brief vom 12. 2. 1881. Zit. nach Liebknecht 1964, S. 428 f.
261 Zit. nach Rocker 1924, S. 119
262 Zit. nach Geierhos 1977, S. 55
263 Brief vom 7. 4. 1881. Zit. nach Meier 1981, S. 135
264 Vgl. Poliakov 1988, Bd. VII, S. 110
265 Dostojewskij 1922, Bd. III, S. 288 ff.
266 Zit. nach Geierhos 1977, S. 59
267 Poliakov 1988, S. 112
268 »Zur Judenfrage«, in: Marx 1971, S. 201
269 Zit. nach Geierhos 1977, S. 248 (aus dem Vorwort zur russischen Übersetzung des »Kommunistischen Manifests«)
270 Ergänzung der Autorin
271 MEW, Bd. 19, S. 242 f.
272 Brief vom 12. 2. 1881. Zit. nach Liebknecht 1964, S. 430
273 Stöcker 1890, S. 367 ff.
274 Ebda., S. 431
275 Der Sozialdemokrat vom 6. 2. 1881
276 Zit. nach Jacobs 1994, S. 58
277 Grund- und Bodenfrage, Leipzig 1874, S. 9
278 Vgl. dazu Jacobs 1994
279 Zuerst veröffentlicht im Vorwärts 1877/1878
280 Zit. nach Tsuzuki 1981, S. 59 f.
281 Zit. nach Wheen 2001, S. 440
282 Brief vom 7. 4. 1881. Zit. nach Meier 1981, S. 135
283 Zit. nach Tsuzuki 1981, S. 58 f.
284 An den Redakteur der Eastern Post, 28. 1. 1872
285 Brief vom 12. 2. 1881. Zit. nach Liebknecht 1964, S. 431

286 Brief an Laura Lafargue, April 1881. Zit. nach Meier 1981, S. 133 f.
287 Brief an Laura Lafargue, 22. 4. 1881. Zit. nach Meier 1981, S. 138 f.
288 Brief vom 29. 4. 1881. MEW, Bd. 35, S. 186
289 Vgl. Schack 1989, S. 306
290 Brief vom 18. 6. 1881. Zit. nach Meier 1981, S. 140 f.
291 Brief an Jenny Longuet. 11. 4. 1881. MEW, Bd. 35, S. 178
292 Brief vom 7. 7. 1881. MEW, Bd. 35, S. 5
293 Tussy an Marx, 7. 8. 1881. Bestand Moskau, Nachlaß Eleanor Marx
294 Vgl. ebda.
295 Brief vom 16. 8. 1881. MEW, Bd. 35, S. 21
296 Brief vom 18. 8. 1881. MEW, Bd. 35, S. 26 f.
297 Brief an Jenny Longuet, 7. 10. 1881. Bestand Moskau, Nachlaß Eleanor Marx
298 Oktober 1881. Zit. nach Meier 1981, S. 148 f.
299 Brief vom 18. 10. 1881. Zit. nach Meier 1981, S. 147 f.
300 Ebda.
301 Ebda.
302 Ebda.
303 Brief an Jenny Longuet, 31. 10. 1881. Zit. nach Meier 1981, S. 150 f.
304 Vgl. dazu den Brief an Olive Schreiner vom 16. 6. 1885: »Einer der größten von vielen großen Schmerzen in meinem Leben ist, daß meine Mutter starb und von mir dachte, daß ich … hart und grausam gewesen sei, und daß sie nicht einmal ahnte, daß ich die besten, frischesten Jahre meines Lebens geopfert hatte, um ihr und meinem Vater Leid zu ersparen.« Zit. nach Silberner 1977, S. 260
305 Brief an Jenny Longuet, Oktober 1881. Zit. nach Meier 1981, S. 148 f.
306 Brief vom 3. 12. 1881. Bestand Amsterdam, Marx-Engels-Nachlaß
307 Brief vom 4. 12. 1881. Zit. nach Meier 1981, S. 153
308 Ebda.
309 Abgedruckt in: Der Sozialdemokrat, 8. 12. 1881
310 Brief vom 7. 12. 1881. MEW, Bd. 35, S. 241
311 Brief vom 17. 12. 1881. MEW, Bd. 35, S. 250
312 Brief vom 1. 3. 1882. MEW, Bd. 35, S. 46
313 Brief vom 8. 1. 1882. Zit. nach Meier 1981, S. 154 f.
314 Brief vom 4. 1. 1882. MEW, Bd. 35, S. 255
315 Brief vom 12. 1. 1882. MEW, Bd. 35, S. 34
316 Briefe vom 8. 1. 1882 und 15. 1. 1882. Zit. nach Meier 1981, S. 154 f. und 159 f.
317 Brief vom 15. 1. 1882. Zit. nach Meier 1981, S. 159 f.
318 Briefe vom 8. 1. 1882 und 15. 1. 1882. Zit. nach Meier 1981, S. 154 f. und 159 f.
319 Brief an Jenny Longuet, 23. 1. 1882. Bestand Amsterdam
320 Zit. und übersetzt nach Quiller-Couch 1919, Nr. 654
321 Brief an Laura Lafargue, März 1882. Zit. nach Meier 1981, S. 164 ff.
322 Brief vom 10. 4. 1882. Zit. nach Kapp 1972, Bd. I, S. 240
323 Brief an Jenny Longuet, 21. 2. 1882. Bestand Moskau, Nachlaß Eleanor Marx
324 Brief an Jenny Longuet, 15. 1. 1882. Zit. nach Meier 1981, S. 159 f.
325 Brief an Jenny Longuet, 25. 3. 1882. Zit. nach Meier 1981, S. 162 f.
326 Brief an Jenny Longuet, 1. 7. 1882. Zit. nach Meier 1981, S. 167 f.
327 An Engels, 3. 8. 1882. MEW, Bd. 35, S. 76
328 An Jenny Longuet, Brief vom 7. 12. 1881. MEW, Bd. 35, S. 240
329 An Engels, 10. 8. 1882. MEW, Bd. 35, S. 80 f.
330 Brief an Jenny Longuet, 2. 10. 1882. Zit. nach Meier 1981, S. 170 f.
331 Brief vom 8. 11. 1882. Zit. nach Wheen 2001, S. 449
332 Brief vom 10. 1. 1883. MEW, Bd. 35, S. 423

333 Comyn 1922, Vol. 91, Jan.
334 Eleanor Marx, in: Reminiscences of Marx and Engels, Moskau o. D. (ca. 1956), S. 128
335 Engels/Lafargue 1956, Bd. I, S. 105
336 Brief vom 14. 3. 1883. MEW, Bd. 35, S. 281
337 Emilie Conradi an Tussy, 17. 3. 1883. Bestand Amsterdam, Marx-Engels-Nachlaß
338 Comyn 1922, Vol. 91, Jan.
339 Der Sozialdemokrat, 22. 3. 1883
340 Ebda.
341 George Bernard Shaw an Ellen Terry, Brief vom 5. 9. 1898. Vgl. dazu Shaw 1965, S. 7
342 The Progress, April 1883
343 Brief vom 26. 3. 1883. Zit. nach Meier 1981, S. 177 f.
344 Ebda.
345 Ebda.
346 Vgl. dazu seinen Nachruf auf Karl Marx im Sozialdemokrat vom 3. 5. 1883
347 »Das Kapital«, 2. Buch, 3. Abschnitt, 18. Kapitel. MEW Bd. 24, S. 351
348 Bernstein in: »Die Neue Zeit«, Jg. XIII, 1894/95, Bd. 1, S. 333 f.
349 Brief vom 30. 8. 1883. MEW, Bd. 36, S. 164
350 Friedrich Engels: Vorwort zum zweiten Buch des »Kapital«. MEW, Bd. 24, S. 7–26
351 Zit. nach Vollgraf 1994/2, S. 3 ff.
352 Brief vom 2. 4. 1883. MEW, Bd. 36, S. 3
353 Brief vom 20. 6. 1883. Zit. nach Engels/Lafargue 1952, Bd. I, S. 131
354 Brief vom 24. 6. 1883. MEW, Bd. 36, S. 42 ff.
355 The Progress, April 1883
356 Zit. nach Kapp 1972, Bd. I, S. 284
357 Zit. nach Silberner 1962, S. 254
358 Zit. nach Kapp 1972, Bd. I, S. 284
359 The Progress, Juni 1883
360 The Progress, Juni 1883
361 Aveling 1891, S. 128
362 Brief vom 3. 10. 1883. Zit. nach Engels 1955, S. 87
363 Zit. nach Geierhos 1977, S. 87
364 Ebda., S. 91 und 93
365 The Progress, August/September 1883
366 Zit. nach der deutschen Ausgabe Stepniak 1884, S. 217 ff..
367 Vgl. dazu Brief vom 2. 4. 1883 an Lawrov. MEW, Bd. 36, S. 3
368 Brief vom 11. 5. 1884. Bestand Moskau, Nachlaß Eleanor Marx
369 Original Russisch. Zit. nach Worobjowa 1988, S. 158
370 Brief vom 14. 9. 1883. Zit. nach Meier 1981, S. 180 f.
371 Brief vom 29. 9. 1891. Zit. nach Bebel 1965, S. 435
372 Bestand Moskau, Nachlaß Eleanor Marx
373 Ebda.
374 Brief vom 15. 6. 1885. Zit. nach Kapp 1972, Bd. II, S. 27 f.
375 Alle Zitate nach Schreiner 1964
376 Zit. nach 1993, S. 553 ff.
377 Ebda. Das Original des Fragebogens befindet sich in der heutigen Rheinischen Landesklinik in Düren.
378 Aveling 1891, S. 161 und 177
379 Brief vom 13. 12. 1883. MEW, Bd. 36, S. 76
380 Engels/Lafargue 1952, Bd. I, S. 204
381 Aus Engels‹ Vorrede zur 4. Auflage des »Kapital«, Bd. I, MEW Bd. 23, S. 41

382 Sedley Taylor in der Times vom 29. 11. 1885
383 Zit. nach Tsuzuki 1981, S. 102
384 Zit. nach Tsuzuki 1981, S. 99 f.
385 Brief vom 17. 3. 1884. Zit. nach Meier 1981, S. 187
386 Brief vom 22. 7. 1884. Zit. nach Engels/Lafargue 1952, Bd. I, S. 216
387 Vgl. dazu Kautsky 1935, S. 89
388 Bernstein 1918, S. 175
389 Brief vom 30. 6. 1884. Zit. nach Kapp 1972, Bd. II, S. 16
390 Brief vom 2. 7. 1884. Zit. nach Tsuzuki 1981, S. 104
391 Studies in the Psychologie of Sex, 1897–1928
392 Contrary Sexual Feeling, 1896
393 Sexual Inversion, 1897
394 Zit. nach Tsuzuki 1981, S. 105 f.
395 Ebda.
396 Ebda.
397 Brief vom 22. 9. 1884. Bestand Moskau, Nachlaß Eleanor Marx
398 William Morris an Andreas Scheu, Brief vom 8. 9. 1884. Zit. nach Tsuzuki 1981, S. 111
399 Justice, 27. 9. 1884
400 Brief vom 12. 1. 1885. Zit. nach Liebknecht 1964, S. 433
401 The Manifesto of the Socialist League, London 1885
402 Zit. nach Kapp 1972, Bd. II, S. 47
403 Zit. nach Holroyd 1988, Bd. I, S. 154
404 Commonweal, März 1885
405 Tussy an Laura, Brief vom 12. 4. 1885. Zit. nach Meier 1981, S. 197 f.
406 Tussy an Laura, Brief vom 10. 3. 1885. Bestand Moskau, Nachlaß Eleanor Marx
407 Zit. nach Kapp 1972, Bd. II, S. 63
408 Brief vom 14. 4. 1885. Bestand Moskau, Nachlaß Eleanor Marx
409 Alle Zitate nach: Eleanor Marx Aveling und Edward Aveling, The Factory Hell, 2. Auflage, Aberdeen (James Leatham) 1891
410 Zit. nach Kapp 1972, Bd. II, S. 41
411 Zit. nach Kapp 1972, Bd. II, S. 68
412 Brief vom 2. 6. 1885. British Library (Shaw-Papers), Add. Ms. 50511
413 Brief vom 15. 6. 1885. Zit. nach Kapp 1972, Bd. II, S. 27 f.
414 Zit. nach Kapp 1972, Bd. II, S. 29
415 Brief vom 2. 6. 1885. British Library (Shaw-Papers), Add. Ms. 50511
416 Brief vom 12. 4. 1885. Zit. nach Meier 1981, S. 197 f. (»Von Kindheit an wissen wir ja, was das heißt, sein Leben dem ›Proletarier‹ zu widmen.«)
417 Brief vom 15. 6. 1885 an Johann Philipp Becker. MEW, Bd. 36, S. 328
418 Commonweal, August und September 1885
419 Konferenz vom 13. 7. 1885. Zit. nach Kapp 1972, Bd. II, S. 87
420 Eduard Bernstein an Victor Adler, Brief vom 5. 4. 1898. Zit. nach Adler 1954, S. 243
421 Zit. nach Kautsky 1965, S. 28
422 Zit. nach Holroyd 1988, Bd. I, S. 154
423 Erschien erstmals 1887 als Broschüre
424 Im Folgenden zitiert nach der Ausgabe von 1981 (Frankfurt/M.)
425 Bebel 1981, S. 35
426 Bebel 1981, S. 132. Bebel zitiert hier weitgehend aus Krafft-Ebings »Lehrbuch der Psychiatrie«, Stuttgart 1883.
427 Bebel 1981, S. 157
428 Bebel 1981, S. 161
429 Bebel 1981, S. 166
430 Bebel 1981, S. 268

431 Bebel 1981, S. 172
432 Alle Zitate nach der deutschen Ausgabe (»Die Frauenfrage«), hrsg. von Ingeborg Nödinger, Frankfurt/M. 1983
433 Marx/Aveling 1983, S. 15
434 Marx/Aveling 1983, S. 38
435 Marx/Aveling 1983, S. 39
436 Marx/Aveling 1983, S. 28, 32
437 Marx/Aveling 1983, S. 38
438 An Dollie Radford, 28. 12. 1887. Zit. nach Tsuzuki 1981, S. 163
439 The Progress II, 1883 (»A Reply to Ernest Radford«)
440 Zit. nach Shaw 1965, S. 96
441 Ebda.
442 Brief vom 23. 4. 1886. Zit. nach Meier 1981, S. 203f.
443 Zit. nach Schoeps 1984, S. 145
444 Zit. nach Blumenberg 1996, S. 130
445 Brief vom 9. 5. 1866. MEW, Bd. 31, S. 214
446 Brief vom 10. 5. 1866. MEW, Bd. 31, S. 215
447 Zit. nach Schoeps 1984, S. 39
448 Brief vom 14. 4. 1886. MEW, Bd. 36, S. 820
449 Brief vom 13. 4. 1886. Zit. nach Kapp 1972, Bd. II, S. 90
450 Brief vom 28. 4. 1886. MEW, Bd. 36, S. 473f.
451 Karl Marx, Kapital. Zit. nach der Auswahlausgabe von Benedikt Kautsky, Stuttgart 1957, S. 192
452 Zit. nach Nuhn 1992, S. 12
453 Zit. nach Nuhn 1992, S. 122
454 Brief vom September 1886. Zit. nach Meier 1981, S. 208
455 Zit. nach Kapp 1972, Bd. II, S. 140
456 Eleanor Marx/Edward Aveling: Die Lage der Arbeiterklasse in Amerika, in: Die Neue Zeit, 1887, S. 241
457 Zit. nach Kapp 1972, Bd. II, S. 158
458 Zit. nach Kapp 1972, Bd. II, S. 171
459 Zit. nach Kapp 1972, Bd. II, S. 161ff.
460 Zit. nach Kapp 1972, Bd. II, S. 171
461 New York Daily Tribune, Ausgabe vom 31. 12. 1886
462 Ebda., S. 173
463 Evening Standard, Ausgabe vom 13. 1. 1887
464 Vgl. dazu Engels an Laura Lafargue, Brief vom 7. 6. 1887. MEW, Bd. 36, S. 668f.
465 Brief vom 18. 6. 1887 an Friedrich Adolph Sorge: »Sie ist eine der ordinärsten Klatschschwestern, die ich je gesehn, echter preußischer Junkeradel.« (MEW, Bd. 36, S. 674)
466 Brief vom 9. 2. 1887 an Florence Kelley-Wischnewetzky. MEW, Bd. 36, S. 605ff.
467 Havelock Ellis, in: Adelphi, Oktober 1935; vgl. dazu auch Tsuzuki 1981, S. 159f.
468 Zit. nach Tsuzuki 1981, S. 156
469 Vgl. dazu den Brief von Natalie Liebknecht an Friedrich Engels, 3. 8. 1887. Zit. nach Liebknecht 1964, S. 298: »Bald darauf erhielt ich von Frau Schack einen Brief, in dem sie mir … mittheilt, daß sie mit Ihnen, verehrter Herr, nicht mehr verkehre, weil sie sich genöthigt sehe, mit Herrn Aveling jede Beziehung abzubrechen. Sie bedaure dies lebhaft, weil sie für Sie die größte Hochachtung u. Verehrung empfinde u. auch Tussy freundlich gesinnt sei. Ihre besonderen Anklagen gegen Herrn Aveling theilt sie mir nicht mit, sondern sagt nur die Thatsache, daß der Verkehr abgebrochen sei.«

470 Vgl. dazu Baedeker 1912, S. 130 ff.
471 Zit. nach Worobjowa 1988, S. 175
472 Vgl. dazu Webb 1988, S. 337 ff.
473 Brief vom 24. 6. 1888. Bestand Moskau, Nachlaß Eleanor Marx
474 Aus der Novelle »Out of Work«, London 1888
475 Zit. nach Webb 1988, S. 366
476 Brief vom 16. 11. 1887. Bestand Moskau, Nachlaß Eleanor Marx
477 7. 5. 1887 (»Marx and Modern Socialism«) und 12. 5. 1887 (»Socialists at Home«)
478 Brief vom 17. 3. 1887. Zit. nach Shaw 1965, S. 168
479 Brief vom 30. 8. 1887. Zit. nach Meier 1981, S. 213 ff.
480 Die Neue Zeit, S. 241 ff.
481 Vgl. dazu Kapp 1972, Bd. II, S. 214 ff.
482 The Chicago Anarchists: A Statement of Facts, To-day, Nov. 1887
483 Zit. nach Nuhn 1992, S. 13
484 Pall Mall Gazette vom 14. 11. 1887
485 Brief vom 29. 11. 1887. Zit. nach Liebknecht 1964, S. 299 f.
486 Brief vom 23. 9. 1887 an John Glassee. Zit. nach Kapp 1972, Bd. II, 44
487 Brief vom 8. 8. 1887 an Friedrich Adolph Sorge. MEW, Bd. 36, S. 688 f.
488 Dramatic Review, 3. 12. 1887
489 Zit. nach Tsuzuki 1981, S. 159
490 Brief vom 23. 2. 1888. Zit. nach Tsuzuki 1981, S. 163
491 Eleanor Marx/Edward Aveling: Shelley als Sozialist, in: Die Neue Zeit, Dezember 1888, S. 540 f. (Die Übersetzung dieses Aufsatzes stammt von Friedrich Engels.)
492 Brief vom 9. 8. 1888 an Hermann Engels. MEW, Bd. 37, S. 85
493 Brief vom 11. 9. 1888. Bestand Moskau, Nachlaß Eleanor Marx
494 Brief vom 31. 12. 1888. Bestand Moskau, Nachlaß Eleanor Marx
495 Zit. nach Zangwill 1913/2, S. 314 ff.
496 Ebda., S. 46
497 Zit. nach Kapp 1972, Bd. II, S. 521
498 Brief vom 11. 4. 1889 (»Du kannst Dich darauf verlassen, daß Bernstein und ich uns als echte Juden aufs Feilschen verstehen.«). Zit. nach Meier 1981, S. 229
499 Zweite Internationale 1983, S. 258
500 Congrès 1889, S. 162
501 Marx 1971, S. 202
502 Alle Zetkin-Zitate nach Protokoll 1890, S. 128 ff.
503 Zit. nach Haferkorn 1984, S. 188
504 Zit. nach Badia 1994, S. 26
505 Zit. nach Congrès 1889, S. 64 ff.
506 Ebda., S. 65
507 Labour Elector, 7. 9. 1889
508 Brief vom 26. 9. 1889. MEW, Bd. 37, S. 276
509 Brief vom 17. 10. 1889. MEW, Bd. 37, S. 288
510 Brief vom 29. 12. 1889. Zit. nach Liebknecht 1964, S. 357
511 Brief vom 14. 11. 1889. Zit. nach Engels/Lafargue 1952, Bd. II, S. 352
512 Brief vom 20. 11. 1889 an Jules Guesde. MEW, Bd. 37, S. 312
513 Engels an Sorge, Brief vom 30. 4. 1890. MEW, Bd. 37, S. 396
514 Zit. nach Bernstein 1918, S. 219
515 Brief vom 16. 11. 1889. Zit. nach Engels/Lafargue 1952, Bd. II, S. 357
516 Zu Biographie und Werk von Margaret Harkness siehe Kaspar 1984
517 Brief vom April 1888. MEW, Bd. 37, S. 42 ff.
518 Brief vom 26. 11. 1890. MEW, Bd. 37, S. 505

519 Zit. nach Tsuzuki 1981, S. 182
520 Zangwill 1905, S. 10 ff.
521 Zangwill 1913/2, S. 309
522 Zit. nach Kapp 1972, Bd. II, S. 501. Der Name des Adressaten ist hier nicht angegeben.
523 Zit. nach Schonebohm 1987, S. 112
524 Ebda., S. 121
525 Ebda.
526 Friedrich Engels: Über den Antisemitismus (aus einem Brief nach Wien). In: Marx/ Engels 1969, S. 279 ff.
527 Brief vom 19. 12. 1890. Zit. nach Tsuzuki 1981, S. 166 f.
528 Brief vom 4. 11. 1890. Zit. nach Meier 1981, S. 190
529 Zit. nach Gemkow 1989, S. 341
530 Brief vom 19. 12. 1890. Zit. nach Meier 1981, S. 246
531 Brief vom 20. 12. 1890. Zit. nach Tsuzuki 1981, S. 210
532 Brief vom 12. 12. 1890 an Victor Adler. MEW, Bd. 37, S. 519
533 An Sorge. Brief vom 26. 11. 1890. MEW, Bd. 37, S. 505
534 Brief vom 12. 12. 1890 an Victor Adler. MEW, Bd. 37, S. 519
535 Brief vom 19. 12. 1890. Zit. nach Meier 1981, S. 246
536 Eleanor Marx: Friedrich Engels. In: Sozialdemokratische Monatsschrift, 30. 11. 1890
537 Brief vom 2. 12. 1891. MEW, Bd. 38, S. 231
538 Brief vom 24. 3. 1891. MEW, Bd. 38, S. 65
539 Vgl. dazu Engels an Sorge, 14. 9. 1891. MEW, Bd. 38, S. 154
540 Bericht von Großbritannien und Irland an die Delegierten des Internationalen Kongresses Brüssel 1891 – überreicht von der »Gasworkers und General Labourers Union«, der »Legal Eight Hours und International Labour League.«
541 Brief an Samuel Gompers, 25. 1. 1891. MEW, Bd. 38, S. 569
542 Brief an Samuel Gompers, 11. 6. 1891. Bestand Moskau, Nachlaß Eleanor Marx, I 105
543 Brief an Sorge, 14. 9. 1891. MEW, Bd. 38, S. 154: »Aber nach London zurückgekehrt, legte er uns den Rummel vor, und wir waren einstimmig der Ansicht, daß Gilles gehauen werden müsse.«
544 Congrès 1891, S. 294 ff.
545 Zit. nach Silberner 1977, S. 270
546 Congrès 1891, S. 314 ff.
547 S. dazu auch Shaw 1891
548 Israel Zangwill and Eleanor Marx: A Doll's House Repaired, in: Time, März 1891
549 Israel Zangwill: Die Unanständigkeit auf der englischen Bühne, in: Zangwill 1913, S. 187 ff.
550 Israel Zangwill: Die Liebe im Leben und in der Literatur, in: Zangwill 1913, S. 196
551 Beer 1935, S. 270 ff.
552 Ruben Sachs. Ein Charakterbild aus der jüdischen Gesellschaft Londons. Von Amy Levy. Aus dem Englischen. In: Neue Zeit Sept. 1891 ff.
553 Levy 1884. Zum Leben und Werk von Amy Levy siehe Hunt 1984, S. 235 ff.
554 Zit. nach Hunt 1984, S. 240
555 Beer 1935, S. 71 ff.
556 Eleanor Marx Aveling: Die letzten englischen Strikes, in: Sozialpolitisches Centralblatt, hrsg. von Heinrich Braun, Bd. 1, Berlin 1892, S. 251 f.
557 Ebda.
558 Brief vom 25. 1. 1893. Zit. nach Tsuzuki 1981, S. 198
559 Brief vom 26. 7. 1892. Zit. nach Meier 1981, S. 265 f.

560 Ebda.
561 Louise Kautsky an Bebel, 2. – 4. 9. 1898. Bestand Moskau, Nachlaß August Bebel, Fonds 202, op. 1, 214
562 Brief vom 26. 7. 1892. Zit. nach Meier 1981, S. 265 f.
563 Brief vom 8. 3. 1892. MEW, Bd. 38, S. 522
564 Brief vom 26. 12. 1890. Zit. nach Bebel 1965, S. 405 f.
565 Brief vom September 1894. Bestand Moskau, Nachlaß Eleanor Marx
566 Korrespondenz Tussy/Louise im Nachlaß Eleanor Marx, Bestand Moskau
567 Brief vom 17. 11. 1893. Zit. nach Tsuzuki 1981, S. 212 f.
568 Brief vom 30. 5. 1892. Zit. nach Meier 1981, S. 263
569 Brief vom 8. 8. 1892. Zit. nach Bebel 1965, S. 567 f.
570 Brief vom 14. 8. 1892. Ebda., S. 569
571 Brief vom 7. 9. 1892. Ebda., S. 581
572 Brief vom 7. 9. 1892. Ebda., S. 580 f.
573 Brief vom 8. 7. 1892. Ebda., S. 560
574 Julie Bebel an Louise Kautsky, Brief vom 10. 5. 1892. Ebda., S. 541
575 Brief vom 7. 9. 1893. Bestand Moskau, Nachlaß Eleanor Marx
576 Zur Biographie Julie Bebels vgl. Gemkow 1989/2, S. 545 ff.
577 Zu Frieda Bebel s. Bebel 1919
578 Brigitte Seebacher-Brandt verwechselt in ihrer August-Bebel-Biographie Louise Kautsky, geb. Strasser (die erste Frau Kautskys) mit Louise Kautsky, geb. Ronsperger (die zweite Frau Kautskys), die eine enge Freundin Rosa Luxemburgs wurde (Brigitte Seebacher-Brandt: Bebel – Künder und Kärner im Kaiserreich, Berlin 1988). Lediglich Helmut Hirsch stellt in seiner Bebel-Biographie fest, daß Louise Kautsky in der Korrespondenz Engels-Bebel beinahe doppelt so oft vorkomme wie die Ehefrau, Julie Bebel.
579 Brief vom 7. 2. 1893. Zit. nach Meier 1981, S. 268 f.
580 George Bernard Shaw in Workman's Times vom 28. 1. 1893
581 Zit. nach Kapp 1972, Bd. II, S. 134
582 Tsuzuki 1981, S. 235
583 Zit. nach Bernstein 1990, S. 63 f.
584 MEW, Bd. 39, S. 505 ff.
585 MEW, Bd. 39, S. 507 ff.
586 Kautsky 1935, S. 395
587 Die von einem russisch-deutsch-holländischen Editorenteam herausgegebene neue kritische Gesamtausgabe, die sogenannte MEGA, ist noch nicht vollständig erschienen.
588 Zit. nach Nitsche 1990, S. 125
589 Zit. nach Nitsche 1990, S. 119
590 Brief vom 20. 9. 1893. Zit. nach Engels 1955, S. 386 f.
591 Brief vom 3. 11. 1893. Ebda., S. 392
592 Mehring 1902 und Lassalle 1922
593 Lassalle 1922, Vorwort
594 Brief vom 24. 10. 1849. Lassalle 1922, S. 13 f.
595 Brief vom 26. 4. 1857. Lassalle 1922, S. 105
596 Brief vom 17. 12. 1857. Lassalle 1922, S. 108
597 Brief vom 22. 2. 1894. Bestand Moskau, Nachlaß Eleanor Marx
598 Tussy an Laura, 22. 2. 1894. Zit. nach Tsuzuki 1981, S. 221
599 Brief vom 22. 3. 1894, zit. nach Tsuzuki, Eleanor Marx, S. 222
600 Tussy an Laura, Brief vom 16. 7. 1894. Bestand Moskau, Nachlaß Eleanor Marx
601 Tussy an Laura, 12. 8. 1894. Bestand Moskau, Nachlaß Eleanor Marx
602 Tussy an Laura, Brief vom 16. 7. 1894. Bestand Moskau, Nachlaß Eleanor Marx. Tussy zitiert in diesem englischen Brief Louise Freybergers Aussprüche auf deutsch.

603 Louise Freyberger an Tussy, 15. 9. 1894. Bestand Moskau, Nachlaß Eleanor Marx
604 Wilhelm Liebknecht und Paul Singer an Tussy, Brief vom 19. 9. 1894. Bestand Moskau, Nachlaß Eleanor Marx
605 August Bebel an Tussy, o. D. (September 1894). Bestand Moskau, Nachlaß Eleanor Marx
606 Ebda.
607 Brief vom 5. 11. 1894. Zit. nach Tsuzuki 1981, S. 223 f.
608 Ebda.
609 Brief vom 22. 11. 1894. Zit. nach Meier 1981, S. 289
610 Brief vom 5. 11. 1894. Zit. nach Tsuzuki 1981, S. 223 f.
611 Tussy an Laura, 22. 11. 1894. Zit. nach Meier 1981, S. 286 ff.
612 Brief vom 14. 11. 1894. MEW, Bd. 39, S. 318
613 Engels an Laura, Brief vom 17. 12. 1894. MEW, Bd. 39, S. 346
614 Engels an Laura, Brief vom 17. 12. 1894. MEW, Bd. 39, S. 346 ff.
615 Tussy an Kautsky, 22. 8. 1895. Bestand Amsterdam, Nachlaß Eleanor Marx
616 Vgl. dazu Vollgraf 1994/2, S. 3 ff.
617 Engels an Laura, Brief vom 29. 12. 1894. MEW, Bd. 39, S. 356
618 Edward Aveling an Laura und Paul Lafargue, Brief vom 25. 12. 1894. Zit. nach Meier 1981, S. 291 ff.
619 Tussy an Laura, Brief vom 2. 1. 1895. Zit. nach Meier 1981, S. 295 ff.
620 Brief vom 13. 1. 1895. Zit. nach Bebel 1965, S. 790 f.
621 Eleanor Marx: Die Arbeiterclassenbewegung in England, in: Emanuel Wurms »Volks-Lexikon«, Wien 1895
622 In: Österreichischer Arbeiter-Kalender 1895
623 Brief vom 14. 3. 1895. Zit. nach 1964, S. 440
624 Brief vom 9. 7. 1895. MEW, Bd. 39, S. 499
625 Brief vom 5. 8. 1895. Bestand Moskau, Nachlaß Eleanor Marx
626 Brief vom 22. 8. 1895. Bestand Moskau, Nachlaß Eleanor Marx
627 Brief an Kautsky, 28. 8. 1895. Bestand Amsterdam, Nachlaß Eleanor Marx
628 Brief vom 13. 9. 1895. Bestand Moskau, Nachlaß Eleanor Marx
629 Brief vom 18. 9. 1895. Zit. nach Tsuzuki 1981, S. 228
630 Brief vom 18. 9. 1895. Zit. nach Adler 1954, S. 187
631 Neue Zeit 1895/96, S. 14 ff.
632 Zit. nach Wheen 2001, S. 223
633 Brief vom 18. 9. 1895. Bestand Amsterdam, Nachlaß Eleanor Marx
634 Marx 1913
635 Ebda., S. 58 f.
636 Hyndmann 1912, S. 140
637 Justice, 15. 10. 1895
638 Brief vom 4. 10. 1895. Bestand Moskau, Nachlaß Eleanor Marx
639 Tussy an Laura, Brief vom 24. 10. 1895. Zit. nach Tsuzuki 1981, S. 299
640 Bestand Moskau, Nachlaß Eleanor Marx
641 Brief vom 10. 12. 1895. Zit. nach Meier 1981, S. 313 ff.
642 Tussy und Aveling an Kautsky, Brief vom 2. 2. 1896. Bestand Moskau, Nachlaß Eleanor Marx
643 Stepniak 1884, Vorwort
644 Brief vom 25. 12. 1895 an Fanny Kravcinskij. Bestand Moskau, Nachlaß Eleanor Marx
645 Tussy an Kautsky, Brief vom 30. 4. 1896. Bestand Moskau, Nachlaß Eleanor Marx
646 Tussy an Laura, Brief vom 26. 5. 1896. Bestand Moskau, Nachlaß Eleanor Marx
647 Ausgabe vom 8. 1. 1905

648 Tussy an Laura, Brief vom 26. 5. 1896. Bestand Moskau, Nachlaß Eleanor Marx
649 Labour Leader, 6. 6. 1896
650 Zit. nach Kapp 1972, Bd. II, S. 204 ff.
651 Hyndman 1912, S. 104
652 Zit. nach Congrès 1896, S. 499
653 Zit. nach Hamon 1897, S. 194
654 Marx, Karl: The Eastern Question: A Reprint of Letters Written 1853–56 dealing with the Events of the Crimean War, ed. by Eleanor Marx Aveling and Edward Aveling, London 1897
655 Zit. nach der deutschen Auswahlausgabe: Marx contra Rußland. Der russische Expansionsdrang und die Politik der Westmächte. Berichte von Karl Marx als europäischer Korrespondent der New York Daily Tribune 1853–1856, hrsg. von J. A. Doering, Stuttgart 1960, S. 46
656 Ebda., S. 20 f.
657 Ebda., S. 40
658 Ebda., S. 32
659 Ebda., S. 20 f.
660 Ebda., S. 19
661 Ebda., S. 47
662 Ebda., S. 115
663 Ebda., S. 79
664 Hyndman 1912, S. 139
665 Karl Marx: Secret Diplomatic History of the Eighteenth Century, ed. by Eleanor Marx Aveling and Edward Aveling, London 1899
666 Karl Marx: The Story of the Life of Lord Palmerston, ed. by Eleanor Marx Aveling and Edward Aveling, London 1899
667 Karl Marx: Value, Price and Profit, addressed to the Working Men, ed. by Eleanor Marx Aveling and Edward Aveling, London 1898
668 Eine deutsche Ausgabe von Eduard Bernstein erschien 1908
669 Tussy an Laura, Brief vom 12. 11. 1896. Bestand Moskau, Nachlaß Eleanor Marx
670 Brief vom 8. 1. 1898. Zit. nach Meier 1981, S. 329 ff.
671 Tussy an Laura, 2. 1. 1897. Zit. nach Meier 1981, S. 322 ff.
672 Brief vom 28. 12. 1896. Bestand Moskau, Nachlaß Eleanor Marx
673 Brief vom 19. 7. 1897. Bestand Moskau, Nachlaß Eleanor Marx
674 Brief vom 24. 12. 1896. Zit. nach Tsuzuki 1981, S. 227
675 Alle Briefe an Frederick Demuth zit. nach Bernstein 1898/99, S. 491 ff.
676 Bestand Moskau, Nachlaß Eleanor Marx
677 Hyndman 1912, S. 145
678 Brief vom 2. 9. 1897. Zit. nach Bernstein 1898/99, S. 485
679 Brief vom 28. 9. 1897. Bestand Moskau, Nachlaß Eleanor Marx
680 Brief vom 20. 4. 1898. Bestand Moskau, Nachlaß Paul und Laura Lafargue, I 29
681 Brief vom 14. 1. 1898. Zit. nach Liebknecht 1964, S. 458
682 Zit. nach Tsuzuki 1981, S. 265
683 Zit. nach Bernstein 1898/99, S. 487
684 Hyndman 1912, S. 144
685 Ebda., S. 145
686 Brief vom 15. 3. 1898. Bestand Moskau, Nachlaß Eleanor Marx
687 Ebda.
688 Tussy an Edith Lanchester, Brief vom 23. 1. 1898. Bestand Moskau, Nachlaß Eleanor Marx
689 Tussy an Edith Lanchester, Brief vom 29. 3. 1898. Bestand Moskau, Nachlaß Eleanor Marx

690 Samuel Moore an Eduard Bernstein, Brief vom 10. 4. 1898. Bestand Moskau, Nachlaß Eduard Bernstein, 1466
691 Dieser Brief wird zitiert im Brief von Laura Lafargue an Bernstein, 20. 4. 1898. Bestand Moskau, Nachlaß Paul und Laura Lafargue, I 29
692 Zit. nach Reynold's Newspaper, 10. 4. 1898
693 Zit. nach Tsuzuki 1981, S. 279 f.
694 An Victor Adler, 8. 4. 1898. Zit. nach Adler 1954, S. 244
695 An Victor Adler, 5. 4. 1898. Zit. nach Adler 1954, S. 243
696 In: Justice, 9. 4. 1898
697 An Karl Kautsky, 4. 4. 1898. Zit. nach Adler 1954, S. 242
698 An Eduard Bernstein, 20. 4. 1898. Bestand Moskau, Nachlaß Paul und Laura Lafargue 204, Nr. 29
699 Jennifer Dubedat in »Arzt am Scheidewege«, dem Drama, das Shaw als Parabel auf die Beziehung zwischen Tussy und Aveling geschrieben hat

Quellenverzeichnis

*1. Fundorte und Archive**
Internationaal Instituut voor Sociale Geschiedenis, Amsterdam (=Bestand Amsterdam)
Archiv der Sozialen Demokratie in der Friedrich-Ebert-Stiftung, Bonn
Russisches Zentrum für die Aufbewahrung und Erforschung von Dokumenten der neuesten Geschichte, Moskau (=Bestand Moskau)
British Museum, London

2. Schriften von Tussy (Eleanor) Marx (Auswahl)

1883
Karl Marx, I, in: The Progress, April 1883
Karl Marx, II, in: The Progress, Juni 1883
Underground Russia, in: The Progress, August/September 1883
1884
The Irish Dynamiters, in: The Progress, Mai 1884
1885
(mit Edward Aveling): The Factory Hell, London 1885
Prostitution, in: The Commonweal, September 1885
1886
(mit Edward Aveling): The Woman Question, London 1886
1887
(mit Edward Aveling): The Chicago Anarchists: A Statement of Facts, in: To-Day, November 1887
(mit Edward Aveling): Die Lage der Arbeiterklasse in Amerika, in: Neue Zeit 1887
1888
(mit Edward Aveling): Shelley als Sozialist, in: Neue Zeit 1888
1889
(mit Edward Aveling): Die Kuhjungen, in: Neue Zeit 1889
1891
Report from Great Britain and Ireland to the Delegates of the Brussels International Congress: The Gasworkers' and General Labourers' Union etc., London 1891
1892
Die letzten englischen Strikes, in: Sozialpolitisches Centralblatt, Bd. 1, Berlin 1892
(mit Edward Aveling): Die Wahlen in Großbritannien, in: Neue Zeit 1892
1893
Der böse Maitag, in: Neue Zeit 1893/1894
1895
Die Arbeiterclassenbewegung in England, in: Emanuel Wurms Volks-

* Briefe und Dokumente von Tussy Marx befinden sich im Wesentlichen in Amsterdam (Marx-Engels-Nachlaß) und Moskau (Nachlaß Eleanor Marx). Mikrofilme der Moskauer Bestände in Bonn.

Lexikon, auch als Einzelbroschüre mit Vorwort von Wilhelm Liebknecht
Karl Marx – Lose Blätter, in: Österreichischer Arbeiterkalender 1895
Heine an Marx, in: Neue Zeit 1895/96
1897
Ein Brief des jungen Marx, in: Neue Zeit 1897/1898

3. Übersetzungen von Tussy (Eleanor) Marx
1875
Nicolaus Delius: The Narrative in Shakespeare, in: The New Shakespeare Society's Transactions 1875–76, S. 332ff.
1884
Anne Charlotte Leffler-Erdgren: The Doctor's Wife, in: The Progress, Juli–Dezember 1884
1886
Gustave Flaubert: Madame Bovary, London 1886
Hippolyte Prosper Lissagaray: History of the Commune of 1871, London 1886
1888
Henrik Ibsen: An Enemy of Society, London 1888
1890
Henrik Ibsen: The Lady from the Sea, London 1890
Alexander Kielland: Short Stories, in: Time, 1890
1891
Amy Levy: Ruben Sachs, in: Neue Zeit 1891
1893
Eduard Bernstein: Ferdinand Lassalle as a Social Reformer, London 1893
1895
G. Plechanow: Anarchism and Socialism, London 1895

4. Editionen von Tussy (Eleanor) Marx
1896
Karl Marx (eigtl. Friedrich Engels): Revolution and Counter-Revolution in Germany, London 1896
1897
Karl Marx: The Eastern Question: A Reprint of Letters written 1853–56 dealing with the Events of the Crimean War, London 1897
1898
Value, Price and Profit, addressed to the Working Men, London 1898
1899
Secret Diplomatic History of the Eighteenth Century, London 1899
The Story of the Life of Lord Palmerston, London 1899

Literaturverzeichnis

Adler, Victor: Briefwechsel mit August Bebel und Karl Kautsky, Wien 1954 (Adler 1954)

Andréas, Bert: Briefe und Dokumente der Familie Marx aus den Jahren 1862–1873, in: Archiv für Sozialgeschichte, Bd. 2, Hannover 1962 (Andréas 1962)

Autorenkollektiv: August Bebel – eine Biographie, Berlin 1989 (Bebel 1989)

Aveling, Edward B.: Die Darwin'sche Theorie, Stuttgart 1891 (Aveling 1891)

Badia, Gilbert: Clara Zetkin, Berlin 1994 (Badia 1994)

Baedeker, Karl: London und Umgebung, Leipzig 1912 (Baedeker 1912)

Bauer, Bruno: Die Judenfrage, Braunschweig 1843 (Bauer 1843)

Bauer, Edgar: Konfidentenberichte über die europäische Emigration in London 1852–1861, Trier 1989 (Bauer 1989)

Bebel, August: Aus meinem Leben, 3 Bände, Stuttgart 1910/19 (Bebel 1919)

Bebel, August: Briefwechsel mit Friedrich Engels, hrsg. von Werner Blumenberg, London 1965 (Bebel 1965)

Bebel, August: Die Frau und der Sozialismus, Frankfurt/M. 1981 (Bebel 1981)

Beer, Max: Fifty Years of International Socialism, London 1935 (Beer 1935)

Bernstein, Eduard: Das Schlagwort des Antisemitismus, in: Die Neue Zeit, Jg. 11, Bd. 2, 1892–93, S. 236 f. (Bernstein 1892)

Bernstein, Eduard: Eleanor Marx, in: Die Neue Zeit, Jg 16., Bd. 2, 1898, S. 122 f. (Bernstein 1898)

Bernstein, Eduard: Was Eleanor Marx in den Tod trieb, in: Die Neue Zeit, Jg. 16, Bd 2, 1898/99, S. 481 ff. (Bernstein 1898/99)

Bernstein, Eduard: Einige Bemerkungen über die jüdische Einwanderung in England, in: Jüdische Statistik, Berlin 1903, S. 336 (Bernstein 1903)

Bernstein, Eduard: Aus den Jahren meines Exils, Berlin 1918 (Bernstein 1918)

Bernstein, Eduard: Sozialdemokratische Lehrjahre, Berlin 1978 (Bernstein 1978)

Bernstein, Eduard: Texte zum Revisionismus, hrsg. von Horst Heimann, Bonn 1990 (Bernstein 1990)

Bidouze, René: Lissagaray, la plume et l'épée, Paris 1991 (Bidouze 1991)

Bleuel, Hans Peter: Friedrich Engels, Bürger und Revolutionär, Bern/München 1981 (Bleuel 1981)

Blos, Wilhelm: Denkwürdigkeiten eines Sozialdemokraten, München 1914 (Blos 1914)

Blumenberg, Werner: Marx, Reinbek 1996 (Blumenberg 1996)

Braun, Lily: Frauenfrage und Sozialdemokratie, Berlin 1896 (Braun 1896)

Carsten, Francis Ludwig: Eduard Bernstein, eine politische Biographie, München 1993 (Carsten 1993)

Comyn, Marian: My Recollections of Karl Marx, in: The 19th Century and After, Vol. 91, Jan. 1922 (Comyn 1922)
Congrès International socialiste de travailleurs et des chambres syndicales ouvrières (London 1896) Genf 1980 (Congrès 1896)
Cronwright-Schreiner, S. C.: The Life of Olive Schreiner, Boston 1924 (Cronwright-Schreiner 1924)
Delius, Nicolaus: Abhandlungen zu Shakespeare, Elberfeld 1878 (Delius 1878)
Die Geschichte der Zweiten Internationale, hrsg. von der Akademie der Wissenschaften der UdSSR, Moskau 1983 (Zweite Internationale 1983)
Dohrn, Rudolf: Geschichte der Geburtshilfe der Neuzeit, Tübingen 1904 (Dohrn 1904)
Dornemann, Louise: Jenny Marx, Lebensweg einer Sozialistin, Berlin 1975 (Dornemann 1975)
Dostojewskij, Feodor M.: Tagebuch eines Schriftstellers, Bd. 3, München 1922 (Dostojewskij 1922)
Draper, Hal (Hrsg.): Karl Marx's Theory of Revolution. Vol. IV: Critique of Other Socialisms, New York 1990 (Draper 1990)
Dyhrenfurth, Gertrud: Die gewerkschaftliche Bewegung unter den englischen Arbeiterinnen, in: Brauns Archiv, Bd. 7, 1894, S. 166 ff. (Dyhrenfurth 1894)
Eberhard-Metzger, Claudia und Ries, Renate: Verkannt und heimtückisch – die ungebrochene Macht der Seuchen, Basel 1996 (Eberhard-Metzger/Ries 1996)
Ellis, Havellock: My Life, London 1940 (Ellis 1940)
Engels, Friedrich, Lafargue, Laura et Paul: Correspondance, Paris 1952 (Engels/Lafargue 1952)
Engels, Friedrich: Briefwechsel mit Karl Kautsky, hrsg. von Benedikt Kautsky, Wien 1955 (Engels 1955)
Fischer, Paul: Das Ostende von London, ein soziales Nachtbild, Berlin 1893 (Fischer 1893)
Fishman, William J.: East End Jewish Radicals 1875–1914, London 1975 (Fishman 1975)
Gartner, Lloyd P.: The Jewish Immigrant in England 1870–1914, London 1960 (Gartner 1960)
Geierhos, Wolfgang: Vera Zasulic und die russische revolutionäre Bewegung = Studien zur modernen Geschichte, Bd. 19, München/Wien 1977 (Geierhos 1977)
Gemkow, Heinrich: Helena Demuth, »eine treue Genossin«, in: Marx-Engels-Jahrbuch 11, Berlin 1989 (Gemkow 1989/1)
Gemkow, Heinrich: Julie Bebel, in: Beiträge zur Geschichte der Arbeiterbewegung 31, 1989 (Gemkow 1989/2)
Gemkow, Heinrich: Max Oppenheim – Marx' Kur-Bekanntschaft und Engels' Briefpartner, in: Beiträge zur Marx-Engels-Forschung, Neue Folge 2000 (Gemkow 2000)
Gielkens, Jan: Karl Marx und seine niederländischen Verwandten = Schriften aus dem Karl-Marx-Haus Trier, Bd. 50, Trier 1999 (Gielkens 1999)

Giroud, Francoise: Trio Infernale oder Das Leben der Jenny Marx, Weinheim 1994 (Giroud 1994)
Graetz, Heinrich: Tagebuch und Briefe, hrsg. von Reuven Michael, Tübingen 1977 (Graetz 1977)
Haferkorn, Katja: Clara Zetkin in Paris (1882–1890), in: Beiträge zur Geschichte der Arbeiterbewegung 26, 1984 (Haferkorn 1984)
Halpern, Georg: Die jüdischen Arbeiter in London, Stuttgart 1903 (Halpern 1903)
Hamon, Augustin: Le Socialisme et le Congrès de Londres, Paris 1897 (Hamon 1897)
Harkness, Margaret: Out of Work, London 1888 (Harkness 1888)
Herrmann, Ursula: Carl Hirsch – sozialdemokratischer Journalist und Mitstreiter von Marx und Engels, in: Gestalten der Bismarckzeit Bd. II, hrsg. von Gustav Seeber, Berlin 1986 (Herrmann 1986)
Hirsch, Helmut: Der »Fabier« Eduard Bernstein, Berlin 1977 (Hirsch 1977)
Holroyd, Michael: Bernard Shaw – A Biography, New York 1988 (Holroyd 1988)
Hunt, Linda: Amy Levy and the »Jewish Novel«, in: Studies in The Novel, 1984 (Hunt 1984)
Hygiene des Kindesalters, Tübingen 1882
Hyndman, H. M.: Further Reminiscences, London 1912 (Hyndman 1912)
Jacobs, Jack: Sozialisten und die jüdische Frage nach Marx, Mainz 1994 (Jacobs 1994)
Jokostra, Peter: Als die Tuilerien brannten – der Aufstand der Pariser Kommune 1871, Düsseldorf 1970 (Jokostra 1970)
Kapp, Yvonne: Eleanor Marx, Bd. 1 u. 2, London 1972 (Kapp 1972)
Kaspar, Beate: Margaret Harkness – A City Girl. Eine literaturwissenschaftliche Untersuchung zum naturalistischen Roman des Spätviktorianismus = Studien zur englischen Philologie, hrsg. von Lothar Fietz u. a., Bd. 23, Tübingen 1984 (Kaspar 1984)
Kautsky, Karl: Aus der Frühzeit des Marxismus, Prag 1935 (Kautsky 1935)
Kautsky, Minna: Auswahl aus ihrem Werk, hrsg. von Cäcilia Friedrich, Berlin 1965 (Kautsky 1965)
Kiehnbaum, Ehrhard: Peter Imandt, Greifswalder Student und Kampfgefährte von Karl Marx und Friedrich Engels = Beiträge zur Greifswalder Universitätsgeschichte 3, Greifswald 1987 (Kiehnbaum 1987)
Kisch, Egon Erwin: Karl Marx in Karlsbad, Berlin-Weimar 1968 (Kisch 1968)
Kolbe, Christian: Asylanten als Agitatoren in der Schweiz, in: Zuflucht Schweiz, hrsg. von C. Goehrke und G. Zimmermann, Zürich 1994 (Kolbe 1994)
Kreyenberg, Gotthold: Mädchenerziehung und Frauenleben im Aus- und Inlande, Berlin 1872 (Kreyenberg 1872)
Künzli, Arnold: Karl Marx, eine Psychographie, Wien 1966 (Künzli 1966)
Lafargue, Paul: Lob der Faulheit, Frankfurt/M. 1966 (Lafargue 1966)
Lampe, Evelyn: »Aus ihren Eingeweiden erzeugt die bürgerliche Gesell-

schaft fortwährend den Juden.« Antijüdische Stereotypen in Karl Marx' »Zur Judenfrage«, in: Historische Stereotypenforschung, hrsg. von Hans Henning Hahn, Oldenburg 1995 (Lampe 1995)

Lassalle, Ferdinand: Ausgewählte Texte, hrsg. von Thilo Ramm, Stuttgart 1962 (Lassalle 1962)

Lassalle, Ferdinand und Marx, Karl: Briefwechsel, hrsg. von Gustav Mayer = Ferdinand Lassalle, Nachgelassene Briefe und Schriften, Bd. 3, 1922 (Lassalle 1922)

Laufner, Richard und Rauch, Albert: Die Familie Marx und die Trierer Judenschaft = Schriften aus dem Karl-Marx-Haus Trier 14, 1975 (Laufner/Rauch 1975)

Le Congrès Marxiste de 1889, Genf 1967 (Congrès 1889)

Le Congrès International Ouvrier Socialiste tenu à Bruxelles, Aout 1891, Genf 1977 (Congrès 1891)

Levy, Amy: A Minor Poet, London 1884 (Levy 1884)

Levy, Amy: Ruben Sachs, London/New York 1888 (Levy 1888)

Lewak, Adam: Gottfried Keller und der polnische Freiheitskampf von 1863/64, Zürich 1927 (Lewak 1927)

Liebknecht, Wilhelm: Grund- und Bodenfrage, Leipzig 1874 (Liebknecht 1874)

Liebknecht, Wilhelm: Briefwechsel mit Marx und Engels, hrsg. von Georg Eckert, The Hague 1964 (Liebknecht 1964)

Lissagaray, Hippolyte Prosper Olivier: Der Pariser Kommune-Aufstand von 1871, Berlin 1931 (Lissagaray 1931)

Lorenzo, Anselmo: El Proletariado Militante, Barcelona 1923 (Lorenzo 1923)

Loudon, Irvine: Death in Childbirth. An International Study of Maternal Care and Maternal Mortality 1800–1950, Oxford 1992 (Loudon 1992)

Lucas, Betty: Bei den Familien Freiligrath und Marx. Londoner Erinnerungen aus dem Jahr 1852, hrsg. von Johanna Ludwig, Leipzig 1998 (Lucas 1998)

Martin, Jane: »To Blaise the Trail for Women to Follow Along«: Sex, Gender and the Politics of Education in the London School Board 1870–1894, in: Gender and Education, June 2000, S. 165–182 (Martin 2000)

Marx, Karl und Engels, Friedrich: Werke. Hrsg. auf Grund der 2. Ausgabe der Socinenija, Berlin 1957 ff. (MEW)

Marx, Karl: Revolution und Kontre-Revolution in Deutschland, hrsg. von Karl Kautsky, Stuttgart 1913 (Marx 1913)

Marx, Karl und Engels, Friedrich: Deutsche Geschichte im 19. Jahrhunderts, hrsg. von Iring Fetscher, Frankfurt/M. 1969 (Marx/Engels 1969)

Marx, Karl: Die frühen Schriften, hrsg. von Siegfried Landshut, Stuttgart 1971 (Marx 1971)

Mayer, Gustav: Neue Beiträge zur Biographie von Karl Marx, in: Archiv für die Geschichte des Sozialismus und der Arbeiterbewegung, 10. Jg., 1. Heft, Leipzig 1921 (Mayer 1921)

Mayer, Paul: Geschichte des sozialdemokratischen Parteiarchivs und das Schicksal des Marx-Engels-Nachlasses, in: Archiv für Sozialgeschichte, Bd. 6/7, Hannover 1966/67 (Mayer 1966/67)

Mehring, Franz: Aus dem literarischen Nachlaß von Karl Marx, Friedrich Engels und Ferdinand Lassalle, Bd. 4, Stuttgart 1902 (Mehring 1902)
Meier, Olga (Hrsg.): Die Töchter von Karl Marx, unveröffentlichte Briefe, Köln 1981 (Meier 1981)
Merkel-Melis, Renate: »Wir werden die Sache schon auffressen.« Zu Engels' Unterstützung Avelings in seinem Konflikt mit der SAP 1885, in: MEGA-Studien 1 1997 (Merkel-Melis 1997)
Mill, John Stuart, Mill, Harriet Taylor, Taylor, Helen: Die Hörigkeit der Frau und andere Schriften zur Frauenemanzipation, Frankfurt M. 1976 (Mill/Taylor 1976)
»Mohr und General.« Erinnerungen an Marx und Engels, Berlin 1970 und 1983 (Mohr und General 1970)
Nitsche, Jürgen: Friedrich Engels' Auftreten auf dem Züricher Kongreß (1893) der zweiten Internationale, in: Beiträge zur Marx-Engels-Forschung 29, 1990 (Nitsche 1990)
Nuhn, Heinrich: August Spies – ein hessischer Sozialrevolutionär in Amerika, Kassel 1992 (Nuhn 1992)
Pearson, Hesketh: Bernard Shaw, Tübingen 1965 (Pearson 1965)
Peters, H. F.: Die rote Jenny. Ein Leben mit Karl Marx, München 1984 (Peters 1984)
Poliakov, Léon: Geschichte des Antisemitismus, Bd. 7, Frankfurt/M. 1988 (Poliakov 1988)
Protokoll des Internationalen Arbeiter-Congresses zu Paris, Nürnberg 1890 (Protokoll 1890)
Quiller-Couch, Arthur: The Oxford Book of English Verse, Oxford 1919 (Quiller-Couch 1919)
Rapp, Eugen Ludwig: Epitaphien für Vorfahren von Karl Marx auf dem jüdischen Friedhof in Trier, in: Trierer Zeitschrift für Geschichte und Kunst des Trierer Landes und seiner Nachbargebiete, hrsg. vom Rheinischen Landesmuseum Trier, 33. Jg.1970 (Rapp 1970)
Rocker, Rudolf: Johann Most, das Leben eines Rebellen, Berlin 1924 (Rocker 1924)
Rosebury, Aaron: Eleanor, Daughter of Karl Marx, in: Monthly Review, New York, January 1973, S. 45 f. (Rosebury 1973)
Ruprecht, Wilhelm: Die Wohnungen der arbeitenden Klassen in London, Göttingen 1884 (Ruprecht 1884)
Schack, Renate (Hrsg.): Jenny Marx, ein bewegtes Leben, Berlin 1989 (Schack 1989)
Schmidt, Klaus: Gerechtigkeit – das Brot des Volkes. Johanna und Gottfried Kinkel, eine Biographie, Stuttgart 1996 (Schmidt 1996)
Schöncke, Manfred: Karl und Heinrich Marx und ihre Geschwister, Lebenszeugnisse – Briefe – Dokumente, Wuppertal 1993 (Schöncke 1993)
Schoeps, Julius H.: Agenten, Spitzel, Flüchtlinge. Wilhelm Stieber und die demokratische Emigration in London, in: Gegenstrom, Helmut Hirsch zum 70. Geburtstag, Wuppertal 1977 (Schoeps 1977)
Schoeps, Julius H.: Bismarck und sein Attentäter, Berlin 1984 (Schoeps 1984)

Schonebohm, Dieter: Ostjuden in London, Frankfurt/M. 1987 (Schonebohm 1987)
Schreiner, Olive: The Letters of Olive Schreiner, 1876–1920, hrsg. von S. C. Cronwright- Schreiner, London 1924 (Schreiner 1924)
Schreiner, Olive: Geschichte einer afrikanischen Farm, Zürich 1964 (Schreiner 1964)
Schröder, Wolfgang: Ernestine, vom ungewöhnlichen Leben der ersten Frau Wilhelm Liebknechts, Leipzig 1987 (Schröder 1987)
Schröder, Wolfgang (Hrsg.): »Sie können sich denken, wie mir oft zu Muthe war«, Jenny Marx in Briefen an eine vertraute Freundin, Leipzig 1989 (Schröder 1989)
Schwerin von Krosigk, Lutz Graf: Jenny Marx, Wuppertal 1975 (Schwerin von Krosigk 1975)
Shaw, George Bernard: The Quintessence of Ibsenism, London 1891 (Shaw 1891)
Shaw, George Bernard: Collected Letters 1874–1897, Bd. 2, hrsg. von D. H. Lawrence, London 1965 (Shaw 1965)
Shaw, George Bernard: Sechzehn selbstbiographische Skizzen, Frankfurt/M. 1971 (Shaw 1971)
Siegmund-Schultze, Dorothea: Bemerkungen zum ›Kapital‹ in Großbritannien, in: Arbeitsblätter zur Marx-Engels-Forschung 18, 1986, S. 48–60 (Siegmund-Schultze 1986)
Silberner, Edmund: Sozialisten zur Judenfrage, Berlin 1962 (Silberner 1962)
Silberner, Edmund: Eleanor Marx, ein Beitrag zu ihrer Biographie und zum Problem der jüdischen Identität, in: Jahrbuch des Instituts für deutsche Geschichte, 6. Bd., Tel Aviv 1977 (Silbener 1977)
Stepniak (eigtl. Kravcinskij): Das unterirdische Rußland – La Russia sotterranea, Revolutionäre Porträts und Skizzen aus der Wirklichkeit, Bern 1884 (Stepnjak 1884)
Stöcker, Heinrich Adolf: Christlich-sozial. Reden und Aufsätze, Berlin 1890 (Stöcker 1890)
Stokes, John (Hrsg.): Eleanor Marx, Life, Work, Contacts, Aldershot 2000 (Stokes 2000)
Sulton, Maule J.: Infant Mortality in England, London 1876 (Sulton 1876)
Sundermann, Sabine: Deutscher Nationalismus im englischen Exil. Zum sozialen und politischen Innenleben der deutschen Kolonie in London 1848–1871, Paderborn 1997 (Sundermann 1997)
Tschubinski, Wadim: Wilhelm Liebknecht, eine Biographie, Berlin 1973 (Tschubinski 1973)
Tsuzuki, Chushichi: Eleanor Marx, Geschichte ihres Lebens, Berlin 1981 (Tsuzuki 1981)
Vollgraf, Carl-Erich: Marx in Marx' Worten? Zu Engels' Edition des Hauptmanuskripts zum dritten Buch des Kapital, in: MEGA-Studien 2 1994 (Vollgraf 1994)
Webb, Beatrice: Meine Lehrjahre, Frankfurt/M. 1988 (Webb 1988)
Weitershaus, Friedrich Wilhelm: Wilhelm Liebknecht, eine Biographie, Gütersloh 1976 (Weitershaus 1976)

Wheen, Francis: Karl Marx, München 2001 (Wheen 2001)
Winkle, Stefan: Geißeln der Menschheit, Kulturgeschichte der Seuchen, Düsseldorf/Zürich 1997 (Winkle 1997)
Worobjowa, Olga: Die Töchter von Karl Marx, Berlin 1988 (Worobjowa 1988)
Zangwill, Israel: Die Jüdin, Wien 1905 (Zangwill 1905)
Zangwill, Israel: Ohne Vorurteil, Berlin 1913 (Zangwill 1913/1)
Zangwill, Israel: Kinder des Ghetto, Berlin 1913 (Zangwill 1913/2)
Zetkin, Clara: Die Arbeiterinnen- und Frauenfrage der Gegenwart, Berlin 1894 (Zetkin 1894)

Personenregister

M

N